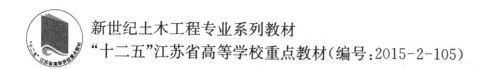

新世纪土木工程专业系列教材

"十二五"江苏省高等学校重点教材(编号:2015-2-105)

土木工程概论

(第3版)

邱洪兴 编著

东南大学出版社
SOUTHEAST UNIVERSITY PRESS
·南京·

内 容 提 要

全书系统、概要地介绍了土木工程的范围和所涉及的科学技术,分三个模块:第一模块"土木工程技术基础",包括工程力学(固体力学、流体力学和土力学)、工程结构和工程材料等3章;第二模块"土木工程种类",包括建筑工程、桥梁工程、地下工程、道路工程和水工程等5章;第三模块"工程项目全寿命周期",包括项目论证、工程勘察设计、工程施工、项目运行维护等4章。每章设有启发性思考题、趣味性作业题和水平测试题,书后列有开放式研讨题。通过扫描书中二维码还可以获得与本书配套的数字资源。

本书可以用作高等学校土木类专业新生导论课和其他专业公选课教材,也可供非土木类专业毕业的工程技术人员了解土木工程之用。

图书在版编目(CIP)数据

土木工程概论 / 邱洪兴编著. —3 版. —南京:东南大学出版社,2022.6(2024.8重印)
ISBN 978-7-5766-0134-3

Ⅰ.①土… Ⅱ.①邱… Ⅲ.①土木工程—高等学校—教材 Ⅳ.①TU

中国版本图书馆 CIP 数据核字(2022)第 088547 号

责任编辑:张莺　封面设计:顾晓阳　责任印制:周荣虎

土木工程概论(第 3 版)

编　　著	邱洪兴
出版发行	东南大学出版社
社　　址	南京市四牌楼2号　邮编:210096　电话:025-83793330
网　　址	http://www.seupress.com
电子邮箱	press@seupress.com
经　　销	全国各地新华书店
印　　刷	丹阳兴华印务有限公司
开　　本	787 mm×1 092 mm　1/16
印　　张	22
字　　数	549 千
版　　次	2015 年 8 月第 1 版　2022 年 6 月第 3 版
印　　次	2024 年 8 月第 3 次印刷
书　　号	ISBN 978-7-5766-0134-3
定　　价	49.00 元

本社图书若有印装质量问题,请直接与营销部调换。电话(传真):025-83791830

第 3 版前言

本书是"十二五"江苏省高等学校重点教材和住建部"十四五"规划教材。为适应"土木工程"智能化发展趋势,对教材进行修订,主要修订内容如下：

(1) 第 4 章"工程材料"中新增了改性混凝土、纤维增强复合材料、碳纳米管、智能材料等新材料;补充了材料的碳排放因子。

(2) 第 11 章的"工程测量"小节中新增了"倾斜摄影和 3D 激光扫描测量"内容;新增了"结构新技术"小节,内容包括 BIM 技术与结构参数化设计、基于性能的抗震设计、防连续倒塌设计和虚拟仿真试验等。

(3) 第 12 章的"主体工程施工"小节中增加了桥梁工程的"结构安装的顶推法和转体法"内容;增加了"施工新技术"小节,内容包括虚拟建造、建筑机器人和 3D 打印等。

(4) 第 13 章的"工程检测"小节中增加了"结构损伤的系统识别"和"基于计算机视觉的结构损伤探测"内容;增加了"结构可靠性鉴定"小节。

(5) 对传统内容做了适当精简。

书中二维码链接的数字资源维持第 2 版的格局,包括 PPT 讲稿、思考题注释、作业题指导、测试题解答、典型工程案例和研讨题视频。

最后,向书中所引用资料的作者表示衷心感谢。

邱洪兴
2021 年 12 月于九龙湖畔

第 2 版前言

本书是"十二五"江苏省高等学校重点教材和在线开放课程使用的教材。第1版出版以来,收集了四届学生和讲课教师的使用意见;近年,以手机为终端的学习方式深受读者欢迎。基于以上两点考虑,对教材进行了修订。

第2版由邱洪兴修订,主要修订内容如下:

(1) 更新了相关统计数据,以反映最新建设成就。

(2) 第5章建筑工程增加了核反应堆安全壳;第11章工程勘察设计增加了地质灾害防治。

(3) 在第1版中各章设置启发性思考题,第2版在此基础上完善了作为一门课程不同于讲座应具有的教材要素:新增了趣味性作业题,以提高读者对工程问题的兴趣;新增了水平测试题,用来自我检验学习效果。

(4) 为满足新时期"课程思政"要求,以数字资源的形式增加了典型工程案例,以增强学生的社会责任感。

(5) 为便于兄弟院校组织课程研讨,提供了部分东南大学的学生研讨题视频。

读者通过扫描书中二维码及登录课程数字资源网站可免费获取 PPT 讲稿、思考题注释、作业题指导、测试题解答、典型工程案例、研讨题视频等数字资源。

最后,向书中所引用资料的作者表示衷心感谢。

邱洪兴
2019 年 5 月于九龙湖畔

第 1 版前言

1987年东南大学土木工程系首次对全系的"工业与民用建筑""公路与城市道路""建筑材料"和"交通工程"等四个本科专业开设"土木工程概论"课程,两年后的1989年丁大钧教授和蒋永生教授出版了该课程全国首本教材。1998年7月教育部正式颁布《普通高等学校本科专业目录》,恢复"土木工程"专业后,全国高校普遍将"土木工程概论"列为土木工程专业的必修课程。

相对专业的其他课程,这是一门"年轻"的课程,课程内容体系尚不成熟。编者1989年首次面向非土木工程专业的学生讲授"土木工程概论"课程,1999年后连续为土木工程专业新生讲授该课程,2009年后又作为学科导论通识课面向全校新生开设。在近二十届的讲授过程中逐渐将课程内容体系固定下来。

本教材根据目前东南大学"土木工程概论"课程教学大纲编写,以土木工程的两层含义——工程设施和涉及的科学技术作为纵、横向构架,以土木工程的技术基础作为支柱,组成相互关联的立体知识框架,对后续课程进一步的学习起导航作用。全书由三大模块构成:第一模块"土木工程技术基础",包括工程力学(含固体力学、流体力学和土力学)、工程材料和工程结构等三章,以土木工程的基本构件为纽带,将工程结构与工程结构的理论基础——工程力学、物质基础——工程材料有机地结合在一起,为读者超越公众认识水平理解土木工程内涵提供必要的基础,能看出些"门道",而不光是看"热闹";第二模块"土木工程种类",包括建筑工程、桥梁工程、地下工程、道路工程和水工程等五章,介绍各类工程设施的使用功能以及功能实现的有效途径,以结构形态为主线将各类土木工程贯穿起来,体会不同结构形态的受力特性;第三模块"工程项目全寿命周期",包括项目论证、工程勘察设计、工程施工、项目运行维护等四章,以项目的时间顺序为主线,将土木工程的各项工作任务贯通起来,了解每部分工作的基本方法和所涉及的科学技术。教材最后一章为有意进入土木工程专业学习的读者介绍了专业的基本情况。

全书由邱洪兴编写,力求通俗易懂、简明扼要。每章设有启发性思考题(" "表示重点题目),帮助对教材内容的理解;书后列有开放式研讨题,鼓励读者通过收集资料,围绕某个专题发表自己的观点。

东南大学李爱群教授承担了本书的审稿工作,提出了许多宝贵意见,在此表示衷心感谢。

邱洪兴

2014 年 12 月于六朝松下

目 录

第1章 绪论 ………………………………………………………………………………… (1)
　1.1 土木工程的含义 ……………………………………………………………………… (1)
　　1.1.1 名称的由来 …………………………………………………………………… (1)
　　1.1.2 英文含义 ……………………………………………………………………… (2)
　　1.1.3 学科定义 ……………………………………………………………………… (2)
　　1.1.4 土木工程的种类 ……………………………………………………………… (2)
　　1.1.5 建设项目的全寿命周期 ……………………………………………………… (3)
　　1.1.6 土木工程的特点 ……………………………………………………………… (4)
　1.2 土木工程历史简述 …………………………………………………………………… (4)
　　1.2.1 古代土木工程 ………………………………………………………………… (4)
　　1.2.2 近代土木工程 ………………………………………………………………… (7)
　　1.2.3 现代土木工程的特点 ………………………………………………………… (10)
　1.3 学习建议 ……………………………………………………………………………… (12)
　　1.3.1 关注工程需求、思考工程问题 ……………………………………………… (12)
　　1.3.2 依托体系框架、自我丰富知识 ……………………………………………… (12)
　　1.3.3 培养工程兴趣、开展课程研讨 ……………………………………………… (12)
　思考题 ……………………………………………………………………………………… (12)
　测试题 ……………………………………………………………………………………… (12)

第2章 工程力学 …………………………………………………………………………… (14)
　2.1 固体力学的基本概念 ………………………………………………………………… (14)
　　2.1.1 力与力矩 ……………………………………………………………………… (14)
　　2.1.2 力偶 …………………………………………………………………………… (15)
　　2.1.3 主动力与约束反力 …………………………………………………………… (16)
　　2.1.4 支座 …………………………………………………………………………… (16)
　　2.1.5 外力与内力 …………………………………………………………………… (17)
　　2.1.6 变形与位移 …………………………………………………………………… (18)
　　2.1.7 应力与应变 …………………………………………………………………… (18)
　　2.1.8 应变能 ………………………………………………………………………… (23)
　2.2 流体力学的基本概念 ………………………………………………………………… (23)
　　2.2.1 液体的主要物理性质 ………………………………………………………… (23)
　　2.2.2 静水压力 ……………………………………………………………………… (25)
　　2.2.3 动水压力 ……………………………………………………………………… (27)
　2.3 土的工程性能 ………………………………………………………………………… (29)

2.3.1 土的三相比例指标 （30）
2.3.2 黏性土 （32）
2.3.3 砂土 （32）
2.3.4 其他种类岩土 （33）
2.3.5 土的力学性能 （34）
2.4 土的工程问题 （39）
2.4.1 地基沉降 （39）
2.4.2 地基承载力 （40）
2.4.3 土坡稳定 （41）
2.4.4 土侧压力 （42）
思考题 （44）
作业题 （45）
测试题 （46）

第3章 工程结构 （49）

3.1 构件的基本受力状态 （49）
3.1.1 轴向拉伸与压缩 （49）
3.1.2 弯曲 （50）
3.1.3 扭转 （52）
3.1.4 剪切 （54）
3.1.5 不同受力状态的比较 （54）
3.2 土木工程的基本构件 （55）
3.2.1 杆 （55）
3.2.2 梁 （55）
3.2.3 柱 （60）
3.2.4 拱 （62）
3.2.5 索 （64）
3.2.6 墙 （65）
3.2.7 板 （66）
3.2.8 壳 （66）
3.2.9 膜 （67）
3.2.10 管 （67）
3.3 基础结构类型 （68）
3.3.1 浅基础 （68）
3.3.2 深基础 （68）
3.4 工程结构的基本力学问题 （71）
3.4.1 强度要求 （71）
3.4.2 刚度要求 （71）
3.4.3 稳定要求 （72）

3.5 工程结构的荷载 …… (73)
　　3.5.1 荷载种类 …… (73)
　　3.5.2 荷载的随机性 …… (74)
　　3.5.3 永久荷载 …… (74)
　　3.5.4 楼面可变荷载 …… (75)
　　3.5.5 风荷载 …… (75)
　　3.5.6 车辆荷载和飞机轮载 …… (76)
思考题 …… (79)
作业题 …… (80)
测试题 …… (82)

第4章 工程材料 …… (85)

4.1 材料的主要性能 …… (85)
　　4.1.1 力学性能 …… (85)
　　4.1.2 物理性能 …… (86)
　　4.1.3 耐久性能 …… (88)
　　4.1.4 碳排放 …… (88)
4.2 胶凝材料 …… (89)
　　4.2.1 胶凝材料种类 …… (89)
　　4.2.2 水泥 …… (89)
4.3 混凝土 …… (90)
　　4.3.1 集料 …… (90)
　　4.3.2 混凝土的配合比 …… (91)
　　4.3.3 混凝土拌合物的性能 …… (91)
　　4.3.4 硬化后混凝土的性能 …… (92)
　　4.3.5 素混凝土 …… (94)
　　4.3.6 钢筋混凝土 …… (94)
　　4.3.7 预应力混凝土 …… (95)
4.4 钢材 …… (97)
　　4.4.1 钢材种类 …… (97)
　　4.4.2 钢材主要性能 …… (97)
　　4.4.3 钢材的防护 …… (99)
　　4.4.4 钢构件的连接方式 …… (99)
4.5 木材 …… (100)
　　4.5.1 木材种类 …… (100)
　　4.5.2 木材的构造 …… (100)
　　4.5.3 木材主要性能 …… (101)
　　4.5.4 木材防护 …… (103)
　　4.5.5 木构件连接方式 …… (103)

- 4.6 砌体材料 ··· (104)
  - 4.6.1 块体种类 ·· (104)
  - 4.6.2 块体主要性能 ·· (104)
- 4.7 新材料 ··· (105)
  - 4.7.1 改性混凝土 ·· (105)
  - 4.7.2 纤维增强复合材料 ··· (106)
  - 4.7.3 碳纳米管 ··· (107)
  - 4.7.4 智能材料 ··· (107)
- 思考题 ··· (108)
- 作业题 ··· (108)
- 测试题 ··· (109)

第5章 建筑工程 ··· (111)
- 5.1 房屋的结构组成与种类 ·· (111)
  - 5.1.1 房屋的结构组成 ·· (111)
  - 5.1.2 房屋的种类 ·· (111)
- 5.2 房屋水平结构体系类型 ·· (113)
  - 5.2.1 梁板结构体系 ·· (113)
  - 5.2.2 拱结构体系 ·· (115)
  - 5.2.3 桁架结构体系 ·· (115)
  - 5.2.4 网架结构体系 ·· (117)
  - 5.2.5 壳体结构体系 ·· (119)
  - 5.2.6 索结构体系 ·· (121)
  - 5.2.7 膜结构体系 ·· (124)
  - 5.2.8 杂交结构体系 ·· (124)
- 5.3 房屋竖向结构体系类型 ·· (126)
  - 5.3.1 框架结构体系 ·· (126)
  - 5.3.2 剪力墙结构体系 ·· (127)
  - 5.3.3 筒体结构体系 ·· (128)
  - 5.3.4 框架-剪力墙结构体系 ··· (130)
  - 5.3.5 框架-筒体结构体系 ··· (130)
  - 5.3.6 框架-支撑结构体系 ··· (131)
- 5.4 构筑物 ··· (132)
  - 5.4.1 烟囱 ··· (132)
  - 5.4.2 冷却塔 ·· (132)
  - 5.4.3 水池 ··· (133)
  - 5.4.4 塔桅 ··· (134)
  - 5.4.5 核反应堆安全壳 ·· (135)
- 思考题 ··· (135)

作业题 ··· (136)
　　测试题 ··· (137)
第6章 桥梁工程 ·· (139)
　6.1 桥梁的结构组成和种类 ·· (139)
　　6.1.1 桥梁的结构组成 ··· (139)
　　6.1.2 桥梁种类 ·· (139)
　6.2 桥跨结构类型 ··· (140)
　　6.2.1 梁桥 ··· (140)
　　6.2.2 刚架桥 ··· (141)
　　6.2.3 桁架桥 ··· (142)
　　6.2.4 拱桥 ··· (142)
　　6.2.5 斜拉桥 ··· (144)
　　6.2.6 悬索桥 ··· (146)
　　6.2.7 复合结构桥 ·· (149)
　6.3 桥墩结构类型 ··· (149)
　　6.3.1 重力式桥墩 ·· (149)
　　6.3.2 桩柱式桥墩 ·· (150)
　　6.3.3 刚架式、桁架式桥墩 ·· (151)
　思考题 ··· (151)
　作业题 ··· (151)
　测试题 ··· (153)
第7章 地下工程 ·· (154)
　7.1 地下工程种类与特点 ··· (154)
　　7.1.1 隧道 ··· (154)
　　7.1.2 地下建筑 ·· (156)
　　7.1.3 人防工程 ·· (157)
　　7.1.4 地下工程的优缺点 ·· (158)
　7.2 隧道受力特点 ··· (158)
　　7.2.1 围岩应力状态 ··· (158)
　　7.2.2 围岩压力 ·· (162)
　7.3 衬砌种类 ·· (163)
　　7.3.1 整体式模筑混凝土衬砌 ··· (163)
　　7.3.2 装配式衬砌 ··· (163)
　　7.3.3 喷锚式衬砌 ··· (164)
　　7.3.4 复合式衬砌 ··· (164)
　7.4 地下工程岩土挖掘方法 ·· (165)
　　7.4.1 明挖法 ··· (165)
　　7.4.2 矿山法和新奥法 ·· (165)

  7.4.3 掘进机法和盾构法 ··· (166)
  7.4.4 沉管法和顶管法 ··· (166)
 思考题 ·· (167)
 作业题 ·· (167)
 测试题 ·· (168)

第8章 道路工程 ·· (169)

 8.1 公路 ··· (169)
  8.1.1 公路种类 ··· (169)
  8.1.2 公路横断面组成 ··· (169)
  8.1.3 公路线形组成 ·· (171)
  8.1.4 线路交叉 ··· (172)
  8.1.5 高速公路记录 ·· (174)
 8.2 铁路 ··· (174)
  8.2.1 铁路分类 ··· (174)
  8.2.2 铁路线形组成 ·· (175)
  8.2.3 铁路横断面组成 ··· (175)
 8.3 机场 ··· (177)
  8.3.1 机场种类 ··· (177)
  8.3.2 机场飞行区等级 ··· (177)
  8.3.3 飞行场地的组成 ··· (177)
  8.3.4 跑道的结构组成与要求 ·· (180)
 思考题 ·· (181)
 作业题 ·· (181)
 测试题 ·· (182)

第9章 水工程 ·· (184)

 9.1 我国水资源状况 ·· (184)
  9.1.1 水资源总量 ·· (184)
  9.1.2 水资源分布 ·· (184)
  9.1.3 用水量 ··· (186)
  9.1.4 水质状况 ··· (187)
 9.2 给水排水工程 ·· (189)
  9.2.1 给水工程 ··· (189)
  9.2.2 排水工程 ··· (192)
 9.3 水工建筑物 ··· (194)
  9.3.1 堤 ·· (194)
  9.3.2 坝 ·· (196)
  9.3.3 水闸与船闸 ·· (198)
  9.3.4 码头 ·· (200)

  思考题 ·· (201)
  作业题 ·· (202)
  测试题 ·· (202)
第10章　项目论证 ··· (204)
 10.1　可行性研究的内容、步骤和作用 ··· (204)
  10.1.1　可行性研究的内容 ··· (204)
  10.1.2　可行性研究的步骤 ··· (205)
  10.1.3　可行性研究的作用 ··· (205)
 10.2　可行性研究的经济学基础 ·· (207)
  10.2.1　需求 ·· (207)
  10.2.2　需求弹性 ·· (208)
  10.2.3　供给 ·· (210)
  10.2.4　市场均衡 ·· (210)
  10.2.5　边际效用与消费者剩余 ··· (213)
 10.3　可行性研究的方法 ·· (214)
  10.3.1　需求预测方法 ··· (214)
  10.3.2　投资效益分析方法 ··· (217)
  10.3.3　环境影响评价方法 ··· (222)
  思考题 ·· (223)
  作业题 ·· (224)
  测试题 ·· (224)
第11章　工程勘察设计 ··· (226)
 11.1　工程勘察 ··· (226)
  11.1.1　工程测量 ·· (226)
  11.1.2　岩土工程勘察 ··· (230)
  11.1.3　水文勘察 ·· (231)
 11.2　工程设计种类与设计要求 ·· (232)
  11.2.1　功能与形态设计 ·· (232)
  11.2.2　土建设计 ·· (232)
  11.2.3　设备设计 ·· (232)
  11.2.4　方案设计 ·· (233)
  11.2.5　初步设计 ·· (233)
  11.2.6　施工图设计 ·· (233)
  11.2.7　设计要求 ·· (233)
 11.3　结构设计方法 ·· (233)
  11.3.1　结构的功能与可靠度 ·· (233)
  11.3.2　结构设计的步骤 ·· (237)
  11.3.3　结构的荷载效应分析 ·· (238)

11.3.4　结构构件的抗力 ……………………………………………………… (245)
　　11.3.5　结构优化 …………………………………………………………… (247)
　11.4　结构防灾设计 ……………………………………………………………… (249)
　　11.4.1　抗震设计 …………………………………………………………… (249)
　　11.4.2　防火设计 …………………………………………………………… (253)
　　11.4.3　地质灾害防治 ……………………………………………………… (254)
　11.5　结构新技术 ………………………………………………………………… (256)
　　11.5.1　BIM技术与结构参数化设计 ……………………………………… (256)
　　11.5.2　基于性能的抗震设计 ……………………………………………… (257)
　　11.5.3　防连续倒塌设计 …………………………………………………… (258)
　　11.5.4　虚拟仿真试验 ……………………………………………………… (259)
　思考题 ……………………………………………………………………………… (260)
　作业题 ……………………………………………………………………………… (260)
　测试题 ……………………………………………………………………………… (261)

第12章　工程施工 …………………………………………………………………… (264)

　12.1　土石方与基础工程施工 …………………………………………………… (264)
　　12.1.1　内容 …………………………………………………………………… (264)
　　12.1.2　场地平整 ……………………………………………………………… (264)
　　12.1.3　基坑开挖 ……………………………………………………………… (264)
　　12.1.4　基础工程施工 ………………………………………………………… (266)
　　12.1.5　土方填筑 ……………………………………………………………… (268)
　12.2　主体工程施工 ……………………………………………………………… (268)
　　12.2.1　脚手架工程 …………………………………………………………… (268)
　　12.2.2　吊装工程 ……………………………………………………………… (269)
　　12.2.3　结构安装的顶推法和转体法 ………………………………………… (271)
　　12.2.4　混凝土结构工程 ……………………………………………………… (272)
　12.3　设备安装与装饰装修工程施工 …………………………………………… (275)
　　12.3.1　设备安装 ……………………………………………………………… (275)
　　12.3.2　装饰装修工程 ………………………………………………………… (275)
　12.4　施工管理 …………………………………………………………………… (275)
　　12.4.1　工程招投标 …………………………………………………………… (275)
　　12.4.2　工程预算 ……………………………………………………………… (276)
　　12.4.3　施工组织设计 ………………………………………………………… (280)
　　12.4.4　施工准备工作 ………………………………………………………… (283)
　　12.4.5　目标控制 ……………………………………………………………… (283)
　　12.4.6　合同管理 ……………………………………………………………… (286)
　12.5　施工监理 …………………………………………………………………… (287)
　　12.5.1　概述 …………………………………………………………………… (287)

- 12.5.2 工程质量控制工作 (288)
- 12.5.3 工程造价控制工作 (288)
- 12.5.4 工程进度控制工作 (289)
- 12.5.5 施工合同管理的监理工作 (289)
- 12.6 施工新技术 (290)
  - 12.6.1 虚拟建造 (290)
  - 12.6.2 建筑机器人 (291)
  - 12.6.3 3D打印 (292)
- 思考题 (293)
- 作业题 (294)
- 测试题 (295)

第13章 项目运行维护 (298)

- 13.1 工程养护的工作内容和意义 (298)
  - 13.1.1 工程养护的工作内容 (298)
  - 13.1.2 工程养护的意义 (298)
  - 13.1.3 需要维修加固的原因 (298)
- 13.2 工程检测 (299)
  - 13.2.1 检测的种类 (299)
  - 13.2.2 常规检测方法 (300)
  - 13.2.3 结构损伤的系统识别 (301)
  - 13.2.4 基于计算机视觉的结构损伤探测 (302)
- 13.3 结构可靠性鉴定 (304)
  - 13.3.1 鉴定程序 (304)
  - 13.3.2 安全性评价 (304)
  - 13.3.3 适用性评价 (305)
  - 13.3.4 耐久性评价 (305)
- 13.4 常用维修方法 (305)
  - 13.4.1 混凝土裂缝修补 (305)
  - 13.4.2 钢筋阻锈 (306)
  - 13.4.3 防渗堵漏 (306)
  - 13.4.4 沥青路面修补 (306)
- 13.5 常用结构加固方法 (307)
  - 13.5.1 混凝土置换加固法 (307)
  - 13.5.2 粘贴加固法 (307)
  - 13.5.3 增大截面加固法 (307)
  - 13.5.4 组合构件加固法 (308)
  - 13.5.5 地基基础加固方法的种类 (309)
  - 13.5.6 锚杆静压桩法 (309)

13.5.7 改变基础类型法 ·· (309)
　　　13.5.8 高压喷射注浆法 ·· (310)
　13.6 工程改造 ··· (310)
　　　13.6.1 增大空间面积 ··· (310)
　　　13.6.2 增大空间净高 ··· (310)
　　　13.6.3 增加建筑面积 ··· (311)
　　　13.6.4 移位 ··· (311)
　思考题 ·· (312)
　测试题 ·· (312)

第14章 土木工程专业 (314)

　14.1 专业教育的起源 ··· (314)
　　　14.1.1 西方工程教育的起源 ··· (314)
　　　14.1.2 我国工程教育的起源 ··· (314)
　14.2 我国土木工程专业的演变 ··· (315)
　　　14.2.1 民国时期 ··· (315)
　　　14.2.2 改革开放前 ·· (319)
　　　14.2.3 改革开放后 ·· (320)
　14.3 专业培养要求 ·· (322)
　　　14.3.1 素质要求 ··· (322)
　　　14.3.2 能力要求 ··· (323)
　　　14.3.3 知识要求 ··· (324)
　14.4 我国土木工程专业教育评估 ··· (324)
　　　14.4.1 专业教育评估背景 ··· (324)
　　　14.4.2 专业教育评估的发展历程 ··· (326)
　　　14.4.3 专业教育评估的标准和程序 ·· (329)

研讨题及研讨课视频 ··· (332)
主要参考文献 ··· (335)

第1章 绪 论

1.1 土木工程的含义

1.1.1 名称的由来

土木工程的含义

房屋是人类最早建造的人工设施。在我国,传说是有巢氏教民构木为巢、居于树上,遮风挡雨、减少疾病,防御野兽侵害。在这之前人类是野外穴居,如北京周口店的山顶洞人。

1953年考古发现的陕西半坡遗址距今有5 600~6 700年,遗址大致分为3个区:居住区、墓葬区和制陶作坊区。居住区在聚落的中心,周围有一条人工挖掘的宽6~8 m,深5~6 m的大壕沟围绕,以防止野兽侵袭;大壕沟外北边是公共墓地,东边是制陶作坊窑址群。发现的半坡类型房子有46座,为半地穴式建筑,每座房子在门道和居室之间都有泥土堆砌的门槛,房子中心有圆形或瓢形灶坑,周围有1~6个不等的柱洞,墙壁是用密集的小柱上编篱笆并涂以草拌泥做成,并经火烤以使之坚固和防潮,为"木骨泥墙",见图1-1所示。

(a) 展示厅

(b) 复原房屋

图1-1 陕西半坡遗址

1973年发现的浙江余姚河姆渡遗址叠压了四个文化层,其中第四文化层距今约7 000~6 500年。该遗址发现的木构件遗迹非常丰富,共出土数千件以上,见图1-2a所示;考古专家推测当时的建筑形式为埋桩架板、抬高地面的干栏式长屋,木构件之间采用了榫卯连接,见图1-2b所示,说明对木材的使用已达到相当高的技术水准。

"土"(包括泥土、石灰、砂、石,属无机材料)和"木"(包括树木、茅草、藤条、竹子,属有机材料)是人类最早使用的两种建筑材料,我国把大量建造房屋称作大兴土木。

随着人类文明的发展,人们可以建造出比单一产品更大、更复杂的产品,这些产品不再是结构或功能单一的物品,而是各种各样的所谓"人造系统",于是产生了工程的概念。我国"工程"一词最早出现在南北朝的西魏时期。古代管理土木工程事务的部门称"工部",从西魏一直

(a) 木构件

(b) 榫卯

图 1-2 河姆渡遗址

沿用到清朝,起源于周朝官制中的"冬官"①。18世纪的欧洲最早使用了"工程"一词,最初含义是指兵器制造、军事目的的各项劳作,后扩展到其他领域,并且逐渐发展为一门独立的学科和技艺。

1.1.2 英文含义

土木工程的英文名称"Civil Engineering",本意是区别于军事工程(Military Engineering)的民事工程,即服务于战争以外的工程设施,由英国发明家约翰·斯密顿(John Smeaton,1724—1792)在1750年建造埃迪斯顿灯塔时首先采用。1818年成立的英国土木工程师学会(Institution of Civil Engineers)会章对土木工程进行了如下定义"Civil engineering is the art of directing the great sources of power in nature for the use and convenience of man"。

1.1.3 学科定义

我国国务院学位委员会在学科简介中对土木工程学科的定义为:土木工程是建造各类工程设施的科学技术的统称,它既是指各类建造的对象,又指所涉及的科学技术。就工程设施而言,可以理解为固定在土地上的人工建造物。

要了解土木工程,需从两个层面展开:一是各类工程设施包含哪些范围,即土木工程的种类有哪些?二是建造这些工程设施涉及哪些科学技术?这需要结合建设项目的全寿命周期,即不同阶段来谈。

1.1.4 土木工程的种类

土木工程的种类包括建筑工程、桥梁工程、地下工程、道路工程和水工程。

建筑最早是为了满足人类居住、饲养家畜的需要。随着手工业的发展,家庭作坊开始从住宅中独立出来,有了生产用房的需要,特别是官府作坊,人数众多,需要大的场所;产业革命后,

---

① 汉朝汉景帝之子刘德在整理流传民间的《周礼》时,独缺《冬官》篇,以齐国官书《考工记》补入。因《周礼》是儒家经典,《考工记》得以流传至今,成为我国现存最早的科技著作。

伴随着大规模的生产,工业厂房大量出现。随着城市的诞生,一些祭祀场所慢慢演变为公共建筑;并且有了专职管理者的办公场所——官府,特别是都城的王宫,更是建筑规模宏大。现代的建筑工程包括建筑物和构筑物两大类,前者是指为人类各种活动(生活、生产、商品交换)提供地上空间的工程设施,即房屋;后者指不具备、不包含或不提供人类活动空间的人工建造物,如烟囱、水池等。

  桥梁是为了满足人类出行跨越障碍而出现的。在陕西半坡遗址中,人们在居住地四周的壕沟上放置树干以便通行,这可能是最早的独木桥。桥梁的发展与交通工具的变革密切相关。人类在很长一段时间所使用的畜力车和人力车对桥梁的载荷要求较小,桥梁的跨度也不大,宽大的河流,人们会选择渡船;火车的出现对桥梁的载荷和跨度提出了空前的要求,推动了桥梁的发展。现代桥梁工程包含铁路桥、公路桥、公路铁路两用桥、人行桥、管道桥和渡桥(水渠跨越峡谷的设施)。

  人类曾居住过天然洞穴,洞穴作为居住地一直没有中断过。人工建造窑洞作为住处的历史可以追溯到4 000年前的夏朝,这是对黄土高原特殊地理环境的巧妙利用,是最早的地下工程。现代地下工程包含地下建筑、隧道和人防工程。

  单是人行走并不需要兴建路,"路是人走出来的"。道路是伴随着车的发明而出现的,车的使用需要一定的宽度和平整度的路。现代道路工程包含行驶汽车的公路、行驶火车的铁路和供飞机起飞、降落的跑道。

  水是生命之源,人类为了便利地获取水,逐水而居,而洪水是必须面对的自然灾害。所以人类很早就开始修建水利设施、兴利避害。夏禹因治水13年取得大功,获得舜帝禅位,开启了夏朝。现代水工程包含给水排水工程、防洪工程、农田水利工程、水电工程、航运工程。

1.1.5 建设项目的全寿命周期

  工程设施从构思、兴建到废弃的全过程称为项目的全寿命周期,它包括项目论证、工程勘察设计、工程施工、项目运行维护四个阶段。

  项目论证是指通过分析、比较,确定某个项目是否兴建以及如何兴建,它需要回答四个问题:技术是否可行、经济是否合理、政策是否允许、环境是否可能。

  这四个问题涉及现代工程技术人员的知识结构:回答项目是否技术可行,对工程技术人员而言是"会不会做"的问题,这要求具有解决工程技术问题的能力,具备工程科学基础、技术基础和专业基础方面的知识;经济合理涉及"值不值得做"的问题,要求具备经济评判的能力,具有经济、金融、财政方面的基础知识;政策允许涉及"能不能做"的问题,要求熟悉政策、法律、公共道德、文化习俗,具备人文社会科学知识;环境可能涉及"应不应该做"的问题,要求自觉考虑生态可能性,具备环境科学、生态学的知识。

  因为土木工程是固定在土地上的,所以必须查明、分析、评价建设场地的地质、地理、环境特征和岩土工程条件,称之为工程勘察;工程设计是要确定工程使用功能得以实现的有效途径。

  工程施工是要将设计蓝图变成工程现实,它是组织人员使用物资与机械按一定方法将工程材料转变成工程实体的过程,涉及技术与管理两个方面。

  工程设计是对工程服役期状态的一种预期,工程项目投入使用后的实际情况如何需要时时观察,及时发现问题、消除故障,才能保证其正常运行。

1.1.6 土木工程的特点

与其他人工建造物相比,土木工程具有以下特点:①单件性,每项工程需专门设计,不存在批量;②身处室外,这意味着需直接面对各种自然作用和灾害;③需"动土",对自然、生态有很大的干预;④现场制作,建造过程受自然气候条件影响,质量控制难度大;⑤耗材,以人为尺度,无法通过小型化节材。

1.2 土木工程历史简述

通过对典型工程的解剖,了解土木工程的发展轨迹和材料、设计理论、施工技术这三大要素所起的作用,体会人与自然关系的演变过程。

土木工程
历史简述

1.2.1 古代土木工程

古代土木工程从新石器到17世纪中叶,这一时期又可以划分为萌芽阶段、形成阶段和发达阶段。

1) 萌芽阶段

萌芽阶段从土木工程的出现到公元前3000年。这个阶段人类最大的需求是如何在自然环境下保护自己、生存下去,所以房屋是最早出现的土木工程。除了上面提到的我国半坡遗址、河姆渡遗址外,在其他文明古国也有类似的遗址,如尼罗河流域的埃及,发现用木材或卵石做成墙基,上面造木构架,以芦苇束编墙或土坯砌墙,用密排圆木或芦苇束做屋顶的房屋。所用材料为茅草、竹子、芦苇、树枝、树皮、树叶、砾石、泥土等天然材料;建造过程采用石斧、石刀、石锛、石凿等简单的工具;当时还没有设计理论和设计方法,通过观察自然,模仿天然掩蔽物。

2) 形成阶段

形成阶段从公元前3000年到公元前500年。这一阶段在一些文明古国已相继统一了各部落、建立了王朝,如我国的夏朝(约前2070~前1600年),古埃及第一王朝(约前3200~前2850年)。

城市的形成特别是都城的兴建大大推动了土木工程的发展:城市聚集了大量的人口,需要兴建大批房屋;众多的人口需要更大的祭祀场所;为了显示至高无上的王权,宫殿更是规模宏大;相比村落,城市区域广大,需要设置统一的排水系统;城市无法自给自足,需要通过与周围的大量物资交换才能维持生存,这增加了对道路和桥梁的需求。

这一阶段已出现用青铜制的斧、凿、钻、锯、刀、铲以及滚木等施工工具,后来强度更高的铁制工具逐步推广,并有简单的施工机械,如桔槔等;当时已掌握采用火烧法开采石头的技术。

采用的材料有土(夯土和土坯)、木、石,开始大量使用经过烧制的瓦和砖。砖的强度远高于土,瓦抵御雨水冲刷的耐久程度也高于茅草,因而建造的房屋更加牢固、耐久。锯的发明大大提高了砍伐树木、加工木构件的效率。

根据后代文献的记载,当时已有经验总结及形象描述的土木工程著作,但未见传世。

这一阶段流传下来最负盛名的土木工程莫过于埃及金字塔(图1-3),其中最大的一座胡夫金字塔,建于公元前2700年左右,塔高146.59 m,底部四边每边长230.38 m,体积252.1万 m^3,

(a) 胡夫金字塔

(b) 狮子身人面像

图1-3 埃及金字塔

整个基地面积达5.69万 m²，估计用230万块、每块平均重2.5 t重的石灰岩砌成。建于公元前2000年的印度摩亨佐·达罗城，城市布局有条理，方格道路网主次分明，阴沟排水系统完备。

3) 发达阶段

古代发达阶段留存下来的土木工程很多，如建于公元前590年的雅典卫城，是希腊最杰出的古建筑群，建有雅典娜神庙和其他宗教建筑，为宗教政治的中心地，全部采用石构建筑，占地面积4 km²，见图1-4所示。公元前214年将秦、赵、燕三国北边城墙贯通的我国长城，到明朝总长度8 851.8 km，为世界上规模最大的古代土木工程，见图1-5所示。

图1-4 雅典卫城

图1-5 中国长城

公元前250年蜀郡太守李冰父子组织修建的都江堰大型水利工程，包括分水鱼嘴、飞沙堰、宝瓶口等部分组成，使成都平原成为"天府之国"，至今仍在发挥着防洪灌溉的作用，见图1-6所示。同一时期，西门豹(前370～前335年魏惠王时代)组织引漳灌邺工程，开凿了12条水渠；公元前246年(秦王嬴政元年)由韩国水工郑国花费十年主持兴建126 km长的郑国渠，西引泾水东注洛水，使关中地区成为"无荒年"的"沃野"之地。

建于公元前3世纪～2世纪之间的古罗马城市输水道，采用拱券技术筑成隧道、石砌渡槽等城市输水道11条，总长530 km，其中268.8 m长的加尔河谷输水道架在3层叠合的连续拱券上，见图1-7所示。

5

图1-6 都江堰

图1-7 古罗马城市输水道

在道路方面,为了加强中央政府对地方的控制,公元前214年秦帝国建立后以咸阳为中心修筑了通向全国的驰道,主要线路宽50步,统一了车轨,形成全国规模的交通网;著名的有9条,包括出今淳化通九原长达900里(450 km)的直道(图1-8a)和修建了许多著名栈道川陕大道,所谓栈道千里,通于蜀汉,见图1-8b所示。

(a) 直道

(b) 栈道

图1-8 秦驰道

另一个帝国古罗马在公元前3世纪统一了整个亚平宁半岛后开始建造以罗马城为中心,从大不列颠到美索不达米亚,从海格里斯之柱到里海,包括29条辐射主干道和322条联络干道、总长达78 000 km的罗马大道网,所以有"条条大路通罗马"之说。

图1-9 赵州桥

在桥梁方面,由李春在591~599年间负责建造的赵州桥是世界上现存最古老的石拱桥,1991年被美国土木工程师学会(ASCE)选定为第12个"国际历史土木工程的里程碑"。该桥长50.82 m,跨径37.20 m,拱券高7.23 m,两端宽9.6 m,中间宽9 m,见图1-9所示。

建于1056年的山西应县佛宫寺塔是世界上现存最古老的木结构建筑(参见图5-4),平面呈八角形,为五层、六檐楼阁式建筑,总高67.31 m;1926年冯玉祥与阎锡山军阀混战时,木塔共中弹二百余发,有十几发击中后曾起火,但很快自行熄灭,其中原委至今未知。

这一阶段人们对木、砖、石等传统建筑材料的使用达到了顶峰。在施工技术方面,运用标准化的配件方法,多数构件都可以按"材"或"斗口""柱径"的模数进行加工,现场安装,使工期大大缩短;通过统筹规划提高效益,如建造北宋的汴京宫殿时,施工时先挖河引水,为施工运料和供水提供方便,竣工时用渣土填河。

通过对大量工程实践的总结,出现了一批包含设计规定的土木工程著作。代表性的有成书于公元前5世纪的《考工记》,记述了城市、宫殿、房屋建筑规范,见图1-10a所示;公元前1世纪维特鲁威著《建筑十书》,系统总结了古希腊、罗马的建筑实践经验,主张一切建筑物都应当恰如其分地考虑"坚固、方便、美观",见图1-10b所示;宋喻皓著《木经》(后失传)、李诫著《营造法式》(1103年刊印),是我国古代最完整的建筑技术书籍,见图1-10c所示;意大利阿尔帕蒂著《论建筑》,完成于1452年,1485年出版,见图1-10d所示。

(a) 考工记　　　　(b) 建筑十书　　　　(c) 营造法式　　　　(d) 论建筑

图1-10　古代土木工程代表性著作

1.2.2　近代土木工程

近代从17世纪中叶到20世纪中叶,跨越三百年,分为17世纪中叶到18世纪下半叶的奠基阶段、18世纪下半叶到一战的成长阶段和一战到二战的成熟阶段。

近代土木工程以伽利略、虎克、牛顿等科学家所阐述的力学原理为基础;以钢铁、水泥新材料为支撑;以产业革命为动力。

1) 奠基阶段

与建立在经验基础上的古代土木工程不同,近代土木工程是以科学技术为基础的。

1638年伽利略出版了《关于两门新科学的对话》,首次用公式表达了梁的设计理论,是公认的材料力学领域中第一本著作,见图1-11所示。

1678年英国科学家胡克根据实验观察,总结出重要的物理定理:力与变形成正比。1687年牛顿的《自然哲学之数学原理》(图1-12a)总结了力学运动三大定律,是自然科学发展史的一个里程碑。1744年瑞士数学家欧拉(图1-12b)出版的《曲线的变分法》,建立了柱的压屈公式。1773年法国工程师库仑(图1-12c)发表的《建筑静力学各种问题极大极小法则的应用》,说明了材料的强度理论、梁的弯曲理论、挡土墙上的土压力理论。

力学理论的发展使土木工程作为一门独立学科逐步建立起来,奠定了近代土木工程的基

(a) 肖像　　　　　　　　　　(b) 著作

图 1-11　伽利略与他的《关于两门新科学的对话》

(a) 牛顿　　　　　　　(b) 欧拉　　　　　　　(c) 库仑

图 1-12　力学开拓者

础,是这一阶段最重要的标志。

2) 成长阶段

蒸汽机引发了产业革命,产业革命推动了土木工程发展;钢铁和水泥两种新材料的发明为土木工程提供了强大支撑。

以大规模工厂化生产取代个体工场手工生产为标志的产业革命促使大量农村人口向城市转移,伴随着城市规模的扩大,房屋、市政设施(城市道路、排水系统)的需求空前高涨;工业化生产所要求的产品和原材料的大流通引起了对高效、长距离交通设施的需求,在此背景下铁路诞生了。

在施工技术方面,蒸汽机逐步应用于抽水、打桩、挖土、轧石、压路、起重等作业;19 世纪 60 年代内燃机问世和 70 年代电机出现后,很快就研制出各种起重运输、材料加工、现场施工用的专用机械和配套机械,使得复杂工程得以快速完工。

这一阶段,基于力学原理、采用定量计算的各类土木工程设计方法逐步建立起来,如结构设计的允许应力法。

钢铁与水泥这两种新材料的使用是这个阶段最显著的标志。

英国人 J.阿斯普丁将石灰石和黏土配合烧制成块,再经磨细成新型水硬性胶凝材料,加水拌和后能硬化成具有较高强度的人工石块;因为这种胶凝材料的外观颜色与英国波特兰岛上出产的岩石的颜色相似,故称之为波特兰水泥(Portland Cement,我国翻译为硅酸盐水泥)。1824年10月21日取得专利权标志的这一重要人工建筑材料诞生。1848年人们开始在水泥中掺加砂、石,成为水泥混凝土。另一种重要人工建筑材料——钢是由铁炼制而成的,人类使用铁的历史已有几千年,但一直主要限于工具、兵器和机器的使用。1856年大规模炼钢方法——贝塞麦转炉炼钢法发明后,钢材数量和质量大大提高,开始大量用于土木工程。

铁路是土木工程的新成员,继1825年9月27日世界上第一条铁路(从斯托克顿到达灵顿,长21 km)诞生后,1869年美国建成全长3 000多 km,横贯北美大陆的太平洋铁路。

在钢与水泥这两种新材料的使用方面,1872年美国人沃德在纽约建造了第一幢钢筋混凝土(钢和水泥混凝土的结合)房屋;1885年美国芝加哥建成高55 m、12层,采用钢结构的

图 1-13 芝加哥家庭保险公司大楼

1871年的芝加哥大火使美国芝加哥市内建筑被严重摧毁,灾后重建工作又遇到了人口愈益增多、土地价格上涨的困难。于是,采用增加层数的方式来大量增加出租面积——让建筑向天空发展。新的钢材能够承受这样的负荷,与此同时1853年奥蒂斯发明了载客升降机,解决了垂直方面的交通问题。

家庭保险公司大楼,首开摩天大楼的先河,见图1-13所示;1889年法国为纪念大革命100周年和举办万国博览会,由建筑工程师 A.G.艾菲尔设计,在巴黎建成了高300 m 的埃菲尔铁塔(参见图5-45b),建筑高度首次超过埃及金字塔,向人们充分展示了钢铁这种新建筑材料的风貌。

3) 成熟阶段

这一阶段,解决各类工程问题的理论体系已全面建立,体现在一批土木工程的学科专著相继诞生,如美籍乌克兰力学专家铁木辛柯(1878—1972)(图1-14a)相继出版了《材料力学》《高等材料力学》《结构力学》《工程力学》《弹性力学》《板壳理论》等著作;如美籍奥地利土力学专家太沙基(1883—1963)(图1-14b)在1925年出版了土力学专著《建立在土的物理学基础的土力学》,随后又出版了《理论土力学》和《实用土力学》。在理论的指导下,通过大量的科学试验和工程实践,工程设计方法趋于完备,并以设计规范的形式加以固定。

先进的设计理论和设计方法使得人类有能力建造更大跨度的桥梁、更高的房屋。1931年建成的美国华盛顿桥,跨径1 067 m,开创了人类跨越千米的历史(参见图6-12a);同年,高378 m(后安装天线升至443.5 m)、102层的帝国大厦在纽约落成,见图1-15所示。

(a) 铁木辛柯

(b) 太沙基

图 1-14　土木工程大家

图 1-15　纽约帝国大厦

1.2.3　现代土木工程的特点

1) 工程特点

现代土木工程具有功能综合、环境复杂、生态压力的特点。

传统的车站仅仅是在路边设立一个供旅客休息、候车的场所,现代车站则是集多种交通换乘、餐饮、购物、休闲于一体的综合性工程。以南京南站(图 1-16)为例[12],地上三层、地下两层;第三层是候车大厅,第二层是高铁站台(28 股道),地面层是公交站、长途汽车站、出租车及社会车辆停车站,地下两层为地铁站(4 条线)和地下商场,它们全部装在面积达 45.8 万 m^2 的一栋大楼内,由 200 部电梯相互连通,房屋、公路、铁路、隧道、桥梁已融为一体。功能多样化带来工程的大型化和结构的复杂化。

随着人类的扩张,不得不在一些环境条件极端复杂的区域兴建土木工程,如在受飓风、海浪侵袭的深海修建跨海大桥和海上平台,在不稳定山体中修建隧道,在高寒缺氧、冻土地区修建铁路。

一方面由于人口膨胀造成资源短缺、环境污染,另一方面工程建设项目对自然界的影响巨大,土木工程受到越来越苛求的条件约束,资源节约型、环境友好型已成为对土木工程的普遍要求。以青藏铁路(图 1-17)为例,为了保护当地野生环境,沿线专门设置了 33 处野生动物迁徙通道;现场不留任何建筑垃圾;线路两侧的草皮在施工前先移至花房集中寄养,完工后再恢复。

图 1-16　现代车站

图 1-17　青藏铁路

2) 设计特点

基于可持续发展的设计理念，基于可靠性理论的设计方法，基于计算机网络的设计手段。

人与自然的关系经历过顺从自然、驯服自然、和谐自然的过程。在古代，人类限于自身的知识水平和能力，敬畏自然、融为自然，追求"天人合一"的境界；到了近代，随着自然力量背后的规律被一一发现，人类获得巨大的力量足以对抗自然、改造自然、征服自然，所谓人定胜天；进入现代，人类开始反思，对抗自然实质是对抗人类自己，人类是自然的一部分，只有和谐相处才能长久地保护人类自己。

对于工程破坏的认识，人类曾认为至今未破坏的，今后也不会破坏，可以仿照留存的工程建造现在的工程；随着对材料力学性能和荷载特性的了解，意识到为了避免万一破坏必须留有余地；现在认识到破坏是一种随机现象，要控制发生破坏的概率需基于可靠性理论。

自从世界上第一台计算机 1946 年问世以来，计算机已渗透到各个领域，土木工程也不例外，现在的工程设计已离不开计算机，而多工种的协调配合通过计算机网络完成。

3) 材料特点

现代工程结构材料具有高强、高性能、功能化的特点。

近代混凝土强度等级为 C14（抗压强度 14 MPa，用于次要构件）和 C17（用于主要构件），目前我国的常用混凝土等级已到 C80。型钢的强度从最初的 200～300 MPa 提高到现在的 600～700 MPa，钢丝强度更是高达 1 980 MPa。碳纤维材料的抗拉强度达到 3 000～3 400 MPa。

高性能是指具有高比强度、高比刚度、耐高温、耐腐蚀、耐磨损的材料。如通过改变混凝土的组分，出现了各种高耐久性、高工作性（高流动性、高粘聚性、自密实性）、高体积稳定性（低干缩、低徐变、低温度变形和高弹性模量）等高性能混凝土。常规钢在 600 ℃高温下强度几乎丧失，而耐候钢在 600 ℃高温下能维持 2/3 的强度。

功能化是指材料除了具有传统物理、力学性能以外，还具有某些特殊功能，如形状记忆合金材料、自修复材料、自感知材料。

4) 施工特点

现代施工具有立体化、自动化、信息化的特点。

现代工程很少是功能单一的单个工程，具有综合性，自下而上或从左到右的平面施工顺序已很难胜任，大型工程的立体、交叉作业已成常态。

自动化程度很高的各种施工机械,如隧道施工的盾构机、挖掘装卸机械、吊装机械被大量运用。替代人工操作的建筑机器人已上岗,用 3D 打印建造的试点工程也已问世。

工程施工是在地质、气象等环境条件下结构形态的形成过程,环境对结构影响以及结构本身的状态时刻变化,需要通过即时获取的监测信息调整、指导施工。

1.3 学习建议

1.3.1 关注工程需求、思考工程问题

一项工程开始于发现问题、结束于解决问题;新工程又有新问题需要发现、解决,如此往复。学习、了解工程也应从思考工程问题开始。本书每章以思考题的形式提炼了一些问题,希望借此能养成读者主动思考问题、带着问题阅读、勇于发表自己观点的习惯,并随着大学的学习进程不断深化对工程问题的探究,"不唯上、不唯书、不从众"。

1.3.2 依托体系框架、自我丰富知识

书中内容仅仅是搭建了土木工程的知识体系框架,让读者明白各类知识在纵(工程项目全寿命周期)、横(土木工程种类)、深(土木工程技术基础)网格中的位置和作用,为读者在开放的知识海洋中自行获取知识、自我丰富知识提供导航作用。每章设置的测试题帮助读者自我检验学习效果。

1.3.3 培养工程兴趣、开展课程研讨

每章设置的趣味性计算分析题,帮助读者提高对工程问题的兴趣。不少高校将《土木工程概论》课列为新生研讨课,旨在使学生一进入大学就习惯基于工程项目的研究性学习,通过研讨环节培养工程意识,探索工程问题的最佳解决途径、培养团队合作精神。为了适应这种教学方法,从近几年东南大学的新生研讨课题中筛选了一部分题目,列于书后供课程研讨时参考。

学习建议

思考题

1-1 "土木工程"名称的由来?
1-2 土木工程与其他人工建造物的最大区别是什么?
1-3 土木工程有哪些种类?
1-4 土木工程的全寿命周期包括哪几个阶段?
1-5 现代工程技术人员应该具备什么样的知识结构?

思考题注释

测试题

1-1 在下列土木工程的种类中,人类历史上最早出现的是( )。
(A) 建筑工程 (B) 道路工程
(C) 桥梁工程 (D) 地下工程
1-2 人类最早使用的土木工程材料是( )。
(A) 土和木 (B) 青铜和铁

测试题解答

(C) 砖和石 (D) 水泥混凝土

1-3 建设项目的全寿命周期包括( )四个阶段。
(A) 项目审批、工程勘察设计、工程施工、项目运行维护
(B) 项目论证、工程勘察设计、工程施工、工程拆除复原
(C) 项目论证、工程勘察设计、工程施工、项目运行维护
(D) 项目审批、工程勘察设计、工程施工、工程拆除复原

1-4 土木工程发展史中三大关键要素是( )。
(A) 经验、设计理论和施工技术
(B) 材料、设计理论和施工技术
(C) 材料、经验和施工技术
(D) 材料、经验和设计理论

1-5 近代土木工程发展的特点是( )。
(A) 以钢铁水泥新材料为支撑、以产业革命为动力、以环境保护为目标
(B) 以力学原理为基础、以产业革命为动力、以环境保护为目标
(C) 以力学原理为基础、以钢铁水泥新材料为支撑、以环境保护为目标
(D) 以力学原理为基础、以钢铁水泥新材料为支撑、以产业革命为动力

1-6 现代土木工程的特点是( )。
(A) 环境复杂、生态压力、材料智能
(B) 功能综合、生态压力、材料智能
(C) 功能综合、环境复杂、材料智能
(D) 功能综合、环境复杂、生态压力

第 2 章 工 程 力 学

力学是土木工程的学科基础,土木工程涉及固体力学、流体(主要是水)力学和土力学。

2.1 固体力学的基本概念

2.1.1 力与力矩

力(force)是物体间的相互作用,这种作用使物体的运动状态发生改变或使物体产生变形,前者称动力、后者称静力。大小、方向和作用点是力的三要素。衡量力大小的常用单位有牛顿(N)或千牛(kN)。力的方向包含方位和指向两个意思,如铅直向上、水平向左。作用点是指力作用在物体上的位置。一般说来,力作用在物体上总有一定的面积。当作用的面积很小以至可以忽略时,就抽象成一个点,这种力称为**集中力**(concentrated force)见图 2-1a;当作用面积的宽度可以忽略时,作用位置抽象成一条线,这种力称为**线分布力**(line distributed force)见图 2-1b;当作用的面积不可忽略时,称为**面力**(surface force)。而物体重力属于体分布力(body distribution force)。线分布力、集中力都是对实际作用的一种简化。

在**计算简图**(calculation diagram)(计算、分析时用于代替实际物体的简化图形)中,集中力用带箭头的直线段表示作用线,箭头所指方向为力的作用方向,字母 F 代表力的大小,如图 2-1a 所示。线分布力的大小用力集度表示,常用单位 kN/m(此处 m 是长度单位),用字母 q 表示,如图 2-1b 所示。当各处的力集度相同时称为**均匀分布力**(uniform distributed force),简称均布力。

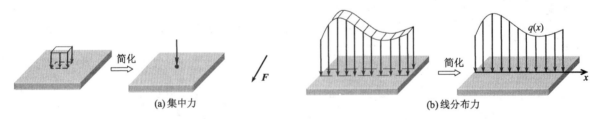

图 2-1 力的表示方法

力对于某点 o 的矩称为**力矩**(moment of a force),它有引起物体绕该点转动的效应。点 o 称为矩心,矩心到力的垂直距离称为力臂,如图 2-2a 所示。力矩有三个要素:大小、力和矩心构成的平面、在该平面内力矩的转向。力矩的大小为力与力臂的乘积,用字母 M_o 表示,$M_o = Fl$,(其中下标 o 代表对 o 点的矩),常用单位 N·m 或 kN·m;力矩的转向逆时针用↺表示,顺时针用↻表示。力矩用矢量表示时采用带双箭头的线段(以和力的表示方法相区别),矢量与矩心 o 和力 F 组成的力矩平面相垂直,指向按右手螺旋法则确定,见

图 2-2b 所示。

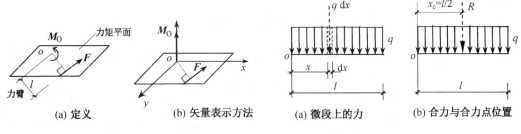

(a) 定义　　　(b) 矢量表示方法　　　(a) 微段上的力　　　(b) 合力与合力点位置

图 2-2 力矩　　　　　　　　　　　图 2-3 均布力的力矩

【例 2-1】 求图 2-3 所示均布力 q 对 o 点的矩。

〖解〗 在距离 o 点为 x 处取微段 $\mathrm{d}x$，该微段上的集中力为 $q\mathrm{d}x$，该集中力对 o 点的力矩为 $\mathrm{d}\boldsymbol{M}_o = q\mathrm{d}x \times x$，见图 2-3a 所示。沿长度 l 积分，得到均布力对 o 点的力矩：

$$\boldsymbol{M}_o = \int_0^l qx\,\mathrm{d}x = \frac{ql^2}{2}$$

上式可以表示为：

$$\boldsymbol{M}_o = \boldsymbol{R} \times x_c$$

式中　$\boldsymbol{R}$——分布力的合力，$R = ql$；

　　　x_c——合力离 o 点的距离，$x_c = \dfrac{l}{2}$，见图 2-3b 所示。

可见，求分布力对某点的力矩，可先求分布力的合力以及合力点的位置，然后按集中力的方法确定力矩。其中合力等于荷载分布图的面积，合力点位置在面积的形心处。

2.1.2 力偶

两个大小相等、方向相反且不共线的一对集中力，其整体称为**力偶**(a couple)，两个力之间的距离称为力偶臂，见图 2-4 所示。力与力偶臂的乘积 $\boldsymbol{F} \times l$ 反映了力偶的大小，称为力偶矩，用 $\boldsymbol{M}$ 表示，单位与力矩相同。大小、力偶所在平面和在该平面的转向是力偶的三个要素。

下面来讨论力偶对某点的矩。在力偶平面内任取一点 o，设 o 到 $\boldsymbol{F}$ 的距离为 x，如图 2-4b 所示。以逆时针转动为正，注意到 $\boldsymbol{F} = \boldsymbol{F}'$，力偶的两个力对 o 点的矩之和为：

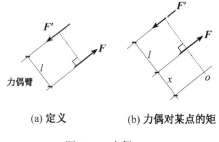

(a) 定义　　(b) 力偶对某点的矩

图 2-4 力偶

$$\boldsymbol{F}'(l+x) - \boldsymbol{F}x = \boldsymbol{F}l = \boldsymbol{M}$$

可见，力偶对其所在平面内任一点的矩总是等于力偶矩，而与矩心位置无关。

2.1.3 主动力与约束反力

主动地使物体运动或使物体有运动趋势的力称为**主动力**(active force),如风力、浮力。主动力又称**荷载**(load)。

阻碍物体运动的限制条件称为**约束**(constraints),约束对于物体的作用称为**约束反力**(constraint reaction),简称反力。约束反力的方向总是与约束所能阻止的运动方向相反。如图 2-5a 所示放置在光滑地面的物体,在重力 G 作用下,有铅直向下运动的趋势,而地面将阻止物体向下运动,地面对物体提供铅直向上的约束反力;对于图 2-5b 绳索吊着的物体,绳索将阻止物体向下运动,对物体提供铅直向上的约束反力。

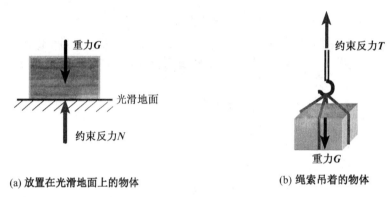

图 2-5 约束与约束反力

2.1.4 支座

在计算简图中,其他物体对所研究物体的约束用**支座**(support)表示,相应的约束反力称为支座反力。图 2-6a 所示物体与周围物体通过光滑圆柱形销钉连接。销钉能阻止物体在垂

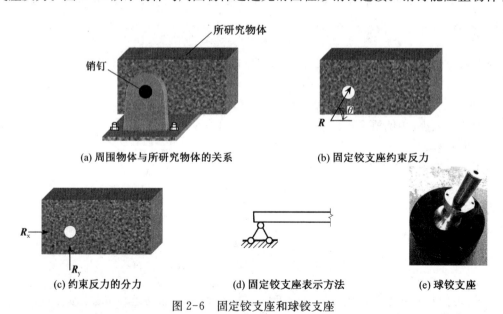

图 2-6 固定铰支座和球铰支座

直于销钉轴线的平面内任意方向 θ 的移动(但不能阻止物体的转动,也不能阻止物体沿销钉轴线方向的移动),对应的约束反力为通过销钉中心、θ 方向的力,如图 2-6b 所示。这一约束反力可以分解为两个相互垂直的分力,如图 2-6c 所示。在计算简图中这类约束用图 2-6d 所示的支座表示,称为**固定铰支座**(fixed hinge support)。

图 2-6e 所示的**球铰支座**(spherical hinge support)则能阻止物体在空间任意方向的移动,有 R_x、R_y、R_z 三个约束反力。

图 2-7a 中的辊轴仅能阻止物体垂直方向的移动,约束反力如图 2-7b 所示。这类约束用图 2-7c 所示的支座表示,称为**可动铰支座**(roller support)。

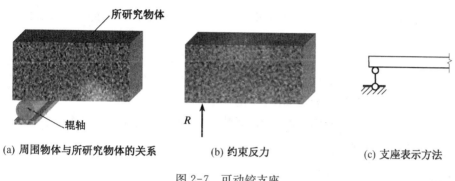

(a) 周围物体与所研究物体的关系　　(b) 约束反力　　(c) 支座表示方法

图 2-7　可动铰支座

图 2-8a 中的物体牢固地埋入墙内,墙既能阻止物体平面内的移动也能阻止其转动,有三个约束反力:水平力、竖向力和力偶矩,如图 2-8b 所示。这类约束用图 2-8c 所示的支座表示,称为**固定支座**(fixed support)。

而空间固定支座则有三个方向的力和三个方向的力偶矩共六个约束反力。

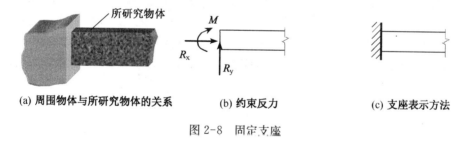

(a) 周围物体与所研究物体的关系　　(b) 约束反力　　(c) 支座表示方法

图 2-8　固定支座

2.1.5　外力与内力

物体外部的力称为**外力**(external force),外力包括两类:主动力和约束反力。在外力作用下物体内部的相互作用力称为**内力**(internal force)。外部和内部是相对于所研究的对象而言的。

确定物体内部力的大小和方向,可用**截面法**(method of sections)。

图 2-9a 所示的圆柱体,两端受一对大小相等、方向相反、作用线与物体轴线(截面形心的连线)重合的荷载作用,这种作用线与物体轴线重合的荷载称为**轴向荷载**(axial load)。假想在截面 m—n 处切割物体,因该截面垂直于纵向轴线,称为**横截面**(cross section)。从整体物体中切割下来的一部分称为**隔离体**(free-body),现取截面 m—n 左半部分作为隔离体,如图 2-9b 所示。由于物体是均匀连续的,所以横截面 m—n 上有连续分布的内力,这一分布内力

的合力用 **N** 表示,见图 2-9b 所示。就整个物体而言,横截面 m—n 上的 **N** 是内力,而就左半段而言,**N** 成了外力。可见内力和外力是相对于所研究的物体而言的。

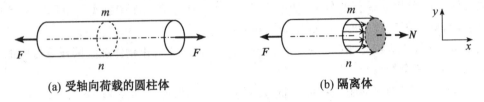

(a) 受轴向荷载的圆柱体　　　　　　(b) 隔离体

图 2-9　截面法

由于整个物体处于平衡状态,隔离体部分也应该处于平衡状态。由水平方向的静力平衡方程:

$$\sum X = 0, \quad \boldsymbol{N} - \boldsymbol{F} = \boldsymbol{0}$$

得到 **N**=**F**,**N** 的作用线与物体轴线重合。作用在轴线的内力称为**轴力**(axial force)。取截面 m—n 右半部分作为隔离体,能得到相同的结果。

采用截面法只能得到分布内力的合力,无法确定内力的具体分布情况。要了解内力的分布情况还需要结合其他条件。

2.1.6　变形与位移

物体形状的改变称为**变形**(deformation),其中在荷载作用下的变形称受力变形;在温度、湿度等环境作用下的变形称非受力变形。受力变形有**弹性变形**(elastic deformation)和**塑性变形**(plastic deformation)之分。当荷载撤去后能完全消失的变形(即物体能完全恢复到受荷前的形状)称为弹性变形;当荷载撤去后不能消失而残留下来的变形(即物体维持受荷时的形状)称为塑性变形。在弹性变形中如果变形与力呈线性关系,称为**线弹性变形**(linearly elastic deformation)。不少工程材料,在一定的受力范围内只发生弹性变形,超过一定范围后将发生塑性变形。

物体位置的移动称为**位移**(displacement)。位移有**刚体位移**(rigid body displacement)和**变形位移**(deformation displacement)之分,前者由物体整体移动(包括平动和转动)引起;后者由变形引起。

2.1.7　应力与应变

1) 应力的定义

物体分布内力的集度(即单位面积的力)称为**应力**(stress),其中垂直截面的法向分布内力的集度称为**正应力**(normal stress),用希腊字母 σ 表示;平行截面的切向分布内力的集度称为**切应力**(shear stress),用希腊字母 τ 表示。应力单位采用 $Pa(N/m^2)$ 或 $MPa(N/mm^2)$,$1\ MPa = 10^6\ Pa$。

一般情况下分布内力是不均匀的,为了定义截面 m—n 上某点 P 的应力,围绕 P 点取一微小面积 ΔA,设微小面积上分布内力的合力为 $\Delta \boldsymbol{N}$,见图 2-10a 所示。当 ΔA 无限趋近于零时,$\Delta \boldsymbol{N}$ 与 ΔA 比值的极限定义为该点的应力,即

$$S = \lim_{\Delta A \to 0} \frac{\Delta \boldsymbol{N}}{\Delta A}$$

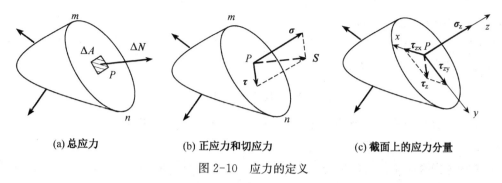

(a) 总应力　　　　　　　(b) 正应力和切应力　　　　　　(c) 截面上的应力分量

图 2-10　应力的定义

该应力可以分解为垂直于截面 m—n 的正应力分量 σ 和平行于截面 m—n 的切应力分量 τ，如图 2-10b 所示。在 P 点建立直角坐标，以截面 m—n 的法向作为 z 轴，截面 m—n 相应地称为 z 轴平面，如图 2-10c 所示；则切应力 τ 可以进一步分解为沿 x、y 轴方向的分量。可见，某个平面上一共有三个应力分量，一个正应力分量（σ_z）、两个切应力分量（τ_{zx}、τ_{zy}）。为了强调该组应力分量是 z 轴平面的，分量的下标加上 z，切应力分量的第二个下标代表应力指向的坐标轴。应力指向与坐标轴一致为正。

2）应力状态

通过一点 P 不同截面上的应力是不同的，所有截面上的应力情况称为该点处的**应力状态**（stress states）。为了表示某点 P 的应力状态，在 P 点从物体中选取一个微小的正六面体，它的棱边平行于坐标轴，棱边长度分别为 Δx、Δy、Δz。外法线沿着 x 轴、y 轴、z 轴正方向的三个平面（称为 x、y、z 正面），每个平面上有三个应力分量，见图 2-11a 所示。由于六面体是

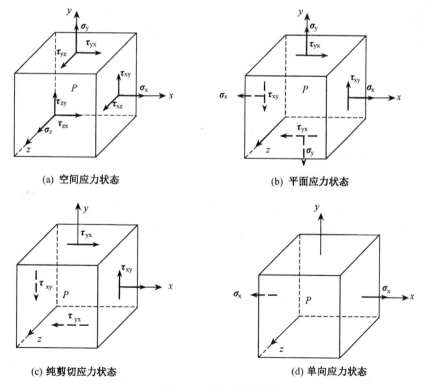

(a) 空间应力状态　　　　　　　　　(b) 平面应力状态

(c) 纯剪切应力状态　　　　　　　　(d) 单向应力状态

图 2-11　一点的应力状态

微小的,可认为应力是均匀的,另外三个平面(称为 x、y、z 负面)上的应力与相应正面上的应力,大小相等、指向相反(在图2-11a中没有标出)。在总共九个应力分量中,六个切应力分量之间具有互等关系[3](图2-11c):

$$\tau_{xy} = \tau_{yx},\ \tau_{zx} = \tau_{xz},\ \tau_{yz} = \tau_{zy}$$

独立的应力分量剩下六个,σ_x、σ_y、σ_z、τ_{xy}、τ_{yz}、τ_{zx}。只要已知某点这六个应力分量,则通过该点所有截面上的应力都可以确定。

如果物体内某个平面上的应力分量始终为 **0**,比如 z 轴平面,$\sigma_z=0$、$\tau_{zx}=0$、$\tau_{zy}=0$,此时其他平面上应力的作用线位于同一平面,这种状态称为**平面应力状态**(plane stress state),如图2-11b所示,它有三个应力分量 $\boldsymbol{\sigma_x}$、$\boldsymbol{\sigma_y}$、$\boldsymbol{\tau_{xy}}$;特别,如果正应力全部为 **0**,这种状态称为**纯剪切应力状态**(pure shear stress state),如图2-11c所示,此时只剩一个应力分量;图2-11d所示的则为**单向应力状态**(uniaxial stress state)。

3) 应力摩尔圆

通过某点 P 所有截面的应力可以用图形表示。下面以平面应力状态为例,说明图形的绘制方法。先确定图2-12a所示法线与 x 轴成 α 角的斜截面(称 α 截面)上的应力。取图2-12b

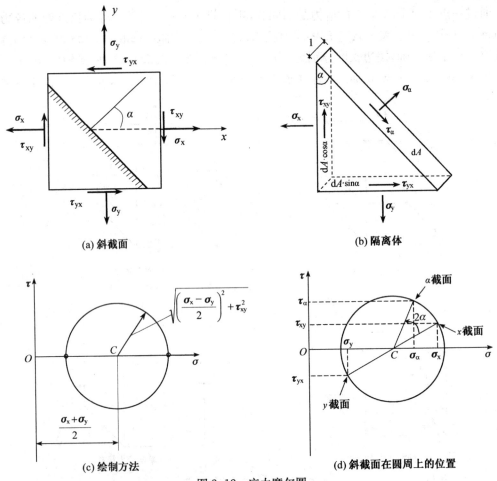

(a) 斜截面　　　　　　　　　　　　　(b) 隔离体

(c) 绘制方法　　　　　　　　　　　　(d) 斜截面在圆周上的位置

图2-12 应力摩尔圆

所示的隔离体，斜截面上的正应力和切应力分别用 $\boldsymbol{\sigma}_\alpha$、$\boldsymbol{\tau}_\alpha$ 表示。设 α 截面的面积为 dA（斜长×单位厚），则 x 截面的面积为 $dA \times \cos\alpha$、y 截面的面积为 $dA \times \sin\alpha$。根据隔离体 x、y 方向的静力平衡条件（注意到 $\boldsymbol{\tau}_{xy} = \boldsymbol{\tau}_{yx}$），可得到

$$\left.\begin{aligned}\boldsymbol{\sigma}_\alpha &= \frac{\boldsymbol{\sigma}_x + \boldsymbol{\sigma}_y}{2} + \frac{\boldsymbol{\sigma}_x - \boldsymbol{\sigma}_y}{2}\cos 2\alpha - \boldsymbol{\tau}_{xy}\sin 2\alpha \\ \boldsymbol{\tau}_\alpha &= \frac{\boldsymbol{\sigma}_x - \boldsymbol{\sigma}_y}{2}\sin 2\alpha + \boldsymbol{\tau}_{xy}\cos 2\alpha\end{aligned}\right\} \tag{2-1a}$$

式中正应力以拉为正，切应力以绕单元体内任一点力矩顺时针转向为正，α 角以从 x 轴逆时针转向斜面法线为正。

如 $\boldsymbol{\sigma}_x$、$\boldsymbol{\sigma}_y$ 和 $\boldsymbol{\tau}_{xy}$ 已知，任意一个截面（α 截面）上的应力可以完全确定。

下面来建立 α 截面正应力与切应力的关系。从上面两式中消去 α，得到：

$$\left(\boldsymbol{\sigma}_\alpha - \frac{\boldsymbol{\sigma}_x + \boldsymbol{\sigma}_y}{2}\right)^2 + \boldsymbol{\tau}_\alpha^2 = \left[\sqrt{\left(\frac{\boldsymbol{\sigma}_x - \boldsymbol{\sigma}_y}{2}\right)^2 + \boldsymbol{\tau}_{xy}^2}\right]^2 \tag{2-1b}$$

等式右边为一常数，等式左边括号内的第二项也为常数。

上述方程在 $\sigma - \tau$ 坐标系中代表一个圆曲线，圆心位于 σ 轴、距离坐标原点的距离为 $\frac{\boldsymbol{\sigma}_x + \boldsymbol{\sigma}_y}{2}$，半径为 $\sqrt{\left(\frac{\boldsymbol{\sigma}_x - \boldsymbol{\sigma}_y}{2}\right)^2 + \boldsymbol{\tau}_{xy}^2}$，见图 2-12c 所示，圆周上一点的纵、横坐标代表了 α 截面上的正应力 $\boldsymbol{\sigma}_\alpha$ 和切应力 $\boldsymbol{\tau}_\alpha$，见图 2-12d 所示。此圆为应力圆，又称摩尔圆[①]。

应力圆与 σ 坐标有两个交点（见图 2-12c 中的小圆点），在这两个截面，切应力为 **0**，正应力分别达到最大和最小，称为最大主应力和最小主应力，相应的截面称为最大主应力面和最小主应力面。

4）应变的定义

应变（strain）是衡量物体在外力作用下变形程度的指标。与正应力对应的是**线应变**（normal strain），用希腊字母 ε 表示；与切应力对应的是**切应变**（shear strain），用希腊字母 γ 表示。应变是量纲为 1 的量。

图 2-13 所示的微小正六面体，仅在 x 面上有正应力作用（拉应力），平行于 x 轴的边长从受荷前的 Δx（图 2-13a）伸长为 $\Delta x + \Delta u_x$（图 2-13b），x 方向的线应变定义为：

$$\varepsilon_x = \lim_{\Delta x \to 0} \frac{\Delta x + \Delta u_x - \Delta x}{\Delta x} = \lim_{x \to 0} \frac{\Delta u_x}{\Delta x} \; ②$$

当正应力为拉应力时，线应变为拉应变；当正应力为压应力时，线应变为压应变。

同理，可定义 y、z 方向的线应变。

图 2-13 中正六面体 x 方向边长伸长的同时，y 和 z 方向的边长从 Δy、Δz 缩短为 $\Delta y - \Delta u_y$、$\Delta z - \Delta u_z$。$\lim\limits_{\Delta y \to 0}\frac{\Delta u_y}{\Delta y}$、$\lim\limits_{\Delta z \to 0}\frac{\Delta u_z}{\Delta z}$ 称为**横向应变**（lateral strain）。对于各向同性材料，

[①] 由德国土木工程工程师 Otto Christian Mohr 在 1882 年提出。
[②] 无限趋近于零的微小量 Δu_x、Δx 在"高等数学"中用微分 du_x、dx 表示，$\lim\limits_{\Delta x \to 0}\frac{\Delta u_x}{\Delta x} = \frac{du_x}{dx}$。

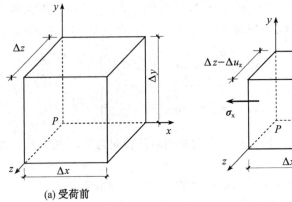
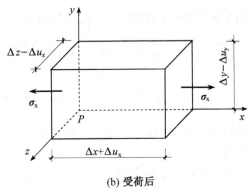

(a) 受荷前　　　　　　　　　　(b) 受荷后

图 2-13　线应变

两个方向的横向应变值相同,用 ε'_x 表示。在线弹性变形范围内,横向应变与线应变之间存在固定关系:

$$\nu = -\frac{\varepsilon'_x}{\varepsilon_x}$$

式中　ν——**泊松比**(Poisson's ratio),是无量纲量。

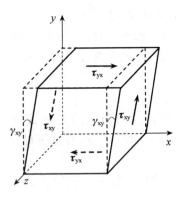

图 2-14　切应变

图 2-14 所示微小正六面体,处于纯剪切应力状态,仅在 x、y 面上有切应力作用。在切应力作用下,x、y、z 方向的六面体边长既不伸长也不缩短,而是受荷前的直角发生了改变。这种直角的改变量(用弧度表示)定义为**切应变**(shear strain)。

5) 应力—应变关系

在线弹性变形范围内,单向应力状态的正应力和线应变之间存在如下固定关系:

$$\sigma_x = E\varepsilon_x \tag{2-2}$$

式中　E——**弹性模量**(modulus of elasticity),常称杨氏模量,单位与应力相同。

上式称为**胡克定理**(Hooke's law)[①]。

切应力和切应变之间也存在固定关系:

$$\tau_{xy} = G\gamma_{xy} \tag{2-3}$$

式中　G——**剪切模量**(shear modulus of elasticity),单位与应力相同。

上式称为**剪切胡克定理**(Hooke's law in shear)。

弹性模量 E、剪切模量 G 和泊松比 ν 是材料的三个弹性常数,需根据材料试验测定。三者之间存在如下关系:

---

① 在平面和空间应力状态下,应力与应变之间也有类似的关系,称为广义胡克定理。

$$G = \frac{E}{2(1+\nu)}$$

弹性模量反映了材料抵抗线应变的能力,弹性模量越大,相同正应力下的线应变越小;剪切模量反映了材料抵抗切应变的能力,剪切模量越大,相同切应力下的切应变越小。

2.1.8 应变能

变形体受到外力作用时,储存在物体内部的能量称为**应变能**(strain energy)。当略去动能(静力加载)和能量损耗时应变能的数值等于外力所做功,因而可通过外力所做的功来计算应变能。应变有线应变与切应变之分,与线应变对应的称为体积改变能、与切应变对应的称形状改变能。应变有弹性和塑性之别,与弹性应变对应的是弹性应变能,与塑性应变对应的是塑性应变能。当外力撤去时,弹性应变消失、弹性应变能转化为外力功;而塑性应变能会残留在物体内。

2.2 流体力学的基本概念

固体、液体、气体是物质的三种状态。固体有固定的形状和体积,能承受一定的拉力、压力和剪切力。液体和气体没有固定的形状,其中气体没有固定的体积(取决于容器的体积),液体在一般的温度和压力下能保持固定体积;液体和气体可以承受压力,但几乎不能承受拉力和拉伸变形,在微小剪切力作用下很容易发生变形和流动,所以两者统称为流体。

流体力学基本概念

2.2.1 液体的主要物理性质

1) 密度和重度

匀质液体的**密度**(density)ρ 定义为单位体积所具有的质量,表示为:$\rho = \dfrac{m}{V}$

式中　V——液体体积;
　　　m——液体质量。

密度的单位为 kg/m^3 或 g/cm^3。水的密度随温度和压力有轻微变化,在一个标准大气压(101.325 kPa)下,纯净水与温度的关系如图 2-15a 所示,在 4℃时密度最大。在工程中一般取 $\rho = 1\ 000\ kg/m^3$。

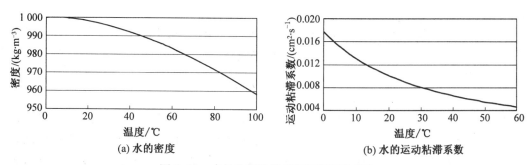

(a) 水的密度　　　　　　　　(b) 水的运动粘滞系数

图 2-15　水的物理性能指标随温度的变化

单位体积液体质量产生的重力称为**重力密度**(gravity density),简称重度,用 γ 表示,单位为 kN/m³。重度与密度的关系为:$\gamma = \rho g$,其中 g 为重力加速度。

2) 粘滞性与粘滞系数

粘滞性(viscosity)是流体不同于固体的特有性质。液体在静止状态不能承受剪力、抵抗剪切变形。但在运动状态,液体质点之间或**流层**(stream layer)之间存在相对运动时,质点间会产生内摩擦力抵抗相对运动,内摩擦力做功耗散机械能,这一特性称为粘滞性,此内摩擦力又称粘滞力。

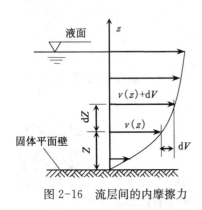

图 2-16 流层间的内摩擦力

图 2-16 所示液体沿着固体平面壁作平行的直线流动,由于液体具有粘滞性,靠近壁面处的流速小、远离壁面处的流速大,各流层之间存在流速差。

1686 年,**牛顿**(Newton)在试验的基础上提出了牛顿内摩擦定理:液体沿某一固体表面作平行直线运动,在有相对运动的相邻两层液体的交界面上,单位接触面积上的内摩擦力 τ 与流速梯度(流速沿液体深度的变化率 dV/dZ)成正比,而与接触面上的正压力无关(注意物理学中的外摩擦力与正压力成正比),可表示为

$$\tau = \mu \frac{dV}{dZ}$$

比例系数 μ 称为液体动力粘滞系数,单位 N·s/m²,或 Pa·s。

动力粘滞系数与密度的比值称为液体运动粘滞系数,用 ν 表示,即 $\nu = \dfrac{\mu}{\rho}$,单位 cm²/s。

水的运动粘滞系数随温度变化,见图 2-15b 所示。

牛顿内摩擦定理并不适用于所有流体,符合这一定理的流体称牛顿流体,如水、空气、汽油等。

3) 压缩性与体积弹性系数

液体受压后体积缩小,撤除压力后恢复原状的性质称为液体的压缩性。液体单位面积上的压力称压强,用来衡量压力的大小,单位为 N/m²,用 Pa 表示。液体压缩性可用体积弹性系数 K 度量。设原来的液体体积为 V,压强增加 Δp 后体积减小 ΔV,体积弹性系数定义为:

$$K = -\frac{\Delta p}{\Delta V / V}$$

单位为 N/m²。

同一类液体的体积弹性系数随温度和压强有轻微变化,工程上一般视作常数,水的体积压缩系数取 $K = 2.1 \times 10^9$ Pa。在压强变化不大的情况下,水的压缩性可以忽略,水的密度和重度可视为常数。

4) 表面张力与表面张力系数

液体与其他介质(气体与固体)分界面附近的液体薄层因两侧分子引力的不同存在的微小拉力称**表面张力**(surface tension),它使液体表面拉紧、收缩。叶片上的水滴、水龙头缓缓垂下的水滴,以及工程中的毛细管现象都是由于表面张力的缘故。表面张力的大小用表面张力系

数度量,定义为单位长度的拉力,单位 N/m。对于 20℃ 的纯净水的表面张力系数为 0.074 N/m,水银 0.54 N/m。

2.2.2 静水压力

1) 静水压强的特性

相对于地球或容器没有相对运动的液体称为**静止液体**(stationary liquid),此时液体处于平衡状态。液体质点之间没有相对运动时,粘滞性不起作用,所以平衡液体没有剪力;又因为液体几乎不能承受拉力,所以平衡液体质点间的相互作用只能以压力的形式表现出来。

静止状态水的压强(简称**静水压强**,hydrostatic pressure)具有两个重要特性:一是静水压强的方向与作用面的内法线一致;二是作用于同一点上各方向的静水压强值相等。

第一个特性可用反证法证明。如果静水压强的方向与作用面的法线不一致,那么该压强可以分解为法向应力和切向应力;而在切向应力作用下液体将发生流动,失去平衡,这与静止的前提不符,所以不可能有切向分力,即压强方向只能是法向;又因为液体不能受拉,所以内法线方向是唯一方向。

第二个特性的证明稍复杂,感兴趣的读者可以阅读文献[6]、[7]。

2) 静水压强的基本方程

要了解液体中任意一点的压强,需要知道静止液体中压强的分布规律。图 2-17a 所示匀质静水中,取一竖直圆柱体为隔离体,圆柱体的水平截面面积为 A,柱底离液面的深度(称**淹没深度**,submerged depth)用 h 表示,液面压强用 p_0 表示,柱底压强用 p 表示。该柱体的重力 $W = Ah\gamma$,方向垂直向下,注意到圆柱体侧表面受到的压强均为水平方向。根据竖向力的平衡条件,有

$$p_0 A + W = pA$$

整理后得到:

$$p = p_0 + \gamma h \tag{2-4a}$$

这表明,在静止液体中,同一水平面的压强相同;压强随深度线性增加,任意一点的压强等于液面上的压强与该点至液面的单位面积上的液柱重量 γh 之和;如果液面压强 p_0 变化,液体内所有各点的压强有相同的变化,即表面压强的变化等值地传递到液体的各个点。

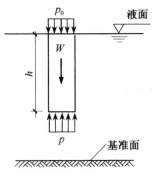
(a) 任意淹没深度的压强

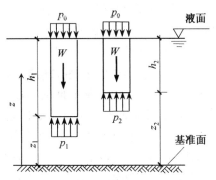
(b) 不同淹没深度处压强之间的关系

图 2-17 静水压强

以基准面为 z 坐标原点,由式(2-4a),淹没深度为 h_1、h_2 处的压强(图 2-17b)分别为:$p_1=p_0+\gamma h_1$；$p_2=p_0+\gamma h_2$,整理后得到:

$$z_1+\frac{p_1}{\gamma}=z_2+\frac{p_2}{\gamma} \tag{2-4b}$$

式中　z——某空间点对于选定的基准面的位置高度;
　　　p/γ——压强高度。

式(2-4b)表明,在静止液体中,尽管各点的位置高度 z 和压强高度 p/γ 各不相同,但它们的之和在各处相等。

若液面暴露在大气中,则液面压强等于**大气压强**(atmospheric pressure),用 p_{at} 表示。作用大气压强的液面通常称为**自由液面**(free liquid surface)。

如以当地大气压强作为计算零点,得到的压强称为**相对压强**(relative pressure),用 p_r 表示(通常省去下标);而前面以没有大气存在的绝对真空作为计算零点得到的压强称为**绝对压强**(absolute pressure),用 p_{abs} 表示。绝对压强与相对压强相差一个大气压强,$p_r=p_{abs}-p_{at}$。

暴露在大气中的液体,当采用相对压强时,液面压强 $p_0=0$(此处省略了下标 r),式(2-4a)简化为 $p=\gamma h$,由此得到:

$$h=\frac{p}{\gamma} \tag{2-4c}$$

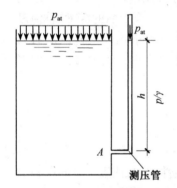

图 2-18　静水压强量测

这表明,任意一点的静水压强可以换算为任何一种重度的液柱高度来表示,常用的有水柱和汞柱。

一个标准大气压用水柱表示时为:

$$h_w=\frac{p_{at}}{\gamma_w}=\frac{101\ 325}{9\ 800}=10.34\ \text{m}$$

用汞柱表示时为:

$$h_{Hg}=\frac{p_{at}}{\gamma_{Hg}}=\frac{101\ 325}{133\ 280}=0.76\ \text{m}=760\ \text{mm}$$

利用这一特性,可用测压管量测液体内某点压强。图 2-18 所示 A 点的相对压强等于测压管液柱高度 h 与液体重度 γ 的乘积。

3) 静水压强基本方程的能量含义

从物理学可知,mgz 是物体的**重力势能**(gravitational potential energy),其中 m 是质量,g 是重力加速度,z 是物体相对基准面的高度。单位重量的重力势能为 $mgz/G=z$。由此可见,式(2-4b)中液体相对基准面的高度 z 代表单位重量液体的重力势能,这种势能取决于物体所处的位置,所以也称位置势能。在流体力学中,习惯用"**水头**"(water head)代替高度,所以 z 又称**位置水头**(position head);式(2-4b)中的 p/γ 代表单位液体重量以相对压强计算时所具有的压强势能,称**压强水头**(pressure head);$(z+p/\gamma)$ 称为测压管水头。

式(2-4b)的能量含义为:在静止液体中,单位重量液体的势能守恒,位置势能和压强势能可以相互转化,某点的位置势能大一些,相应的压强势能就小些,但两者的总和不变。

4) 静水压强分布

静水压强随淹没深度变化的几何图形称为静水压强分布图,压强大小用线段的长短表示,压强方向用箭头指向表示,见图 2-19 所示。

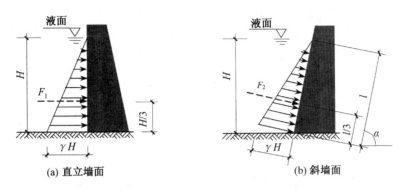

图 2-19 挡水设施上的静水压强分布

【例 2-2】 求图 2-19 所示作用在 1 m 长挡水设施上的静水总压力 F 的大小和作用点位置。

〖解〗 作用在挡水设施上的水压力属于面分布荷载,压强大小沿水深线性分布、沿挡水设施的长度均匀分布;作用方向垂直于设施表面。对于图 2-19a 所示的直立墙面,1 m 长挡水设施上的静水压强分布面积为 $H \times 1$,最大压强为 γH,总压力:

$$F_1 = \frac{1}{2} \gamma H \times H \times 1 = \gamma H^2 / 2$$

合力点位置距离墙底 $H/3$。

对于图 2-19b 所示的倾斜墙面,1 m 长挡水设施上的静水压强的分布面积 $l \times 1$,最大压强为 γH,总压力:

$$F_2 = \frac{1}{2} \gamma H \times l \times 1 = \frac{\gamma H^2}{2 \sin \alpha}$$

合力点位置距离墙角 $l/3$。

2.2.3 动水压力

1) 液体运动的几个概念

易流性是液体不同于固体最主要的特性。流动是液体的普遍形态,静止是液体的特殊形态。

根据与时间的关系流体运动可分为恒定流和非恒定流两类。若流场中所有空间点上的流速、压强等运动要素都不随时间变化,这种流动称为**恒定流**(constant flow);否则为非恒定流。恒定流中的运动要素只是空间坐标的函数,而与时间无关,即不同空间位置的流速、压强不同,但不随时间变化。

流场中以流体质点的速度方向作为切线方向的连续曲线称为**流线**(flow lines)。在某个时刻 t,流场中存在无限多条流线,这些流线的总和称为流线簇。流线簇反映了流速方向在空间的分布情况。对于恒定流,流线的形状和位置不随时间变化。

与流线正交的横截面称为**过水断面**(hydraulic cross section)。当流线彼此平行时,过水断面为平面,见图 2-20 中的 1-1 断面;否则为曲面,见图 2-20 中的 2-2 断面。单位时间内通过某个过水断面的液体体积称为流量,用 Q 表示,其单位为 m^3/s。如果用 A 表示过水断面的面积、$\bar{v}$ 表示过水断面的平均流速,则过水断面的流量可以表示为:$Q=A\bar{v}$。根据物理学中的质量守恒定律,对于恒定流,当两个过水断面之间既没有水流流入,也没有水流流出,并假定液体不可压缩时,两个过水断面的流量应该相等,即 $A_1\bar{v}_1=A_2\bar{v}_2$。

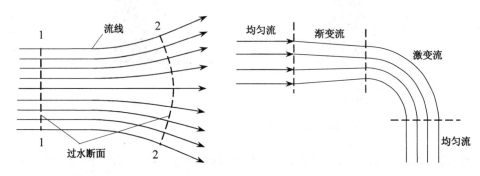

图 2-20 流线与过水断面　　　图 2-21 均匀流与非均匀流

当水流的运动要素沿流程不变时,该水流称为**均匀流**(uniform flow);否则为非均匀流。均匀流的流线为相互平行的直线,过水断面为平面,且过水断面的形状和尺寸沿程不变,各断面的平均流速相同;同一条流线上不同点的流速相等;各过水断面上的流速分布相同。直径不变的直线管道中的水流为均匀流,直径不变的曲线管道中的水流为非均匀流。对于非均匀流,根据流线的不平行程度和弯曲程度又可以分成渐变流和激变流。当流线之间的夹角很小、几乎平行,流线的曲率半径很大、近乎直线时,称为渐变流,渐变流的极限就是均匀流,因而渐变流的特性可以近似用均匀流代替;如果流线之间的夹角很大或流线的曲率半径很小时称为激变流,见图 2-21 所示。

2) 恒定流的能量方程

上一节提到了静止液体的势能包括位置势能和压强势能。对于运动物体,还存在动能,动能和势能可以相互转化并守恒。

从物理学可知,$mv^2/2$ 是物体的**动能**(kinetic energy),其中 v 是液体质点的流速。单位重量液体的动能 $mv^2/2/G=v^2/2g$。过水断面上各质点的流速不同,当采用过水断面的平均流速 $\bar{v}$ 时,需增加一个动能修正系数 α,单位重量液体的动能变为 $\dfrac{\alpha \bar{v}^2}{2g}$。

某个过水断面上单位重量流体的势能和动能总和(称为机械能)为:$z+\dfrac{p}{\gamma}+\dfrac{\alpha \bar{v}^2}{2g}$。由于液体存在粘滞性,当单位重量液体从过水断面 1 流动至过水断面 2 时,存在能量耗散 h_w。根据能量守恒定理,两个过水断面机械能的差值即为能量耗散,得到恒定流能量方程(又称伯诺里方程):

$$z_1+\dfrac{p_1}{\gamma}+\dfrac{\alpha_1 \bar{v}_1^2}{2g}=z_2+\dfrac{p_2}{\gamma}+\dfrac{\alpha_2 \bar{v}_2^2}{2g}+h_w \qquad (2\text{-}5a)$$

式中 z——过水断面上某一点相对于基准面的位置高度,为位置水头;

$\dfrac{p}{\gamma}$——对应点的动水压强水头;

$\dfrac{\alpha \bar{v}^2}{2g}$——平均流速水头(静止水此项为0);

h_w——液体流动时克服内摩擦力消耗的能量,称为水头损失;

下标1、2——过水断面1、过水断面2。

对于均匀流,各过水断面上的流速分布相同、平均流速相同,能量方程可以简化为:

$$z_1+\frac{p_1}{\gamma}=z_2+\frac{p_2}{\gamma}+h_w \quad (2\text{-}5b)$$

3) 动水压强的分布特点

均匀流过水断面上各点的动水压强分布规律与静水压强分布规律相同,可以按静水压强的方法计算同一过水断面上各点的动水压强和动水总压力。

渐变流过水断面上各点的动水压强分布规律近似与静水压强分布规律相同。

激变流过水断面上各点的动水压强分布规律与静水压强分布有很大的不同。均匀流与流线正交方向没有加速度、无惯性力;而激变流质点做曲线运动,除了受重力作用外,还受离心惯性力作用。图 2-22a 所示圆弧形水底固体边界,假定流线为一簇平行的同心圆弧曲线(液体做匀速圆周运动)。观察过水断面上某一微小柱体,该柱体作匀速圆周运动的法向加速度为 v^2/R(v 为速度,R 为曲率半径),所产生的离心惯性力指向外法线,与重力沿法线 $n-n$ 方向分力的方向相反,因此由重力和离心惯性力共同形成的动水压强(图中实线分布)比静水压强(图中虚线分布)小。如果激变流为图 2-22b 所示的上凹流线,由于液体质点所受的离心惯性力方向与重力沿法线 $n-n$ 方向的分力方向相同,因此过水断面上的动水压力比静水压力大。

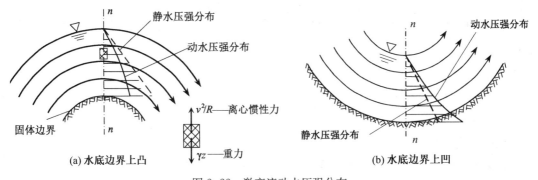

图 2-22 激变流动水压强分布

2.3 土的工程性能

土(soils)是在岩石风化(物理作用、化学作用和生物作用)后经搬运(重力、流水、冰川、风力)、沉积而成的物质。

土木工程是建造在土壤上的工程设施,土木工程的各种荷载通过**基础**

土的工程性能

(foundation)传递给土壤,支承基础的土壤称为**地基**(ground)。在这种情况下,土的作用如同其他工程材料,承受荷载的作用,因而需要了解其工程性能,包括物理性能和力学性能,前者指土的组成、干湿、疏密与软硬程度的指标;后者指强度、变形和渗透特性。

2.3.1 土的三相比例指标

土由固体颗粒、水和气三部分组成,称为土的**三相组成**(three-phase composition of the soil)。可以想象把所有的土粒集中在一起、把所有的水集中在一起、把所有的气体集中在一起,如图2-23a所示。土粒、水和空气的体积分别用V_s、V_w、V_a表示,相应的质量分别用m_s、m_w、m_a表示,则土的总体积$V=V_s+V_w+V_a$,土的总质量$m=m_s+m_w+m_a$,见图2-23b。

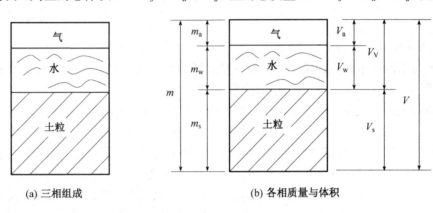

(a) 三相组成　　　　　　　(b) 各相质量与体积

图2-23 土的三相图

土的三相物质在体积和质量上的比例关系称为三相比例指标,共9个,其中土密度、土粒密度和含水率是基本指标,需根据试验确定,其他指标可通过换算得到。

1) 土密度

单位体积土的质量定义为土的密度(即**体积密度**,bulk density),又称天然密度,表示为:

$$\rho = \frac{m}{V}$$

式中　V——土的总体积;
　　　m——土的总质量。

土的密度一般为 1.60～2.20 g/cm³。

土密度ρ与重力加速度g的乘积为土的重力密度,简称重度,用γ表示,$\gamma=\rho g$。

2) 土粒密度

单位体积干土粒的质量定义为**土粒密度**(particle density),表示为:

$$\rho_s = \frac{m_s}{V_s}$$

式中　V_s——土粒体积;
　　　m_s——土粒质量。

土粒密度与矿物成分有关,变化不大,在 2.65～2.76 g/cm³ 之间。

3) 土的含水率

土中水的质量与土粒质量的比值定义为土的**含水率**(water content),表示为:

$$w = \frac{m_w}{m_s} \times 100\%$$

含水率反映了土的干湿程度。天然含水率变化很大,从干砂的几乎接近0到蒙脱土的百分之几百。

4) 土的孔隙比

包含水和气的孔隙体积与土粒体积的比值称为土的**孔隙比**(void ratio),表示为:

$$e = \frac{V_v}{V_s} \times 100\%$$

式中 $V_v = V_a + V_w$,气和水的体积之和。

孔隙比反映了土的疏密程度,通过孔隙比的变化可以推算土的压密程度。

孔隙比是换算指标,可以由基本指标换算而来。

$$e = \frac{V_v}{V_s} = \frac{V - V_s}{V_s} = \frac{V}{V_s} - 1$$

气的质量 m_a 可以忽略,因而有

$$\frac{V}{V_s} = \frac{\dfrac{m}{\rho}}{\dfrac{m_s}{\rho_s}} = \frac{\dfrac{m_s + m_w}{\rho}}{\dfrac{m_s}{\rho_s}} = \frac{\dfrac{m_s + w m_s}{\rho}}{\dfrac{m_s}{\rho_s}} = \frac{\rho_s(1+w)}{\rho}$$

代入上式,得到

$$e = \frac{\rho_s(1+w)}{\rho} - 1$$

5) 其他三相比例指标

当土中的孔隙全部为水所充满(如位于地下水位以下的土)时的密度称为土的**饱和密度**(saturated density),用 ρ_{sat} 表示,表达为:

$$\rho_{sat} = \frac{\rho_w V_v + m_s}{V}$$

式中 ρ_w——水的密度。

扣除浮力后土粒质量与土的总体积之比定义为**浮密度**(buoyant density),用 ρ' 表示;相应的重度称为有效重度,用 γ' 表示。浮密度和饱和密度存在下列关系:

$$\rho' = \frac{m_s - V_s \rho_w}{V} = \rho_{sat} - \rho_w$$

孔隙中水的体积 V_w 与孔隙体积 V_v 的比值称为土的**饱和度**(degree of saturation),用 S_r

表示，$S_r = V_w/V_V$。

土中孔隙体积 V_V 与土的总体积 V 的比值称为土的**孔隙率**（porosity），用 n 表示，$n = V_V/V$。

2.3.2 黏性土

1) 黏性土的状态

随着含水率的变化，黏性土将经历不同的物理状态。当含水率很大时，黏性土成泥浆，处于黏滞流动状态，流态的特征是没有固定的形状；当含水率减小到一定程度时，黏性土处于可塑状态，可塑态的特征是在外力作用下可以塑成任意形状而没有裂缝，并且在外力撤除后保持这一形状；当含水率进一步减小时，黏性土成半固态。随着含水率的下降，土的体积缩小，当含水率小到一定程度后，体积不再随含水率的减小而缩小，这种状态成为固态。

2) 界限含水率

流动状态与可塑状态的界限含水率称为**液限**（liquid limit），用 w_L 表示；可塑状态与半固态状态的界限含水率称为**塑限**（plastic limit），用 w_P 表示；半固体状态与固体状态的界限含水率称为缩限，用 w_s 表示。界限含水率与土的状态的关系见图 2-24 所示。

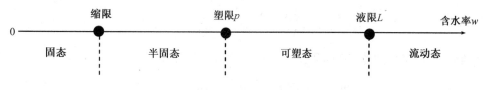

图 2-24　界限含水率与黏性土状态的关系

3) 塑性指数

含水率在液限和塑限范围内变化时，土处于可塑状态，这一范围越大，说明土的可塑性越好。液限与塑限的差值定义为**塑性指数**（plasticity index）：

$$I_P = w_L - w_P$$

塑性指数与土中黏粒（粒径小于 0.000 5 mm）含量密切相关，可用于土的分类和评价。

4) 液性指数

天然含水率和塑限差值与塑性指数的比值定义为**液性指数**（liquidity index），表示为：

$$I_L = \frac{w - w_P}{I_P}$$

当 I_L 小于 0 时，说明含水率小于塑限，土处于固态或半固态状态；当 I_L 大于 1 时，说明含水率大于液限，土处于流动状态；当 I_L 大于 0、小于 1 时，土处于可塑状态。液性指数越大，说明土越软。

5) 黏性土种类

塑性指数 I_P 大于 10 的土称为**黏性土**（cohesion soil），其中 I_P 大于 17 为**黏土**（clay）、I_P 在 10~17 之间的称为**粉质黏土**（silty clay）。黏性土的状态根据液性指数 I_L 分为坚硬（$I_L \leq 0$）、硬塑（$0 < I_L \leq 0.25$）、可塑（$0.25 < I_L \leq 0.75$）、软塑（$0.75 < I_L \leq 1$）和流塑（$I_L > 1$）等几种。

2.3.3 砂土

砂土的强度和变形与密实度密切相关。

1) 相对密实度

孔隙比反映了土的密实性,但砂土的密实程度还与颗粒级配有关。同样孔隙比的砂土,不同级配下的密实程度不同。为了同时考虑孔隙比和级配的影响,用相对孔隙比衡量砂土的密实程度。

砂土处于最密实状态时的孔隙比称为最小孔隙比,用e_{min}表示;砂土处于最疏松状态的孔隙比称为最大孔隙比,用e_{max}表示。**相对密实度**(relative density)D_r按下式定义:

$$D_r = \frac{e_{max} - e}{e_{max} - e_{min}}$$

D_r在0~1之间变化,D_r越大说明砂土越密实。

2) 标准贯入锤击数

相对密实度能够很好地反映天然土的密实度,但在实际工程中,位于地下水以下的土层很难取得原状砂样,来测定其天然孔隙比。所以工程上常用标准贯入锤击数来衡量砂土的密实度。

标准贯入试验是用规定的锤(63.5 kg),从规定落距(76 cm),将外径为50 mm、内径为35 mm、带有刃口的对开管式贯入器(称为标准贯入器)打入土中30 cm深,记录所需的锤击数。它是一种原位检测方法,不需要取土样。

3) 砂土种类

砂土为粒径大于2 mm的颗粒含量不超过全重的50%、粒径大于0.075 mm的颗粒含量超过全重的50%的土。根据粒组含量,分为砾砂、粗砂、中砂、细砂和粉砂五种,见表2-1所示。

表2-1 砂土种类

砂土名称	砾砂	粗砂	中砂	细砂	粉砂
粒组含量	粒径大于2 mm的颗粒含量占全重25%~50%	粒径大于0.5 mm的颗粒含量超过全重50%	粒径大于0.25 mm的颗粒含量超过全重50%	粒径大于0.075 mm的颗粒含量超过全重85%	粒径大于0.075 mm的颗粒含量超过全重50%

砂土的密实度根据标准贯入试验锤击数分为松散($N \leqslant 10$)、稍密($10 < N \leqslant 15$)、中密($15 < N \leqslant 30$)和密实($30 < N$)四种。

2.3.4 其他种类岩土

岩土除了黏性土和砂土,还有**岩石**(rock)、**碎石土**(gravel)、**粉土**(silt)和特殊性土。

岩石是指颗粒间牢固联结,形成整体或具有节理、缝隙的岩体。

粒径大于2 mm的颗粒含量超过总质量50%的土称为碎石土。根据颗粒形状和粒组含量碎石土分为漂石、块石、卵石、碎石、圆砾和角砾,见表2-2所示。

表2-2 碎石土种类

土的名称	漂石	块石	卵石	碎石	圆砾	角砾
颗粒形状	圆形或亚圆形为主	棱角形为主	圆形或亚圆形为主	棱角形为主	圆形或亚圆形为主	棱角形为主
粒组含量	粒径大于200 mm的颗粒超过全重50%		粒径大于20 mm的颗粒超过全重50%		粒径大于2 mm的颗粒超过全重50%	

碎石土的密实度根据重型圆锥动力触探锤击数分为松散（$N_{63.5}≤5$）、稍密（$5<N_{63.5}≤10$）、中密（$10<N_{63.5}≤20$）和密实（$20<N_{63.5}$）四种。

粉土是介于砂土和黏土之间，塑性指数$I_P≤10$；粒径大于0.075 mm的颗粒不超过全重的50%的土。

特殊性土包括填土、淤泥（含有有机质，孔隙比大于1.5）、湿陷性土（浸水后产生附加沉降）、膨胀土（吸水膨胀、失水收缩）等。

2.3.5 土的力学性能

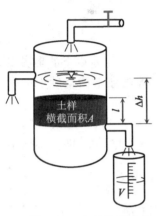

图2-25 土的渗透试验

1）土的渗透性

流体在多孔介质中的流动称为渗流。地下水在一定压力差作用下，透过土中孔隙发生流动的现象称为土的渗流或**渗透**（seepage）。1856年法国工程师达西（H. Darcy）经过大量试验（图2-25）提出了达西定律：渗流量q（单位时间流过的水的体积）与断面积A及水头差Δh成正比，与断面距离l成反比，表示为：

$$q=kA\frac{\Delta h}{l}=kAi \quad 或 \quad v=\frac{q}{A}=ki$$

式中 i——水力梯度，$i=\Delta h/l$；
k——渗透系数，cm/s；
v——断面平均流速。

达西定律比较适用于砂质土，不同种类土的渗透系数见表2-3所示。

表2-3 土的渗透系数

土的种类	黏土	粉质黏土	粉土	粉砂	细砂
渗透系数k/(cm·s^{-1})	$<10^{-7}$	10^{-5}～10^{-6}	10^{-4}～10^{-5}	10^{-3}～10^{-4}	10^{-3}
土的种类	中砂	粗砂	砾砂	砾石	
渗透系数k/(cm·s^{-1})	10^{-2}	10^{-2}	10^{-1}	$>10^{-1}$	

水渗流过程中对土骨架产生的作用力称为**渗透力**（seepage force）。渗透力会使局部土体发生位移，称为**渗透变形**（seepage deformation）。渗透变形有两种形式：渗流水流将整个土体带走的现象称为流土；渗流中土体大颗粒之间的小颗粒被冲出的现象称为**管涌**（piping）。严重的渗透变形将导致土体失稳。

2）土中自重应力

土由土粒、水和空气三相物质组成，为非连续体。但在研究土中应力时将其视为均匀的连续体。**自重应力**（gravity stress）是因土体受到重力作用而产生的应力，在土的形成过程中就已存在。

自重作用下，水平天然地面以下的土体处于三向受压状态，正应力沿水平方向均匀分布，x、y、z面上没有切应力，如图2-26a所示。设土柱体的截面面积为A、离地面深度为z处的竖向自重应力为σ_{cz}；对于均匀土层，土柱体重力$W=zA\gamma$。将土柱体取为隔离体，由竖向力平衡条件(图 2-26b)$A\sigma_{cz}=W=zA\gamma$，得到深度z处的竖向自重应力：

$$\sigma_{cz}=\gamma z \tag{2-6a}$$

式中 γ——土的重度，kN/m^3。

从上式可以看出，竖向自重应力沿深度z线性变化。

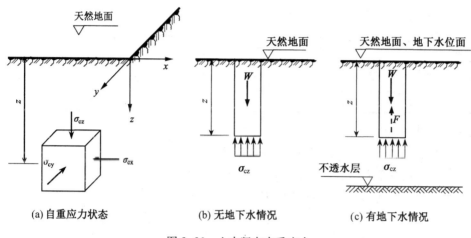

(a) 自重应力状态　　　(b) 无地下水情况　　　(c) 有地下水情况

图 2-26 土中竖向自重应力

通常情况下，土是成层的。设天然地面到深度z共有n层土，第i层土的重度为γ_i，层厚为h_i，则

$$\sigma_{cz}=\sum_{i=1}^{n}\gamma_i h_i \tag{2-6b}$$

式中 $\sum_{i=1}^{n}h_i=z$。

当土层位于地下水位以下时，土柱体除了受到自重作用外，还受到向上的浮力作用，如图2-26c所示。土柱体排开的液体体积为$(V_s+V_w)Az/V$，浮力$F=\gamma_w(V_s+V_w)Az/V$。

由竖向力平衡条件：

$$A\sigma_{cz}=W-F=zA\gamma-\frac{\gamma_w(V_s+V_w)Az}{V}$$

得到

$$\sigma_{cz}=\left[\gamma-\frac{\gamma_w(V_s+V_w)}{V}\right]z$$

$$\sigma_{cz}=\left[\frac{(m_s+m_w)g}{V}-\frac{\gamma_w(V_s+V_w)}{V}\right]z=\left[\frac{(m_s+m_w)g-\gamma_w(V_s+V_w)}{V_V+V_s}\right]z$$

$$\sigma_{cz}=\left[\frac{\rho_s g+m_w g/V_s-\gamma_w(1+V_w/V_s)}{1+e}\right]z=\left[\frac{\rho_s g-\gamma_w}{1+e}\right]z=\gamma' z$$

式中 γ'——土的浮重度,或称有效重度,kN/m^3。

可见,计算自重产生的竖向应力时,对于位于地下水位以下的土层需用有效重度 γ' 代替天然重度 γ。

两个水平方向的侧向自重应力相同,$\sigma_{cx} = \sigma_{cy}$,与竖向自重应力成正比:

$$\sigma_{cx} = \sigma_{cy} = K_0 \sigma_{cz} \tag{2-7}$$

式中 K_0——比例系数,称为静止土压力系数,见表 2-4 所示。

表 2-4 土的静止土压力系数 K_0

土的种类及状态	碎石土	砂土	粉土	粉质黏土			黏土		
				坚硬	可塑	软塑~流塑	坚硬	可塑	软塑~流塑
K_0	0.18~0.25	0.25~0.33	0.33	0.33	0.43	0.53	0.33	0.53	0.72

3) 土中附加应力

因土层中已存在自重应力,由基础引起的应力称**附加应力**(additional stress)。附加应力的分布与自重应力分布完全不同:沿深度不再是线性增加、沿水平方向不再是均匀分布。图 2-27 是圆形基础作用下土中竖向附加应力的分布情况,基础的直径为 R、基底均匀压力为 p。

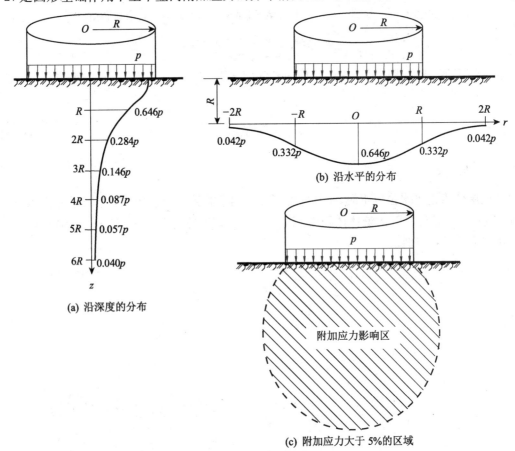

图 2-27 竖向附加应力分布

由于基底压力向四周扩散,随着深度的增加,附加应力迅速衰减。在基础中心下方,当深度 z 达到 6 倍基础半径时,竖向附加应力已不足基底压力的 5%,见图 2-27a 所示。同一水平位置处,基础中心下方的竖向附加应力最大;随着离基础中心距离的增加、竖向附加应力衰减;在 $z=R$ 的深度,当离基础中心的水平距离达到 2 倍基础半径时,竖向附加应力已不足基底压力的 5%,见图 2-27b 所示。在工程中,小于 5% 的附加应力一般不予考虑。可见,基础下面作为地基考虑的土体仅限于一定的范围,见图 2-27c。

4) 土的抗剪强度

外荷载作用下,土体中将产生切应力和切应变;土体在切应力方向出现相对滑动、发生破坏时(图 2-28)的切应力值称为土的**抗剪强度**(shear strength)。剪切破坏是土体强度破坏的重要特征。

土体在外荷载作用下并非处于纯剪状态,而是处于正应力(压应力)和切应力共同作用的复合受力状态,土的抗剪强度是在一定压应力下的剪切强度。

图 2-28 剪切试验的试样

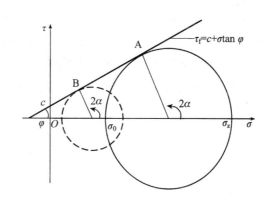

图 2-29 内摩擦角和黏聚力的测定

1776 年,法国学者库仑(C.A. Coulomb)在试验的基础上提出了土抗剪强度的表达式,称为库仑定理:

$$\tau_f = c + \sigma \tan \varphi \tag{2-8}$$

式中 τ_f——土的抗剪强度,kPa;

  σ——剪切滑动面上的法向应力,kPa;

  c——土的黏聚力,kPa;

  φ——土的内摩擦角,°。

库仑定理在 σ-τ 坐标中表示为一根直线,直线与 σ 坐标轴的夹角为内摩擦角 φ、在 τ 坐标轴上的截距为黏聚力 c,见图 2-29 所示。当斜面切应力 τ_α 达到抗剪强度 τ_f 时,该斜面发生剪切破坏。这在几何上意味着抗剪强度线与摩尔圆相切,切点为 A。

令 $\tau_\alpha = \tau_f$、$\sigma_\alpha = \sigma$,将式(2-8)代入式(2-1a),并注意到 $2\alpha = 90° + \varphi$,可得到:

$$\sigma_z = \sigma_0 \tan^2 \left(45° + \frac{\varphi}{2}\right) + 2c \tan \left(45° + \frac{\varphi}{2}\right) \tag{2-9a}$$

改变竖向应力 σ_z 和侧向应力 σ_0，根据摩尔应力圆与抗剪强度线的另一个切点 B（图 2-29 中的虚线），可得到类似式（2-9a）的另一个方程，利用这两个方程可求出内摩擦角 φ 和黏聚力 c。

土的抗剪强度受矿物成分、颗粒形状和级配、含水率和密度的影响。黏粒和黏土矿物含量越多，黏性土的黏聚力越大，抗剪强度越大；颗粒越多、形状越不规则、表面越粗糙，砂土的内摩擦角越大，抗剪强度越大。土越密实、含水率越低，抗剪强度越大。

c 和 φ 需根据试验测定，内摩擦角 φ 对于砂土在 $28°\sim40°$ 之间，对于黏性土在 $0°\sim30°$ 之间；黏聚力 c 对于砂土小于 10 kPa，对于黏性土在 $10\sim200$ kPa 之间变化。

5）土的压缩性

外荷载作用下土体积缩小的特性称为土的**压缩性**（compressibility characteristics）。土的压缩主要由于孔隙体积的减小（伴随着孔隙水的排出）而引起，而土粒的压缩可以忽略。地基土由于压缩而引起的竖直方向的位移称为**沉降**（settlement）。

土的室内压缩试验所用的压缩仪构造见图 2-30a 所示。试验时将原状土样切入环刀；环刀连同土样放置在刚性护环内，使土样在压缩过程中无侧向变形；在土样上、下放置透水石，使土样压缩过程中方便地排水。

设土样加载前的高度为 H_0、孔隙比为 e_0，施加荷载 p（压强）后土样的压缩量为 ΔH、孔隙比为 e。假定土粒的体积 $V_s=1$，根据孔隙比的定义，受压前、后孔隙的体积分别为 e_0 和 e，见图 2-30b、c 所示。由于忽略土粒的压缩，压缩前后土粒的体积不变；又由于土样的横截面不变（没有侧向变形），所以受压前、后土样中土粒所占高度不变，即 $\dfrac{H_0}{1+e_0}=\dfrac{H_0-\Delta H}{1+e}$。

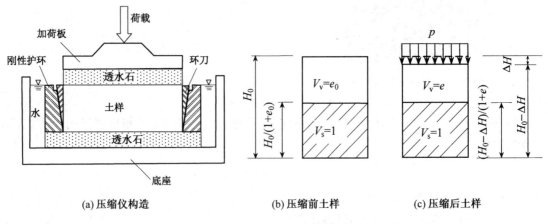

(a) 压缩仪构造　　　　(b) 压缩前土样　　　　(c) 压缩后土样

图 2-30 土的室内压缩试验

由此可得到受压后土的孔隙比：

$$e=e_0-\frac{\Delta H}{H_0}(1+e_0)$$

对应每级荷载 p，通过量测相应的压缩量 ΔH 可以得到对应的孔隙比 e。图 2-31 是 e 和 p 的关系曲线。

压缩系数 a 和压缩模量 E_s 是两个常用的土压缩性指标。

设压力由 p_1 增加到 p_2 时,相应的孔隙比由 e_1 减小到 e_2,两点之间割线的斜率定义为土的**压缩系数**(compression coefficient),见图 2-31 所示,表示为:

$$a = \tan\alpha = \frac{\Delta e}{\Delta p} = \frac{e_1 - e_2}{p_2 - p_1}$$

压缩系数越大,说明土的压缩性越高。从图 2-31 可以看出,不同压力变化范围的压缩系数是不同的。工程中一般取 $p_1 = 100$ kPa、$p_2 = 200$ kPa,相应压缩系数用 a_{1-2} 表示。

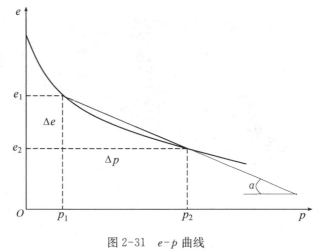

图 2-31 e-p 曲线

压缩模量定义为土在完全侧限条件下竖向应力增量 $\Delta\sigma$ 与相应应变增量 $\Delta\varepsilon$ 的比值。在均匀压力作用下,土样内的竖向应力和压应变土样沿横截面、高度均匀分布。在压力增量 Δp 作用下(从 p_1 增加到 p_2),竖向应力增量 $\Delta\sigma = \Delta p$,应变增量 $\Delta\varepsilon = \Delta H/H_1$($H_1$ 为 p_1 作用下的土样高度)。由 $e_2 = e_1 - \frac{\Delta H}{H_1}(1+e_1)$,有

$$\frac{\Delta H}{H_1} = \frac{e_1 - e_2}{(1+e_1)} = \frac{\Delta e}{(1+e_1)} \tag{2-10}$$

压缩模量 E_s 可表示为:

$$E_s = \frac{\Delta\sigma}{\Delta\varepsilon} = \frac{\Delta p}{\Delta H/H_1} = \frac{1+e}{a}$$

2.4 土的工程问题

土的工程问题包括地基沉降、地基承载力、土坡稳定和土侧压力。为保证地基不发生破坏,地基必须有足够的承载力,还需要控制沉降。当工程附近存在土坡时,需保证土坡稳定,避免滑坡造成对工程的损坏。当对土坡进行支挡时,为了设计支挡结构,需要知道土作用在支挡结构上的荷载——土侧压力。

土的工程问题

2.4.1 地基沉降

1) 地基沉降的危害

地基土由于压缩而引起的竖直方向的位移称为**沉降**(settlement)。过大的地基沉降,特别是不均匀沉降,会导致建筑物倾斜、开裂,甚至倒塌;道面凹凸危及行车安全,如图 2-32 所示。

2) 地基沉降量计算方法

土的压缩量与压力有关。不同深度土层中的自重应力和基础荷载引起的附加应力是不同的,为此将地基划分为若干层,每一层内近似认为自重应力和附加应力是相同的;分别计算每

(a) 建筑物倾斜　　　　　(b) 房屋开裂　　　　　(c) 道面凹凸

图 2-32　地基不均匀沉降的危害

层的压缩量 Δs_i，然后求和。设第 i 层土的层厚为 H_i，与自重应力对应的孔隙比为 e_i，竖向压力从自重应力增加到自重应力＋附加应力时相应的孔隙比变化量为 Δe_i。由式(2-10)，i 层的压缩量：$\Delta s_i = \dfrac{\Delta e_i}{1+e_i} H_i$，沉降量：$s = \sum\limits_{i=1}^{n} \Delta s_i$。

3) 地基沉降的控制方法

控制地基沉降的方法包括扩大基础底面积、降低附加应力；选择抵抗不均匀沉降能力强的基础形式(详见 3.3 节)；对软弱地基进行处理。常用的地基处理方法有碾压夯实、堆载预压、复合地基和换土垫层等，见图 2-33 所示。

(a) 碾压夯实　　　(b) 堆载预压　　　(c) 复合地基　　　(d) 换土垫层

图 2-33　常用地基处理方法

2.4.2　地基承载力

地基土稳定状态下所能承受的最大基底压力称地基承载力。

地基破坏的实质是土体沿滑动面的剪切破坏，如图 2-34a 所示。地基承载力的确定方法

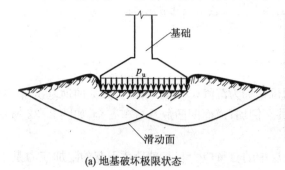

(a) 地基破坏极限状态　　　　　　(b) 地基承载力现场荷载试验

图 2-34　地基承载力确定方法

有理论方法和现场载荷试验方法两类。理论方法有普朗特尔(L. Prandtl，1920)地基承载力公式、斯肯普顿(A. W. Skempton，1952)地基承载力公式和太沙基(K. Terzaghi，1943)地基承载力公式。

由于地基土的复杂性,地基承载力的理论计算公式对基础和地基作了各种假定,因而和实际情况存在出入。条件允许的情况,根据现场载荷试验确定地基承载力更为直接,见图 2-34b 所示。

2.4.3 土坡稳定

土坡含天然土坡和人工土坡,前者指天然地形形成的坡,如山坡、江河湖海岸坡;后者指人工开挖形成的坡,如基坑、路堤、土坝等边坡。土坡因丧失稳定性而滑动称为**滑坡**(landslide),见图 2-35 所示。

根据观察,砂性土土坡发生滑坡时,其滑动面基本为平面。图 2-36 所示砂性土土坡,坡角为 β,假定滑动面为 $ADFC$、倾角为 α。土体 $ABCDEF$ 的重力 W 可以分解为垂直于滑动面的法向力 F_n 和平行于滑动面的下滑力 F_τ;滑动面土体的抗剪强度构成抗滑力 $F_{\tau f}$;当 $F_{\tau f} \leqslant F_\tau$ 时,发生滑坡。土体 $ABCDEF$ 的重力 W 可表示为:

图 2-35 滑坡

$$W = \gamma \cdot V_{ABCDEF}$$

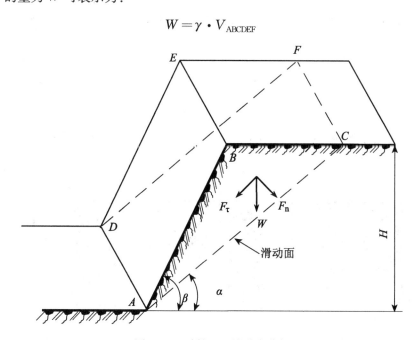

图 2-36 砂性土土坡稳定分析

式中 γ——土体的重度；

V_{ABCDEF}——土体 $ABCDEF$ 的体积。

法向分力可表示为 $F_n = W \cdot \cos\alpha$、下滑力可表示为 $F_\tau = W \cdot \sin\alpha$。近似假定法向分力引起的正应力 σ 和下滑力引起的切应力 τ 沿滑动面均匀分布，则正应力：

$$\sigma = \frac{F_n}{S_{ADFC}} = \frac{W\cos\alpha}{S_{ADFC}}$$

式中 S_{ADFC}——滑动面的面积。

对于砂性土，忽略黏聚力 c。则抗滑力

$$F_{tf} = \tau_f S_{AC} = \sigma\tan\varphi S_{AC} = \frac{W\cos\alpha}{S_{ADFC}}\tan\varphi S_{ADFC} = W\cos\alpha\tan\varphi$$

当抗滑力不小于下滑力时，土坡稳定，即要求满足：

$$W\cos\alpha\tan\varphi \geqslant W\sin\alpha \longrightarrow \tan\alpha \leqslant \tan\varphi$$

滑动面倾角是任意假定的，当 $\alpha = \beta$ 时最为不利。于是上式可以改写为：

$$\beta \leqslant \varphi$$

这意味着内摩擦角是保持砂性土土坡稳定的最大坡角。

对于黏性土土坡，滑动面为曲面，稳定分析要复杂些。

2.4.4 土侧压力

在支挡结构（如挡土墙、基坑支护）和地下结构（如隧道）中，土构成这些结构的荷载。

根据挡土结构的位移情况，有三种土侧压力（简称土压力）：**静止土压力**（earth pressure at rest）、**主动土压力**（active earth pressure）和**被动土压力**（passive earth pressure）。

1) 静止土压力

当支挡结构在土侧压力作用下，本身不发生变形和位移、土体处于弹性平衡状态时，作用在支挡结构的土压力称为静止土压力，见图 2-37a 所示。由式(2-7)、式(2-6a)，静止土压力：

$$p_0 = K_0 \gamma z \tag{2-11a}$$

它沿高度线性分布，见图 2-37a 所示。土压力合力：

$$F_0 = K_0 \gamma H^2 / 2 \tag{2-12a}$$

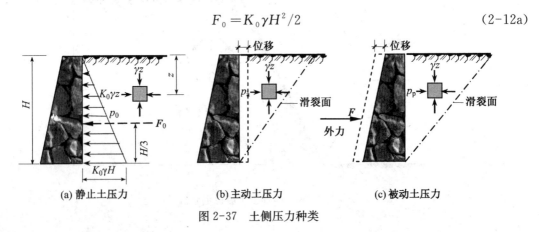

(a) 静止土压力　　(b) 主动土压力　　(c) 被动土压力

图 2-37 土侧压力种类

式中 K_0、γ 的含义同前,对位于地下水位以下的土层需用有效重度 γ' 代替天然重度 γ,并存在静水压力。

合力的位置离墙底 $H/3$。

2) 主动土压力

图 2-37b 所示支挡结构在土侧压力作用下发生离开土体方向的位移;随着侧向位移的增加,侧压应力 σ_0 从静止土压力 $K_0\gamma z$(图 2-38a 中的虚线圆)逐渐减小,当减小到土体达到极限平衡状态,即应力摩尔圆(图 2-38a 中的实线圆)与土的抗剪强度线相切、出现滑裂面时,作用在支挡结构上的土侧压力称为主动土压力。

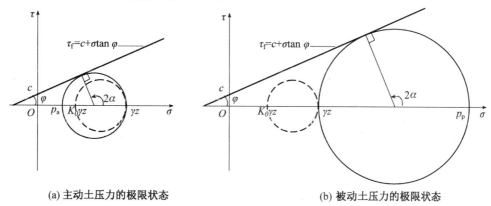

(a) 主动土压力的极限状态　　(b) 被动土压力的极限状态

图 2-38　土压力的极限状态

式(2-9a)可以表示为另一种形式:

$$\sigma_0 = \sigma_z \tan^2\left(45° - \frac{\varphi}{2}\right) - 2c\tan\left(45° - \frac{\varphi}{2}\right) \tag{2-9b}$$

取 $\sigma_z = \gamma z$,上式中的 σ_0 即为主动土压力 p_a:

$$p_a = \gamma z \tan^2\left(45° - \frac{\varphi}{2}\right) - 2c\tan\left(45° - \frac{\varphi}{2}\right)$$

令 $K_a = \tan^2(45° - \varphi/2)$,称为主动土压力系数。上式可以改写为:

$$p_a = K_a \gamma z - 2c\sqrt{K_a} \tag{2-11b}$$

式中 γ 的含义同前,对于位于地下水位以下的土层需用有效重度 γ' 代替天然重度 γ,并存在静水压力。

主动土压力有两部分组成:土体自重引起的侧压力 $K_a\gamma$ 和黏聚力引起的负侧压力(拉力)。在 $z = z_0 = \dfrac{2c}{\gamma\sqrt{K_a}}$ 处,侧压力为 0,z_0 称为临界深度,见图 2-39a 所示。由于很小的拉力就会导致土体与墙的分离,所以计算时取 z_0 以上部分的侧压力为 0。土压力合力:

$$F_a = 0.5(H - z_0)(K_a\gamma H - 2c\sqrt{K_a}) \tag{2-12b}$$

合力的位置离墙底 $(H - z_0)/3$。

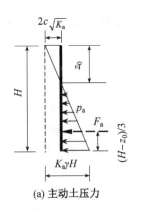
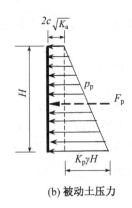

(a) 主动土压力　　　　(b) 被动土压力

图 2-39　土侧压力分布

对于砂性土,可近似取黏聚力 $c=0$。土压力合力 $F_a=K_a\gamma H^2/2$,合力的位置离墙底 $H/3$。

3) 被动土压力

图 2-37c 所示支挡结构在外力 F 作用下发生靠近土体方向的位移;随着侧向位移的增加,侧压应力 σ_0 从静止土压力 $K_0\gamma z$(图 2-38b 中的虚线圆)逐渐增大,当增大到土体达到极限平衡状态,即应力摩尔圆(图 2-38b 中的实线圆)与土的抗剪强度线相切、出现滑裂面时,作用在支挡结构上的土侧压力称为被动土压力。

取式(2-9a)中的 $\sigma_0=\gamma z$,式中的 σ_z 即为被动土压力强度 p_p:

$$p_p=\gamma z\tan^2\left(45°+\frac{\varphi}{2}\right)+2c\tan\left(45°+\frac{\varphi}{2}\right)$$

令 $K_p=\tan^2(45°+\varphi/2)$,称为被动土压力系数。上式可以改写为:

$$p_p=K_p\gamma z+2c\sqrt{K_p} \tag{2-11c}$$

被动土压力沿高度呈梯形分布,见图 2-39b 所示,其合力:

$$F_p=2c\sqrt{K_p}H+0.5K_p\gamma H^2 \tag{2-12c}$$

式中 γ 的含义同前,对于位于地下水位以下的土层需用有效重度 γ' 代替天然重度 γ,并存在静水压力。

思考题

2-1　物体内力与外力大小相等、方向相反依据的是什么定理? 隔离体的静力平衡条件又是依据的什么定理?

2-2　力偶对某一点的矩与力对某一点的矩有什么不同?

2-3　何谓物体的弹性变形和塑性变形? 物体除了受到外力的作用会产生变形,还有哪些情况会产生变形?

2-4　物体内某一点不同截面上的正应力和切应力相同吗? 不同截面之间的应力是否有固定关系?

2-5　应力和应变之间有什么样的关系?

2-6　静水压强的分布有什么规律?

思考题注释

*2-7 放置在深水中的小球体,当忽略自重产生的应力时,在静水压力 p 作用下,球体内任一点的应力状态如何?

*2-8 水流恒定流时,弯曲河道同一水深位置处凸河岸一侧受到的动水压强大还是凹河岸一侧受到的动水压强大?为什么?

2-9 土的基本三相比例指标是哪三个?

2-10 塑性指数和液性指数分别反映土的什么性质?

2-11 土中自重应力的分布有什么规律?土中附加应力的分布又有什么规律?

2-12 何谓土的渗流?渗透有什么不利后果?

2-13 为何大量开采地下水后会出现地面沉降?

2-14 土的抗剪强度主要有哪些影响因素?如果土坡上有良好的植被,对防止滑坡有用吗?为什么?

2-15 静止土压力与静水压力有什么异同点?主动土压力和被动土压力沿深度的分布与静止土压力有什么不同?

作业题

2-1 高度为 H 的人字木梯放置在光滑地面上(木梯与地面没有摩擦力),与地面的倾角为 α,两片木梯之间由绳子系住,人站立在梯子顶部(重量为 G),如图所示。试计算绳子内的拉力。

作业题指导

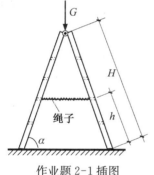
作业题 2-1 插图

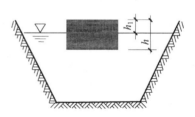
作业题 2-2 插图

2-2 将一块密度为 500 kg/m³、厚度为 h 表面涂有防水层的木板放入密度为 1 000 kg/m³ 的液体中,木板浮出水平面的高度 h_1 与厚度 h 的比值为多少?

2-3 某水坝上游水位高 H_1、下游水位高 H_2,则作用在 1m 长水坝上的静水压强合力为多少?如果水坝的截面改为梯形,静水压强的合力有无变化?

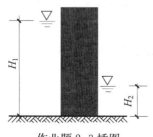
作业题 2-3 插图

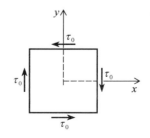
作业题 2-4 插图

2-4 试画出图示应力状态的应力摩尔圆。

*2-5 图示河堤,砂土堤岸的地下水位与河面水位始终相同。试分别计算丰水期和枯水期河堤受到的水平方向水、土压力合力。

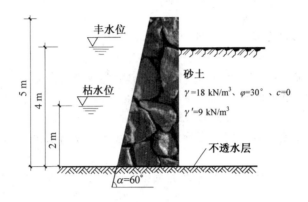

作业题 2-5 插图

测试题

测试题解答

2-1 力对某一点(矩心)的矩和力偶对某一点矩(　　)。
(A) 两者均与矩心的位置有关
(B) 前者与矩心的位置有关,后者与矩心的位置无关
(C) 两者均与矩心的位置无关
(D) 前者与矩心的位置无关,后者与矩心的位置有关

2-2 可动铰支座有(　　)个约束反力。
(A) 一个　　　　(B) 两个　　　　(C) 三个　　　　(D) 六个

2-3 风力属于(　　)。
(A) 集中力　　　　　　　　　　(B) 线分布力
(C) 面分布力　　　　　　　　　(D) 体分布力

2-4 重力属于(　　)。
(A) 集中力　　　　　　　　　　(B) 线分布力
(C) 面分布力　　　　　　　　　(D) 体分布力

2-5 弹簧变形属于(　　)。
(A) 非受力变形　　　　　　　　(B) 塑性变形
(C) 弹性非线性变形　　　　　　(D) 线弹性变形

2-6 一般情况下物体内某一点有(　　)独立的应力分量。
(A) 一个　　　　　　　　　　　(B) 三个
(C) 六个　　　　　　　　　　　(D) 九个

2-7 平面应力状态有(　　)个独立的应力分量。
(A) 一个　　　　　　　　　　　(B) 三个
(C) 六个　　　　　　　　　　　(D) 九个

2-8 图示物体 A 点从受力前的位置到受力后虚线位置的位移 Δ（　　）。

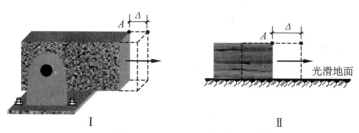

测试题 2-8 插图

(A) Ⅰ属于刚体位移，Ⅱ属于变形位移　　(B) Ⅰ、Ⅱ均属于变形位移
(C) Ⅰ属于变形位移，Ⅱ属于刚体位移　　(D) Ⅰ、Ⅱ均属于刚体位移

2-9 静止液体内，当液面压强 p_0 变化时，淹没深度分别为 h_1、h_2（$h_1 < h_2$）的两点压强 p_1、p_2（　　）。

(A) p_1、p_2 发生相同的变化　　(B) p_2 的变化大于 p_1
(C) p_2 的变化小于 p_1　　(D) p_1、p_2 均不变

2-10 静止液体内，距离基准面高度分别为 z_A、z_B（$z_A < z_B$）的两点，单位液体（　　）。

(A) A 点的位置势能、压强势能均大于 B 点
(B) A 点的位置势能大于 B 点、压强势能小于 B 点
(C) A 点的位置势能小于 B 点、压强势能大于 B 点
(D) A 点的位置势能、压强势能均小于 B 点

2-11 如流场中所有空间点上的流速、压强等运动要素都不随时间变化，这种流动称为（　　）。

(A) 均匀流　　(B) 非均匀流　　(C) 恒定流　　(D) 非恒定流

2-12 当流体的流速、压强等运动要素沿流程不变时，这种水流称为（　　）。

(A) 均匀流　　(B) 非均匀流　　(C) 恒定流　　(D) 非恒定流

2-13 在土的三相比例指标中，哪三个是基本指标，必须通过试验测定（　　）。

(A) 土的密度、土的含水率、土的孔隙比
(B) 土的密度、土的含水率、土粒密度
(C) 土的密度、土粒密度、土的孔隙比
(D) 土的含水率、土粒密度、土的孔隙比

2-14 黏性土的塑限是（　　）的界限含水率。

(A) 固态与半固态　　(B) 半固态与可塑态
(C) 固态与流动态　　(D) 可塑态与流动态

2-15 黏性土的液限是（　　）的界限含水率。

(A) 固态与半固态　　(B) 半固态与可塑态
(C) 固态与流动态　　(D) 可塑态与流动态

2-16 地下水的渗流量 q 与水头差 Δh 和断面之间距离 l 的关系为（　　）。

(A) q 与 Δh、l 均成正比　　(B) q 与 Δh 成正比、与 l 成反比
(C) q 与 Δh 成反比、与 l 成正比　　(D) q 与 Δh、l 均成反比

2-17 匀质土层天然平坦地面下的自重应力与深度的关系:(   )。
(A) 竖向自重应力和侧向自重应力均随深度线性变化
(B) 竖向自重应力和侧向自重应力均不随深度变化
(C) 竖向自重应力随深度线性变化、侧向自重应力不随深度变化
(D) 竖向自重应力不随深度线性变化、侧向自重应力随深度线性变化

2-18 匀质土层天然平坦地面下同一深度、不同水平位置的(   )。
(A) 竖向自重应力和侧向自重应力均随水平位置变化
(B) 竖向自重应力和侧向自重应力均不随水平位置变化
(C) 竖向自重应力随水平位置变化、侧向自重应力不随水平位置变化
(D) 竖向自重应力不随水平位置变化、侧向自重应力随水平位置变化

2-19 天然地面建基础后,基础重力引起的土中竖向附加应力(   )。
(A) 随深度的增加而减小、随离基础中心水平距离的增加而减小
(B) 随深度的增加而减小、不随离基础中心水平距离变化
(C) 随离基础中心水平距离的增加而减小、不随深度变化
(D) 不随深度变化、不随离基础中心水平距离变化

2-20 土的抗剪强度与黏聚力 c 和内摩擦角 φ 的关系(   )。
(A) 随 c、φ 的增加而增大　　　　　(B) 不随 c 变化、随 φ 的增加而增大
(C) 不随 φ 变化、随 c 的增加而增大　(D) 不随 c、φ 变化

2-21 砂性土的主动土压力 p_a、被动土压力 p_p 与静止土压力 p_0 的关系(   )。
(A) p_a、p_p 均大于 p_0　　　　　　　(B) p_a、p_p 均小于 p_0
(C) p_a 大于 p_0、p_p 小于 p_0　　　(D) p_a 小于 p_0、p_p 大于 p_0

2-22 下列哪类地基土是按液性指标 I_L 进行分类的?(   )
(A) 岩石　　　　(B) 碎石　　　　(C) 砂土　　　　(D) 黏性土

2-23 下列哪些地基土是以颗粒大小作为其指标的?(   )
(A) 岩石和碎石土　　　　　　　　(B) 碎石土和砂土
(C) 砂土和黏性土　　　　　　　　(D) 黏性土和岩石

2-24 黏性土土坡(   )。
(A) 坡角越大、坡高越大,土坡越稳定　　(B) 坡角越小、坡高越大,土坡越稳定
(C) 坡角越大、坡高越小,土坡越稳定　　(D) 坡角越小、坡高越小,土坡越稳定

第3章 工程结构

在土木工程中,能承受各种荷载的骨架称为**结构**(structures),结构的组成部分称为**构件**(members)。

3.1 构件的基本受力状态

在不同的荷载作用下,不同部位的构件处于不同的受力状态,有拉、压、弯、剪、扭等5种基本受力状态。

构件受力状态

3.1.1 轴向拉伸与压缩

当构件受一对大小相等、方向相反、作用线与构件轴线重合的外力作用时,构件处于轴向拉伸(图 3-1a)或轴向压缩状态(图 3-1b)。对于等截面构件,除了两端局部范围外,中间部分的横截面保持平面,两横截面发生相对平移,从 m、n 平移到 m'、n',横截面上的线应变均匀分布,如图 3-1c 所示。据此可推断,在线弹性范围内,横截面上的正应力均匀分布,见图 3-1d 所示。

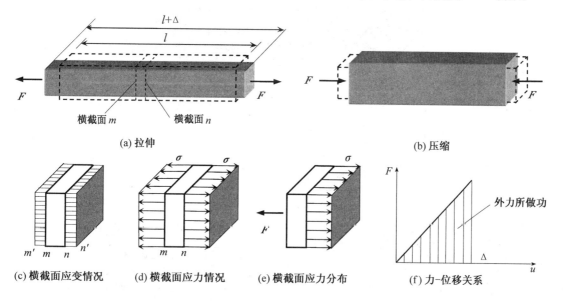

图 3-1 拉伸与压缩

由图 3-1e,根据静力平衡条件,可得到横截面正应力值:

$$\boldsymbol{\sigma} = \frac{\boldsymbol{F}}{A} \tag{3-1}$$

式中 A——横截面面积。

根据式(2-2)胡克定理,有线应变:

$$\varepsilon = \frac{\boldsymbol{\sigma}}{\boldsymbol{E}} = \frac{F}{EA} \tag{3-2}$$

式中　EA——截面的**轴向刚度**(axial rigidity)或拉压刚度。

在相同的轴力作用下，轴向刚度越大，截面的线应变越小，反映了截面抵抗轴向变形的能力。

因线应变沿构件长度均匀分布，外力作用后构件的伸长量 $\Delta = l\varepsilon$，l 为构件初始长度。

在线弹性变形范围内，伸长量 Δ 随外力线性增加，外力从 0 增加到 F 时，位移从 0 增加到 Δ，外力对物体所做的功为：

$$W = \frac{1}{2} F\Delta$$

它是图 3-1f 中力-位移关系图中阴影线部分的面积。

物体的应变能 U 等于外力做的功，轴心受力构件的弹性应变能：

$$U = W = \frac{1}{2} F\Delta = \frac{1}{2} F\varepsilon l = \frac{F^2 l}{2EA} \tag{3-3a}$$

3.1.2　弯曲

图 3-2a 所示等截面构件纵向对称面内作用一对大小相等、转动方向相反的外力偶时，构

纵向对称面
M
M
m
n
(a) 构件变形前
M
M
m'
n'
(b) 构件变形后
中性轴
压应变
拉应变
中性层
m'
m
n
n'
(c) 横截面应变情况
σ
σ
中性轴
m
n
(d) 横截面应力情况

图 3-2　弯曲

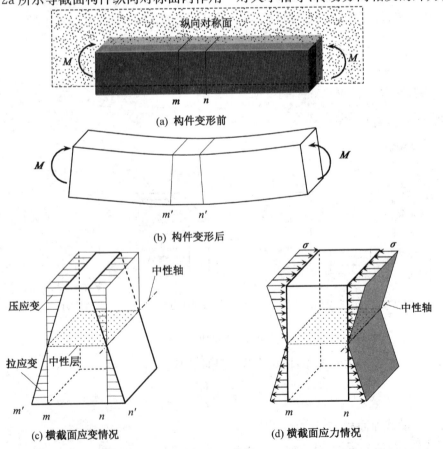

件处于**弯曲状态**(bending state)。构件弯曲时,原来纵向的直线段呈圆弧形,两个横截面发生相对转动,但仍保持平面,从 m、n 转动到 m'、n',见图3-2b所示。截面的上部压缩、下部拉伸,中间存在一个既不压缩也不拉伸的面,这个面称为**中性面**(neutral surface)。中性面与横截面的交线称为**中性轴**(neutral axis),中性轴通过横截面的形心。线应变沿截面的宽度方向均匀分布,沿截面的高度方向线性分布:中性轴位置的线应变为0,距离中性轴越远处的线应变越大,在底面和顶面达到最大,如图3-2c所示。在线弹性范围内,横截面上的正应力沿截面的宽度方向也是均匀分布,沿截面的高度方向线性分布,如图3-2d所示。

如果构件为矩形截面,则中性轴位于横截面高度的一半。此时底面的拉应变值与顶面压应变值的绝对值相同,因而底面和顶面的正应力绝对值也相同。设矩形截面的宽度为 b、高度为 h,底面和顶面的正应力绝对值用 σ_{max} 表示(方向见图3-3a),中性轴以上部分和以下部分横截面上应力的合力 $C=T=bh\sigma_{max}/4$,合力点位置离顶面(或底面)的距离 $1/3 \times h/2 = h/6$,见图3-3a所示。C 和 T 构成内力偶,其矩为 $C \times 2h/3$ 或 $T \times 2h/3$,此内力偶矩称为**弯矩**(bending moment)。

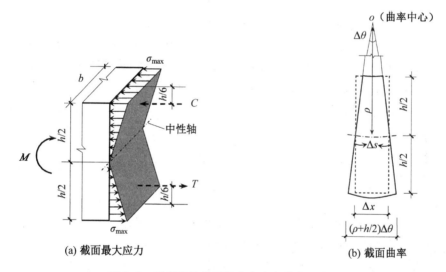

图3-3 受弯构件截面最大应力和曲率的确定

根据静力平衡条件:$M - C \times \dfrac{2h}{3} = 0$,得到横截面最大正应力:

$$\sigma_{max} = \frac{M}{bh^2/6} = \frac{M}{W} \tag{3-4}$$

式中 W——**抗弯截面模量**(section modulus in bending),对于矩形截面,$W = bh^2/6$(其他形状截面的抗弯截面模量参见图11-27所示)。

构件弯曲的程度用**曲率**(curvature)κ 衡量。相距 Δx 的两个横截面(图3-3b中虚线所示)绕截面中性轴相对转动一个角度 $\Delta\theta$,设中性层(在图3-3b所示的平面图中表现为一根线)沿构件纵向的**曲率半径**(radius of curvature)为 ρ($\rho = 1/\kappa$)。由几何关系,可得到:

$$\kappa = \frac{1}{\rho} = \frac{\Delta\theta}{\Delta s}$$

由于实际工程中构件弯曲时的曲率是很小（曲率半径远大于构件长度）的，上式中的弧线 Δs 可以用水平长度 Δx 代替，于是有：

$$\kappa=\frac{1}{\rho}=\frac{\Delta\theta}{\Delta x} \tag{3-5a}①$$

横截面底部纵向线段从 Δx 伸长至 $(\rho+h/2)\Delta\theta$，伸长量为 $(\rho+h/2)\Delta\theta-\Delta x$，正应变：

$$\varepsilon_{\max}=\frac{(\rho+h/2)\Delta\theta-\Delta x}{\Delta x}=\frac{h}{2\rho}$$

根据式(2-2)胡克定理、式(3-4)，有 $\varepsilon_{\max}=\frac{\sigma_{\max}}{E}=\frac{6M}{Ebh^2}$；代入上式后，由式(3-5a)，得到截面曲率：

$$\kappa=\frac{M}{Ebh^3/12}=\frac{M}{EI} \tag{3-5b}$$

式中　EI——截面**弯曲刚度**(flexural rigidity)，或称抗弯刚度；

　　　I——横截面对中性轴的**惯性矩**(moment of inertia)，对于矩形截面 $I=bh^3/12$。

在相同的弯矩作用下，弯曲刚度越大，曲率越小，反映了截面抵抗弯曲变形的能力。

设构件长度为 l，因截面曲率沿构件长度均匀分布，转角 $\theta=l\kappa$。外弯矩对物体做的功 $W=M\theta/2$，纯弯构件的弹性应变能：

$$U=W=\frac{M^2l}{2EI} \tag{3-3b}$$

3.1.3　扭转

图 3-4a 所示等截面圆杆两端作用一对矩矢方向与构件轴线平行、大小相等、转动方向相反的外力偶（其矩为 M_T）时，构件处于**扭转状态**(torsion state)。预先在构件表面画上等距离的网格线，可以发现受扭后原来环形网格线的大小和形状均未改变，直的纵向网格线变成螺旋线，所有网格的直角都改变了相同的角度，此直角改变量就是切应变 γ，见图 3-4b 所示。据此可以推断横截面仍然保持平面，仅仅绕构件轴线旋转了一个角度。为了研究杆件内部的切应变情况，截取长度为 dx 的一个微段（m 截面和 n 截面之间），如图 3-4c 所示。构件受扭后，n 截面相对于 m 截面绕杆件轴线的旋转角用 $d\varphi$ 表示，表面的纵向线段由 m_a-n_a（图中虚线）变化到 m_a-n_a'，距离圆心为 ρ 处的纵向线段由 m_b-n_b（图中虚线）变化到 m_b-n_b'。

由几何关系可得：$\gamma_\rho\approx\tan\gamma_\rho=\frac{\rho d\varphi}{dx}$，即

$$\gamma_\rho=\rho\chi$$

式中　$\chi=\frac{d\varphi}{dx}$，称为**扭率**(rate of twist)，代表扭转角 φ 沿杆件长度的变化率。

---

① 当沿构件长度方向的截面弯矩不等时，$\Delta\theta$、Δx 需用 $d\theta$、dx 代替。

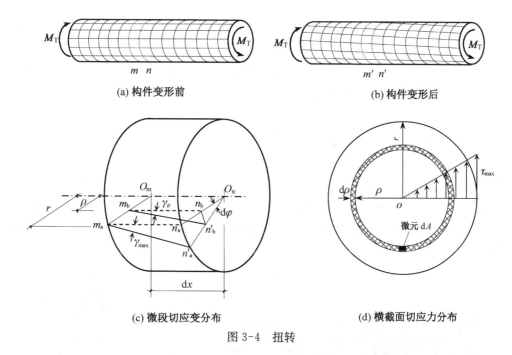

(a) 构件变形前　　　　　　　　(b) 构件变形后

(c) 微段切应变分布　　　　　　(d) 横截面切应力分布

图 3-4　扭转

从上式可以看出,同一半径圆周上各点处的切应变相等,其值与 ρ 成正比。

由切应变、根据式(2-3)胡克剪切定理可得到任意一点的切应力:

$$\tau_\rho = G\rho\chi \tag{3-6a}$$

切应力与 ρ 成正比,在构件表面达到最大,在圆心处为 0;同一半径圆周上各点的切应力数值相等、方向垂直于半径,见图 3-4d 所示。横截面上的切应力合成一力偶,此力偶的矩称为扭矩,根据静力平衡条件,应等于外力偶矩 M_T。整个圆形截面可以划分为一系列宽度为 $d\rho$ 的圆环(见图 3-4d 中网格线部分),因 $d\rho$ 很小,可认为圆环上的切应力值相同。圆环内任意一个微元(见图 3-4d 中涂黑部分,面积为 dA)上的切应力合力的大小相等、合力到圆心的距离相等(均为 ρ),因而力矩相同。注意到圆环的面积为 $2\pi\rho \times d\rho$,圆环内切应力合力对圆心的力矩为:

$$dM_T = 2\pi\rho d\rho \times \tau_\rho \times \rho = 2\pi G\chi \rho^3 d\rho$$

整个横截面切应力合成的扭矩为 dM_T 沿半径 r 的积分:

$$M_T = \int_0^r dM_T = 2\pi G\chi \int_0^r \rho^3 d\rho = \frac{G\pi r^4 \chi}{2}$$

由此可得到扭率:

$$\chi = \frac{M_T}{GI_T} \tag{3-7}$$

式中　GI_T——截面**扭转刚度**(torsional rigidity);

I_T——横截面的**极惯性矩**(polar moment of inertia),对于圆形截面 $I_T = \pi r^4/2$。

在相同的扭矩作用下,扭转刚度越大,扭率越小,反映了截面抵抗扭转变形的能力。

将式(3-7)代入式(3-6a),得到截面任意一点的切应力:

$$\tau_\rho = \frac{M_T \rho}{I_T} \tag{3-6b}$$

设构件长度为 l，因截面扭率沿构件长度均匀分布，扭转角 $\varphi = l\chi$。外扭矩对物体做的功 $W = M_T \varphi / 2$，纯扭构件的弹性应变能：

$$U = W = \frac{M_T^2 l}{2EI_T} \tag{3-3c}$$

3.1.4 剪切

等截面构件在一对相距很近的大小相等、指向相反的横向外力作用下处于**剪切状态**（shear state）。构件剪切时两横截面之间发生相互错动，见图 3-5a 所示。剪切很少单独出现，常和弯曲同时存在。

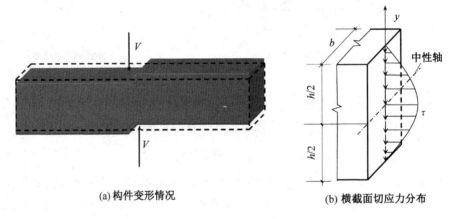

(a) 构件变形情况　　(b) 横截面切应力分布

图 3-5　剪切

对于同时存在剪力与弯矩的矩形截面构件，切应力沿截面宽度方向均匀分布；沿截面高度方向抛物线分布，顶面和底面的切应力为 0，中性轴位置的切应力最大；切应力方向平行于剪力，如图 3-5b 所示。任意截面的切应力值：

$$\tau = \frac{V}{2I}\left(\frac{h^2}{4} - y^2\right) \tag{3-8}①$$

3.1.5 不同受力状态的比较

构件的截面内力仅存在轴力时对应的受力状态是拉伸或压缩；构件的截面内力仅存在弯矩时对应的受力状态是弯曲；构件的截面内力仅存在扭矩时对应的受力状态是扭转；构件的截面内力仅存在剪力时对应的受力状态是剪切。轴力和弯矩都是由截面的正应力合成，前者的正应力沿截面宽度和高度均匀分布，后者的正应力沿截面宽度均匀分布、沿截面高度三角形分布；扭矩和剪力都是由截面的切应力合成，前者截面内不同位置的切应力沿不同的方向，后者截面内不同位置的切应力沿相同的方向。实际结构中的构件常常处于由基本受力状态组成的

---

① 公式推导过程详见参考文献[3]。

复合受力状态。

处于轴心受力状态的构件,其截面内各点的正应力相同,发挥同样的作用;而处于受弯状态的构件,其截面内沿高度各点的正应力不同,离中性轴远的部位发挥的作用大,离中性轴近的部位发挥的作用小,因而整体效率低于轴心受力构件。

3.2 土木工程的基本构件

基本构件

3.2.1 杆

仅承受轴向荷载、纵向尺寸比横向尺寸大得多的构件称为**杆**(bar),其中承受轴拉力的杆称为拉杆、承受轴压力的杆称为压杆。杆是**桁架结构**(truss structure)和**网架结构**(network structure)的组成构件。

杆常用的截面形式有矩形和圆形,横截面的应力均匀分布,正应力计算公式见式(3-1)。

3.2.2 梁

1) 梁的种类

梁(beam)是水平放置的构件,主要承受垂直于构件轴线方向的荷载,横截面主要内力是弯矩和剪力,某些情况下有扭矩。梁的常见截面形式见图3-6所示。矩形截面形式简单,但位于中性轴附近的正应力较小,承载效率低;于是可以将中性轴附近的材料挖去一部分,形成T形、工字形、槽形和箱形等形式。

图3-6 梁的截面形式

在实际结构中,梁和其他构件是连接在一起的,在荷载作用下,梁的变形将受到与之相连的其他构件的约束。当单独对梁的**受力性能**(mechanical performance)进行分析时,需要将其他构件对它的约束用适当的支座来反映,变成计算简图。在计算简图中,梁用纵向轴线代替。图3-7是几种常见的梁计算简图。

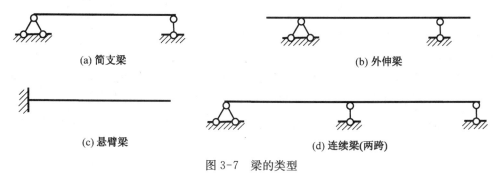

图3-7 梁的类型

2) 静定梁的内力分布

【例 3-1】 图 3-8a 所示在纵向对称平面内受竖向均布线荷载作用的矩形截面简支梁,试确定截面内力沿构件长度的分布。

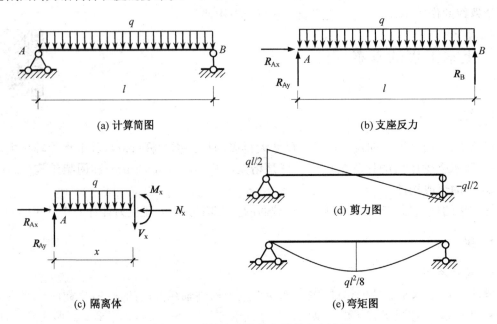

图 3-8 受均布荷载简支梁的内力计算

〖解〗
(1) 确定支座反力

计算截面内力时首先要确定支座反力。A 端为固定铰支座,有两个支座反力,分别用 R_{Ax}、R_{Ay} 表示,B 端为可动铰支座,有一个竖向支座反力,用 R_B 表示,见图 3-8b 所示。

由水平方向的静力平衡条件: $\sum X = 0$,得到 $R_{Ax} = 0$。

由对于 A 点的力矩平衡条件: $\sum M_A = 0$,得到(注意到线分布荷载的合力为 ql,合力到 A 点的距离为 $l/2$;力矩以逆时针为正):

$$R_B \times l - ql \times l/2 = 0, \quad R_B = ql/2$$

由竖直方向的静力平衡条件: $\sum Y = 0$,得到(以向上为正):

$$R_{Ay} + R_B - ql = 0, \quad R_{Ay} = ql/2$$

支座反力的数值为正表示与假定的方向一致。

(2) 计算截面内力

支座反力确定后,采用截面法可计算任意横截面的内力。将距离 A 端为 x 的截面切开,取左半部分为隔离体,如图 3-8c 所示。设 x 截面上的轴力为 N_x、剪力为 V_x、弯矩为 M_x。

由水平方向的静力平衡条件 $\sum X = 0$,可得到 $N_x = 0$;由竖直方向的静力平衡条件 $\sum Y = 0$,得到:

$$R_{Ay} - V_x - qx = 0, V_x = ql/2 - qx$$

由 A 点的力矩平衡条件 $\sum M_A = 0$，得到(注意到支座反力 R_{Ay} 对 A 点的力臂为 0，因而力矩为 0；力偶对于平面内任意一点的矩始终等于力偶矩)：

$$M_x - V_x \times x - qx \times x/2 = 0, M_x = qlx/2 - qx^2/2$$

(3) 绘制内力图

表示各截面内力值大小的图称为内力图。截面上有两种内力：剪力和弯矩。当 $x = l/2$ 时，剪力为 0；当 $x = 0$(或 $x = l$)时，剪力达到最大，$V_{max} = ql/2$；剪力沿构件长度线性分布，见图 3-8d 所示。当 $x = l/2$(即跨中)时，弯矩达到最大，$M_{max} = ql^2/8$；当 $x = 0$(或 $x = l$)时，弯矩为 0；弯矩沿构件长度抛物线分布。在工程中习惯将弯矩图画在构件受拉的一侧，见图 3-8e 所示。对于水平构件，下面受拉的弯矩习惯上称正弯矩；上面受拉的弯矩习惯上称负弯矩。

最大截面弯矩与跨度(l)的平方成正比，这意味着当跨度增加一倍时，最大截面弯矩是原来的 4 倍。

例 3-1 这种仅由静力平衡条件即可确定全部支座反力和任意截面内力的结构称为**静定结构**(statically determinate structures)；仅由静力平衡条件无法确定支座反力和任意截面内力的结构称为**静不定结构**(statically indeterminate structures)，或称超静定结构。图 3-7 中的**简支梁**(simply supported beam)、**外伸梁**(beam with an overhang)和**悬臂梁**(cantilever beam)均为静定结构，**连续梁**(continuous beam)属于超静定结构。

3) 梁的挠度曲线

梁弯曲时原来直的纵向轴线弯成曲线，此曲线称为梁的**挠度曲线**(deflection curve)。挠度曲线反映了梁轴线受荷后的竖向位移。工程设计时最大挠度需要控制在一定范围内以满足正常使用要求。

图 3-9 所示简支梁，跨度为 l、截面弯曲刚度为 EI、两端作用一对矩为 M 的力偶。根据例 3-1 的步骤，可确定各横截面的内力。容易发现横截面没有剪力，只有弯矩，且各截面的弯矩相同，这种弯曲称为**纯弯曲**(pure bending)。因弯矩沿构件长度相同、各截面的弯曲刚度相等，由式 (3-5b)可得出，各截面的曲率相等，这意味着梁的挠度曲线是一圆弧线。由几何关系可得到：

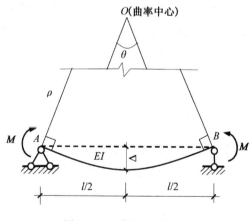

图 3-9 纯弯梁的挠度

$$\theta = \frac{l}{\rho}, \Delta = \rho\left(1 - \cos\frac{\theta}{2}\right) = \rho\left(1 - \cos\frac{l}{2\rho}\right)$$

因 $\frac{l}{2\rho}$ 很小，$\cos\frac{l}{2\rho} \approx 1 - \frac{(l/2\rho)^2}{2} = 1 - \frac{l^2}{8\rho^2}$，

连同式(3-5b)代入上式，得到跨中挠度：

$$\Delta = \frac{Ml^2}{8EI} \tag{3-9a}$$

【例 3-2*】 试确定图 3-10a 所示受竖向均布线荷载作用的简支梁挠度曲线；计算弹性应变能和外力做的功。

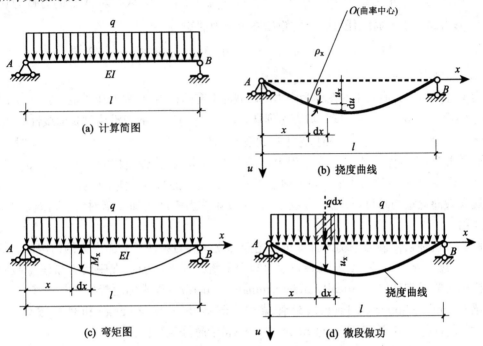

图 3-10 受均布荷载简支梁挠度、应变能和外力功计算

〖解〗

（1）计算截面转角

梁在竖向均布荷载作用下截面内除了有弯矩还有剪力。由于剪切变形对梁挠度的影响很小，所以可略去。不均匀弯曲时各截面的曲率不同。距离 A 端支座 x 截面的曲率半径用 ρ_x 表示，由式(3-5b)，有

$$\frac{1}{\rho_x} = \frac{M_x}{EI}$$

其中 M_x 是 x 截面的弯矩，例 3-1 已求得 $M_x = qlx/2 - qx^2/2$。上式反映的是截面弯矩与曲率绝对值之间的关系，根据图 3-10b 所选定的坐标，曲率为负值。截面弯矩表达式代入后有：

$$\frac{1}{\rho_x} = -\frac{q(lx - x^2)}{2EI}$$

将式(3-5a)代入后，有

$$\frac{d\theta}{dx} = -\frac{q(lx - x^2)}{2EI}, \quad d\theta = -\frac{q(lx - x^2)}{2EI} dx$$

$$\theta = \int d\theta + C_1 = -\frac{q}{2EI}\int(lx - x^2)dx + C_1$$

$$\theta = -\frac{q}{24EI}(6lx^2 - 4x^3) + C_1$$

式中 C_1 是积分常数,由边界条件确定。

由于对称,跨中转角为 0,即 $x = l/2$、$\theta = 0$,由此可求得 $C_1 = \frac{ql^3}{24EI}$。最后得到转角方程:

$$\theta = \frac{q}{24EI}(l^3 - 6lx^2 + 4x^3)$$

(2) 计算截面挠度

由图 3-10b 中的几何关系,x 截面的转角 θ 可表示为:$\theta = \frac{du}{dx}$。挠度增量:

$$du = \theta dx = \frac{q}{24EI}(l^3 - 6lx^2 + 4x^3)dx$$

挠度:

$$u = \int du + C_2 = \frac{q}{24EI}\int(l^3 - 6lx^2 + 4x^3)dx + C_2$$

$$u = \frac{q}{24EI}(l^3 x - 2lx^3 + x^4) + C_2$$

根据边界条件:$x = 0$、$u = 0$,求得积分常数 $C_2 = 0$。最终挠度曲线:

$$u_x = \frac{q}{24EI}(l^3 x - 2lx^3 + x^4)$$

跨中挠度:

$$\Delta = u_x\big|_{x=l/2} = \frac{5ql^4}{384EI} \tag{3-9b}$$

(3) 计算应变能

由式(3-3b),纯弯构件的弹性应变能 $U = \frac{M^2 l}{2EI}$。对于弯矩沿构件长度变化的构件,取微段 dx(图 3-10c),微段内的应变能 $dU = \frac{M_x^2}{2EI}dx$,其中 $M_x = qlx/2 - qx^2/2$。构件应变能:

$$U = \int_0^l dU = \frac{q^2}{2EI}\int_0^l (lx/2 - x^2/2)^2 dx = \frac{q^2 l^5}{240EI}$$

(4) 计算外力做功

集中力做功:$W = F\Delta/2$。对于图 3-10d 所示的分布力,取微段 dx,微段内集中力:$dF = $

$q\mathrm{d}x$；微段做功 $\mathrm{d}W = \dfrac{\mathrm{d}F}{2}u_x = \dfrac{qu_x}{2}\mathrm{d}x$。整个构件外力做功：

$$W = \int_0^l \mathrm{d}W = \dfrac{q}{2}\int_0^l u_x \mathrm{d}x$$

将 $u_x = \dfrac{q}{24EI}(l^3x - 2lx^3 + x^4)$ 代入上式，积分后得到

$$W = \dfrac{q^2 l^5}{240EI}$$

3.2.3 柱

1) 柱的受力状态

柱（column）是竖向放置的构件，起支承水平构件的作用。柱横截面的内力有轴压力、弯矩和剪力，其中轴压力是主要内力，特殊情况下截面只有轴压力。柱的常见截面形式有矩形、工字形和圆形。

图 3-11a 所示由梁、柱组成的结构，梁的弯曲刚度为 EI_b、柱的弯曲刚度为 EI_c，柱上端与

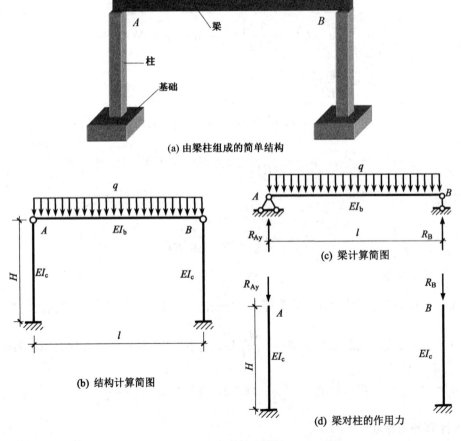

图 3-11 结构中的柱

梁铰连接、下端固定在基础顶面,基础对柱的约束用固定支座反映,结构的计算简图如图 3-11b 所示。单独分析梁的受力状态时,将柱对梁的约束用铰支座反映,如图 3-11c 所示;梁对柱的作用力在数值上等于柱对梁的约束反力,如图 3-11d 所示。

柱除了承受梁传来的作用力外,还会直接承受水平荷载,如风荷载,见图 3-12a 所示。当竖向作用力位于构件的轴线时,截面内仅产生轴力,如图 3-12b 所示。水平荷载作用下截面内产生弯矩和剪力,分别见图 3-12c、图 3-12d 所示。柱轴线受荷后的水平位移称为侧向位移(简称侧移)曲线,见图 3-12e 所示。最大侧移发生在柱顶:

$$\Delta = \frac{qH^4}{8EI_c} \tag{3-9c}$$

比较图 3-12c、图 3-8e 和式(3-9c)、式(3-9b)可以发现,在相同的荷载作用下悬臂构件的最大弯矩是简支构件的 4 倍、悬臂构件的最大位移是简支构件的 48/5 倍。

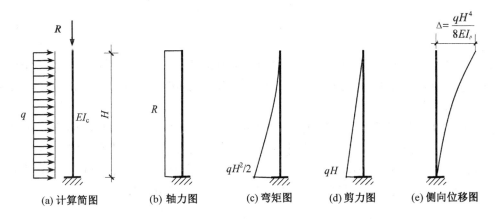

图 3-12 单根柱内力及变形

2) 柱的侧向刚度

【例 3-3】 试确定图 3-13a 所示竖向悬臂构件在顶点水平集中荷载 F 作用下的侧移。

〖解〗 例 3-2 先求构件的挠度曲线,再求跨中位移。本题只需求顶点位移,可以用更简便的能量法计算。

竖向悬臂构件在顶点水平荷载作用下,既有弯矩又有剪力。不过剪切变形一般较小,在计算应变能时可以忽略。

与 3.2.2 节讨论的纯弯曲不同,现在的截面弯矩沿构件长度是变化的,如图 3-13b 所示。先取一个微段 dz 来分析。在微段内的弯矩 M_z 可认为是均匀的,所以可采用式(3-3b)计算微段内的应变能,相应的应变能用 dU 表示,有

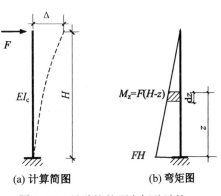

图 3-13 悬臂柱的顶点侧移计算

$$dU = \frac{M_z^2}{2EI_c}dz$$

整个构件的应变能为 dU 在构件长度内积分:

$$U = \int_0^H dU = \int_0^H \frac{F^2(H-z)^2}{2EI_c} dz = \frac{F^2 H^3}{6EI_c}$$

外力所做功 $W = F\Delta/2$，令 $W = U$，得到顶点位移：

$$\Delta = \frac{FH^3}{3EI_c} \tag{3-9d}$$

使竖向构件顶点发生单位侧向位移在顶点所需施加的水平力称为构件的侧向刚度（或称抗侧刚度），用 D 表示。由式(3-9d)，对于悬臂构件，侧向刚度：

$$D = \frac{3EI_c}{H^3} \tag{3-10}$$

3.2.4 拱

1) 拱的种类

拱(arch)也是水平放置的构件，拱与梁的区别有两点：一是拱的支座必须提供水平推力；二是拱轴线呈曲线。横截面的内力有轴压力、弯矩和剪力，其中轴压力是主要内力，理想状态下横截面内仅有轴压力。

拱轴线的水平投影长度称为跨度(l)、竖直投影长度称为矢高(f)；拱圈的顶面称为拱顶、拱圈的底面称为拱脚。拱脚与支承构件（桥墩、桥台或柱）的连接方式有两种：一种是铰连接（图 3-14a、b）；另一种是固接（图 3-14c）。拱顶可以连续（图 3-14c），也可以设置铰连接（图 3-14a）。图 3-14 中的三铰拱是静定结构，两铰拱和无铰拱是超静定结构。

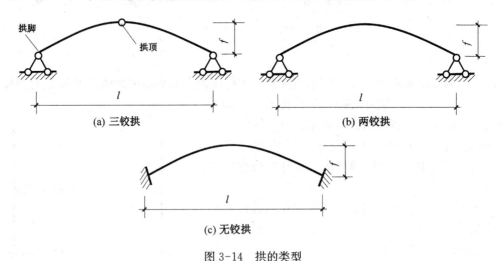

图 3-14 拱的类型

2) 静定拱的内力分布

【**例 3-4**】 试计算图 3-15a 所示三铰拱在沿跨度均匀分布线荷载作用下，拱顶截面和拱脚截面的内力。

〖解〗(1) 确定支座反力

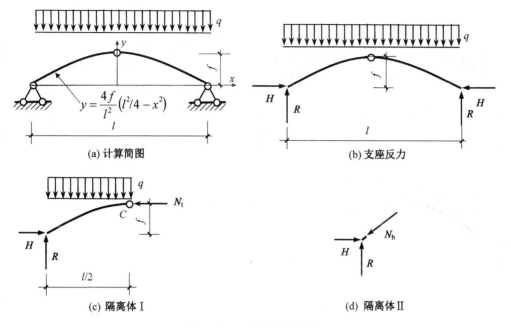

图 3-15 三铰拱内力计算

两边拱脚处均为固定铰支座,有水平和竖向支座反力。由于结构和荷载对称,两个竖向支座反力相同,用 R 表示;两个水平支座反力大小相等、方向相反,用 H 表示,见图 3-15b 所示。

由竖直方向的静力平衡条件 $\sum Y = 0$,得到 $2R - ql = 0, R = ql/2$。

在沿跨度均匀分布荷载作用下,当拱圈轴线为二次抛物线时,三铰拱拱圈横截面内只有轴压力。取图 3-15c 所示隔离体,横截面的轴力用 N_t 表示。由对于 C 点的力矩平衡条件 $\sum M_C = 0$,有 $Hf - R \times l/2 + ql/2 \times l/4 = 0$。得到支座水平反力:

$$H = \frac{ql^2}{8f} \tag{3-11a}$$

(2) 计算截面内力

由图 3-15c 所示隔离体的水平力平衡条件,可得到:

$$N_t = H = \frac{ql^2}{8f} \tag{3-12a}$$

取图 3-15d 所示隔离体,横截面的轴力用 N_b 表示。由隔离体力的平衡条件,可得到:

$$N_b = \sqrt{R^2 + H^2} = \frac{ql^2}{8f}\sqrt{1 + 16(f/l)^2} \tag{3-13a}$$

拱顶的轴力最小、拱脚的轴力最大。

对比三铰拱和对应的简支梁(跨度、荷载相同,见图 3-8e)可以发现,某个位置拱圈压力的水平分力等于对应简支梁在同样位置的弯矩与拱高的比值,例如在拱顶,对应简支梁弯矩为 $ql^2/8$,拱高为矢高 f,拱圈压力的水平分力 $H = ql^2/8f$。

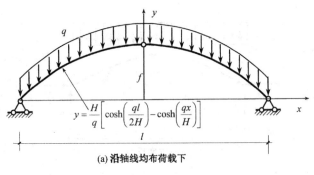

(a) 沿轴线均布荷载下

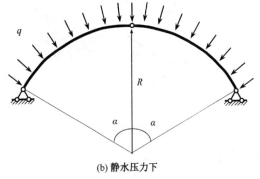

(b) 静水压力下

图 3-16 理想拱轴线

3) 理想拱轴线

在一定的荷载作用下,拱圈横截面内只有轴压力、没有弯矩和剪力的拱轴线称为理想拱轴线。图 3-15a 所示的抛物线是沿跨度均匀分布竖向荷载作用下的理想拱轴线;沿拱轴线均匀分布竖向荷载作用下的理想拱轴线是悬链线,见图 3-16a 所示,支座水平推力由下式确定:

$$f = \frac{H}{q}\left[\cosh\left(\frac{ql}{2H}\right) - 1\right] \tag{3-11b}$$

拱顶和拱脚压力分别为:

$$N_t = H \tag{3-12b}$$

$$N_b = H\sqrt{1 + \sinh^2\left(\frac{ql}{2H}\right)} \tag{3-13b}$$

静水压力(各处压强相同、作用方向垂直物体表面)作用下的理想拱轴线是圆弧线,见图 3-16b 所示。支座水平推力、拱顶和拱脚压力分别为:

$$H = qR(\cos\alpha - \cos^2\alpha) \tag{3-11c}$$

$$N_t = qR\sin^2\alpha \tag{3-12c}$$

$$N_b = qR\sqrt{1 - 2\cos^3\alpha + \cos^4\alpha} \tag{3-13c}$$

3.2.5 索

索(cable)有两个特点:一是截面弯曲刚度极小,可忽略,只能承受拉力(这种拉力称为索张力);二是索没有固定的形状,随荷载分布(位置)而变化,见图 3-17 所示。

在一定的荷载作用下,索自动调节到截面内只有拉力的形态。索两端支座之间的水平长度称为跨度(l),支座到索跨中的垂直距离称为垂度(f)。索形(索的形状)是相同荷载、相同跨度下三铰拱理想拱轴线的翻转,当索承受沿长度方向的竖向均匀荷载时,其索形为悬链线,如图 3-18 所示。

索张力的数值等于对应三铰拱的压力,跨中最小、支座最大,分别为:

$$T_{\min} = H \tag{3-12d}$$

$$T_{\max} = H\sqrt{1 + \sinh^2\left(\frac{ql}{2H}\right)} \tag{3-13d}$$

式中 H——索张力的水平分力,等于支座水平拉力。

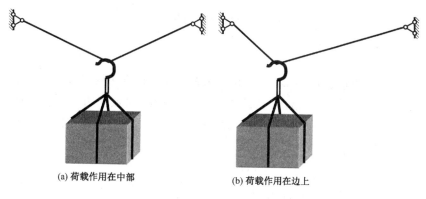

(a) 荷载作用在中部　　　　　(b) 荷载作用在边上

图 3-17　索形随荷载位置的变化

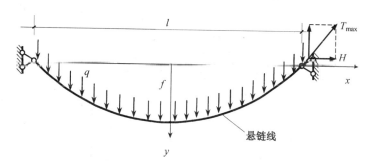

图 3-18　沿轴线均布荷载下的索形

图 3-19 是索张力与垂跨比 f/l 的关系，垂跨比越小、索张力越大。

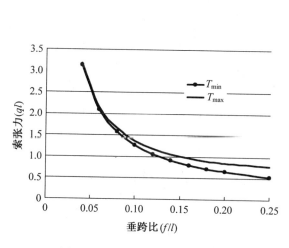

图 3-19　索张力与垂跨比的关系

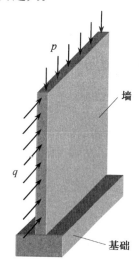

图 3-20　墙

3.2.6　墙

墙(wall)是厚度方向尺寸远小于其余两个方向尺寸、承受平行于墙面的荷载、竖向放置构件，如图 3-20 所示。墙横截面的内力有轴压力、弯矩和剪力。在结构中的作用和受力状态与柱相似,区别在于横截面形状,墙的宽度不小于厚度的8倍。

3.2.7 板

板(slab)是厚度方向尺寸远小于其余两个方向尺寸、承受垂直于板面的荷载的构件。与梁相比:梁只在垂直于轴线的横截面内有弯矩、剪力和扭矩;而板在两个正交截面内均有弯矩、扭矩和横向剪力[10],见图3-21所示。图中力偶用矢量表示,M_{xy}代表x面扭矩的大小、M_{yx}代表y面扭矩的大小。

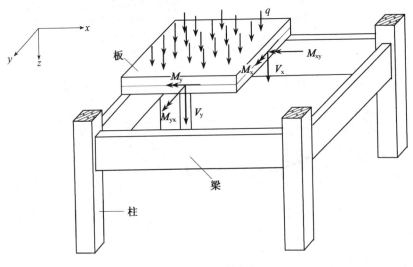

图 3-21 板中内力

3.2.8 壳

两个曲面之间的距离比物体的其他尺寸为小时,所限定的物体称为**壳**(shell)。壳可以看成由板弯折而成。壳体两个正交截面上存在两组内力[10]:一组是**薄膜内力**(membrane internal force),包括轴力和平错力(纵向剪力),见图3-22a所示;另一组是平板内力或称弯曲内力,包括弯矩、横向剪力和扭矩,见图3-22b所示。其中第一组是主要内力,理想状态下只有薄膜内力中的轴压力。

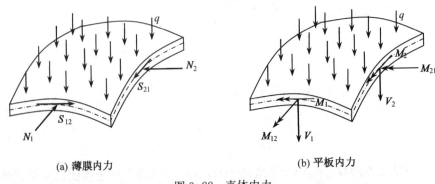

(a) 薄膜内力   (b) 平板内力

图 3-22 壳体内力

3.2.9 膜

膜（membrane）可以看成是一个倒置的壳。因厚度极小，没有弯曲刚度；由膜材（织物）特性，没有轴压刚度。因而膜内只有薄膜拉力和平错力，没有弯曲内力，如图 3-23 所示。

3.2.10 管

管的横截面呈环形，承受的荷载平行于横截面，如图 3-24a 所示。常见的截面形式有圆形环、椭圆形环和矩形环。在静水压力作用下，圆管内

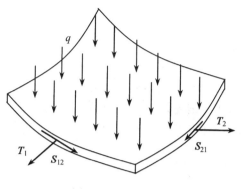

图 3-23 薄膜内力

只有压力，压力沿周边均匀分布，见图 3-24b。在集中荷载作用下，圆管内有弯矩、剪力和轴力。其中弯矩分布如图 3-24c 所示，最大弯矩出现在顶部和底部的集中荷载作用处，内侧受拉；两边的弯矩外侧受拉。轴压力分布和剪力分布分别见图 3-24d、图 3-24e 所示；最大轴力出现在两边，而此处的剪力为 0；顶部和底部的轴力为 0，剪力达到最大。

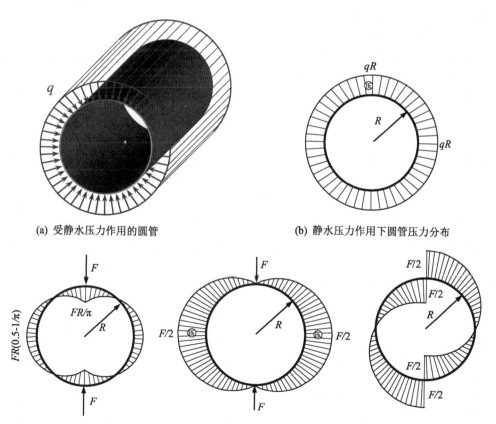

(a) 受静水压力作用的圆管　　　　　　(b) 静水压力作用下圆管压力分布

(c) 集中荷载作用下圆管弯矩分布　(d) 集中荷载作用下圆管压力分布　(e) 集中荷载作用下圆管剪力分布

图 3-24 管的受力状态

3.3 基础结构类型

支承上部结构、位于地面(或水面)以下的结构称为**基础**(foundation)。如果上部结构中的竖向构件(柱或墙)直接放置在**地基**(ground)上,地基承受不了上部结构的荷载;借助基础,将地基的受荷面积扩大、降低基础底面的压力,以满足地基承载力和地基变形的要求。根据在地面以下的深度,基础分为浅基础和深基础两大类。

基础类型

3.3.1 浅基础

当浅层地基土的工程性能较好,足以承受基础传给它的荷载时,一般采用浅基础。浅基础的类型有**刚性基础**(rigid foundation)、**柱下独立基础**(isolated foundation under column)、**条形基础**(strip foundation)(柱下条形基础、墙下条形基础、十字交叉条形基础)、**筏形基础**(raft foundation)和**箱形基础**(box foundation),见图 3-25 所示。

刚性基础的伸出宽度小于高度,基础变形可以忽略,基础内没有弯矩,因而可用砖、毛石、灰土等抗拉强度很低的材料制作。

柱下独立基础内的弯矩较小(相比柱下条形基础),材料比较节省。每个基础独自沉降,可能出现相邻柱之间的沉降差,对上部结构产生不利影响。

柱下条形基础整体沉降,可以调节相邻柱之间的沉降差,减小不均匀沉降对上部结构的不利影响。条形基础内的弯矩大于相同条件下的独立基础,因而材料用量多于独立基础。为了减小材料用量,柱下条形基础常用倒 T 形截面。

墙下条形基础与墙下刚性基础相比,可以减小基础高度;但基础宽度方向有弯矩,需要采用能抵抗拉力的材料。

两个方向均设置条形基础形成十字形基础,可以在两个方向调节相邻柱之间的沉降差。

上部结构的荷载越大,满足地基承载力和变形要求所需要的底板面积越大;当基础底板连成一片时为筏形基础。根据是否设置基础梁,筏形基础有梁板式和平板式两种。梁板式筏形基础的刚度大、抵抗不均匀沉降的能力强;平板式筏形基础的优点是板顶平整、施工简单,但刚度小于梁板式筏形基础。

当房屋设有地下室时,可以将地下室底板、侧板和顶板连成整体,并设置一定数量的隔板,形成箱形基础。箱形基础的整体刚度很大,调节地基不均匀沉降的能力很强。

除刚性基础外,其余浅基础一般采用钢筋混凝土。

3.3.2 深基础

当采用筏形基础地基的承载力和变形仍不能满足要求时,需要采用深基础将上部结构的荷载传至较深的持力层。深基础有三种类型:**桩基础**(pile foundation)、**地下连续墙基础**(diaphragm wall foundation)和**沉井基础**(caisson foundation)。

桩基础是最为常用的深基础,由桩和承台组成,见图 3-26a 所示。多数情况下桩承受垂直向下的荷载(竖向压力),见图 3-26b;有时也会承受水平荷载,见图 3-26c,如基坑支护(见 12.1.3 节)、港口码头等工程中各种支护桩受到水、土侧压力;某些情况下还会承受竖向拉拔荷载见图 3-26d,如地下抗浮结构的锚桩。在竖向压力 F 作用下桩的端面存在柱端阻力 q_p、

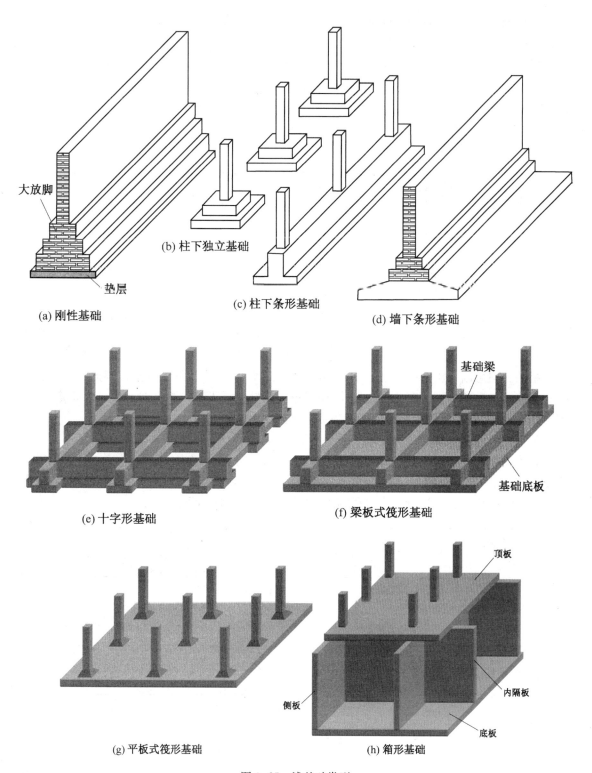

图 3-25 浅基础类型

桩身四周存在桩侧阻力 q_s（图3-26b）；当荷载主要由柱侧阻力承担时称为端承摩擦桩，当荷载全部由柱侧阻力承担时称为摩擦桩；当荷载主要由柱端阻力承担时称为摩擦端承桩，当荷载全部由柱端阻力承担时称为端承桩。

桩长用 L 表示、桩的周长用 U 表示、截面面积用 A 表示，根据竖向力平衡力件，有

$$F = ULq_s + Aq_p$$

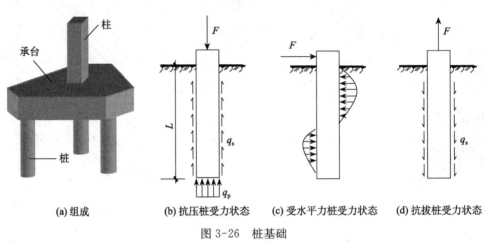

图 3-26 桩基础

桩的材料可以采用钢筋混凝土，也可以用钢管或木材，其中钢筋混凝土桩根据施工方法可以分为灌注桩和预制桩。灌注桩先打孔（用机械设备钻孔或人工挖孔），然后放入钢筋笼、浇筑混凝土；预制桩先制作桩然后用机械设备将桩打入土中。

地下连续墙顾名思义是位于地下的一道墙（钢筋混凝土墙），它是由独特的施工工艺完成的。首先用特制的挖槽机械在泥浆护壁的情况下开挖各槽段的沟槽，见图3-27a所示；然后放入钢筋笼，见图3-27b所示；利用导管从沟槽底部向上浇灌混凝土，各单元槽段由特制的接头连接，见图3-27c所示；进行下一墙段施工，从而形成连续的地下墙。

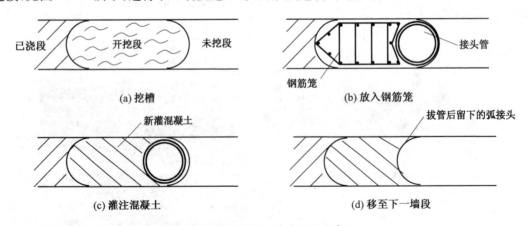

图 3-27 地下连续墙施工程序

沉井的外形有方形和圆形两种，方形沉井类似箱形基础。施工时先在地面制作好沉井的全部或一部分；在挖土过程中，依靠沉井自重，自行下沉；到达设计位置后进行封底、填心、施工

顶盖,见图 3-28a 所示。沉井大多数采用钢筋混凝土;在用作江、海桥墩基础时,为便于拖运至桥墩位置,常采用钢沉井,见图 3-28b 所示。

(a) 钢筋混凝土沉井

(b) 钢沉井

图 3-28 沉井

3.4 工程结构的基本力学问题

土木工程结构需要解决三个基本力学问题:**强度**(strength)、**刚度**(stiffness)和**稳定**(stability)。

基本力学问题

3.4.1 强度要求

结构构件应具有足够的强度,在荷载作用下不发生材料破坏①。这要求截面的最大应力不超过材料强度。对于弹性材料受弯构件,由式(3-4),强度要求表示为:

$$\sigma_{\max} = \frac{M}{W} \leqslant f, \ M \leqslant Wf$$

式中 f——材料的抗拉或抗压强度,见 4.1.1 节。

上式左半部分是荷载作用下的截面内力,称为**荷载效应**(effect of load);右半部分是截面的承载力,称为结构构件的**抗力**(resistance of structures),与截面形式和材料有关。

对于各种受力状态、不同的截面形式和材料,强度要求可写成更一般的形式:

$$S \leqslant R \tag{3-14}$$

式中 S——荷载效应,需通过结构分析(详见 11.3.3 节)得到,可以是弯矩、剪力、轴力或扭矩;

R——相应的抗力。

3.4.2 刚度要求

结构应具有足够的刚度,在荷载作用下的变形控制在允许范围,以满足正常使用要求。对于水平结构需要控制竖向荷载作用下的挠度:

$$\frac{\Delta}{l} \leqslant [\Delta/l] \tag{3-15a}$$

---

① 由于荷载值和材料强度都是随机的,从可靠度角度,"不发生破坏"应表述为"发生破坏的概率控制在规定的数值内"。

式中 $[\Delta/l]$——挠度限值,一般为 $1/1\,000 \sim 1/200$;

　　　　l——结构跨度;

　　　　Δ——最大挠度,需通过结构分析得到,简支梁在均布荷载的最大挠度见式(3-9b)。

对于竖向结构需要控制水平荷载作用下的侧向位移:

$$\frac{\Delta}{H} \leqslant [\Delta/H] \tag{3-15b}$$

式中 $[\Delta/H]$——侧移限值,一般为 $1/1\,000 \sim 1/500$;

　　　　H——结构高度;

　　　　Δ——顶点侧移,需通过结构分析得到,悬臂结构在均布荷载下的顶点侧移见式(3-9c)。

3.4.3 稳定要求

图 3-29a 所示承受轴压荷载 N 的两端铰支直杆,构件内产生均匀的压应力和轴向压缩变形,保持直线平衡状态。当荷载较小时,因偶然因素(杆件可能不是绝对平直,存在初始弯曲;或者荷载不是严格作用在杆件轴线位置)构件产生微小弯曲,处于压弯状态,偏离原来的平衡状态;但当偶然因素消除后,构件将恢复到原来的直线平衡状态,这种内外力的平衡称为**稳定平衡**(stable equilibrium),见图 3-29b 所示。当轴压力较大时,因偶然因素发生微弯曲后,弯曲变形迅速增加,使构件丧失承载能力;偶然因素消除后并不能恢复到原来的直线状态,原来的平衡状态称为**不稳定平衡**(unstable equilibrium),见图 3-29c 所示。从稳定平衡过渡到不稳定平衡的临界状态称为**中性平衡**(neutral equilibrium),中性平衡时的轴压力称为**临界力**(critical force),用 N_{cr} 表示。欧拉(Euler)首先推导出了两端铰支等截面杆件的临界力公式:

$$N_{cr} = \frac{\pi^2 EI}{l^2} \tag{3-16a}$$

式中 EI——杆件的截面弯曲刚度;

　　　　l——杆件长度。

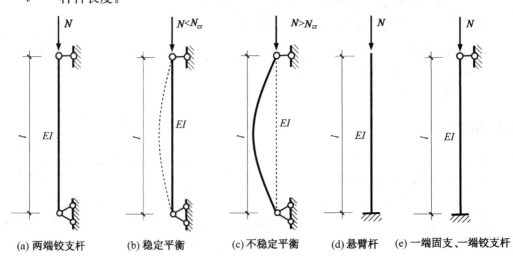

图 3-29 压杆稳定

对于图 3-29d、图 3-29e 所示的等截面悬臂杆和一端固支、一端铰支杆,临界力分别为:

$$N_{cr} = \frac{\pi^2 EI}{(2l)^2} \tag{3-16b}$$

$$N_{cr} = \frac{\pi^2 EI}{(0.707l)^2} \tag{3-16c}$$

为了保证结构不丧失稳定,要求轴压力不超过临界力:

$$N \leqslant N_{cr} \tag{3-17}$$

3.5 工程结构的荷载

能在结构中引起内力、变形等效应的原因统称为**作用**(action),其中以力的形式施加在结构上的作用称为**直接作用**(direct action),直接作用习惯上称荷载;引起结构外加变形或约束变形的作用称为**间接作用**(indirect action)。

荷载

3.5.1 荷载种类

荷载按随时间的变化情况可以分为:**永久荷载**(permanent load)、**可变荷载**(variable load)和**偶然荷载**(accidental load)三大类。

在结构使用期间,其值不随时间变化,或其变化与平均值相比可以忽略不计的荷载称为永久荷载,又称恒荷载(dead load)如构件自重、土压力等。

在结构使用期间,其值随时间变化,且其变化与平均值相比不可忽略的作用称为可变荷载,又称活荷载(live load)如楼面可变荷载、风荷载、雪荷载、车辆荷载等。

在结构使用期间不一定出现,一旦出现,其值很大且持续时间很短的荷载称为偶然荷载,如爆炸荷载、撞击荷载等。

根据是否引起结构振动(在平衡位置附近的往复运动),荷载可以分为**静力荷载**(static load)和**动力荷载**(dynamic load)。

结构在荷载作用下不产生加速度或加速度(因而惯性力)可以忽略时,此荷载称为静力荷载;如果结构在荷载作用下的加速度不能忽略,此荷载称为动力荷载。

结构在动力荷载作用下振动是否明显与结构的**自振周期**(natural vibration period)有关。对于图 3-30a 所示的由 4 根柱支承的平台,如果假定质量全部集中在平台位置,则可以简化为图 3-30b 所示单质点体系。水平振动的自振周期为:

$$T_n = 2\pi \sqrt{\frac{m}{D}} \tag{3-18}$$

式中 m——结构的质量;

D——结构的侧向刚度,结构顶面在水平集中力作用下发生单位侧移时的水平力。

对于图 3-13a 所示的悬臂柱,由式(3-10),单根柱的侧向刚度 $D_i = 3EI_c/H^3$,结构的侧向刚度 $D = 4D_i = 12EI_c/H^3$。

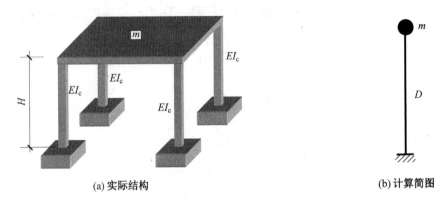

(a) 实际结构   (b) 计算简图

图 3-30   单质点体系的自振周期

如果结构的自振周期远小于动力荷载的周期,结构振动不明显,可忽略。结构的自振周期与结构的质量成正方向关系(即质量越大,周期越长);与刚度成反方向关系(即刚度越大,周期越短)。同样的荷载,如风荷载,作用在比较刚的结构时,可以忽略振动效应;而作用在比较柔的结构(如超高层建筑、大跨桥梁)时则需要考虑振动效应。

根据作用方向荷载可以分为水平荷载和竖向荷载,前者如重力荷载,后者如土侧压力。

根据作用的范围,荷载可以分为集中荷载(作用的面积可以忽略)和分布荷载,其中分布荷载又可以分为线分布荷载(分布的宽度可以忽略)、面分布荷载(作用在结构表面)和体分布荷载(分布在整个物体内部)。地球引力引起的重力荷载均属于体分布荷载,但在结构分析时,常简化为面分布荷载(对于板)、线分布荷载(对于梁)甚至集中荷载(对于柱)。

3.5.2 荷载的随机性

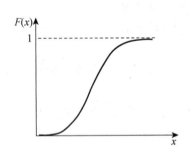

图 3-31   随机变量的概率分布函数

荷载具有随机性,预先无法确定其具体的量值。例如永久荷载中的构件自重,其量值等于材料重度与构件体积的乘积。但实际建造的构件尺寸可能比设计规定的大,也可能比设计规定的小,存在施工偏差,在建造前的设计阶段无法获知确切的数值。在数学上需要作为随机变量处理,用概率分布函数(probability distribution function)描述,如图 3-31 所示,它代表随机变量小于等于某个值的概率。工程上把随机变量处于某个范围的概率称为保证率。对于荷载,小于等于某个值的概率为保证率,大于某个值的概率称超越概率,超越概率=1−保证率。与某个保证率对应的变量值称代表值,其中最基本的代表值为**标准值**(characteristic value)。

而对于可变荷载,如风荷载,不仅某地、某个时刻的荷载值具有随机性,而且随时间变化,需要采用随机过程概率模型。工程结构设计中,一般将随机过程转化为一定时期(称设计基准期)内最大荷载的概论分布函数,然后根据相应的保证率确定荷载标准值。

3.5.3 永久荷载

根据对大量实际结构的现场测量和统计分析,构件自重服从正态分布,其概率分布函数为：

$$F(g) = \frac{1}{0.074\sqrt{2\pi}G_k} \int_0^g \exp\left[-\frac{(g-1.06G_k)^2}{2(0.074G_k)^2}\right] dg$$

式中 G_k——按设计标注的尺寸和规范规定的材料重度计算得到的重力，取为荷载标准值。

令上式中的 $g=G_k$，可求得 $F(g)=0.2093$，即自重标准值的保证率为 20.93%。

3.5.4 楼面可变荷载

楼面可变荷载包括人群和物品的重量，按均匀面分布荷载考虑。根据统计、分析，设计基准期内楼面最大可变荷载服从极值Ⅰ型分布。对于办公楼，概率分布函数为：

$$F_{L_T} = \exp\left\{-\exp\left[-\frac{x-911.4}{235.3}\right]\right\}$$

办公楼可变荷载标准值取 $L_k=2000\ \text{N/m}^2$，由上式可求得保证率为 99.03%。

不同用途的楼面可得到不同的概率分布函数，根据一定的保证率确定相应的荷载标准值。

3.5.5 风荷载

风是空气从气压高的地方向气压低的地方流动而形成的。从图 3-32 风速的时程曲线可以看到，风速是随时间变化的，这种变化包括长周期和短周期。长周期从几十分钟到几小时，比结构的自振周期大得多，因而对结构的效应相当于静力作用；短周期常常只有几秒钟，比多层房屋和中小跨桥梁的自振周期大，但与高层和大跨结构（房屋和桥梁）的自振周期相当，因而对后者需考虑风振效应。可见，对于多层房屋和中小跨桥梁，风荷载可按静力荷载考虑；而对于高层、高耸建筑和大跨桥梁，长周期风仍可按静力荷载考虑，而短周期风需按动力荷载考虑。

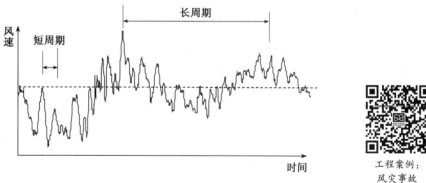

图 3-32 风速时程曲线

风的长周期部分作用在工程结构表面的压力或吸力称为风压。确定风压标准值时，首先根据气象站提供的当地空旷平坦地面上方 10 m 高、设计基准期内最大风速，按式(3-19)计算基本风压 w_0：

$$w_0 = \frac{1}{2}\rho v_0^2 \tag{3-19}$$

式中 ρ——空气密度,不同地区、不同高度略有差异;

v_0——空气运动速度,即风速。

然后再考虑结构高度、所处的地貌以及表面形状的影响,确定作用在结构上的风压标准值(面分布荷载):

$$w_k = \mu_s \mu_z w_0 \tag{3-20}$$

式中 μ_s——风荷载体型系数,根据风洞试验确定;

μ_z——风压高度变化系数。

对于高层和大跨结构,由短周期风引起的风振效应有两种处理方法:一种是进行复杂的随机振动分析;另一种是将动力效应等效为静力效应,在上式的基础上乘以大于1的风振系数β_z。

3.5.6 车辆荷载和飞机轮载

车辆荷载和飞机轮载属于可变荷载,是桥梁、道路和机场道面的主要荷载。

1) 汽车荷载

汽车荷载考虑车辆荷载和车道荷载两种荷载工况,分别用于桥梁的局部分析和整体分析。汽车荷载分公路-Ⅰ级和公路-Ⅱ级两个荷载等级。

公路-Ⅰ级和公路-Ⅱ级的车辆荷载布置图相同,见图 3-33 所示。车重标准值 550 kN,包括 1 对轴重 30 kN 的前轴、2 对轴重 120 kN 的中轴和 2 对轴重 140 kN 的后轴;前轮着地面积为 0.3 m×0.2 m,中轮和后轮的着地面积为 0.6 m×0.2 m。

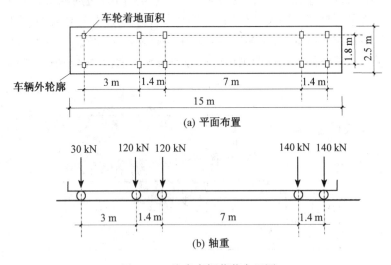

图 3-33 汽车车辆荷载布置图

车道荷载由均布线荷载 q_k 和一个集中荷载 P_k 组成。公路-Ⅰ级车道荷载中的均布荷载标准值取 $q_k = 10.5$ kN/m;集中荷载标准值对于计算跨径小于等于 5 m 的桥取 $P_k = 180$ kN,对于计算跨径大于等于 50 m 的桥取 $P_k = 360$ kN。公路-Ⅱ级车道荷载的均布荷载标准值和集中荷载标准值取公路-Ⅰ级的 0.75 倍。

2) 列车荷载

列车由机车和车辆组成,机车和车辆的型号很多,轴重和轴距各异,设计时列车竖向荷载采用图 3-34 所示的标准活载图，考虑普通活载和特种活载两种荷载工况。普通活载中 5 个集中荷载及其后 30 m 长的均布荷载表征"双机联挂"的机车荷载；后面不限长度的均布荷载代表车辆荷载。特种活载反映某些轴重较大的车辆。

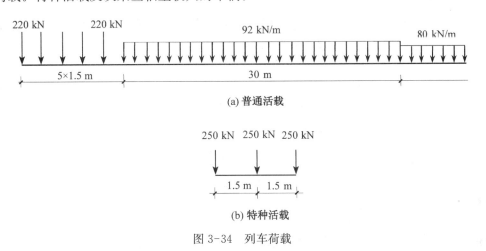

图 3-34 列车荷载

3）飞机轮载

民用客机设置前后起落架，前起落架位于机头下部纵轴线上，远离飞机重心处；后起落架位于飞机重心稍后处，沿纵轴线左右对称设置，称为主起落架，大多数飞机为两个（B-747 系列设有 4 个）。飞机在滑行、起飞、降落时起落架机轮作用在机场道面的荷载称机轮荷载。

由于主起落架的机轮荷载远大于前起落架机轮荷载，机场道面设计时由前者控制。民航客机主起落架的构造类型（简称构型）有双轮、双轴双轮和三轴双轮等三种，一个主起落架分别有 2、4、6 个机轮，见图 3-35 所示。

(a) 双轮

(b) 双轴双轮

(c) 三轴双轮

图 3-35 起落架构型

主起落架上的轮载 P_t 按下式计算：

$$P_t = \frac{Gp}{n_c n_w} \tag{3-21}$$

式中　G——飞机重量(kN)，滑行重量＞起飞重量＞降落重量，道面设计时按滑行重量取；
　　　p——主起落架荷载分配系数；
　　　n_c——主起落架个数；
　　　n_w——一个主起落架的轮子数。

常用机型的道面设计用飞机参数见表 3-1 所示。

机轮荷载的分布和作用面积(轮印面积)见图 3-36 所示，图中轮印长度可按下式确定：

$$L_t = \sqrt{\frac{P_t \times 10^4}{5.227q}}$$

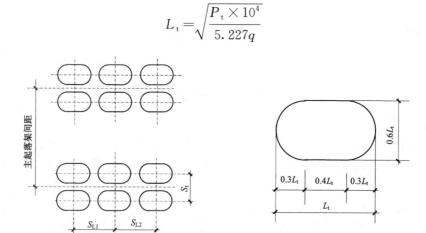

(a) 轮载分布（三轴双轮）　　　　(b) 轮印面积

图 3-36　飞机轮载分布和作用面积

式中轮载 P_t 见式(3-21)；轮胎压力 q 见表 3-1 所示。

表 3-1　设计道面用民航飞机参数

序号	机型	最大滑行重量 G/kN	荷载分配系数	起落架间距/m	主起落架个数 n_c	主起落架轮距/m S_t	S_{L1}	S_{L2}	主起落架构型	轮胎压力 q/MPa
1	A-300	1 659	0.950	9.60	2	0.89	1.40		双轴双轮	1.16
2	A-300-200	1 329	0.932	9.60	2	0.93	1.40		双轴双轮	1.46
3	A318	684	0.950	7.60	2	0.93			双轮	0.89
4	A319	704	0.926	7.60	2	0.93			双轮	0.89
5	A320	774	0.850	7.60	2	0.78	1.01		双轴双轮	1.14
6	A321	834	0.956	7.60	2	0.93			双轮	1.36
7	A330-200	2 339	0.950	10.68	2	1.40	1.98		双轴双轮	1.42
8	A330-300	2 339	0.958	10.68	2	1.40	1.98		双轴双轮	1.42
9	A340-200	2 759	0.796	10.68	2	1.40	1.98		双轴双轮	1.42

续表 3-1

序号	机型	最大滑行重量 G/kN	荷载分配系数	起落架间距/m	起落架个数 n_c	主起落架轮距/m S_t	主起落架轮距/m S_{L1}	主起落架轮距/m S_{L2}	主起落架构型	轮胎压力 q /MPa
10	A340-300	2 759	0.802	10.68	2	1.40	1.98		双轴双轮	1.42
11	A340-500	3 692	0.660	10.68	2	1.40	1.98		双轴双轮	1.42
12	A340-600	3 692	0.660	10.68	2	1.40	1.98		双轴双轮	1.42
13	A380-800	5 620	0.570	5.26	2	1.53	1.70	1.70	三轴双轮	1.47
14	B-737-200	567	0.935	5.23	2	0.78			双轮	1.26
15	B-737-300	566.99	0.950	5.23	2	0.78			双轮	1.40
16	B-737-400A	682.60	0.950	5.24	2	0.78			双轮	1.28
17	B-737-500	607.82	0.950	5.23	2	0.78			双轮	1.34
18	B-737-600	657.90	0.950	5.72	2	0.86			双轮	1.30
19	B-737-700	703.30	0.950	5.72	2	0.86			双轮	1.39
20	B-737-800	792.60	0.950	5.72	2	0.86			双轮	1.47
21	B-737-900	792.43	0.950	5.72	2	0.86			双轮	1.47
22	B-747-200B	3 791	0.952	11/3.84	4	1.12	1.47		双轴双轮	1.38
23	B-747-300	3 791	0.952	11/3.84	4	1.12	1.47		双轴双轮	1.31
24	B-747-400	3 978	0.952	11/3.84	4	1.12	1.47		双轴双轮	1.38
25	B-757-200	1 161	0.950	7.32	2	0.86	1.14		双轴双轮	1.21
26	B-767-200	1 437.89	0.950	9.30	2	1.14	1.42		双轴双轮	1.24
27	B-767-300	1 596.50	0.950	9.30	2	1.14	1.42		双轴双轮	1.38
28	B-777-200	3 002.80	0.954	10.98	2	1.40	1.45	1.45	三轴双轮	1.28
29	B-777-300	3 002.80	0.948	11.00	2	1.40	1.45	1.45	三轴双轮	1.48
30	MD-11	2 871.22	0.780	10.67	2	1.37	1.63		双轴双轮	1.38
31	MD-90	712.14	0.950	5.09	2	0.71			双轮	1.14

思考题

思考题注释

3-1 构件有哪几种基本受力状态？构件横截面上的轴力、弯矩、剪力和扭矩分别由什么应力合成？

3-2 试比较轴心受力构件、纯弯曲构件和纯扭构件的弹性应变能。

3-3 试比较纯弯曲构件的截面曲率和纯扭构件的截面扭率。

3-4 材料相同、横截面面积相同的矩形杆和圆形杆所能承受的最大轴向拉力是否相同？

3-5 矩形截面梁制作方便，为何要使用其他截面形式的梁？

3-6 拱的截面内力与梁相比有什么不同？

3-7 何谓理想拱轴线？水平均布荷载和沿拱券均布荷载下的理想拱轴线分别是什么形状？圆弧形理想拱轴线对应哪种荷载分布？

3-8 单根索的特点是什么？

3-9 板、壳、膜的截面内分别有哪些内力？

3-10 为何古代墓穴采用图示的拱顶或穹顶？

(a) 拱顶　　　　　　　　　　(b) 穹顶

思考题 3-10 插图

3-11 土木工程有哪些常见的浅基础形式？

3-12 什么情况下会采用桩基础？

3-13 沉井基础与箱形基础相比最大的优点是什么？

3-14 工程结构有哪几个基本力学问题？其含义是什么？

3-15 如何区别可变荷载与永久荷载、动力荷载与静力荷载？

3-16 为何飞机的滑行重量 h > 起飞重量 > 降落重量？

作业题

作业题指导

3-1 图 a 所示抬梁式是中国古建筑木结构常用的一种结构形式，在屋面荷载作用下的计算简图如 b 所示；如不设三架梁、将脊瓜柱直接落在五架梁上，计算简图如图 c 所示。试分别绘制两种情况下五架梁的弯矩图，比较两者的最大弯矩。

(a) 抬梁式木结构

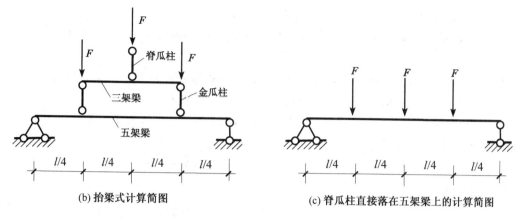

(b) 抬梁式计算简图   (c) 脊瓜柱直接落在五架梁上的计算简图

作业题 3-1 插图

3-2 受均布荷载的悬臂构件与荷载、跨度、截面相同的简支构件相比,前者的截面最大弯矩是后者的多少?前者的最大挠度是后者的多少?

3-3 图示索结构,跨度 $l=100$ m,垂度 $f=10$ m,承受沿跨度方向均匀分布的竖向荷载 $q=25$ kN/m。试计算跨中的索张力 $T_{\min}$ 和支座索张力 $T_{\max}$(提示:索形为抛物线)。

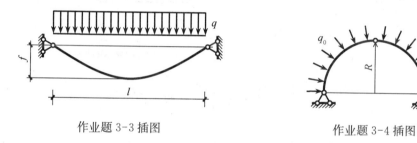

作业题 3-3 插图   作业题 3-4 插图

3-4 试计算图示受静水压力半圆形三铰拱的拱顶压力和拱脚压力。

3-5 试计算图示受静水压力作用圆管内轴力。

3-6 图示均匀土层中的圆形抗拔桩,桩侧阻力为 q_s,桩长为 L、截面半径为 r。试计算抗拔力 F_u。

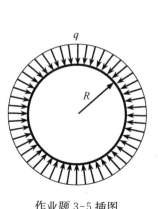
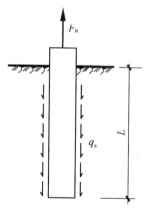

作业题 3-5 插图   作业题 3-6 插图

3-7 波音 B-777-300 机型的最大滑行重量 $G=3\,002.8$ kN，主起落架荷载分配系数 $p=0.948$。主起落架个数 $n_c=2$，一个起落架的轮子数 $n_w=6$，轮胎压力 $q=1.48$ MPa。试计算单个轮印面积。

*3-8 将 2 mm 厚的钢板弯成直径为 1 m 圆弧形（紧贴着直径为 1 m 圆柱弯曲）。钢板的弹性模量 $E=2\times10^5$ N/mm^2，试计算钢板横截面的最大正应力。

*3-9 一放置在刚性平面上的匀质矩形截面梁，长度为 L，单位长度的重量为 g。试计算当上提力 F 为多大时，提起部分 $a=L/2$。

*3-10 我国古人在绝壁上修建栈道（参见图 1-8b）时，常采用图示的多层结构。试绘制多层结构的弯矩图。

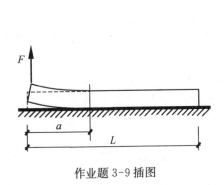

作业题 3-9 插图

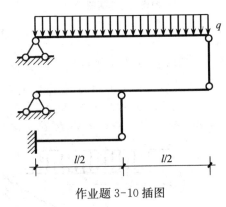

作业题 3-10 插图

*3-11 试计算图 3-11b 所示结构的弹性应变能（柱的截面面积为 A_c）。

测试题

测试题解答

3-1 矩形等截面轴心受力构件横截面的正应力（　　）。
(A) 沿截面宽度和高度均为均匀分布
(B) 沿截面宽度和高度均为三角形分布
(C) 沿截面宽度均匀分布、沿截面高度三角形分布
(D) 沿截面宽度三角形分布、沿截面高度均匀分布

3-2 等截面轴心受力构件的弹性应变能 U 与构件长度 l、外力 F 的关系为（　　）。
(A) 与 l、F 成正比
(B) 与 l 的平方成正比、与 F 成正比
(C) 与 l 成正比、与 F 的平方成正比
(D) 与 l 的平方成正比、与 F 的平方成正比

3-3 矩形截面的轴向刚度与截面宽度 b、截面高度 h 的关系为（　　）。
(A) 与 b、h 成正比
(B) 与 b、h 的三次方成正比
(C) 与 b 的三次方成正比、与 h 成正比
(D) 与 b 成正比、与 h 的三次方成正比

3-4 矩形等截面纯弯曲构件横截面的正应力（　　）。
(A) 沿截面宽度和高度均为均匀分布
(B) 沿截面宽度和高度均为三角形分布
(C) 沿截面宽度均匀分布、沿截面高度三角形分布
(D) 沿截面宽度三角形分布、沿截面高度均匀分布

3-5 等截面纯弯曲构件的弹性应变能 U 与构件长度 l、外力偶矩 M 的关系为（　　）。
(A) 与 l、M 成正比
(B) 与 l 的平方成正比、与 M 成正比
(C) 与 l 成正比、与 M 的平方成正比
(D) 与 l 的平方成正比、与 M 的平方成正比

3-6 矩形截面的弯曲刚度与截面宽度 b、截面高度 h 的关系为（　　）。
(A) 与 b、h 成正比
(B) 与 b、h 的三次方成正比
(C) 与 b 的三次方成正比、与 h 成正比
(D) 与 b 成正比、与 h 的三次方成正比

3-7 受弯构件的截面曲率与截面弯矩 M、截面弯曲刚度 EI 的关系为（　　）。
(A) 与 M、EI 成正比
(B) 与 M 成正比、与 EI 成反比
(C) 与 M 成反比、与 EI 成正比
(D) 与 M、EI 成反比

3-8 圆形等截面的纯扭构件横截面的切应力（　　）。
(A) 沿截面径向和环向均为均匀分布
(B) 沿截面径向和环向均为抛物线分布
(C) 沿截面径向均匀分布、沿截面环向抛物线分布
(D) 沿截面径向三角形分布、沿截面环向均匀分布

3-9 矩形等截面受剪构件横截面的切应力（　　）。
(A) 沿截面宽度和高度均为均匀分布
(B) 沿截面宽度和高度均为抛物线分布
(C) 沿截面宽度均匀分布、沿截面高度抛物线分布
(D) 沿截面宽度抛物线分布、沿截面高度均匀分布

3-10 只能承受轴向拉力的构件为（　　）。
(A) 杆　　　(B) 梁　　　(C) 索　　　(D) 柱

3-11 截面内存在薄膜内力的构件有（　　）。
(A) 板和墙　　(B) 墙和壳　　(C) 壳和膜　　(D) 膜和板

3-12 沿跨度均匀分布竖向荷载作用下的理想拱轴线为（　　）。
(A) 多折线　　(B) 悬链线　　(C) 圆弧线　　(D) 二次抛物线

*3-13 平板在垂直于板面的荷载作用下，两个正交截面内有（　　）。
(A) 弯矩和横向剪力
(B) 弯矩和扭矩
(C) 弯矩和轴压力
(D) 弯矩、扭矩和横向剪力

*3-14 壳体两个正交截面内有（　　）。
(A) 弯矩、扭矩、横向剪力、纵向剪力和轴力
(B) 弯矩、扭矩、横向剪力和纵向剪力
(C) 弯矩、横向剪力、纵向剪力和轴力
(D) 弯矩、扭矩和轴力

*3-15 膜两个正交截面内有（　　）。
(A) 横向剪力、纵向剪力和轴拉力
(B) 纵向剪力和轴拉力
(C) 弯矩、横向剪力和纵向剪力
(D) 弯矩和扭矩

3-16 拱和索的支座需提供（　　）。
(A) 水平拉力
(B) 水平压力
(C) 前者水平拉力、后者水平压力
(D) 前者水平压力、后者水平拉力

3-17 下列哪些属于深基础？（　　）
(A) 桩基础、地下连续墙基础、沉井基础

(B) 箱形基础、地下连续墙基础、沉井基础
(C) 桩基础、箱形基础、沉井基础
(D) 桩基础、地下连续墙基础、箱形基础

3-18 独立基础、条形基础和梁板式筏形基础抵抗地基不均匀沉降的能力依次为(　　)。
(A) 独立基础＞条形基础＞筏形基础　　(B) 条形基础＞筏形基础＞独立基础
(C) 筏形基础＞条形基础＞独立基础　　(D) 筏形基础＞独立基础＞条形基础

3-19 轴心受拉构件材料破坏时的抗力 N_u 与轴心受压构件屈曲失稳时的抗力 N_{cr} (　　)。
(A) 前者随材料强度的提高而增加,而与弹性模量无关;后者随弹性模量的提高而增加,而与材料强度无关
(B) 两者均随材料强度的提高而增加,而与弹性模量无关
(C) 两者均随弹性模量的提高而增加,而与材料强度无关
(D) 两者均随材料强度、弹性模量的提高而增加

3-20 工程结构的三个基本力学问题是(　　)。
(A) 刚度、稳定和变形　　(B) 强度、稳定和变形
(C) 强度、刚度和变形　　(D) 强度、刚度和稳定

3-21 结构自重属于(　　)。
(A) 永久荷载　　(B) 可变荷载　　(C) 偶然荷载　　(D) 动力荷载

3-22 雪荷载属于(　　)。
(A) 永久荷载　　(B) 可变荷载　　(C) 偶然荷载　　(D) 动力荷载

3-23 土侧压力属于(　　)。
(A) 永久荷载　　(B) 可变荷载　　(C) 偶然荷载　　(D) 动力荷载

第4章 工程材料

土木工程涉及的材料范围很广,根据使用功能可分为功能材料和结构材料两大类。功能材料如防水材料、防火材料、装饰材料、吸声隔声材料、隔振材料、耗能材料、感知材料等。结构材料构成结构本体,需要承受荷载,目前常用的结构材料有胶凝材料、混凝土、木材、钢材、砌体材料、纤维增强复合材料等。

4.1 材料的主要性能

土木工程结构对材料的性能要求体现在三个方面:力学性能、物理性能和耐久性能。

材料性能

4.1.1 力学性能

1) 强度

结构构件在外力作用下,内部产生应力;随着外力的增加,应力相应增加。材料破坏时的极限应力值称为**材料强度**(material strength),单位为 N/mm^2 或 MPa。对应构件不同的受力状态有不同的材料强度:与受拉正应力对应的是**抗拉强度**(tensile strength);与受压正应力对应的是**抗压强度**(compressive strength);与切应力对应的是**抗剪强度**(shear strength);与弯曲应力对应的是**抗弯强度**(flexural strength)。图 4-1a 是测定钢材抗拉强度的试验情况,4-1b 是测定岩石抗压强度的试验情况。抗剪强度一般不直接测定,而由抗拉、抗压强度换算而来。

(a) 钢材拉伸试验

(b) 岩石压缩试验

图 4-1 材料试验[3]

抗弯强度是非均匀应力状态的强度,对于抗拉强度与抗压强度相等的钢材,抗弯强度等于抗拉强度,因而不需要单独检测;对于抗拉强度远低于抗压强度的脆性材料,抗弯强度又称抗折强度,由材料的抗拉性能决定;对于抗压强度低于抗拉强度的木材,抗弯强度介于抗压强度和抗拉强度之间。表 4-1 是部分结构材料的抗压、抗拉强度值。

表 4-1　常用结构材料的强度值

材料名称	混凝土(不同等级)	型钢(不同牌号)	松木(顺纹)	烧结普通砖(不同等级)	碳纤维
抗压强度/MPa	10～50.2	235～460	30～50	6.5～22	—
抗拉强度/MPa	1.27～3.1	235～460	80～120	—	3 000～3 400

2) 弹性常数

材料的弹性常数包括弹性模量、剪切模量和泊松比。由于三者之间存在固定关系，所以只需由试验测定其中的两个。剪切模量较难测定，一般测定弹性模量和泊松比。钢材和混凝土的弹性常数见表 4-2 所示。对比表 4-1、表 4-2 可以发现，尽管不同牌号钢材的强度不同，但它们的弹性常数相同。

表 4-2　常用结构材料的弹性常数

材料名称	弹性模量/MPa	剪切模量/MPa	泊松比
混凝土	2.2×10^4～3.8×10^4	9.2×10^3～1.6×10^4	0.20
型钢	2.06×10^5	7.9×10^4	0.30

3) 伸长率与极限应变

伸长率(elongation) δ 是衡量钢材断裂前所具有的塑性变形能力的一个指标，定义为试件拉断后的标距和原标距的差值与原标距的比值。标距有 5 倍圆形试件直径和 10 倍圆形试件直径两种，相应的伸长率分别用 δ_5 和 δ_{10} 表示。

低强度钢的伸长率 δ_5 大于 25%、高强度钢的伸长率 δ_5 大于 15%。

混凝土的塑性性能用极限应变(破坏时的应变)衡量；极限压应变值 0.003～0.003 3；极限拉应变值 0.000 15。混凝土的强度越高，极限应变值越小。

4) 脆性与韧性

脆性(brittleness)是指材料在外力作用下无明显塑性变形而突然破坏的性质。具有这种性质的材料称为脆性材料，如铸铁、陶瓷、玻璃等，一般把伸长率小于 2%～5% 的材料归为脆性材料；脆性材料的抗压强度往往比抗拉强度高很多倍。

韧性(toughness)是指材料在冲击或振动荷载作用下，能吸收较大能量、发生较大变形的性质。韧性指标用冲击荷载下材料破坏时吸收的能量表示。钢材、木材有较好的韧性。

4.1.2　物理性能

1) 密度

密度(density)是指单位体积的材料质量，用 ρ 表示，单位为 g/cm^3 或 kg/m^3。由于材料所处的体积状态不同，有**真实密度**(true density)、**表观密度**(apparent density)、**体积密度**(bulk density)之分。

材料在绝对密实(不包含任何孔隙)状态下单位体积的质量称为真实密度，简称密度。对于有孔隙的材料，测定时需将材料磨成粒径小于 0.2 mm 的细粉，以排除孔隙；表观密度是包含材料实体和不吸水的闭合孔隙(但不包括吸水的开口孔隙)的单位体积质量；体积密度是材料在自然状态下单位体积(包含材料实体、闭合孔隙及其开口孔隙)的质量。散粒状材料单位堆积体积(包含颗粒固体、闭口及开口孔隙体积以及颗粒间空隙体积)的质量称为堆积密度。表 4-3 是常用材料的密度值。

表 4-3 常用材料的密度

材料名称	花岗岩	黏土砖	钢	普通混凝土	木材	碳纤维
密度/(g·cm^{-3})	2.6~2.8	2.5~2.8	7.85	2.4	1.55	1.8
表观密度/(kg·m^{-3})	2 500~2 700	1 600~1 800	7 850	2 100~2 600	400~800	—

材料强度与表观密度的比值称为比强度,反映材料的轻质高强程度。

2) 吸水性

材料在水中吸收水分的性质称为吸水性,用吸水率衡量。吸水率是材料吸水饱和时的含水率(所含水的质量与干燥材料质量的百分比)。吸水率的大小与材料孔隙率和孔隙特征密切相关,开口的孔隙越多、吸水率越大。不同工程材料的吸水率相差很大,见表 4-4 所示。

表 4-4 常用材料的吸水率　　　　　　　　　　　　单位:%

材料名称	花岗岩	黏土砖	普通混凝土	木材
吸水率	0.5~0.7	8~20	2~3	>100

材料含水率的增加会导致强度降低、保温性能下降、抗冻性能变差。用于结构的木材对含水率有控制要求。

3) 干湿变形

材料因含水率的增加而膨胀、含水率的减小而收缩的变形称为**干湿变形**(dry shrinkage and wet expansion)。干湿变形的程度用干缩率衡量,常用材料的干缩率见表 4-5 所示。

表 4-5 常用材料的干缩率　　　　　　　　　　　　单位:mm/mm

混凝土	钢材	烧结砖	花岗岩	松木		
				弦向	径向	纵向
3×10^{-4}~5×10^{-4}	0	3×10^{-5}~5×10^{-5}	7.5×10^{-4}	6×10^{-2}~12×10^{-2}	3×10^{-2}~6×10^{-2}	1×10^{-3}~3.5×10^{-3}

4) 温度变形

材料的热胀冷缩变形称为**温度变形**(temperature deformation)。当温度变形受到约束时,热胀可能会导致空鼓;冷缩可能会导致缝隙;当两种温度变形系数不同的材料结合在一起时,温度变形会在材料中产生附加拉应力,当这种拉应力超过材料抗拉强度时会导致开裂。

从表 4-6 可以看出,钢材和混凝土的温度变形系数比较接近,它们结合在一起,当环境温度变化时不至于引起较大的附加应力,温度的相容性较好。同样,岩石和砖的温度相容性也比较好。

表 4-6 常用材料的温度变形系数　　　　　　　　　　　单位:℃$^{-1}$

钢材	混凝土	砖砌体	花岗岩
1.2×10^{-5}	1×10^{-5}	5×10^{-6}	8×10^{-6}

5) 耐燃性

材料对火焰和高温的抵抗能力称为**耐燃性**(burning resistance)。分为三类:不燃烧材料、难燃烧材料和可燃材料。

在空气中受到火烧或高温作用时,不起火、不微燃、不炭化的材料称为不燃烧材料,如钢材、砖石、混凝土。

在空气中受到火烧或高温作用时,难起火、难微燃、难碳化,当火源移走后,燃烧或微燃立即停止的材料称为难燃烧材料,如防火处理过的木材。

在明火或高温作用下,能立即着火燃烧,且火源移走后,仍能继续燃烧或微燃的材料称为可燃材料,如天然木材。

6) 耐火极限

耐火极限(refractory limit)是指在标准耐火试验中,从构件受到火的作用起,到失去稳定性或完整性或绝热性为止的时间,以小时计。

240厚砖墙耐火极限可以达到5.5小时;370×370混凝土柱耐火极限可以达到5.0小时;没有任何防火措施的钢构件耐火极限为0.25小时。

4.1.3 耐久性能

材料在各种不利环境介质作用下,保持原有性能的能力称为**耐久性**(durability)。环境不利因素包括物理作用、化学作用和生物作用。

1) 物理作用

物理作用主要有**干湿交替**(wet-dry alternation)、**温度变化**(temperature variation)、**冻融循环**(freeze-thaw cycles)等,这些变化会使材料产生膨胀或收缩,导致内部裂缝的扩展,长久作用后使材料发生性能退化甚至破坏。

2) 化学作用

化学作用是指受酸、碱、盐等物质的水溶液或有害气体的侵蚀作用,使材料的组成成分发生变化,而引起性能退化甚至破坏,如钢材的锈蚀。

3) 生物作用

生物作用是指材料受到虫蛀或菌类侵害引起腐朽导致性能退化甚至破坏。这是影响木材等有机材料耐久性的主要因素。

4.1.4 碳排放

工程材料的碳排放程度用**碳排放因子**(carbon emission factor)衡量,定义为单位体积或单位质量材料的二氧化碳排放量。其中的碳排放包含各类温室气体,当量为二氧化碳,用CO_2e表示;计算边界包括原材料开采、生产、运输过程中的碳排放;生产所涉及能源的开采、生产、运输过程中的排放;如采用再生原材料,则按所替代的初生原料的碳排放的50%计算。表4-7是常用材料的碳排放因子。

表4-7 常用材料的碳排放因子

材料名称	碳排放因子	材料名称	碳排放因子
普通硅酸盐水泥	735 kg CO_2e/t	黏土空心砖	250 kg CO_2e/m^3
砂	2.51 kg CO_2e/t	页岩空心砖	204 kg CO_2e/m^3
碎石	2.18 kg CO_2e/t	蒸压粉煤灰砖	341 kg CO_2e/m^3

续表 4-7

材料名称	碳排放因子	材料名称	碳排放因子
自来水	0.168 kg CO_2e/t	炼钢生铁	1 700 kg CO_2e/t
C30 混凝土	295 kg CO_2e/m³	炼钢用铁合金	9 530 kg CO_2e/t
C50 混凝土	385 kg CO_2e/m³	热轧 H 型碳钢	2 350 kg CO_2e/t

如要计算每立方米混凝土的碳排放因子,需将每立方米混凝土各种材料(如水泥、砂、石、水等)的碳排放因子×材料消耗量+能源的碳排放因子×搅拌混凝土所需的能耗。

4.2 胶凝材料

4.2.1 胶凝材料种类

能将散粒状或块状物料粘结成整体的材料通称为**胶凝材料**(cementitious materials)。根据化学组成,胶凝材料可以分为有机胶凝材料(如沥青、环氧树脂)和无机胶凝材料两大类,其中无机胶凝材料根据凝结硬化条件又可以分为气硬性(如石灰、石膏、水玻璃)和水硬性(如水泥)两类。气硬性胶凝材料只能在空气中硬化和保持强度,因而不适宜用于潮湿环境,更不能用于水中;水硬性胶凝材料不仅能在空气中,也能在水中硬化和保持强度。

胶凝材料主要用作砂浆和混凝土,此外还可以用于加固地基土、制作砌块。砂浆和混凝土通常用胶凝材料的种类来命名,如石灰砂浆、水泥砂浆、环氧砂浆;水泥混凝土、沥青混凝土等。

4.2.2 水泥

水泥(cement)是目前土木工程中使用最广泛的一种材料,全球的年水泥用量接近 40 亿 t,我国年水泥用量超过 24 亿 t。

水泥的品种很多,最为常用的硅酸盐类水泥是以石灰石和黏土为主要原料,经破碎、配料、磨细制成生料,然后喂入水泥窑中在 1 450℃高温下煅烧成熟料,再将熟料加适量石膏(有时还掺加混合材料或外加剂)磨细而成,概括为"两磨一烧"。

水泥最重要性能指标包括细度、凝结时间、安定性、强度、水化热和收缩。

1)细度

细度(fineness)是指水泥颗粒的粗细程度,既可以用**比表面积**(surface area per unit mass)衡量,也可以用筛余量衡量。比表面积定义为单位质量水泥颗粒的总表面积(cm^2/g)。比表面积越大,水泥颗粒越细,通常在 300 cm^2/g 以上。普通水泥细度用筛分法检验时,要求 0.080 mm 方孔筛筛余量不超过 10%。

2)凝结时间

凝结时间(setting time)包括初凝时间和终凝时间,**初凝**(initial setting)为加水搅拌到失去可塑性的时间;**终凝**(final setting)为加水搅拌到开始产生强度的时间。为了保证足够的时间浇筑,初凝不能太短;浇筑完成后为了尽快具有强度,终凝不能太长。初凝要求不小于 45 分钟,终凝要求不大于 390 分钟。通过添加外加剂可以调整水泥的凝结时间。

3) 安定性

安定性(soundness)是指水泥在凝结硬化过程中体积变化的均匀性。当硬化过程中发生了不均匀的体积变化时会导致水泥石膨胀开裂、翘曲,降低工程质量,严重时引起工程事故。所以安定性不良的水泥被禁止用于工程结构。安定性是否合格采用沸煮法检验。

4) 强度等级

水泥根据 28 天(在 20℃水中养护 28 天)的抗压强度(单位 MPa)确定强度等级,分为 32.5、42.5、52.5 和 62.5 四个等级。

5) 水化热

水泥水化过程是放热过程,水泥与水作用放出的热称为**水化热**(heat of hydration),用 J/g 衡量。水化热主要与水泥熟料矿物成分与含量有关。对于冬季施工的混凝土,水化热有提高早期强度的有利作用。但对于大体积混凝土,过高的水化热将导致内部温度(最高达 50 ℃～70 ℃)大大高于外表面;内部膨胀受到外表面约束,使外表面产生很大的拉应力,导致开裂。

6) 收缩

水泥在硬化过程中的**收缩**(shrinkage)包括化学收缩和干缩。水化后的固体体积比未水化水泥和水的总体积小的现象称为化学收缩;随着水泥浆中多余水分的蒸发引起的收缩称干缩。过大的收缩值会导致水泥砂浆和水泥混凝土(简称混凝土)的开裂。

4.3 混凝土

混凝土(concrete)由水泥、**集料**(aggregates)和水组成,为改善混凝土的某些性能,常常会添加外加剂和掺合物。

4.3.1 集料

集料(也称骨料)体积占水泥砂浆或混凝土总体积的 60%～80%,是重要组成成分。粒径小于 4.75 mm 的集料为**细集料**(fine aggregate),俗称砂;粒径大于 4.75 mm 的集料为**粗集料**(coarse aggregate),俗称石。其中从废弃混凝土中提取的粗集料称再生集料(recycled aggregate),有别于天然集料。

集料的性能指标主要包括颗粒级配及粗细程度、颗粒形态和表面特征、强度、坚固性、有害物含量等。

1) 颗粒级配及粗细程度

在混凝土中,集料间的空隙由水泥浆填充,为节省水泥、减小收缩、增加密实性、提高强度,应尽量减小集料的总表面积和集料间的空隙。集料的总表面积通过集料的粗细程度控制,集料间空隙通过颗粒级配控制。

集料颗粒大小搭配的情况称为**颗粒级配**(particle gradation)。良好的颗粒级配指粗颗粒之间的空隙恰好由中颗粒填充,中颗粒之间的空隙恰好由细颗粒填充,从而使集料成最致密状态,空隙率达到最小、堆积密度达到最大。图 4-2a 由相同粒径的集料组成,空隙较大;两种粒径搭配,空隙可以减小,见图 4-2b 所示;三种粒径搭配,空隙就更小了,见图 4-2c 所示。

2) 颗粒形态和表面特征

集料有浑圆状、多棱角状、针状和片状等四类颗粒形态,接近球体或立方体的浑圆状、多棱

(a) 单一粒径　　　(b) 两种粒径　　　(c) 多种粒径

图 4-2　集料颗粒搭配

角状颗粒形态较好。集料的表面特征指表面粗糙情况和孔隙情况，主要影响混凝土的和易性和与胶结料的粘结强度。表面粗糙的集料配置的混凝土和易性差，但与胶结料的粘结强度高；表面光滑的集料配置的混凝土和易性好，但与胶结料的粘结强度低。

3）强度

粗集料的强度用抗压强度或压碎指标衡量。抗压强度是将集料加工成 50 mm 的立方体（或圆柱体）试件，在吸水饱和状态下测得的抗压强度值。当抗压强度不便测时（无法加工成标准试样），采用压碎指标。将一定粒径的集料试样在规定的条件下施加荷重后，用孔径 2.36 mm 的筛筛出压碎的细粒，细粒质量与试样质量的比值定义为压碎指标值，应小于规定值。

4）坚固性

坚固性是指集料在外界不利环境条件下抵抗碎裂的能力。石子的坚固性根据样品在硫酸钠饱和溶液中 5 次循环浸渍后的质量损失率评定。

5）有害杂质

当集料中混杂有害杂质，如黏土、淤泥、细屑、硫酸盐、硫化物和有机杂质时，会降低混凝土的强度和耐久性，所以需要控制有害杂质的含量。

4.3.2　混凝土的配合比

混凝土各组成材料数量之间的关系称为**配合比**（mix proportioning）。配合比有两种表示方法：一种是以每立方混凝土中各项材料的质量表示，如水泥 300 kg、水 180 kg、砂 720 kg、石子 1 200 kg；另一种以各项材料相互间的质量比表示，如水泥∶砂∶石∶水＝1∶2.4∶4∶0.6。其中水与水泥之间的比例关系称为**水灰比**（water to cement ratio）；砂与石子之间的比例关系（砂的质量与砂、石总质量的之比）称为**砂率**（sand ratio）；水泥浆（水泥＋水）与集料（砂＋石子）之间的比例关系称为**浆骨比**（paste to aggregate ratio）。配合比影响着混凝土的性能。

4.3.3　混凝土拌合物的性能

混凝土的各组成材料按一定比例混合、搅拌均匀后，未凝结硬化之前称为**混凝土拌合物**（concrete mixtures 或 fresh concrete）。针对施工要求，和易性是混凝土拌合物最重要的性能指标。

1）和易性含义

和易性（workability）是指混凝土拌合物易于搅拌、运输、浇筑、振捣等施工操作，并能获得质量均匀、成型密实的混凝土的性能，是包括流动性、粘聚性和保水性三个方面的综合性能。其中流动性是混凝土拌合物在自身重量或施工机械振捣作用下，能产生流动，并均匀密实地填满模板内的性能；粘聚性是指混凝土拌合物在施工过程中，不出现分层和**离析**（segregation）现象、其组成材料之间保持结合的性能;保水性是指混凝土拌合物在施工过程中,不产生严重**泌水**(bleeding)现象、保持水分的能力。这些性能相互关联又有矛盾,保水性和粘聚性不好,会影响流动性;提高水灰比可以增加流动性,但会降低保水性。

2) 和易性测定方法

和易性的常用测定方法是测量拌合物的**坍落度**(slump)评价流动性,同时定性观察粘聚性和保水性。将混凝土拌和物按规定装入标准圆锥坍落度筒(图 4-3a),装满刮平后垂直向上将筒提起放置一旁;拌和物在自重作用下会产生坍落现象,量测向下坍落的尺寸(以 mm 计),该尺寸即为坍落度,见图 4-3b 所示。粘聚性的评定方法是用捣棒在已坍落的混凝土锥体侧面轻轻敲打,若锥体逐渐下沉,则表明粘聚性好;如果锥体倒塌,部分崩裂或出现离析现象,则表明粘聚性不好。保水性是以拌合物中的稀水泥浆析出的程度来评定:如较多稀水泥浆从底部析出,锥体部分因失浆使集料外露,则保水性不好;如无稀水泥浆或仅有少量稀水泥浆自底部析出,则保水性良好。

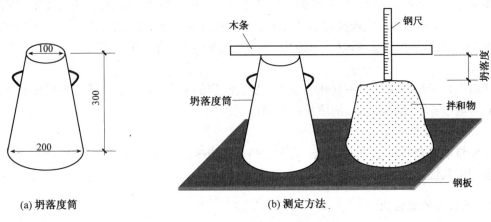

图 4-3 坍落度测定示意

4.3.4 硬化后混凝土的性能

硬化后混凝土的性能包括强度、变形和耐久性三个方面。

1) 强度

混凝土根据 150 mm 边长立方体在标准养护条件下(20℃±2℃;相对湿度 95%以上),28 天龄期的抗压强度标准值确定强度等级。根据立方体抗压强度的标准值 $f_{cu,k}$(具有 95%的保证率),从 C15～C80 划分为 14 个等级。

由于工程中的构件并非立方体,而是棱柱体,混凝土的轴心抗压强度用棱柱体测定。轴心抗压强度、轴心抗拉强度与立方体抗压强度之间存在固定关系,见表 4-8 所示。

表 4-8 混凝土轴心抗压强度、轴心抗拉强度与强度等级的关系

强度种类	强度等级													
	C15	C20	C25	C30	C35	C40	C45	C50	C55	C60	C65	C70	C75	C80
抗压	10.0	13.4	16.7	20.1	23.4	26.8	29.6	32.4	35.5	38.5	41.5	44.5	47.4	50.2
抗拉	1.27	1.54	1.78	2.01	2.20	2.39	2.51	2.64	2.74	2.85	2.93	2.99	3.05	3.11

混凝土强度受原材料、配合比和施工工艺的影响。

水泥强度越高,混凝土强度越高;粗集料表面粗糙,与水泥浆的粘结好,强度高;粗集料级配好,砂率适当,混凝土密实,强度高。

水泥水化所需水一般占水泥质量的23%,实际制作时为了搅拌和浇筑的需要水灰比远超过0.23。多余的水分或残留在混凝土中形成水泡,或蒸发后形成气孔。所以在保证和易性要求下水灰比越小,混凝土强度越高。采用碾压代替振捣,可减小混凝土浇筑对水灰比的要求。

振捣密实,混凝土强度高;养护条件好,混凝土强度高。

2) 变形

混凝土的变形包括受力变形和非受力变形。

图4-4是混凝土受压时的应力-应变曲线。从图中可以看出,只有当应力小于强度值(峰值应力)的30%～40%时,应力与应变才呈线性关系,混凝土的弹性模量E_c取该部分直线的斜率;应力达到峰值应力后,所能承受的荷载下降,而应变增加;当应变达到极限压应变ε_{cu}时混凝土压碎。峰值应力对应的峰值应变ε_0随混凝土强度等级不同而变化,强度等级越高,其值越小,在0.0015～0.0025之间变化,平均值一般取$\varepsilon_0=0.002$。

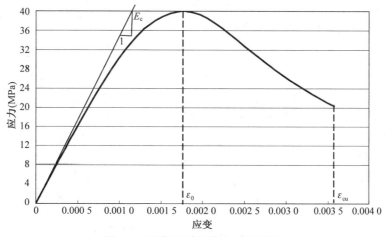

图4-4 混凝土受压应力-应变关系

混凝土受拉的弹性模量与受压弹性模量大致相同,极限拉应变值在0.0001～0.00015之间。

混凝土的非受力变形包括化学收缩、湿胀干缩和温度变形。混凝土的化学收缩来自水泥的化学收缩。混凝土的干缩率在3×10^{-4}～5×10^{-4};湿胀率小于干缩率,当干缩混凝土再次吸水时,30%～60%的干缩变形不能恢复。水泥用量和用水量越多,干缩值越大;集料的弹性模量大,干缩值小;蒸汽养护可减小干缩值。混凝土的温度变形系数在0.6×10^{-5}～1.3×10^{-5}之间。

3) 耐久性

混凝土的耐久性包括**抗渗性**(impermeability)、**抗冻性**(freezing resistance)、**抗侵蚀性**(corrosion resistance)、**碳化**(carbonation)和**碱骨料反应**(alkali-aggregate reaction)。

抗渗性是指混凝土抵抗压力水渗透的能力,用抗渗等级衡量,划分为P4、P6、P8、P10、P12等五个等级,P4代表能抵抗0.4 MPa的静水压力而不渗水。用于水位以下的混凝土结构,有抗渗等级的要求。

抗冻性是指混凝土在经受多次冻融循环作用下能保持强度和外观完整性的能力,用抗冻等级衡量,划分为 F10、F15、F25、F50、F100、F150、F200、F250、F300 等九个等级。F 后面的数字代表 28 天龄期的混凝土在吸水饱和状态下,经历反复冻融循环,抗压强度下降不超过 25%、质量损失不超过 5% 的条件下所能承受的冻融循环次数。

硫酸盐等腐蚀性介质对水泥石有侵蚀作用,降低混凝土的强度。混凝土的抗侵蚀性主要与水泥品种、混凝土的密实程度和孔隙特征有关。

空气中的二氧化碳在有水条件下与水泥石中的氢氧化钙发生反应,生成碳酸钙和水的过程称为碳化。碳化使混凝土的碱性降低,从而减弱其对防止钢筋锈蚀的保护作用。钢筋锈蚀后体积膨胀会胀裂混凝土。

水泥中的氢氧化钠和氢氧化钾与集料中的活性氧化硅发生化学反应,在集料表面生成碱-硅酸凝胶称为碱骨料反应。碱-硅酸凝胶吸水后体积不断膨胀,会把水泥石胀裂。

4.3.5 素混凝土

不放置钢筋的混凝土称为**素混凝土**(plain concrete)。图 4-5a 是用素混凝土制成的简支梁。从第 3 章可知,在竖向均布荷载作用下,跨中横截面弯矩最大,中性轴以上部分受压、中性轴以下部分受拉,受拉边缘的拉应力最大,见图 4-5b 所示;随着荷载的增加,截面应力和应变增加,当最大拉应变达到混凝土的极限拉应变时,截面开裂,开裂部分不再能承受应力,无法维持平衡,梁告破坏,见图 4-5c 所示。

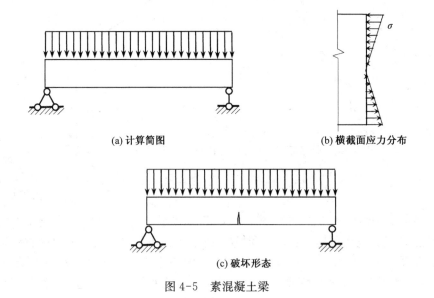

(a) 计算简图　　　　　　　　(b) 横截面应力分布

(c) 破坏形态

图 4-5　素混凝土梁

由于破坏取决于混凝土的抗拉强度,所以承载能力很低。此时截面的压应力相对混凝土的抗压强度还很低,没有充分发挥作用。素混凝土梁一开裂就破坏,没有预兆,属于脆性破坏。

4.3.6 钢筋混凝土

素混凝土构件的受拉区域很弱,于是人们想到对它进行加强。钢筋是最普遍用来加强的材料,所以这种加强的混凝土(reinforced concrete)称为**钢筋混凝土**。

在梁的下部放置钢筋后,横截面中性轴(其位置与素混凝土梁稍有不同)以上部分的混凝土承受压应力,中性轴以下部分的混凝土和钢筋承受拉应力(混凝土硬化过程中能与钢筋很好的粘结在一起)。当混凝土的最大拉应变达到混凝土极限拉应变时,仍然会开裂,如图 4-6a 所示。与素混凝土梁不同的是,钢筋混凝土梁的拉应力由混凝土和钢筋共同承担,混凝土开裂部分原来承担的拉应力转由钢筋承担(混凝土开裂时钢筋的应力只达到 20~30 MPa,只有其强度的 1/10 左右),梁并不破坏,还能继续增加荷载;随着荷载的增加,原来弯矩较小截面的拉应力也相继达到混凝土的极限拉应变,出现开裂;当钢筋的拉应力达到其抗拉强度,混凝土压应力达到抗压强度、被压碎,梁才告破坏,见图 4-6b 所示。

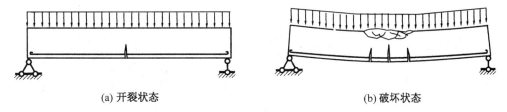

(a) 开裂状态　　　　　　　　　　　(b) 破坏状态

图 4-6　钢筋混凝土梁

与素混凝土梁相比,钢筋混凝土梁充分利用了混凝土的抗压强度和钢筋的抗拉强度,承受荷载的能力大大提高(可提高 20 倍左右);由于破坏前有大量的裂缝出现、构件发生明显的变形,有预兆,属于延性破坏。此外,钢筋由于有混凝土的包裹,不易生锈,抗火能力大大提高,克服了钢材的两大弱点;钢筋与混凝土的温度变形系数相近,所以不会因温度变形的不一致出现附加应力。两者可谓是完满的组合。

4.3.7　预应力混凝土

1) 施加预应力的目的

在混凝土中放置钢筋尽管能提高承载能力,但并不能阻止混凝土的开裂。钢筋混凝土构件中的裂缝在大多数情况下并不影响正常使用,但在某些场合下是不允许的,如核反应堆安全壳。混凝土的开裂是由拉应力引起的,所以想避免开裂就要设法使截面上没有拉应力。荷载作用下,轴心受拉构件全截面存在拉应力、受弯构件部分截面存在拉应力,这是无法改变的。不过,我们可以对荷载作用下受拉部分的区域在受荷前施加压应力(预先的应力),如果预先施加的压应力能够抵消荷载作用下产生的拉应力,则最终截面上没有拉应力,从而达到避免开裂的结果,如图 4-7 所示。

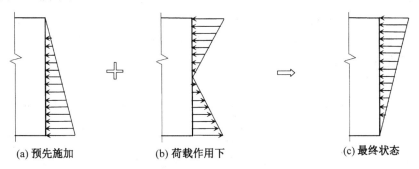

(a) 预先施加　　　　(b) 荷载作用下　　　　(c) 最终状态

图 4-7　横截面应力分布

2) 施加预应力的方法

那么该如何对构件施加预应力呢？最便利的方法是利用放置在混凝土中的钢筋。首先将钢筋的一端用夹具固定在台座上，另一端用千斤顶进行张拉，如图 4-8a 所示；张拉到所需要的数值后将钢筋的张拉端也用夹具固定在台座上（此时钢筋中有拉应力），然后浇筑混凝土梁，见图 4-8b 所示；最后，待混凝土硬化后切断钢筋，由于钢筋于混凝土之间存在粘结力，钢筋将连同混凝土一起回缩，从而在混凝土内建立预压应力，见图 4-8c 所示。

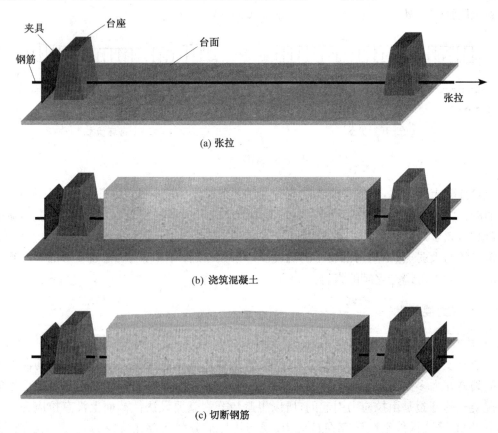

图 4-8　先张法施工工艺

由于张拉钢筋是在浇筑混凝土之前，所以把这种施加预应力的方法称为先张法。与先张法对应，还有一种施加预应力的方法是后张法。后张法的施工工艺是先浇筑混凝土梁，并在放置钢筋处预留孔道；待混凝土硬化后将钢筋穿入孔道，钢筋的一端用锚具固定于混凝土梁上，另一端采用千斤顶张拉，张拉过程中钢筋受拉而混凝土受压，从而在混凝土中建立预压应力；当张拉到需要的数值后，张拉端也用锚具固定。

预应力混凝土除了可以避免混凝土构件开裂，还能提高构件的刚度，采用高强度钢筋，因而可以建造较大跨度的结构。这是因为钢筋混凝土构件开裂后，开裂部分的混凝土退出工作，截面的刚度比开裂前下降，而预应力混凝土截面不开裂，因而刚度不下降，大于同等条件的钢筋混凝土构件。钢筋混凝土构件中如采用高强度钢筋，要让高强度钢筋完全发挥作用（即应力达到其强度值）则裂缝宽度会很宽，挠度也很大，不能满足正常使用要求。所以钢筋混凝土构件中的钢筋强度最大到 500 MPa，而预应力混凝土中的钢筋强度可以达到 1 960 MPa。

4.4 钢材

4.4.1 钢材种类

1) 按化学成分分类

钢由铁冶炼而来,人类利用铁的历史已有数千年。铁的冶炼是将铁矿石内氧化铁还原成铁的过程;钢的冶炼是通过氧化除去铁中杂质和多余的碳的过程。碳是钢和铁中除铁外最重要的成分,含碳量在 2.06%~4.3% 之间的铁碳合金称为**生铁**(pig iron)或铸铁;含碳量在 0.02%~2.06% 之间的铁碳合金称为**钢**(steel);含碳量低于 0.02% 的铁碳合金称为**纯铁**(pure iron)。

根据是否添加合金元素,钢可以分为碳素钢和合金钢两大类。其中碳素钢根据含碳量的多少又可以分为:低碳钢,含碳量小于 0.25%;中碳钢,含碳量在 0.25%~0.6%;高碳钢,含碳量大于 0.6%。

添加锰、钛、钒、镍、铌等合金元素可以改善钢的性能,根据合金元素的总含量,合金钢可以分为:低合金钢,合金元素总含量小于 5%;中合金钢,合金元素总含量在 5%~10%;高合金钢,合金元素总含量大于 10%。

根据有害杂质的含量,钢分为:普通钢,含硫量不超过 0.05%,含磷量不超过 0.045%;优质钢,含硫量不超过 0.035%,含磷量不超过 0.035%;高级优质钢,含硫量不超过 0.025%,含磷量不超过 0.025%;特级优质钢,含硫量不超过 0.015%,含磷量不超过 0.025%。

2) 按外形分类

根据外形,工程结构用钢可以分为型材、板材和线材。型材的常用截面形状有角钢、工字钢、槽钢、T 形钢、H 形钢和钢管。

板材有厚钢板、薄钢板和扁钢之分。厚钢板,厚度 4.5~60 mm,宽度 600~3 000 mm,长度 4~12 m;薄钢板,厚度 0.35~4 mm,宽度 500~1 500 mm,长度 0.5~4 m;扁钢,厚度 4~60 mm,宽度 12~200 mm,长度 3~9 m。

线材有钢筋、钢丝和钢绞线之分。钢筋的直径在 $\phi 6 \sim \phi 50$,根据外形可以分为光圆钢筋和带肋钢筋,俗称螺纹钢。带肋是为了增加钢筋与混凝土的粘结强度。钢丝由热轧钢筋加工而成,强度比热轧钢筋提高很多,其外形有光圆、螺旋肋和刻痕三种。钢绞线由若干股钢丝绞捻而成,常用的有三股和七股。钢丝和钢绞线用于预应力混凝土结构和用作钢索。

4.4.2 钢材主要性能

钢材的主要性能包括力学性能和工艺性能,其中力学性能包括强度、变形、冲击韧性;工艺性能包括冷弯性能和焊接性能。

1) 受拉应力-应变曲线

受拉应力-应变曲线可以反映钢材强度和变形的多项性能指标。低碳钢和低合金钢的受拉应力-应变曲线见图 4-9a 所示。初始阶段,应力与应变成正比例关系,卸去荷载后试件沿加载路径恢复到加载前的状态,无残余变形,处于弹性阶段,应力与应变的比值即为弹性模量。应力超过屈服强度 f_y 后,在荷载不增加(因而应力维持不变)的情况下应变迅速增加,称为屈服台阶;此时除产生弹性变形外,还产生塑性变形,如果卸载,其路径(图4-9中点划线)不同于加载路径,荷载全部卸去后,试件内存在残余应变(塑性应变)。经过一段屈服台阶后,应力将再次增加,达到最大值,称为极限强度f_u。达到极限强度后,应力下降,直到拉断。试件拉断后的残余变形即为伸长率δ。

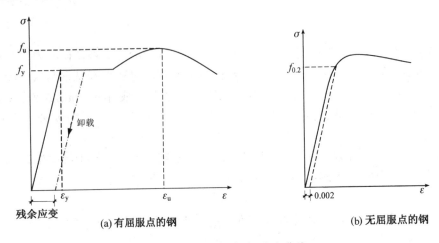

图4-9 钢材受拉应力-应变曲线

在工程中,钢材以屈服强度作为材料强度。对于图4-9b所示无屈服点的钢材,以残余应变为0.2%对应的应力值作为名义屈服强度。

钢材的型材和板材根据屈服强度分为Q235、Q345、Q390、Q420、Q460等五个牌号。

钢材的抗压强度与抗拉强度相同,抗剪强度与抗拉强度之间存在固定关系:$\tau_y = 0.58 f_y$。

钢筋根据屈服强度分为HPB300、HRB335、HRB400和HRB500等四个牌号;中等强度钢丝的屈服强度有620 MPa、780 MPa、980 MPa等级;高强度钢丝的等级有1 470 MPa、1 570 MPa、1 720 MPa、1 860 MPa、1 960 MPa等几种。

2) 冲击韧性

钢材的冲击韧性是处于简支状态的试样在冲击负荷作用下折断时的冲击吸收功,单位为J/cm^2,用来衡量钢材抵抗脆性破坏的能力。冲击韧性随温度的降低而下降,所以冲击韧性的指标包括环境温度和冲击功两项。

3) 冷弯性能

冷弯性能是指钢材在常温下承受弯曲变形的能力,以弯曲角度α和弯心直径d作为指标。测试时将直径(或厚度)为a的试件、绕弯心直径为d(a的整数倍)的标准件弯曲到规定的角度α(180°或90°)后,检查弯曲处是否存在裂纹、断裂及起层等现象,如没有则认为合格,见图4-10所示。弯曲角度越大、弯心直径与试件直径的比值d/a越小,则冷弯性能越好。

冷弯性能也是一项反映钢材塑性的指标,与伸长率不同的是,伸长率反映的是钢材在均匀变形下的塑性,而冷弯性能反映的是钢材在不利的弯曲变形下的塑性,可揭示钢材内部组织是否均匀,是否存在杂质等缺陷。

4) 焊接性能

钢材的焊接性能受含碳量和合金元素含量的影响。含碳量在0.12%~0.20%范围内时,

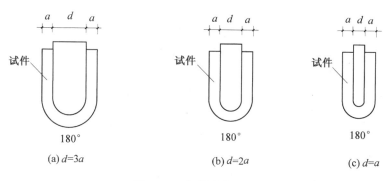

图 4-10 钢材冷弯试验

碳素钢的焊接性能最好;超过上述范围后,焊缝及热影响区容易变脆。合金元素都会影响可焊性,当碳当量 C_E 不超过 0.38% 时,可焊性很好;当 C_E 超过 0.38% 后可焊性下降。碳当量 C_E 按下式计算:

$$C_E = C + \frac{Mn}{6} + \frac{Cr + Mo + V}{5} + \frac{Ni + Cu}{15}$$

式中 C、Mn、Cr、Mo、V、Ni、Cu 分别为碳、锰、铬、钼、钒、镍和铜的百分含量。

4.4.3 钢材的防护

钢材在大气环境下很容易锈蚀。锈蚀不仅使钢材的有效截面面积减小,局部锈坑还会引起应力集中;并会降低钢材的强度、塑性和韧性。最常用的防锈措施是在钢材表面刷防锈漆。

尽管钢材耐高温,在 100℃ 的持续温度下,钢材性能基本没有退化。但钢材不耐火,裸露钢的耐火极限只有 0.25 h,无法满足建筑物的防火要求。钢结构的防火有三种做法:耐火保护层、耐火吊顶和防火涂料。

4.4.4 钢构件的连接方式

钢构件通过连接形成整体结构,主要连接方式有**焊缝连接**(welded connection)、**螺栓连接**(bolted connection)和**铆钉连接**(riveted connection),见图 4-11 所示。

(a) 焊缝连接

(b) 螺栓连接

(c) 铆钉连接

图 4-11 钢构件的连接方式

焊缝连接是借助电弧产生的高温,将置于焊缝部位的焊条或焊丝金属熔化,而使构件连接在一起。焊缝连接的优点是适应性强,任何形状的构件都可以连接;不削弱被连接构件的截面;连接的密闭性好,结构刚度大。缺点是焊缝附近的热影响区内的钢材金相组织会发生改变,导致局部材质变脆;焊接残余应力和残余变形使受压构件的承载力下降;对裂纹很敏感,一旦出现局部裂纹容易扩展。

螺栓连接是将栓杆穿过被连接构件预留的圆孔内,然后将螺母拧紧。这种连接方式的优点是施工简便,可拆卸。缺点是对被连接构件的截面有削弱;对构件尺寸的加工精度要求高。

铆钉连接是将一端有半圆钉头的铆钉加热到呈樱桃红色,插入钉孔中,再用铆钉枪或压铆机进行铆合,使铆钉填满钉孔,并打成另一铆钉头。铆钉连接的韧性和塑性都比较好,但比栓接费工,比焊接费料,目前主要用于重载和直接承受动力荷载结构中。

4.5　木材

木材

木材(timber)是最古老的工程结构材料之一,也是四大结构材料中唯一的可再生材料。约在公元前 5000 年陕西半坡遗址和浙江河姆渡遗址均发现木结构房屋。

4.5.1　木材种类

木材根据树的品种分为**针叶材**(conifers lumber)、**阔叶材**(deciduous lumber)两大类。针叶材的树干通直高大、纹理顺直、材质均匀,表观密度较小,木质较软而易于加工,故又称**软木**(softwood),如松木、杉木等。阔叶材树干通直部分较短,表观密度较大,木质较硬不易加工,故又称**硬木**(hardwood),如桦木、水曲柳等。

木材根据加工情况可以为**原木**(log)、**锯材**(sawn lumber)和**胶合材**(glued lumber)三类。原木为去掉皮的树干,主要用作柱、**椽子**(rafters)和**檩条**(purlin)。

锯材根据形状又分为条料和板料,厚度不小于 100 mm、宽度不大于厚度 3 倍的为条料;厚度小于 100 mm、宽度大于厚度 3 倍的为板料。条料主要用于梁和桁,板料用于楼板和墙板。

胶合材以木材为原料,经胶合压制而成,根据不同的加工工艺,又有**层板胶合木**(glulam)、**旋切板胶合木**(LVL)、**平行木片胶合木**(PSL)和**层叠木片胶合木**(LSL)等种类。胶合木可以以较小尺寸木材原料获得较大尺寸的成品,是现代木结构的主要用料。

4.5.2　木材的构造

木材是生物材料,其构造是由其生物特性决定的,不同方向物理力学性能差异很大,这与钢材、混凝土等人工材料有本质区别。垂直于树干长度方向的横截面从外到内由三部分组成:树皮、木质部和髓心。树皮在结构中不利用;髓心质地松软,易于腐朽,对材质要求高的用材不带髓心;木质部靠近树皮的部分为**边材**(sapwood),内部为**心材**(heartwood)(图 4-12)。

沿树干(trunk)长度方向称为木材的**纵向**(longitudinal direction),又称顺纹(parallel to grain)方向;垂直纵向和年轮(annual rings)方向称为**径向**(radial direction),又称**横纹**

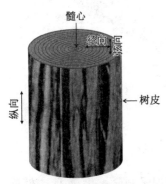

图 4-12　木材的不同方向

(perpendicular to grain)方向;垂直于纵向、沿年轮切线方向称为**弦向**(tangential direction)。

4.5.3 木材主要性能

木材的主要性能包括含水率、密度、强度、变形和耐久性等。

1) 含水率

木材含水率(moisture content)是指木材所含水的质量占干燥木材质量的百分比。含水率的多少对木材强度、变形和耐久性的影响很大。

新伐木材的含水率很高,随树种和生产区域变化。不同部位的含水率也存在差异,例如红杉树边材的含水率超过250%,而心材的含水率在60%左右。硬木边材和心材含水率的差异相对较小,例如白橡木边材的平均含水率为78%,心材的平均含水率为64%。一般在35%~100%。

木材中的水分三种:自由水、吸附水和结合水。自由水存在于细胞腔和细胞间隙中,它的变化只影响木材的表观密度、燃烧性能。吸附水是吸附在细胞壁内细纤维之间的水分,它的变化会影响木材的强度和变形。结合水是指木材中的化合水,在常温下不变化,对常温下木材性质无影响。

当木材中无自由水,而细胞壁内吸附水达到饱和时的含水率称为**纤维饱和点**(fiber saturation point),这一数值在25%~30%范围。纤维饱和点是木材力学性能发生变化的转折点:当含水率高于纤维饱和点时,随着含水率的下降,木材的体积和大多数力学性能维持不变,仅表观密度下降;当含水率低于纤维饱和点时,随着含水率的降低,横截面减小,几乎所有的物理、力学性能都会发生变化。

当木材长时间处于一定的温度和湿度环境中时,木材中的含水率会达到与周围环境相平衡的含水率(即含水率不再变化),这一含水率称为**平衡含水率**(equilibrium moisture content)。我国北方木材的平衡含水率约为12%,南方约为18%,长江流域约为15%。

2) 密度

因木材分子构造基本相同,不同树种的密度(真实密度)差异很小,在1.55 g/cm³左右。

木材的表观密度不仅因树种而易,还随含水率变化。为了排除含水率的影响,一般采用全干表观密度。表4-9是部分树种木材的全干表观密度值,有相当大的变化范围。表观密度与木材的强度和刚度有相关性,表观密度越大,木材的强度和刚度越大。图4-13是表4-9中树种表观密度与木材顺纹抗拉强度和抗弯强度的相关关系。

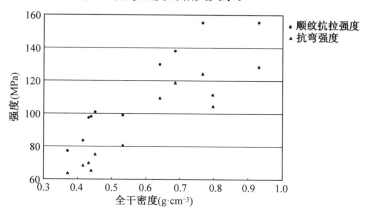

图4-13 木材密度与强度的相关关系

表 4-9 部分树种木材的全干表观密度　　　　　　　　　　　　　　　　单位：g/cm³

树种	杉木	杉木	红松	马尾松	落叶松	鱼鳞云杉	冷杉	柞栎	麻栎	水曲柳
产地	湖南	四川	东北	安徽	东北	东北	四川	东北	安徽	东北
密度	0.371	0.416	0.44	0.533	0.641	0.451	0.433	0.766	0.93	0.686

3）湿胀干缩变形

当木材的含水率在纤维饱和点以下时，木材体积会随着含水率的减小而收缩，随着含水率增加而膨胀。弦向、径向和纵向三个方向的胀缩变形相差很大，弦向最大；其次是径向，约为弦向的一半；纵向最小，不足弦向的10%。从纤维饱和点到全干状态的干缩率随树种变化，弦向在6%～12%范围，径向在3%～6%范围，纵向在0.1%～0.35%范围，平均体积干缩率约为12%。弦向收缩率和径向收缩率相差一倍是木材表面出现沿纵向的干缩裂缝的原因。

4）强度

木材强度有两个特点：一是不同方向的强度值相差很大；二是受含水率的影响。

由于是各向异性材料，木材的抗压、抗拉、抗剪强度需区分顺纹和横纹。表 4-10 是不同强度之间的关系，变化范围代表不同树种的差异，以顺纹抗压强度为100。

表 4-10　无缺陷木材不同强度之间的关系

抗压		抗拉		抗剪		顺纹抗弯
顺纹	横纹	顺纹	横纹	顺纹	横纹	
100	10～30	200～300	5～30	15～30	50～100	150～200

我国根据木材的顺纹抗弯强度将针叶树分为 TC17、TC15、TC13、TC11 等四个强度等级，阔叶树分为 TB20、TB17、TB15、TB13、TB11 等五个强度等级。

当木材含水率低于纤维饱和含水率时，含水率的变化对木材强度有明显影响，但对不同强度的影响程度不同。图 4-14 是顺纹抗压强度、顺纹抗弯强度和顺纹抗剪强度随含水率的变化情况，图中纵坐标为不同含水率下强度与12%含水率（标准含水率）时的强度比值。

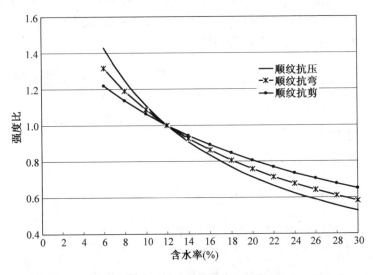

图 4-14　顺纹抗压强度、抗弯强度和抗剪强度随含水率的变化

5) 弹性模量

含水率为12%时,木材顺纹向弹性模量大致为 $6.9×10^3 \sim 13.8×10^3$ MPa,大多数硬木接近高限,大多数软木接近低限。含水率每增加1个百分点,弹性模量降低1~3个百分点。

6) 木材缺陷

木材在生长、采伐和存放期间,会形成很多缺陷(defects),如**木节**(knot)、**斜纹**(an angle to grain)和**裂缝**(crack)。

木节使得纤维不连续,木材受拉时产生应力集中,显著降低顺纹抗拉强度,对顺纹抗压强度的影响较小。

斜纹是指木纹方向与纵向成某个角度。横纹的抗拉和抗压强度均低于顺纹,斜纹的抗拉和抗压强度低于顺纹。由于顺纹和横纹方向干缩率相差很大,在干燥过程中斜纹会引起构件的翘曲和斜向裂缝。

沿纵向的干缩裂缝减小了顺纹抗剪的截面面积,因而对顺纹抗剪承载力影响很大,对顺纹的抗拉、抗压强度影响不大。

前面讨论的强度值都是根据无缺陷的**清木试样**(clear wood specimen)测得的,不包含缺陷的影响。由于实际构件中不可避免存在缺陷,允许使用的材料强度值比清样测得的值要低得多。

4.5.4 木材防护

易腐、易燃是木材的两大弱点。木材的防护包括防腐、防蛀和防火。

木材腐朽是真菌侵害所致。真菌在木材中生存和繁殖需要三个条件:水分、适宜的温度和氧气。所以木材处于完全干燥状态(缺乏水分)和完全浸入水中或埋入地下(缺氧)都不易腐朽。木材的防腐措施包括:使木材处于通风干燥状态;采用油漆隔离空气和水分;用化学防腐剂注入木材中杀死真菌。

最为常见的蛀虫是白蚁,防蛀主要采用化学药剂处理。

木材属可燃物,在明火或260℃高温作用下,能立即着火燃烧。经过化学处理后可以达到难燃物标准。

4.5.5 木构件连接方式

木构件的连接方式包括榫卯连接、钉连接和螺栓连接。

榫卯连接是我国传统的木构件主要连接方式。榫是构件端部可插入卯内部分,断面尺寸一般小于构件其他部位;卯是在被连接另一构件上掏出与榫契合的部分。榫卯连接既可以用于水平构件和竖向构件的连接,也可以用于水平构件之间的连接和竖向构件之间的连接。

铁钉通过敲打穿过被连接的构件。传统的铁钉有不同的形状,如方头钉、蘑菇钉、镦头钉、两尖钉、扒钉等。前三种钉的钉头大于钉身是为了增加抗拔能力;两尖钉用于木构件的拼接,在木桶等家具中常用竹钉;扒钉呈槽形。螺钉表面有螺纹,通过旋转的方式穿过被连接的构件,与铁钉相比可增加抗拔能力。

螺栓连接的方式与钢构件类似,需在被连接构件中预钻孔。

4.6 砌体材料

砌体(masonry)由块体和砂浆砌筑而成,块体材料包括砖、石和砌块。

砌体材料

4.6.1 块体种类

1) 砖

砖(brick)是一种古老工程结构材料,最早的砖由黏土制成砖坯经焙烧而成,现代砖的材料已不限于黏土,成型工艺也有多种。根据孔洞率的大小,砖分为实心砖和多孔砖。无孔洞或孔洞率小于15%的砖归为实心砖,孔洞率不小于15%的砖归为多孔砖。

根据成型工艺,砖分为**烧结砖**(fired brick)、**蒸压砖**(autoclaved brick)和**混凝土砖**(concrete brick)三大类。烧结砖依据材料的不同又有烧结黏土砖、烧结煤矸石砖、烧结页岩砖、烧结粉煤灰砖等种类。蒸压砖通过压制排气成型、高压蒸汽养护而成,如蒸压灰砂砖、蒸压粉煤灰砖。混凝土砖以水泥为胶凝材料,以砂石为主要集料,凝结硬化而成。

烧结实心砖(又称烧结普通砖)的标准尺寸为 240 mm×115 mm×53 mm。

2) 石

石材按岩石形成条件分为**岩浆岩**(magmatic rocks)、**沉积岩**(sedimentary rocks)和**变质岩**(metamorphic rocks)三类。岩浆岩因地壳变动,熔融状态的岩浆由地壳内部上升后冷却而成,如花岗岩、玄武岩等。沉积岩由原来的母岩风化后,经过风力、流水、冰川等搬运,在离地表不太深处沉积而成,如石灰岩、页岩等。变质岩是由原岩在地壳内部高温、高压和化学性活泼物质渗入的作用下,改变了原来岩石的结构、构造甚至矿物成分,所形成的新的岩石,如大理岩、石英岩等。

根据外形规整程度,石材分为**料石**(material stone)和**毛石**(rubble)两类。料石的截面宽度和高度不小于200 mm,且不小于长度的1/4,表面平整,其中叠砌面凹入深度不超过 10 mm 的称为细料石,叠砌面凹入深度不超过 20 mm 的称为粗料石,叠砌面凹入深度不超过 25 mm 的称为毛料石。毛石是由采石场爆破后直接得到,形状不规则的石块,中部厚度不小于 200 mm,其中有两个大致平行的面为平毛石,否则为乱毛石。

3) 砌块

砌块与蒸压砖和混凝土砖区别在于截面尺寸:长度、宽度和高度有一项或以上分别大于365 mm、240 mm 或 114 mm,且高度不大于长度或宽度的 6 倍,长度不超过高度 3 倍。

根据所用主要材料,有混凝土砌块、粉煤灰砌块、石膏砌块等。

4.6.2 块体主要性能

块体最主要的性能是强度和抗风化性能。

1) 强度

根据抗压强度,烧结普通砖分为 MU30、MU25、MU20、MU15 和 MU10 等五个等级。石材根据边长为 70 mm 的立方体抗压强度,分为 MU100、MU80、MU60、MU50、MU40、MU30、MU20 等七个等级。砌块根据抗压强度,分为 MU20、MU15、MU10、MU7.5 和 MU5 等五个等级。

2) 抗风化性能

抗风化性能是指抵抗干湿变化、冻融变化等气候作用的性能。

风化环境用风化指数衡量。风化指数定义为某地日气温从正温降至负温或从负温升至正温的每年平均天数与每年从霜冻之日起到霜冻消失之日期间平均降雨总量(以 mm 计)的乘积。风化指数大于等于 12 700 的为严重风化地区。严重风化地区使用的砖需进行冻融试验检测。

石材的抗风化能力与矿物组成、结构和构造形态有关。防止水浸入可以提高抗风化能力。

4.7 新材料

轻质、高强、低碳、智能和廉价是工程材料的发展方向。

4.7.1 改性混凝土

混凝土是目前使用最为广泛的工程结构材料,由于具有持续改进的潜力,未来仍将是主导结构材料。

1) 高延性水泥基复合材料

高延性水泥基复合材料(engineered cementitious composite,简称 ECC)以水泥和细集料作为基体,用聚乙烯醇纤维做增强材料。1992 年美国密西根大学的 Victor C. Li 教授首先提出了 ECC 材料的基本设计理论。其最大特点是具有超高韧性,极限拉应变大于 3%,是普通混凝土的 200 倍,被誉为"可弯曲的混凝土",如图 4-15 所示。

2) 自愈合/自修复混凝土

图 4-15 可弯曲的 ECC 板

混凝土因其抗拉强度远小于抗压强度,在荷载或环境作用下极易开裂。如果混凝土开裂后能**自行愈合**(self-healing)或者**自我修复**(self-repair),则可以提高混凝土结构的耐久性。

混凝土裂缝的自愈合是基于水泥基材料在水化反应中析出碳酸钙晶体的特性。未完全水化的水泥在后期发生水化反应,形成的碳酸钙结晶逐步填充、修复毛细孔和微裂纹。为了增强和调控愈合能力,目前有三种可行的途径。第一种途径是在混凝土内部掺入或在表面涂刷渗透结晶型活性添加剂,一旦混凝土开裂并有水渗入,在裂缝附近发生水化反应形成碳酸钙晶体。第二种途径是利用电化学技术,通过施加电流使混凝土表面和裂缝处沉积碳酸钙。第三种途径是使用微生物来诱导碳酸钙沉淀,通过细菌的代谢产物与周围物质的反应形成碳酸钙,这种代谢活动由混凝土开裂后水分渗透触发。

混凝土裂缝的自修复按机理可分为两类:一类是采用胶结剂修复,另一类是通过外力使裂缝闭合。前一类将灌有胶结剂的微胶囊,或中空纤维或空芯光纤预先拌入混凝土,一旦出现裂缝触发外壳破裂,胶合剂流出粘结裂缝。后一类是利用形状记忆合金(shape memory alloys,SMA)的特性,当混凝土出现裂缝时,预先埋置在混凝土跨越裂缝的 SMA 应变急剧增大,通过对裂缝附近的 SMA 加热唤醒其初始形状的记忆,从而产生回缩力迫使裂缝闭合。

3) 超高性能混凝土

超高性能混凝土(ultra-high performance concrete)同时具有超高强度、高韧性和高耐久性。混凝土自发明以来,强度等级一直在提高。"硅酸盐水泥+硅粉+高效减水剂"技术可配制出抗压强度达到 100 MPa 以上的高强混凝土,但其抗拉、抗折强度没有明显提高,韧性反而下降。1993 年,法国 Bouygues 公司的 Richard 等人率先研制出抗压强度可以达到 200 MPa 的**活性粉末混凝土**(reactive powder concrete,RPC)。因 RPC 是一种专利产品,为避免知识产权纠纷,欧洲弃用活性粉末混凝土,改称"超高性能混凝土"。它是通过提高组分的细度与活性,不使用粗集料,使内部孔隙与微裂缝等缺陷减少到最小,提高致密性,以获得超高强度与高耐久性;通过掺入微细钢纤维,达到高韧性,抗折强度比普通混凝土提高一个数量级。

4.7.2 纤维增强复合材料

纤维增强复合材料(fiber reinforced polymer,FRP)是指以纤维为增强体,以聚合物为基体的复合材料。常用的纤维有玻璃纤维、芳纶纤维、碳纤维等,见图 4-16a、b、c 所示。FRP 材

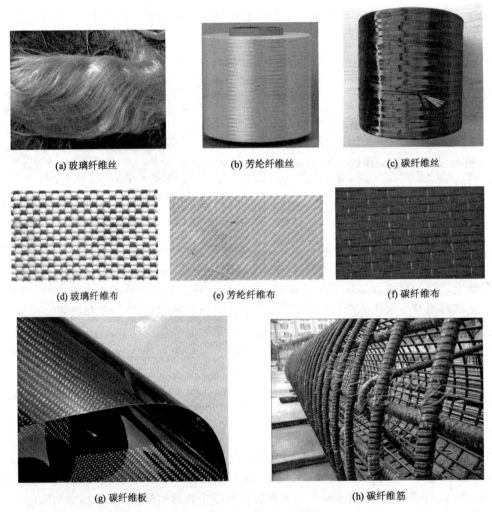

图 4-16 纤维增强复合材料

料具有轻质、高强、耐腐蚀、抗冲击等优点,以碳纤维增强复合材料(CFRP)为例,其抗拉强度达到 3 000 MPa,是普通碳素钢的 10 倍,而密度只有 1.8 g/cm³,为钢的 1/5~1/4。

纤维增强复合材料在结构工程中主要有两种应用方式:一种是以纤维布(图 4-16d、e、f)或纤维板(图 4-16g)的形式粘贴在混凝土结构、砌体结构、钢结构表面;另一种以纤维筋(图 4-16h)的形式替代混凝土结构中的钢筋。

4.7.3 碳纳米管

碳纳米管(carbon nanotubes,CNTs)是由石墨烯片层卷曲而成的中空管状一维纳米材料(径向尺寸为纳米量级、轴向尺寸为微米量级)(图 4-17),1991 年日本 NEC 公司基础研究实验室的 Lijima 博士首次发现。碳纳米管具有优异的力学、电学和热学性能,在微观尺度下,单根碳纳米管的拉伸强度可达 200 GPa,是碳素钢的 100 倍,而密度只有钢的 1/7~1/6,弹性模量是钢的 5 倍;电导率可以达到 $10^8 \text{ S} \cdot \text{m}^{-1}$,具有比铜高两个数量级的载流能力。

碳纳米管的工程应用前景是制成碳纳米管纤维,作为增强材料。如何通过碳纳米管结构组装与界面调控,实现碳纳米管优异性能从纳米尺度到微米尺度的跨尺度传递是工程应用需要解决的关键科学技术问题。

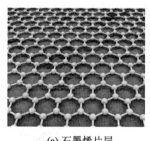
(a) 石墨烯片层

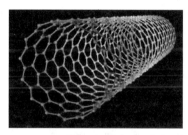
(b) 单层碳纳米管

(c) 多层碳纳米管

图 4-17 碳纳米管

4.7.4 智能材料

智能材料(smart material)是指具备感知、驱动和控制三个基本功能要素,由多种材料组元通过严格的科学组装而构成的材料系统,它能够对内部状态(如应力、应变、pH、裂纹等)和环境条件(如高温、辐射、磁场)的变化做出精准、快速、恰当的响应。一般由担负承载作用的基体材料、担负传感作用的感知材料、能做出响应的驱动材料和信息处理器构成。其中基体材料即传统的结构材料,后两种为功能材料。

感知材料包括电感材料、光敏材料、湿敏材料、热敏材料、气敏材料、压电材料、光导纤维、形状记忆材料、磁致伸缩材料、电阻应变材料等。

驱动材料有形状记忆材料、压电材料、电流变异体、磁流变体、磁致伸缩材料等。可见,某些材料兼有感知和驱动双重功能。

4.7.1 节中提到的自愈合混凝土就属于智能材料的范畴。混凝土结构还有一个影响耐久性的重要因素就是钢筋的锈蚀。水泥水化过程中产生的氢氧化钙使混凝土呈高碱性,pH 在 12~13,会在钢筋表面形成一层化学性质非常稳定的钝化膜,使钢筋免受腐蚀。但随着空气中的二氧化碳向混凝土内不断渗透,出现碳化混凝土碱性下降,失去对钢筋锈蚀的保护作用。工程技术人员希望借助智能材料解决这一问题。将防腐蚀纤维包裹在钢筋周围,当钢筋周围混凝土的碱性下降到一定程度时,纤维的涂层就会溶解,从纤维中释放出阻止钢筋锈蚀的物质。

思考题

4-1 哪种常用材料的抗拉比强度(抗拉强度与表观密度的比值)最高?
4-2 材料的吸水率主要与什么有关?干湿变形会产生什么不利后果?
*4-3 当两种材料组合使用时为何希望这两种材料的温度膨胀系数接近?
4-4 如何确定构件的耐火极限?
4-5 影响木材和钢材耐久性的主要是哪种作用?有哪些保护措施?
4-6 水泥有哪些重要的性能指标?
4-7 何谓混凝土拌合物的和易性?
4-8 为什么要尽量减小混凝土中集料的总表面积和集料间的空隙?如何减小?
4-9 混凝土强度主要受哪些因素影响?混凝土收缩有什么不利后果?
4-10 为何要在素混凝土中放置钢筋?
4-11 放置钢筋能避免混凝土构件的开裂吗?如果才能避免混凝土构件的开裂?
4-12 有屈服点的钢材始终是弹性的吗?
*4-13 用作钢绞线和钢索的钢丝强度已接近 2 000 MPa,为何不把钢筋和型钢的强度也做得更高些呢?
4-14 钢构件有哪几种连接方式、木构件有哪几种连接方式?
4-15 木材的强度有什么特点?
4-16 块体材料的发展方向是什么?
4-17 目前有哪几种成熟的改性混凝土?
4-18 纤维增强材料的大量推广应用还需解决哪些问题?
4-19 碳纳米管在工程结构中最有可能的应用形式?
4-20 智能材料在工程结构中有哪些应用前景?

思考题注释

作业题指导

作业题

4-1 按中间值考虑,计算烧结黏土砖、松木、混凝土和型钢的比强度(抗压强度与表观密度的比值)。

4-2 混凝土的泊松比 $\nu=0.2$,钢材的泊松比 $\nu=0.3$。分别计算这两种材料剪切模量 G 和弹性模量 E 的比值。

4-3 某混凝土的表观密度 2 400 kg/m³,配合比水泥:砂:石:水=1:2.4:4:0.6。试计算

(1) 该混凝土的水灰比、砂率、浆骨比;
(2) 1 m³ 混凝土中水泥:砂:石:水的质量;
(3) 已知混凝土搅拌的能耗为 2.3 kWh/m³,该地区电网的平均碳排放因子为 0.896 7 kg CO_2/kWh。试计算该混凝土的碳排放因子。

*4-4 将干细砂装入由碳纤维制成的圆筒内,放置在地面上。已知圆筒直径 1 m、筒壁厚 2 mm,碳纤维抗拉强度 3 000 N/mm²。试估算砂筒可以承受的压力。

作业题 4-4 插图

测试题

4-1 工程结构对材料的性能要求包括( )。
(A) 物理性能、耐久性能和生物性能
(B) 力学性能、物理性能和耐久性能
(C) 物理性能、化学性能和生物性能
(D) 力学性能、物理性能和化学性能

4-2 通常讲的材料密度是指( )。
(A) 真实密度　　　　　　　　　(B) 表观密度
(C) 体积密度　　　　　　　　　(D) 堆积密度

4-3 下列材料中,抗拉强度大于抗压强度的是( )。
(A) 混凝土　　(B) 钢材　　(C) 花岗岩　　(D) 木材

4-4 下列材料中,吸水率最小的是( )。
(A) 混凝土　　(B) 钢材　　(C) 花岗岩　　(D) 木材

4-5 下列材料中,干缩率最大的是( )。
(A) 混凝土　　(B) 钢材　　(C) 花岗岩　　(D) 木材

4-6 影响材料耐久性的不利因素包括( )。
(A) 物理作用、化学作用和生物作用　　(B) 力学作用、化学作用和生物作用
(C) 力学作用、物理作用和生物作用　　(D) 力学作用、物理作用和化学作用

4-7 四大结构材料中,耐火性能最好的是( )。
(A) 木材　　　　　　　　　　　(B) 砖石
(C) 钢筋混凝土　　　　　　　　(D) 型钢

4-8 工程上对水泥的初凝和终凝要求是( )。
(A) 初凝和终凝都不能太短　　　(B) 初凝和终凝都不能太长
(C) 初凝不能太长,终凝不能太短　(D) 初凝不能太短,终凝不能太长

4-9 混凝土拌合物的和易性是包括( )三方面的综合性能。
(A) 密实性、流动性、黏聚性　　(B) 密实性、流动性、保水性
(C) 密实性、黏聚性、保水性　　(D) 流动性、黏聚性、保水性

4-10 在混凝土中,为节省水泥,减小收缩,应尽量减小集料的总表面积和集料间的空隙,其途径是( )。
(A) 控制集料粗细程度
(B) 控制颗粒级配
(C) 集料总表面积通过颗粒级配控制;集料间空隙通过集料粗细控制
(D) 集料间空隙通过颗粒级配控制;集料总表面积通过集料粗细控制

4-11 在素混凝土梁中配置钢筋( )。
(A) 可以大幅度提高承载能力和抵抗开裂的能力
(B) 承载能力和抵抗开裂的能力提高都有限
(C) 可以大幅度提高承载能力,但抵抗开裂的能力提高有限
(D) 可以大幅度提高抵抗开裂的能力,但承载能力的提高有限

4-12 对钢筋混凝土梁施加预应力（　　）。
(A) 可以大幅度提高承载能力和抵抗开裂的能力
(B) 承载能力和抵抗开裂的能力提高都有限
(C) 可以大幅度提高承载能力，但抵抗开裂的能力不能提高
(D) 可以大幅度提高抵抗开裂的能力，但承载能力不能提高

4-13 钢构件的连接方式包括（　　）。
(A) 铆接、焊接和榫卯连接　　　　　(B) 螺栓连接、焊接和榫卯连接
(C) 螺栓连接、铆接和钉连接　　　　(D) 螺栓连接、铆接和焊接

4-14 钢材的力学性能包括（　　）。
(A) 冷弯性能、焊接性能、冲击韧性　(B) 焊接性能、冲击韧性和强度
(C) 冲击韧性、强度和变形　　　　　(D) 冷弯性能、强度和变形

4-15 原木构件常出现裂缝，这是由（　　）引起。
(A) 荷载作用　　(B) 干缩　　(C) 木节　　(D) 温度变化

4-16 当木材含水率低于纤维饱和含水率时，随着含水率的减小，木材强度和弹性模量（　　）。
(A) 均增大　　　　　　　　　　　　(B) 均减小
(C) 强度增大、弹性模量减小　　　　(D) 强度减小、弹性模量增大

4-17 木材弦向、径向和纵向的干湿变形（干缩湿涨）大小次序为（　　）。
(A) 径向＞纵向＞弦向　　　　　　　(B) 弦向＞径向＞纵向
(C) 纵向＞径向＞弦向　　　　　　　(D) 径向＞弦向＞纵向

第 5 章 建 筑 工 程

为人类生活、生产活动提供地上空间或服务于生产的工程设施称为建筑工程,包括房屋和构筑物。

5.1 房屋的结构组成与种类

5.1.1 房屋的结构组成

房屋结构以底层室内地面(标为±0.00)为界,以上部分称为上部结构,以下部分称为下部结构;其中上部结构由**水平结构体系**(horizontal structural system)和**竖向结构体系**(vertical structural system)组成;下部结构由**地下室**(basement)和**基础**(foundation)组成,见图 5-1 所示。

水平结构体系(图 5-1 中水平虚线框部分)包括各层的楼盖和屋盖,它在整体结构中有三个作用:①直接承受作用在楼面和屋面的竖向荷载,并将它们传递给竖向结构体系;②为竖向构件之间提供水平联系,提高竖向结构体系抵抗水平荷载的能力;③把整体结构上的水平荷载传递和分配给各竖向构件。

竖向结构体系(图 5-1 中竖向点画线框部分)由竖向构件组成,所有荷载,包括竖向荷载和水平荷载最终都由它传递给基础。

基础的作用是把上部结构的各种荷载可靠地传递给地基。水平结构体系的破坏并不一定会引起竖向结构体系的破坏,竖向结构体系的破坏不会引起基础的破坏,但会引起水平结构体系的破坏;而基础的破坏必定会引起竖向结构体系的破坏,进而导致水平结构体系的破坏。结构连续破坏的次序刚好与竖向荷载传递路径相反,在水平结构体系、竖向结构体系、基础的荷载传递路径中,基础处于末端,因而最为重要。

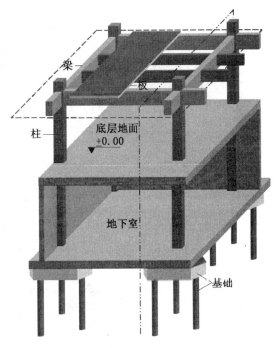

图 5-1 房屋的结构组成

5.1.2 房屋的种类

根据层数房屋可以分为单层房屋、多层房屋、高层房屋和超高层房屋。根据常规消防云梯能达到的高度,多、高层房屋的界限定在 10 层和 28 m,高层房屋必须具备自灭火能力。超过

100 m 的房屋称为超高层房屋,见图 5-2 所示。

(a) 单层

(b) 多层

(c) 高层

(d) 超高层

图 5-2 房屋按层数分类

根据结构所用材料,房屋分为**木结构**(timber structures)、**砌体(砖石)结构**(masonry structures)、**混凝土结构**(concrete structures)、**钢结构**(steel structures)和**混合结构**(mixed structures)房屋。

我国古代建筑绝大多数是原木结构房屋,由木梁、木柱构成见图 5-3a。建于中国辽代清宁二年(1056)的山西应县佛宫寺塔(又称应县木塔,图5-4),总高 67.31 m,是世界现存最古老、最高大的木结构建筑,构件之间全部采用榫卯连接。现代木结构房屋大多采用胶合木(见图 5-3b)。防火和成本(在四种结构材料中最为昂贵)是限制木结构使用最主要的原因,一般用于高档别墅和会所。与木材性能类似的胶合竹材也开始用于房屋。

(a) 传统木结构

(b) 现代木结构

(c) 混凝土结构

(d) 钢结构

图 5-3 房屋按结构材料的分类

砌体材料的抗拉强度很低,无法做成梁等受弯构件,所以纯粹的砌体结构房屋很少,绝大多数用于砌体混合结构。纯粹砌体结构往往用拱券或穹顶作为水平构件,拱券如建于 1381 年的南京无梁殿,见图 5-5 所示;穹顶如建于 120 年至 124 年的罗马万神殿,见图 5-20 所示。

(a) 内部结构

(b) 外貌

图 5-4 应县木塔　　　　　　　图 5-5 南京无梁殿

钢筋混凝土是目前使用最为广泛的结构材料，能满足不同的使用要求，具有良好的耐久性能和防火性能。混凝土结构(图 5-3c)成本仅次于砌体结构，低于钢结构和木结构。

钢材的比强度(单位质量的强度)高于钢筋混凝土，非常适用于重载、大跨房屋，可以有效降低结构自重；此外，由于构件可以在工厂预先制作，现场施工周期短。钢结构(图 5-3d)目前的制约因素主要是成本。

混合结构房屋的不同部位采用不同的结构材料，可以发挥不同结构材料的优势，见图 5-6 所示。如砖木结构：竖向构件(墙体)采用砖，水平构件(梁、板)采用木材；砖混结构：竖向构件采用砖，水平构件采用钢筋混凝土。其中砖混结构在住宅、办公楼、学校、医院等多层房屋中应用非常普遍。

同一个构件采用两种结构材料称为**组合构件**(composite member)，如钢-混凝土组合构件，其中内部为型钢、外部为混凝土称为型钢混凝土；外部为型钢、内部为混凝土称为钢管混凝土，见图 5-7 所示。

(a) 砖-木混合结构　　(b) 砖-混凝土混合结构　　(a) 型钢混凝土　　(b) 钢管混凝土
(承重砖墙+木屋盖)　(承重砖墙+混凝土楼盖)　(外部混凝土内部型钢)　(外部钢管内部混凝土)

图 5-6　混合结构　　　　　　　　　　图 5-7　钢-混凝土组合构件

房屋按结构形式的分类见 5.2 节、5.3 节。

5.2　房屋水平结构体系类型

房屋的水平结构体系分为**梁板结构**(beam-slab structures)和**大跨结构**(long-span structures)两大类，其中大跨结构有**拱结构**(arch structures)、**桁架结构**(truss structures)、**网架结构**(network structures)、**壳体结构**(shell structures)、**索结构**(cable structures)和**膜结构**(membrane structures)等类型[13]。这些基本结构类型还可以组合，形成**杂交结构**(hybrid structures)。

水平结构体系类型

5.2.1　梁板结构体系

多、高房屋的楼盖基本上采用梁板结构。除了砌体，木材、钢材和钢筋混凝土均可用于梁板结构。根据是否设梁以及梁的设置方式，楼盖有无梁楼盖、主次梁楼盖和井字梁楼盖等结构类型，见图 5-8 所示。无梁楼盖省去梁，将楼板直接放置在柱上，可以增加房屋净空高度，但楼板较厚，用料较多。主次梁楼盖支承板的次梁沿一个方向布置；井字梁楼盖的次梁沿两个方向对称布置。

根据板的受力状态，楼盖可以分为单向板楼盖和双向板楼盖。对于四边支承的矩形板，在

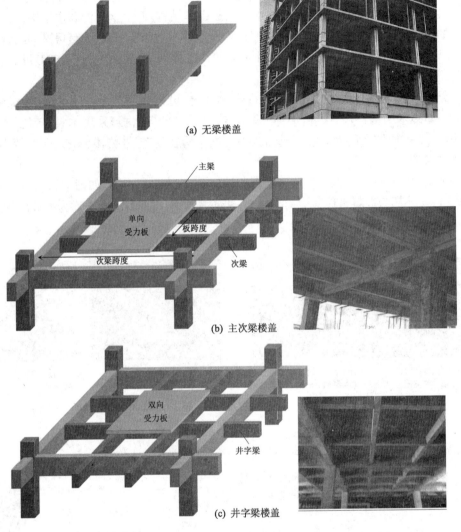

图 5-8 楼盖类型

荷载作用下两个正交截面均有弯矩、扭矩和横向剪力(参见图 3-21 所示),这类板称为双向受力板,简称**双向板**(two way slabs),板面竖向荷载同时向两个方向传递,双向传力;如果板仅在对边有支承,另两边为自由边,垂直于支承边的横截面内力可以忽略,这类板称为**单向板**(one way slabs),板面竖向荷载只向一个方向传递,单向传力;四边支承矩形板当两个方向板的跨度相差很大,例如达到 3 倍时,受力状态接近单向板。图 5-8b 为单向板楼盖,图 5-8a、图 5-8c 为双向板楼盖。

图 5-9a 是跨度为 l 的四边简支正方形板在均布面荷载 q 作用下的弯矩分布,最大弯矩出现在板的中点,$M_{max}=0.043ql^2$;图 5-9b 是相同跨度、相同荷载下的对边简支正方形板下的弯矩分布,沿着支承边,板的弯矩分布相同,最大弯矩出现在跨中,$M_{max}=0.125ql^2$,这一数值与简支梁弯矩相同(见例 3-1),所以单向板又称梁式板。双向板的最大弯矩大致为相同条件单向板最大弯矩的 1/3,因而相同厚度下双向板跨度可以做得大些。

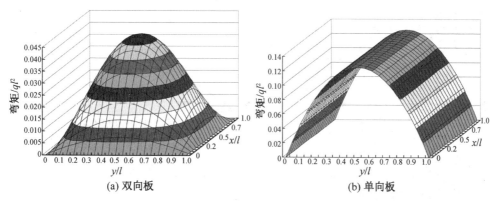

(a) 双向板　　　　　　　　　　　　　(b) 单向板

图 5-9　板的弯矩分布

5.2.2　拱结构体系

拱结构的拱圈以受压力为主,在压力作用下正应力沿横截面高度均匀分布;而梁在弯矩作用下,正应力沿横截面高度三角形分布。所以拱的承载效率高于梁,可以建造较大的跨度。不过拱结构用于房屋存在不足:拱脚处净空很小,无法利用;而拱顶很大的净空又会造成空间浪费。所以在房屋中的应用不如其他大跨结构普遍。图 5-10a 所示的同济大学礼堂靠近拱脚的一段外露,不用作室内空间;而图 5-10b 的拱结构房屋通过将拱圈落在柱上,解决拱脚处净空不足的问题。

(a) 落地拱　　　　　　　　　　　　　(b) 柱支拱

图 5-10　拱结构房屋

5.2.3　桁架结构体系

桁架结构由杆组成,包括**上弦杆**(top chords)、**下弦杆**(bottom chords)和**腹杆**(web chords),其中腹杆有斜腹杆和竖腹杆,杆之间采用铰连接,如图 5-11a、图 5-11b 所示;斜腹杆必不可少,而竖腹杆可以没有,如图 5-11c 所示。

在节点集中荷载作用下,杆件内只有轴力,其中上弦杆是轴压力、下弦杆是轴拉力,腹杆可能是轴拉力也可能是轴压力,与布置形式和荷载作用方式有关。由于轴心受力构件的截面正应力均匀分布,所以桁架结构的受力效率高于受弯的梁式结构,可以建造更大的跨度。

图 5-11c 中标出了杆件的内力,其中正代表拉力、负代表压力;图中 a 是斜杆长度。随着桁架高度 h 的增加,杆件内力下降,但腹杆的长度会增加。图 5-11d,图 5-11e 分别给出了对应简支梁的弯矩分布和剪力分布。比较图 5-11c 和图 5-11d 可以发现,弦杆内力等于同一位置简支梁的弯矩与桁架高度的比值,即桁架的上、下弦杆承担整体结构的弯矩;比较图 5-11c 和图 5-11e 可以发现,斜腹杆内力的竖向分力等于同一位置简支梁的剪力,即整体结构的剪力由斜

腹杆承担。

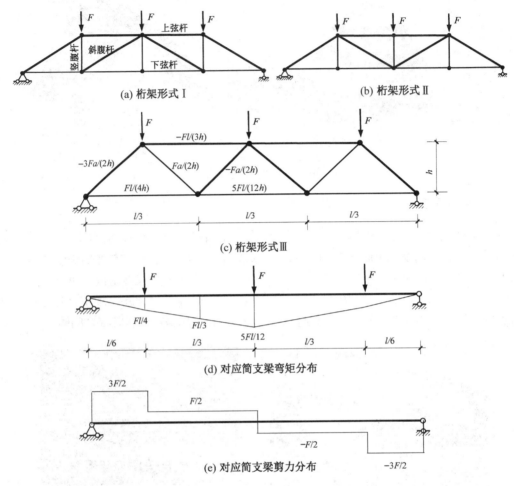

图 5-11 桁架与简支梁的比较

桁架的形式很多，除了图 5-11a、图 5-11b 和图 5-11c 所示的上、下弦平行的平行弦桁架外，还有三角形桁架、梯形桁架、折线形桁架等。

桁架结构一般用于屋盖，如图 5-12a 所示；用于楼盖时通常是上、下层柱距不同的场合，下层柱距大、上层柱距小，如图 5-12b 所示。

(a) 桁架屋盖

(b) 桁架楼盖

图 5-12 桁架结构

5.2.4 网架结构体系

网架结构也是由杆组成，与桁架结构的区别在于平面网架结构属于双向传力结构，而桁架结构属于单向传力结构。

网架结构有四角锥网架、三角锥网架和平面桁架系网架三大类，每一类又有多种形式（图5-13）。

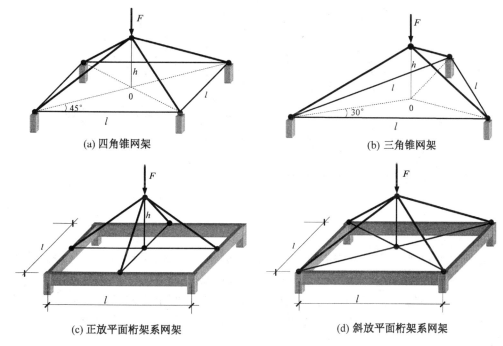

图 5-13 网架结构基本单元

四角锥网架的基本单元由4根斜杆和4根水平杆组成，呈正四角锥体；有正放（锥顶朝上，如图5-13a所示）和倒放（锥顶朝下）两种形式。各单元的锥顶节点用水平杆连接，锥底水平杆为相邻单元的共用杆件；中节点最多有8根杆件，4根水平杆和4根斜杆。图5-14是由四个单元组成的正放四角锥网架结构。

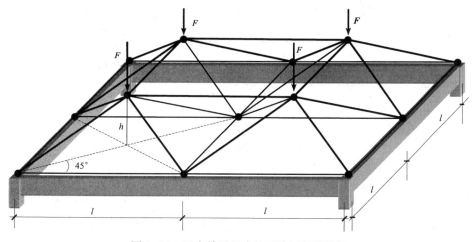

图 5-14 四个单元组成的正放四角锥网架

三角锥网架基本单元由 3 根斜杆和 3 根水平杆组成,呈正三角锥体;也有正放(如图 5-13b 所示)和倒放两种形式。各单元的锥顶节点用水平杆连接,锥底水平杆为相邻单元的共用杆件;中节点最多有 12 根杆件,6 根水平根和 6 根斜杆。图 5-15 是由六个单元组成的正放三角锥网架。三角锥网架能适应不同的平面形状。

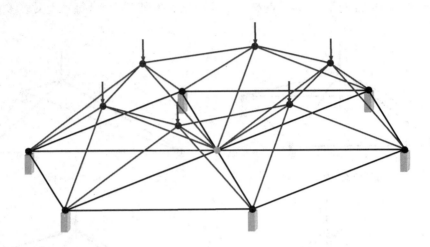

图 5-15 六个单元组成的正放三角锥网架

平面桁架系网架由两个方向或三个方向的平面桁架组成,竖杆为共用杆件。前者两个方向的平面桁架成 90°相交,后者三个方向的平面桁架成 60°相交;根据与支承边的关系有正放(图 5-13c)和斜放(图 5-13d)两种形式。图 5-16 是两个方向各由三榀平行弦桁架组成的正放平面桁架系网架,中间一榀属图 5-11 中的 II 型桁架、边上两榀属图 5-11 中的 I 型桁架。

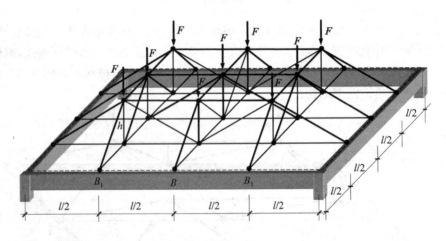

图 5-16 平面桁架系网架

杆件在网架中所起作用与桁架相同,上、下弦杆承担弯矩,斜腹杆承担剪力;区别在前者双向传力,而后者单向传力。网架还可以做成壳体,称网壳,为三向传力结构。

网架结构广泛用于体育馆、展览馆、飞机库等需要大空间的房屋屋盖,见图 5-17 所示。

(a) 平面网架　　　　　　　　　　(b) 网壳

图 5-17　网架结构房屋

5.2.5　壳体结构体系

壳体为三向传力结构，有**球壳(穹顶)**(dome)结构、**双曲扁壳**(hyperbolic plat shell)结构、**双曲抛物面鞍形壳**(saddle-shaped shell)结构等种类。

壳体内一般有薄膜力和弯曲内力，理想状态下只有轴压力。球壳在静水压力 q_0 作用下各点的内力相同，两个正交截面上的内力相同，平错力为 0，受力状态相当于球内充满压力强度为 q_0 的负压作用，如图 5-18a 所示。根据竖向力平衡条件：$2\pi r_0 \times N_1 = \pi r_0^2 \times q_0$，可以得到单位宽度轴力

$$N_2 = N_1 = q_0 r_0 / 2$$

图 5-18b 所示的半球壳，环形支座上的反力等于壳体内轴压力。

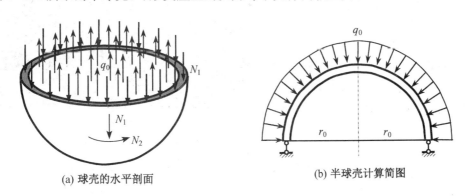

(a) 球壳的水平剖面　　　　　　　　(b) 半球壳计算简图

图 5-18　受静水压力作用的半球壳

当球壳承受图 5-19a 所示的竖向均布荷载时，壳体内力不均匀。

经向力：

$$N_1 = \frac{qR}{1+\cos\theta}$$

纬向力：

$$N_2 = qR\left(\cos\theta - \frac{1}{1+\cos\theta}\right)$$

图 5-19b 是内力随位置的变化情况。在壳顶($\theta=0$)处，径向内力与纬向内力相等，与静水

压力下球壳内力相同;随着θ的增加,经向压力缓慢增加、纬向压力迅速减小;当θ增加到51.8°时,经向力为0,随后转为拉力;当$\theta=90°$,即成半球壳时,纬向拉力的数值与经向压力的数值相同,是壳顶的两倍。如要控制球壳经向不出现拉力,则θ必须小于51.8°。

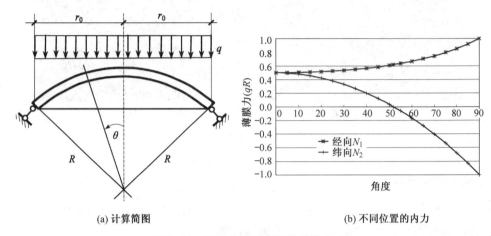

(a) 计算简图　　　　　　　　　(b) 不同位置的内力

图 5-19　竖向均布荷载下的球壳内力

建于公元 120 年至 124 年的罗马万神殿,采用半球穹顶,直径 43.3 m;壳顶厚 1.2 m,向下逐步变厚,见图 5-20 所示。

双曲扁壳由一条曲线在另一条曲线上移动构成,如图 5-21a 所示。1959 年建成的北京火车站候车大厅采用了 35 m×35 m 的双曲扁壳[18],壳厚 80 mm,由北京工业建筑设计院和南京工学院(现东南大学)共同设计,见图 5-21b 所示。

图 5-20　罗马万神殿

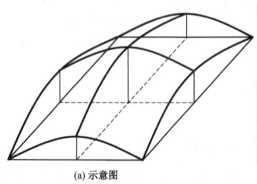

(a) 示意图　　　　　　　(b) 北京火车站候车厅

图 5-21　双曲扁壳

双曲抛物面鞍形壳由一条直线沿两条不在同一平面上的直线移动构成,一个方向为正高斯曲率、正交方向为负高斯曲率,如图 5-22 所示。

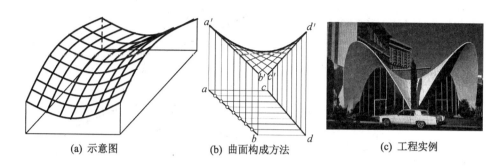

(a) 示意图　　(b) 曲面构成方法　　(c) 工程实例

图 5-22　双曲抛物面鞍形壳

5.2.6　索结构体系

索是受拉构件,可充分利用高强度材料(高强度材料受压时会发生屈曲失稳,强度得不到充分利用),如高强钢丝、碳纤维筋等,近年来在大跨房屋中的应用越来越广泛。索结构有**单索**(single cable,图 5-23)结构、**索桁架**(cable truss)结构、**索网**(cable network)结构、**索壳**(cable shell)结构等种类。

图 5-23　单索结构

索没有固定的形状,索形与荷载分布有关。对应永久荷载,有一个固定的索形;而可变荷载的作用位置和大小均会变化,这意味着在可变荷载作用下,索形会不断变化;当可变荷载在总荷载中占的比例较大时,索形的变化量会很大,给正常使用带来问题。

为了改善这一问题,可采用索桁架结构代替单索结构。索桁架由下凹(正高斯曲率)的承重索、上凸(负高斯曲率)的稳定索和竖杆组成,两种索的曲率相反,如图 5-24a 所示。通过张拉稳定索,在竖杆内建立均布力 p,此分布力与承重索的永久荷载 g 的方向一致,见图 5-24b 所示。这相当于增加了永久荷载,从而使可变荷载下的索形变化量减小。

两个方向布置索构成索网,为双向受力结构,见图 5-25a 所示。索网结构与单索结构的区别类似网架与桁架的区别:双向传力与单向传力。索网结构的另一种形式是索辐射布置,由索、环向受拉的内环(通常采用钢)和环向受压外环(通常采用钢筋混凝土)组成,见图 5-25b、图 5-25c 所示。为了增加索网结构的竖向刚度,可以用索桁架代替单根索,通过张拉在索内建立预拉应力。1960 年建成的北京工人体育馆屋盖即采用这种结构,外径达到 94 m,见图 5-25d 所示。

索壳是三向受力结构,其中双曲抛物面壳的一个方向为正高斯曲率、正交方向为负高斯曲率,可以在正高斯曲率方向布置承重索、在负高斯曲率方向布置稳定索,形成鞍形索壳结构,如图 5-26a 所示。索壳结构的另一种结构形式是索穹顶结构,由内外环梁、脊索、斜索、环索和压杆组成,如图 5-26b 所示。图 5-26c 是索穹顶的工程实例。

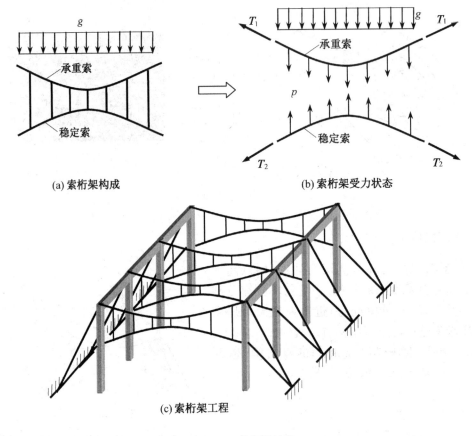

图 5-24 索桁架结构

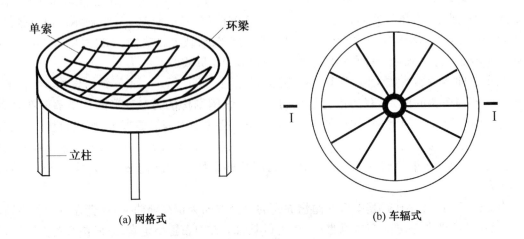

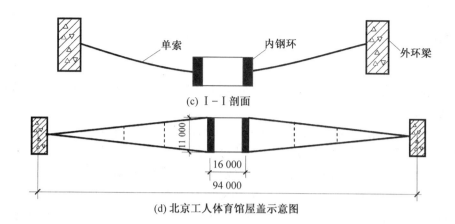

(c) I-I 剖面

(d) 北京工人体育馆屋盖示意图

图 5-25 索网结构

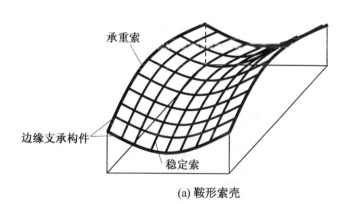

(a) 鞍形索壳

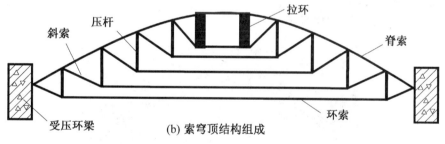

(b) 索穹顶结构组成

(c) 索穹顶工程实例

图 5-26 索壳结构

123

5.2.7 膜结构体系

膜和索都是受拉构件,区别在于前者双向受拉,而后者单向受拉。当拉力沿截面宽度不均匀时存在平错力。根据支承方式的不同,膜结构分为空气支撑膜结构、张拉式膜结构和骨架支承膜结构等三类。

空气支承膜结构是利用空气压力差支承膜面和荷载。1970年美国工程师盖格尔(David Geiger)设计的大阪世界博览会美国馆采用的就是空气支承膜结构,准椭圆形平面尺寸83.5 m×142 m,见图5-27a所示。由于空气支承膜结构的刚度较小,在风、雪等可变荷载作用下会导致较大的形状改变,轻者屋面下瘪,重者膜材撕裂。另外,封闭膜内气压随温度变化,当气压自动调节系统失灵时也会发生工程事故。所以空气支承膜结构现在已较少使用。

张拉式膜结构是通过对膜材和拉索的张拉,形成稳定的曲面外形,曲面外形一般为简单的鞍形和伞形,由支柱(桅杆或其他刚性支架)支承拉索,见图5-27b所示。

骨架支承膜结构以刚性结构(桁架、网架、网壳、拱等)为支承骨架,依托骨架张紧膜材,见图5-27c所示。

张拉式膜结构和骨架支承膜结构并不是单纯膜结构,而是属于下面介绍的杂交结构,膜与索的杂交和膜与骨架结构的杂交。

(a) 空气支承膜结构

(b) 张拉式膜结构

(c) 骨架支承膜结构

图 5-27 膜结构

5.2.8 杂交结构体系

由两种或两种以上基本水平结构组合而成的结构称为杂交结构,常见的有张弦梁结构、张弦拱结构、张弦桁架结构、索膜结构体系等。

张弦梁结构由梁和索组合而成,如图5-28a所示。对索张拉后通过撑杆对梁施加与荷载方向相反的力(图 5-28b),这些力产生的弯矩(图 5-28d)将抵消荷载下产生的弯矩(图 5-28c),从而使梁中弯矩小于对应简支梁弯矩,可以建造比梁结构更大的跨度。图 5-29a 是张弦梁结构的工程实例。

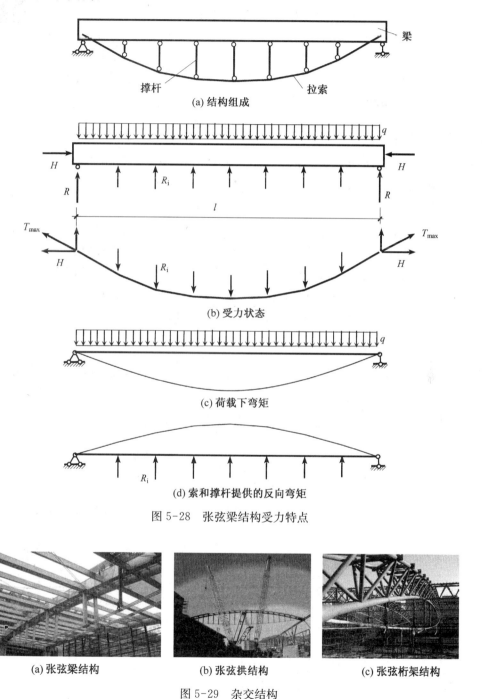

图 5-28 张弦梁结构受力特点

(a) 张弦梁结构　　(b) 张弦拱结构　　(c) 张弦桁架结构

图 5-29 杂交结构

张弦拱结构由拱和索组成,见图 5-29b 所示。由拉索张力抵消拱推力,可以简化支座处理。图 5-29c 是张弦桁架的工程实例。

5.3 房屋竖向结构体系类型

房屋竖向结构体系的基本类型有**框架结构体系**(frame structures system)、**剪力墙结构体系**(shear wall structures system)和**筒体结构体系**(tube structures system)[12]。这些基本结构类型可以在平面内组合形成平面复合结构,也可以在竖向组合形成竖向复合结构。对于高层房屋,承受水平荷载的能力是竖向结构体系重点考虑的问题。

5.3.1 框架结构体系

以柱作为竖向承重构件、由梁柱组成的竖向结构体系称为框架结构体系。柱与梁有两种连接方式:铰连接和刚接,前者称**排架**(bent frame)、后者称**刚架**(rigid frame)。

排架结构在顶点水平荷载 F 作用下的弯矩分布见图 5-30a 所示、侧移分布见图 5-30c 所示;排架柱的受力如同两根独立悬臂柱(弯矩分布和侧移分布分别见图 5-30b 和 5-30d),最大弯矩(在柱底)和最大侧移(在柱顶)是单根柱的一半,即"1+1=2"。刚架结构当横梁的刚度很大时(近似认为无限大)的弯矩分布和侧移分布分别见图 5-30e 和图 5-30f 所示,最大弯矩和最大侧移分别为单根柱的 1/4 和 1/8,此时"1+1>2"。刚架结构最大弯矩和最大侧移分别是排架结构的 1/2 和 1/4,抵抗水平荷载的能力强于排架结构。

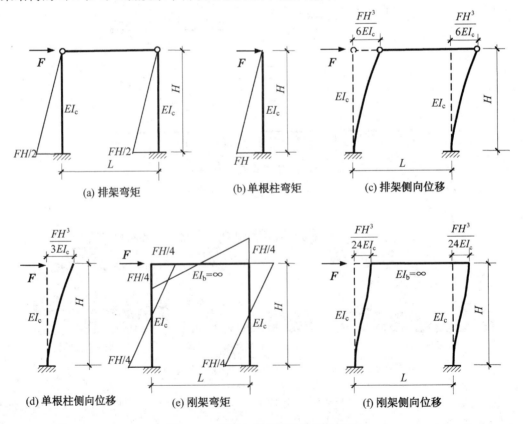

图 5-30 刚架与排架受力性能的比较

所以当层数较多、水平荷载较大时，一般采用刚架结构。水平荷载下刚架结构中横梁内有弯矩，而排架结构的横梁内没有弯矩。

框架结构中的柱不会对建筑空间造成分割，因而布置灵活，是多层和小高层房屋的主要竖向结构形式；在和其他竖向结构组合后也广泛用于高层房屋。建于1989年的北京长富宫中心[17]，地下2层、地上26层，总高90.85 m，3层以下采用型钢混凝土框架、3层及以上采用钢框架，见图5-31所示。

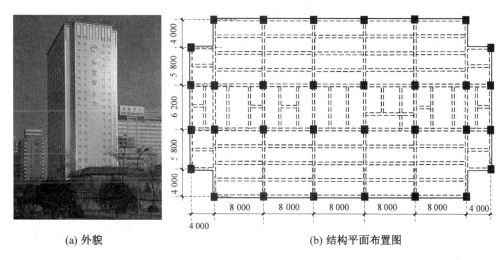

(a) 外貌　　　　　　　　　　(b) 结构平面布置图

图5-31　北京长富宫中心

5.3.2　剪力墙结构体系

以墙作为竖向承重构件的竖向结构体系称为剪力墙结构体系。一榀0.2 m厚、5 m长的墙，其截面弯曲刚度是1 m×1 m柱（两者的截面面积相同）的25倍。可见剪力墙结构体系的侧向刚度比框架结构体系大得多，能用于更高的房屋。不过，剪力墙会分割建筑空间，适合于墙体位置固定、平面布置比较规则的住宅、旅馆等建筑。

1976年建成的33层广州白云宾馆[22]采用的就是剪力墙结构体系，它是我国（不含港、澳、台）首栋百米高层（在这之前最高的建筑是建于1934年的上海国际饭店，24层，83.8 m），总高114.05 m，见图5-32所示。

(a) 外貌

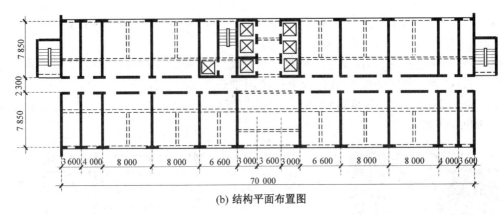

(b) 结构平面布置图

图 5-32 广州白云宾馆

5.3.3 筒体结构体系

筒体结构体系的竖向承重构件为筒体,筒体有三种形式:**实腹筒**(solid web tube)、**框筒**(framed-tube)和**桁架筒**(trussed tube),见图 5-33 所示。

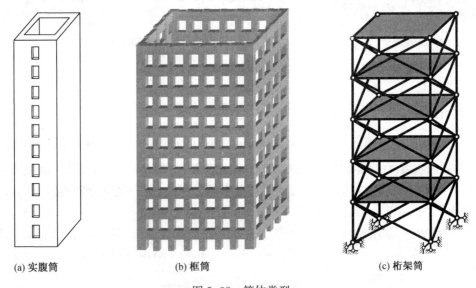

(a) 实腹筒　　　　　　(b) 框筒　　　　　　(c) 桁架筒

图 5-33 筒体类型

高层房屋的电梯间不需开窗,仅需在每层设一个门洞,筒壁上洞口很少,称为实腹筒。因一般布置在房屋的平面中央,又称核心筒,见图 5-33a 所示。当筒布置在房屋四周时,需要开设窗洞用于采光和通风,开洞后的筒体形成密集立柱与高跨比很大的裙梁,犹如四榀平面框架在角部连接而成,故称框筒,见图 5-33b 所示。在高度一定的情况下,随着筒体平面尺寸的增大,实腹筒体剪切刚度与弯曲刚度的比值下降,导致中间部位不能充分发挥作用(专业术语称为"剪力滞后"shear lag);框筒结构这种现象更为明显。图 5-33c 所示由四榀竖向桁架组成的桁架筒,因整体剪切刚度很大,可有效改善这种不利影响。

筒体的侧向刚度大于剪力墙(详见 11.3.5 节),适用于超高层房屋。

筒体结构体系有框筒结构体系、筒中筒结构体系、束筒结构体系、核心筒外伸结构体系和桁架筒结构体系。

框筒结构体系的外侧是框筒,内部设置仅承受竖向荷载的柱,以减小楼面梁板结构的跨度,水平荷载全部由框筒承担。

筒中筒结构体系由房屋四周的框筒和内部的核心筒组成,是目前超高层建筑的主要结构形式。

1990年建成的63层广东国际贸易大厦,总高200.18 m,是当时我国(不含港、澳、台)最高的建筑[41]。外筒平面尺寸35.1 m×37 m,由24根中柱和4根异形角柱组成的;内筒平面尺寸16.8 m×22.8 m,壁厚从底部的700 mm变化到顶部的300 mm,见图5-34所示。

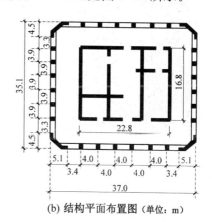

(a) 外貌　　　　　　　　　　　(b) 结构平面布置图 (单位:m)

图5-34　广东国际贸易大厦

若干个框筒并列称为束筒结构体系,可有效减小剪力滞后效应。最著名的束筒结构体系是1974年建成的美国西尔斯(Sears)大厦,110层,高443 m,曾是世界最高建筑(1996年前);底部由9个平面尺寸22.85 m×22.85 m钢框筒组成,50~65层截去对角的两个筒,66~89层截去另一个对角的两个筒,90层以上剩两个筒到顶,见图5-35所示。

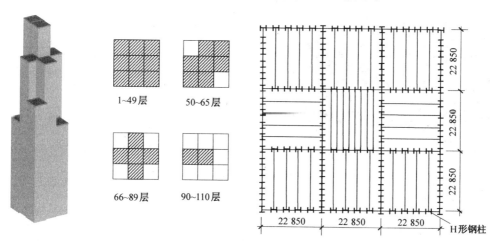

图5-35　美国西尔斯大厦

因四周不开窗洞,单个核心筒是很难满足使用要求的。核心筒与外伸水平结构体系结合起来的核心筒外伸结构体系,巧妙地解决了这个问题。四周的柱子不落地,悬挂在从核心筒外伸出来的大梁(或桁架)上,见图5-36所示。这种结构体系占地面积小,可在四周留出空间满足城市交通、绿化等需要。

1990年建成的70层、总高315 m的香港中银大厦采用桁架筒结构体系,52 m×52 m的平面沿对角线划分为四个平面呈三角形的竖向桁架,延伸到不同高度,51层后剩一个桁架到顶,见图5-37所示。

图5-36 核心筒外伸结构　　　　图5-37 香港中银大厦桁架筒结构

5.3.4 框架-剪力墙结构体系

在平面的不同位置分别采用框架结构和剪力墙结构的竖向结构体系称为框架-剪力墙结构体系,属平面复合结构。这种体系集中了框架结构布置灵活和剪力墙结构侧向刚度大的优点,比单纯剪力墙结构的适应范围更大。水平荷载主要有剪力墙承担,竖向荷载由剪力墙和框架共同承担。1959年建成的北京民族饭店采用的就是这种结构体系,有12层,总高48.8 m,见图5-38所示;它是国庆十周年北京十大建筑之一,也是我国(不含港、澳、台)首栋框架-剪力墙结构房屋[21]。

 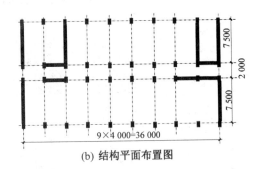

(a) 外貌　　　　　　　　(b) 结构平面布置图

图5-38 北京民族饭店

5.3.5 框架-筒体结构体系

框架-筒体结构体系也是平面复合结构,中间布置核心筒,四周布置框架。受力特点与框架-剪力墙结构体系相同。1983年建成的南京金陵饭店[20],有37层,总高108 m,是当时我国(不含港、澳、台)层数最多的高层建筑,采用框架—筒体结构体系,见图5-39所示。1997年建成的广州中信大厦采用的也是框架-筒体结构体系[19],有80层,总高321.9 m(连同桅杆389.9 m),见图5-40所示。

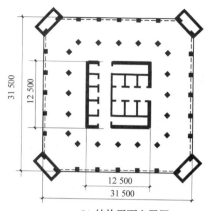

(a) 外貌　　　　　　　　　　　　(b) 结构平面布置图

图 5-39　南京金陵饭店

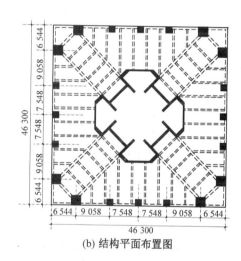

(a) 外貌　　　　　　　　　　　　(b) 结构平面布置图

图 5-40　广州中信大厦

5.3.6　框架-支撑结构体系

框架-支撑结构体系是在部分框架柱之间设置支撑，框架和支撑构成竖向桁架，形成框架＋竖向桁架的平面复合结构体系，如图 5-41 所示，整体结构的侧向刚度大大提高。因竖向桁架的侧向刚度比框架大得多，水平荷载大部分由竖向桁架承担。

图 5-41　框架-支撑结构

131

5.4 构筑物

5.4.1 烟囱

烟囱(chimney)是工业排烟设置,利用气压差将烟气扩散到高空。烟囱一般为筒状结构,底部直径大、上部直径小,呈圆锥形,见图 5-42a 所示。烟囱承受温度作用、水平风荷载和自重。根据采用的结构材料分为砖烟囱、混凝土烟囱和钢烟囱。砖烟囱高度不超过 60 m,混凝土烟囱已达到 270 m(山西神头二电厂),钢烟囱已达到 379.6 m(加拿大安大略省)。高烟囱采用筒中筒结构,即由内、外两个筒组成。

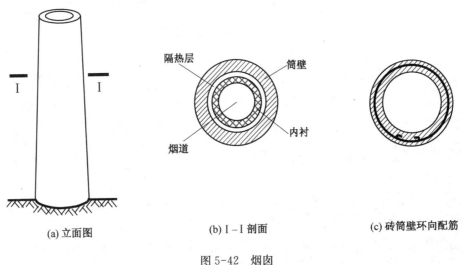

(a) 立面图　　　　(b) I-I 剖面　　　　(c) 砖筒壁环向配筋

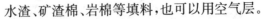

图 5-42　烟囱

进入烟囱的烟气温度高达几百度,超出了结构材料的耐热温度,所以烟囱内要设置内衬和隔热层,见图 5-42b 所示。内衬一般采用耐火砖;隔热层可以用硅藻土砖、膨胀珍珠岩、高炉水渣、矿渣棉、岩棉等填料,也可以用空气层。

由于筒壁内外存在温度差,筒壁环向产生拉应力,所以需在砖筒壁的环向每隔若干皮砖配置环向钢筋承受拉应力,见图 5-42c 所示。当烟囱较高时,水平风荷载(或水平地震作用)产生的弯矩所引起的筒壁横截面最大拉应力有可能超过烟囱在自重作用下筒壁横截面的压应力,横截面最终存在拉应力。这时,砖烟囱的纵向也需要配置钢筋。混凝土烟囱的环向和纵向都配置钢筋。

5.4.2 冷却塔

图 5-43　冷却塔

冷却塔(cooling tower)是冷却循环水的设施,呈双曲面。为了便于自然通风,塔身底部落在柱上,见图 5-43 所示。柱向内倾斜、与塔面平行,以减少柱内弯矩;柱呈倒 V 形,以增强抵抗竖向扭转的能力。

5.4.3 水池

水池(pond)是蓄水和水处理设施,有圆形(图5-44a)和矩形(图5-44b)两种形状。圆形水池的单位体积用料最少,受力均匀,矩形水池便于联排、节省土地。水池可以建造在地面上(图5-43b);也可以建造在地面以下(图5-43a)。建造在地面以下时,挖去的土方可以抵消部分水池(包括水)的重量,因而可以减轻地基压力;但如果地下水位位于池底以上、水池较深,排干水后水池可能会漂浮。

当水池位于地面以上时,水池侧板受自重和水侧压力作用,最大静水压强 $p_w = \gamma_w H_w$,γ_w 为水的重度。在水压力作用下,圆形水池侧板的竖向弯矩分布见图5-44c所示,环向拉力见图5-44d所示。当水池位于地面以下,水池侧板同时受水侧压力、主动土压力(见2.4.4节)和自重作用,土侧压力可以抵消部分水侧压力;无水状态下水池侧壁仅受土侧压力作用,此时圆形水池环向产生压力。

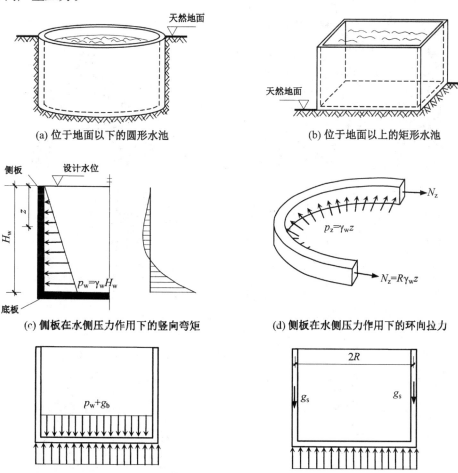

图 5-44 水池

当底板刚度较大时,地基反力近似均匀分布,在底板自重和水压力(竖向水压力)作用下的地基反力分布见图 5-44e 所示,此时底板内无弯矩;在侧板自重作用下的地基反力分布见图 5-44f 所示,此时底板内有弯矩、扭矩和剪力。

5.4.4 塔桅

塔桅(tower mast)是高度较大、横断面相对较小的结构,水平荷载特别是风荷载是结构的控制荷载,用来传输无线电信号、输电等。现代电视塔大多把无线电传输功能与旅游、购物等功能结合起来,在不同高度设置观光平台,因而在这些部位需要提供大的空间。

塔桅分自立式塔式结构和拉线式桅式结构。桅式结构设有拉索,如 1974 年建成的高 644.28 m 的波兰华沙无线电塔,沿高度设置了 5 道拉索,见图 5-45a 所示。

(a) 波兰华沙无线电塔

(b) 法国埃菲尔铁塔

(c) 上海东方明珠塔

(d) 广州塔

图 5-45 塔桅结构

为了有效抵抗水平荷载,塔桅结构一般采用空间桁架结构和筒体结构。为纪念法国大革命100周年,1889年3月31日建成、高达300 m的法国埃菲尔铁塔采用的就是空间桁架结构,平面尺寸自底部向上逐步缩小,与水平荷载下竖向悬臂构件的弯矩图形相一致,使构件的强度得到充分利用,见图5-45b所示。

1994年10月建成的总高468 m的上海东方明珠广播电视塔采用筒体结构[24],由三个直径9 m的钢筋混凝土筒构成,为了增强塔的稳定性,底部(93 m高处)设置了三个直径7 m的斜撑,见图5-45c所示。2009年9月建成的总高610 m的广州塔采用的是筒中筒结构[25],核心筒为椭圆形钢筋混凝土筒,外筒为椭圆形钢桁架筒,见图5-45d所示。

5.4.5 核反应堆安全壳

核反应堆安全壳(nuclear reactor containment)是核电站反应堆、蒸气发生器、主循环泵、稳压器及冷却剂的进出口管道阀门等主要设备的保护外壳,外形呈球形或圆柱形(图5-46),是核电站的重要组成部分。它是继燃料棒锆锡合金外壳、反应堆压力容器之后的第三道实体安全防线,也是最后一道防线,要求在堆芯熔融、压力容器爆裂时阻止和控制放射性物质外泄,避免对环境和公众造成危害。安全壳既要考虑反应堆发生事故时,冷却剂逃逸所造成的内压和温度变化,还要考虑强震、飓风以及飞射物冲撞等偶然作用,对承载力和密闭性要求极高。安全壳种类有钢安全壳、混凝土安全壳和预应力混凝土安全壳。

1951年美国率先建成世界上第一座实验性核电站,1954年苏联建成发电功率为5 000 kW的实验性核电站,1957年美国建成发电功率为9万kW的原型核电站,截至2020年,全球已有445台机组投入商业运行,约占全球总发电量的10%。

我国第一座核电站——秦山核电站一期1985年开工,1991年12月并网发电(图5-47)。目前全国已有48台机组投入运行,装机容量4 988万kW(统计数据不包括台湾地区)。

图5-46 核反应堆安全壳

图5-47 秦山核电站

思考题

5-1 房屋的水平结构体系有哪些基本结构类型?
5-2 为何说大跨是水平结构体系面临的挑战?
5-3 楼盖有哪些常用结构类型?
5-4 在相同荷载、相同跨度下,为什么双向受力板的厚度可以比单向受力板的厚度小?

思考题注释

5-5 为什么拱结构在房屋中的使用较少?

5-6 桁架结构的上、下弦杆起什么作用、斜腹杆起什么作用?

5-7 网架结构体系有哪些结构类型?

5-8 球壳在静水压力作用下有什么样的截面内力?在竖向均布荷载作用下截面内力有什么特点?

5-9 采用什么方法可以改善单索没有固定形状的问题?其原理是什么?

5-10 房屋有哪几种基本竖向结构体系类型,哪种竖向结构体系抵抗水平荷载的能力最强?

5-11 为何说超高层是竖向结构体系面临的主要挑战?

*5-12 为何房屋高度始终赶不上桥梁的跨度?

5-13 平面复合结构体系的优势是什么?

5-14 哪些属于构筑物?

*5-15 自行车轮子的钢丝很细,只能承受拉力,不能受压和受弯。仔细观察可以发现,与外侧钢圈相连的钢丝和与内部飞轮相连的钢丝不在一个平面内,如在同个平面会出现什么问题?钢丝也不是相交于圆心,这又是出于什么考虑?

作业题

5-1 一跨度为 l 的简支梁,承受重力荷载 F,当重物位于什么位置,即 x 等于多少 l 时,梁内弯矩最大?最大弯矩为多少?

5-2 试计算图示平行弦桁架上弦杆、下弦杆和斜杆轴力。

作业题指导

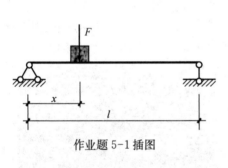

作业题 5-1 插图

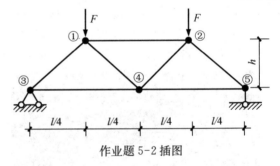

作业题 5-2 插图

5-3 图示半球壳,半径为 R,受静水压力 q_0 作用。试计算壳顶和壳脚处的径向力和纬向力,并与题 3-4 圆形拱内力相比较。

5-4 埋置在地下的圆形水池,底板面积为 A、水池自重为 G,地下水位升高至多少(即 h 多大)时,水池检修排光水后,水池会浮起?有什么办法可以避免?

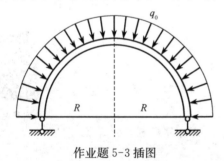

作业题 5-3 插图

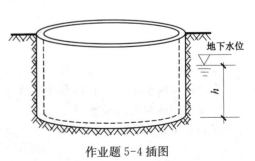

作业题 5-4 插图

5-5 图示索桁架结构,跨度 $l=100$ m、垂度 $f=10$ m,竖杆均匀分布,索形为抛物线。稳定索两端的张拉力 $T_{max}=3\,365.73$ kN,试计算在竖杆中建立的分布力 p。

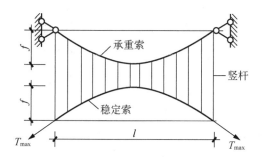

作业题 5-5 插图

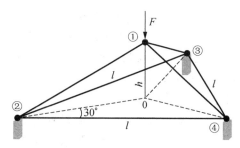

作业题 5-6 插图

*5-6 图示正放三角锥网架,边长为 l、高度为 h,顶点受集中荷载 F;节点②、③、④搁置在柱上。

(1) 假定柱顶仅提供竖向约束、而无水平约束。试计算斜杆 1-2、1-3、1-4 的轴力和水平杆 2-3、3-4、4-2 的轴力。

(2) 斜杆的截面面积为 A_d、水平杆的截面面积为 A_h。试计算节点①的竖向位移 Δ。

(提示:杆件轴力求得后可根据式(3-3a)计算各杆件的应变能,式中 F 换成杆件轴力、l 换成杆件长度;根据外力做功等于所有杆件的应变能计算竖向位移)

测试题

测试题解答

5-1 下列哪两种结构属于双向传力结构(　　)。
(A) 无梁楼盖与平面网架　　(B) 拱与桁架
(C) 平面网架与拱　　(D) 无梁楼盖与桁架

5-2 下列哪两种结构属于三向传力结构(　　)。
(A) 索网与张弦梁　　(B) 球壳与网壳
(C) 索网与球壳　　(D) 张弦梁与网壳

5-3 平行弦桁架在节点集中荷载作用下,斜腹杆内力(　　)。
(A) 始终是轴拉力
(B) 始终是轴压力
(C) 可能是轴拉力,可能是轴压力,但不可能为零
(D) 可能为零

5-4 四角锥网架和三角锥网架中节点最多分别有(　　)根杆件。
(A) 8 根和 12 根　　(B) 4 根和 3 根　　(C) 4 根和 6 根　　(D) 12 根和 9 根

5-5 平面桁架系网架和四角锥网架的共用杆分别为(　　)。
(A) 竖杆和水平杆　　(B) 斜杆和竖杆
(C) 水平杆和竖杆　　(D) 竖杆和斜杆

5-6 球壳和双曲抛物面鞍形壳两个正交方向(　　)。
(A) 球壳均为正高斯曲率；鞍形壳一个方向为负高斯曲率，正交方向为正高斯曲率
(B) 球壳均为负高斯曲率；鞍形壳一个方向为负高斯曲率，正交方向为正高斯曲率
(C) 鞍形壳均为负高斯曲率；球壳一个方向为负高斯曲率，正交方向为正高斯曲率
(D) 鞍形壳均为正高斯曲率；球壳一个方向为负高斯曲率，正交方向为正高斯曲率

5-7 在车辐式索网结构中(　　)。
(A) 内外环均受拉　　　　　　　　(B) 内环受拉、外环受压
(C) 内外环均受压　　　　　　　　(D) 内环受压、外环受拉

5-8 因竖向荷载是向下的，鞍形索壳中必须(　　)。
(A) 在负高斯曲率方向布置承重索、在正高斯曲率方向布置稳定索
(B) 在负高斯曲率方向布置稳定索、在正高斯曲率方向布置承重索
(C) 承重索和稳定索均布置在正高斯曲率方向
(D) 承重索和稳定索均布置在负高斯曲率方向

5-9 因膜只能受拉，张拉式膜结构要形成稳定的曲面，必须(　　)。
(A) 两个正交方向均为正高斯曲率
(B) 两个正交方向均为负高斯曲率
(C) 一个方向是正高斯曲率，正交方向是负高斯曲率
(D) 只要设计恰当，对曲率没有限制

5-10 在下列房屋竖向结构体系中，抵抗水平荷载的能力(　　)。
(A) 剪力墙结构＞排架结构＞实腹筒体结构
(B) 实腹筒体结构＞剪力墙结构＞排架结构
(C) 排架结构＞实腹筒体结构＞剪力墙结构
(D) 剪力墙结构＞实腹筒体结构＞排架结构

5-11 在框架-剪力墙结构体系中，竖向荷载和水平荷载(　　)。
(A) 主要由剪力墙承担
(B) 水平荷载主要由剪力墙承担、竖向荷载由剪力墙和框架共同承担
(C) 主要由框架承担
(D) 竖向荷载主要由剪力墙承担、水平荷载由剪力墙和框架共同承担

5-12 美国西尔斯大厦属于(　　)。
(A) 空间桁架结构　　(B) 筒体结构　　(C) 框架-筒体结构　　(D) 剪力墙结构

5-13 南京金陵饭店属于(　　)。
(A) 空间桁架结构　　(B) 筒体结构　　(C) 框架-筒体结构　　(D) 剪力墙结构

5-14 内地首栋百米高楼广州白云宾馆属于(　　)。
(A) 框架结构　　(B) 筒体结构　　(C) 框架-剪力墙结构　　(D) 剪力墙结构

5-15 上海东方明珠塔属于(　　)。
(A) 空间桁架结构　　(B) 筒体结构　　(C) 框架结构　　(D) 剪力墙结构

5-16 法国埃菲尔铁塔属于(　　)。
(A) 空间桁架结构　　(B) 筒体结构　　(C) 框架结构　　(D) 剪力墙结构

第6章 桥梁工程

桥梁是跨越障碍的交通工程设施,障碍可以是江河、湖海,也可以是峡谷、道路、田野。

6.1 桥梁的结构组成和种类

桥梁结构组成和种类

6.1.1 桥梁的结构组成

桥梁以支座为界,支座以上部分称为上部结构,支座以下部分称为下部结构,见图 6-1 所示。上部结构包括桥面(栏杆、走道,公路桥的铺装,铁路桥的道砟、轨枕、钢轨)和桥跨结构;下部结构包括墩、台和基础。

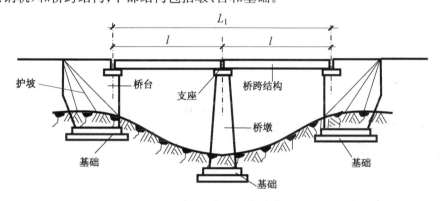

图 6-1 桥梁的结构组成

6.1.2 桥梁种类

桥梁按跨越的障碍物类型,可以分为跨河桥、跨江桥、跨海桥、立交桥(跨越道路)、高架桥(跨越田野)。为了节约土地,城市公路和高速铁路的高架桥越来越普遍。

桥梁按用途分为铁路桥、公路桥、公铁两用桥、人行桥、管道桥和渡桥(槽),其中渡桥是水渠跨越峡谷的设施。

根据跨径,桥梁分为特大桥、大桥、中桥、小桥和涵洞,见表 6-1 所示。

表 6-1 桥梁的跨径分类

桥涵分类	公路桥多跨总长 L_1/m	公路桥单孔跨径 l/m	铁路桥长 L_1/m
特大桥	$L_1 \geqslant 1\,000$	$l \geqslant 150$	$L_1 \geqslant 500$
大桥	$100 \leqslant L_1 < 1\,000$	$40 \leqslant l < 150$	$100 \leqslant L_1 < 500$
中桥	$30 < L_1 < 100$	$20 < l < 40$	$20 < L_1 < 100$
小桥	$8 \leqslant L_1 \leqslant 30$	$5 \leqslant l \leqslant 20$	$L_1 \leqslant 20$
涵洞	$L_1 < 8$	$l < 5$	$L_1 < 6$ 且顶有填土

根据桥跨结构采用的材料,有木桥、砖石桥(圬工桥)、混凝土桥、钢桥和组合桥,其中组合桥使用两种或两种以上结构材料。

桥跨结构类似房屋的水平结构体系。桥跨结构的形式有基本结构和复合结构两大类,基本结构包括**梁桥**(beam bridge)、**刚架桥**(rigid bridge)、**桁架桥**(truss bridge)、**拱桥**(arch bridge)、**斜拉桥**(cable-stayed bridge)和**悬索桥**(suspension bridge)等类型[14];复合结构由两种或两种以上基本结构组合而成。

车辆荷载是桥梁的主要竖向可变荷载;对于大跨度桥梁,风荷载也是主要荷载。此外,不像房屋有围护结构,桥梁直接暴露在自然环境中,温度作用的影响较大。

6.2 桥跨结构类型

6.2.1 梁桥

梁桥是一种古老的结构类型,独木桥就是简易的梁桥。梁桥的桥面竖向荷载通过支座传递给桥墩,再由桥墩传递给基础,最后由基础传给地基。梁桥的桥跨结构与桥墩铰接;根据在支座处是否连续分为**简支梁桥**(simple beam bridge)和**连续梁桥**(continuous beam bridge),简支梁桥在支座处断开,见图 6-2a 所示;连续梁桥在支座处连续,见图 6-2b 所示。

(a) 简支梁桥　　　　　　　　　　　　(b) 连续梁桥

图 6-2　梁桥

图 6-3a 是三跨等截面连续梁桥的弯矩分布,截面最大弯矩小于相同跨径、相同荷载的简支梁桥弯矩(图 6-3b);连续梁桥的最大挠度出现在边跨,见图 6-3c 所示,挠度为 $0.006\,8ql^4/EI$,小于简支梁的最大挠度 $5ql^4/(384EI) = 0.013ql^4/EI$,见式(3-9b)。连续梁桥的支座弯矩大于跨中弯矩,所以常采用变截面,支座截面大、跨中截面小,以节省材料。

相比简支梁桥,连续梁桥也有不足。温度变化和桥墩不均匀沉降(不同桥墩的沉降量不一致)会在连续梁桥内产生附加内力;此外,连续梁桥的施工也比简支梁桥复杂,不便在地面制作后吊装到桥墩上。所以,在高铁的高架桥中,绝大多数地方采用跨径 32 m、24 m 的简支梁桥,只有在跨越河流、道路等障碍物等需要较大跨径处采用连续梁桥。

梁桥一般采用预应力钢筋混凝土结构,跨径大的梁桥也有采用钢结构的。

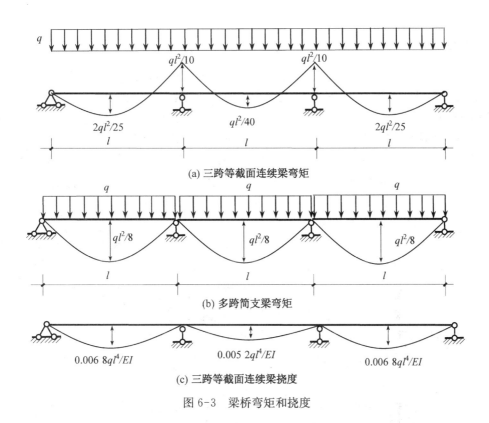

图 6-3 梁桥弯矩和挠度

6.2.2 刚架桥

刚架桥的桥跨结构与桥墩刚接(连成整体),又称刚构桥,有三种结构形式:**连续刚架**(continuous rigid,图 6-4a)、**T 形刚架**(T-shaped rigid,图 6-4b)和**斜腿刚架**(inclined leg rigid,图 6-4c)。

(a) 连续刚架

(b) T 形刚架

(c) 斜腿刚架

图 6-4 刚架桥

刚架桥的竖向荷载传递路径与梁桥相同,但梁内除了有弯矩、剪力外,还有轴压力(梁桥内没有)。在不均匀荷载作用下(某一跨桥面有车辆,相邻跨桥面没有车辆),刚架桥的桥墩内有弯矩;桥跨结构内的弯矩小于相同跨径、相同荷载下的梁桥弯矩,因而比梁桥具有更大的跨越能力。目前国内最大跨径的连续刚架桥已达到 330 m(2006 年 8 月 28 日通车的重庆石板坡桥)。

T 形刚架桥的桥墩与两边悬伸的桥跨结构成英文字母 T 形,故得名。两个桥墩之间采用铰接挂梁,见图 6-4b 所示。因属于静定结构,温度变化不会产生附加内力。

斜腿刚架(中间桥墩做成 V 形)可以减小桥跨结构的跨径,从而减小弯矩。

6.2.3 桁架桥

桁架桥一般采用钢结构，在铁路桥中使用较广。钢桁架桥由两榀主桁架（图 6-5b）、上纵联（图 6-5a）、下纵联与桥面系（图 6-5c）、两端的桥门架（图 6-5d）和中间的横联组成；其中上纵联的弦杆与主桁架的上弦杆为共用杆，下纵联的弦杆与主桁架的下弦杆为共用杆；桥门架的斜杆与主桁架的端斜杆为共用杆；中间横联的竖杆与主桁架的竖腹杆为共用杆。桥面竖向荷载由桥面系的纵梁传给横梁、横梁传给主桁架、主桁架传给两端墩台。上、下纵联保证两榀主桁架的侧向稳定，桥门架和中间横联保证两榀主桁架协同工作。图 6-5f 是单跨下承式钢桁架桥的实例。对于跨径较大的连续钢桁架桥，由于主桁架高度较大，会在半高处增设节点，呈菱形，以减小杆件的计算长度，见图 6-5g 所示。

1968 年 11 月 29 日通车的由我国自行设计、施工的南京长江大桥[31]，系公铁两用钢桁架桥，上层为公路桥，下层为铁路桥，9 孔 10 跨，跨径 160 m，构件之间采用铆接，见图 6-5g 所示。

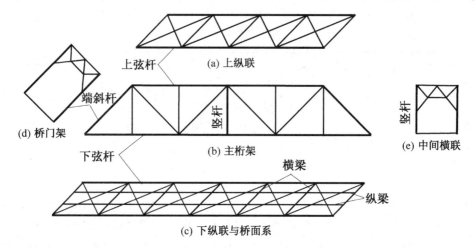

(f) 单跨钢桁架桥

(g) 多跨钢桁架桥

图 6-5　桁架桥组成

6.2.4 拱桥

拱桥由拱圈、立柱（或吊杆）、墩台组成，桥面竖向荷载通过立柱（或拉杆）传递给拱圈，再由拱圈传递给墩台。拱圈是主要受力构件，以承受压力为主。由于实际工程中既有永久荷载，又有可变荷载，不可能通过采用理想拱轴线使拱圈单纯受压。

根据桥面位置的不同，拱桥有**上承式**（deck arch）、**下承式**（through arch）和**中承式**（half-through arch）三种类型，见图 6-6 所示。桥面荷载分别依靠立柱、拉杆、部分立柱和部分拉杆传递给拱圈。

(a) 石板拱(上承式)

(b) 混凝土板拱(上承式)

(c) 混凝土肋拱(上承式)

(d) 钢肋拱(上承式)

(e) 混凝土箱形拱(上承式)

(f) 钢箱形拱(中承式)

(g) 双曲拱(上承式)

(h) 桁架拱(下承式)

图 6-6　拱圈类型

根据拱圈的截面形式,有板拱、肋拱、箱形拱、双曲拱和桁架拱等种类。

板拱拱圈的截面形式为矩形,截面高度小于截面宽度,见图 6-6a、图 6-6b 所示。肋拱的截面高度大于宽度,抵抗弯矩比板拱有效;拱肋之间用横系梁(或横隔板)联结成整体,使多个拱肋共同受力并增加拱肋的侧向稳定性,见图 6-6c、图 6-6d 所示。箱形截面(图 6-6e、图 6-6f)拱肋抵抗弯矩的效率比矩形肋更高。双曲拱是将房屋中的双曲扁壳移植到了桥梁,在相同截面面积下承载力和刚度大大提高,见图 6-6g 所示。采用桁架拱可以使杆件处于轴心受力状态,充分发挥杆件的承载能力,见图 6-6h 所示。当桁架弦杆采用钢管时,在钢管内灌注混凝土可以提高钢管的稳定承载力,如 460 m 跨的重庆巫山长江大桥。

拱桥的支座需提供水平推力,推力增加了桥墩(台)的处理难度。设置水平拉杆承担支座推力,称为系杆拱桥,见图 6-7 所示。

图 6-7 系杆拱桥

图 6-8 丹河特大桥

我国的赵州石拱桥早于欧洲同类桥梁近 1 000 年,在拱桥方面现在仍处于国际领先地位。2001 年建成的丹河特大桥是目前世界上最大跨石拱桥,跨径 146 m,见图 6-8 所示;1997 年建成的万县拱桥,跨径 420 m,是目前世界最大跨混凝土拱桥,见图 6-6e 所示;2003 年建成的上海卢浦大桥,跨径 550 m,是目前世界上最大跨钢拱桥[27],见图 6-6f 所示。

6.2.5 斜拉桥

斜拉桥主要由主梁、索塔(及塔基)和拉索组成,见图 6-9a 所示。作用在主梁上的桥面竖向荷载通过拉索传递给索塔、由索塔传给塔基。拉索为主梁提供多点弹性支承(因有竖向位移故为弹性支承),使得跨径相比梁桥或桁架桥可以大大提高。桥面竖向荷载 q 作用下斜拉桥主梁内力可以分解为外伸梁在荷载作用下内力(弯矩见图 6-9b)和在拉索张力作用下的内力。索张力 T_i 可以分解为竖向分力 T_{iz} 和水平分力 T_{ix};竖向分力作用下外伸梁产生弯矩,见图 6-9c 所示;水平分力作用下外伸梁产生轴力,见图 6-9d 所示。索张力作用下的主梁弯矩可以抵消桥面竖向荷载作用下的弯矩,使最终弯矩大大减小。索张力水平分力在主梁中产生的轴压力是自平衡力(不传递给其他构件)。

当索塔两边的拉索和荷载完全对称时,索张力对索塔的水平分力相互抵消,索塔仅承受索张力的竖向分力,处于受压状态。

根据跨度大小,斜拉桥可布置独塔(图 6-10a)、双塔(图 6-10c)或多塔。索面(拉索构成的面)有单索面(图 6-10a)和双索面(图 6-10b)两种,一般采用双索面。单索面布置在桥宽的中

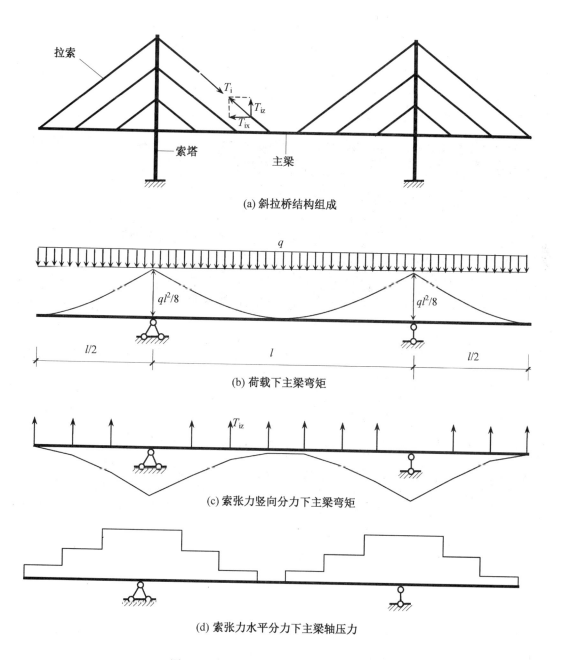

图 6-9 斜拉索结构组成与主梁受力状态

央,两边的车辆荷载不相同时,主梁内有较大的扭矩。拉索的布置方式有多种,图 6-9a 所示的拉索具有相同的倾角(索与桥面的夹角),称为竖琴形。在均布竖向荷载作用下,各索的索张力 T_i 相同,一般用于小跨径桥。在相同竖向荷载下,索的倾角越小、索张力越大;倾角取决于跨径和塔高。为了减小靠近索塔部位索的张力,从而减少材料用量,可以采用变倾角布置方式,从跨中到塔边,索的倾角依次增大,称扇形索形,见图 6-10b 所示。索面可以垂直于桥面,也可以与桥面倾斜(内倾),见图 6-10c 所示。倾斜索面可以提高桥梁的横向刚度、增强抵抗横桥向风荷载的能力,此时索张力横向水平分力会在横向梁内引起轴压力。大跨径斜拉桥,如1995年1月20日通车的跨径856 m的法国诺曼底桥(1999年前的世界最大跨径斜拉桥)、1999年5月1日通车的跨径890 m的日本多多罗桥(2008年前的世界最大跨径斜拉桥)、2008年6月30日通车的跨径1 088 m的苏通大桥[28](2012年前的世界最大跨径斜拉桥,图6-10c)以及2012年6月通车的跨径1 104 m的俄罗斯岛大桥(目前世界上最大的跨径斜拉桥)均采用了倾斜索面。索面也可以布置成曲面,见图6-10d所示。

(a) 独塔单索面竖琴索形

(b) 双索面扇形索形

(c) 双塔双索面倾斜索面

(d) 曲面索面

图6-10 斜拉桥拉索布置方式

6.2.6 悬索桥

悬索桥主要由主缆、索塔、加劲梁、锚碇和吊杆组成,见图6-11a所示,悬索桥是跨越能力最大的桥梁结构类型。桥面竖向荷载由加劲梁传给吊杆,再由吊杆传给主缆,最后由主缆传给索塔和塔基。主缆(图6-11c)承受全部的重力荷载,巨大的索张力需要靠两端桥台后设置的锚碇(图6-11b)来平衡;跨径较小的悬索桥也有固定在刚性梁的端部的,通过桥面受压来平衡,称为自锚式。

由于索形会随可变荷载(车辆荷载)变化(参见3.2.5节),不利行车安全,所以需要设置刚度较大的加劲梁,分散局部荷载,降低不均匀的可变荷载与永久荷载的比例,从而减小索形变化。大跨径悬索桥的加劲梁一般采用钢桁架或扁平钢箱梁,前者如日本明石海峡大桥的钢桁架高14 m[29];后者如舟山西堠门大桥钢箱梁高3.51 m[30]。

主缆由几十到上百束股构成,每股由几十到上百根高强钢丝组成。如明石海峡大桥,127 根直径 5.23 mm、强度等级 1 800 MPa 的钢丝组成一股,290 股组成直径 1.122 m 的主缆。

锚碇有重力式和隧道式两种。重力式依靠锚碇自重平衡主缆张力,如南京长江四桥北岸锚碇的平面尺寸达到 69 m×58 m,埋入地下 52.8 m,自重超过 40 万 t[32]。隧道式锚碇的主缆锚入岩体。

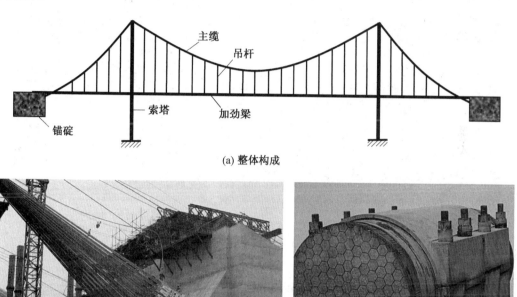

图 6-11 悬索桥结构组成

吊杆对加劲梁的作用与斜拉桥相同,为加劲梁提供弹性支座;不同的是吊杆垂直于大梁,张力并不在大梁内引起压力。在均布的桥面竖向荷载作用下,各吊杆张力相同。主缆的索张力除了与荷载、跨径有关外,还与垂跨比 f/l 有关:垂跨比越小、索张力越大。增加垂跨比尽管可减小索张力,但会增加索塔高度,降低桥梁的横桥向刚度。垂跨比常在 1/11~1/9 之间。

自从 1931 年跨径 1 067 m 的美国华盛顿桥(图 6-12a)开创人类跨越千米空间以来,悬索桥的跨径不断刷新:1937 年建成的美国金门大桥跨径 1 280 m,见图 6-12b 所示;1981 年建成的英国亨伯桥跨径达到 1 410 m,见图 6-12c 所示;1998 年 4 月 5 日通车的明石海峡大桥把悬索桥的世界纪录提高到 1 991 m[29],见图 6-12d 所示。

我国千米级大桥的记录也在不断刷新:1997 年建成的香港青马大桥主跨 1 377 m (图 6-13a);1999 年建成的江阴大桥主跨 1 385 m(图 6-13b)[26];2005 年建成的润扬大桥主跨 1 490 m(图 6-13c);2009 年建成的舟山西堠门大桥主跨 1 650 m[30](图 6-13d)。

(a) 美国华盛顿桥

(b) 美国金门大桥

(c) 英国亨伯桥

(d) 日本明石海峡大桥

图 6-12　世界悬索桥纪录

(a) 香港青马大桥

(b) 江阴大桥

(c) 润扬长江大桥

(d) 舟山西堠门大桥

图 6-13　国内悬索桥纪录

6.2.7 复合结构桥

由两种或两种以上基本结构类型组合在一起的桥为复合结构桥。1993 年建成的九江公铁两用桥,10 墩 11 孔,钢桁架高 16 m,两侧跨径 160 m;中间三跨主航道跨径为 180 m+216 m+180 m,采用钢桁架-拱复合结构,由桁架和拱共同承担荷载,见图 6-14 所示。

图 6-14 钢桁架-拱复合桥

斜拉桥和悬索桥也可以组合成斜拉-悬索复合桥,由斜拉索和主缆共同将竖向荷载传递给索塔。靠索塔部位布置斜拉索,中间部位布置吊杆,见图 6-15 所示。

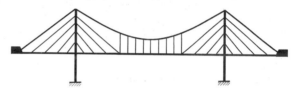

图 6-15 斜拉-悬索复合桥

6.3 桥墩结构类型

桥墩是多跨桥中间支承桥跨结构的构件,位于桥跨结构下部;斜拉桥和悬索桥的桥墩因布置索(斜拉索或悬索)的需要,高出桥跨结构,一般称索塔,两者的功能相同:承受桥跨结构传来的竖向荷载和水平荷载(顺桥和横桥向,主要是横桥向的)。水平荷载包括风荷载、地震作用、制动力、水流压力、冰压力等,如果是弯桥,还有横桥向离心力。桥梁跨径越大,横桥向水平荷载越大。桥墩类似房屋的竖向结构体系。根据桥墩抵抗水平荷载的方式,桥墩可分为重力式、柱式、刚架式和桁架式。

桥墩结构类型

6.3.1 重力式桥墩

重力式桥墩依靠自身的重量和桥面传来的永久荷载抵抗水平荷载,通常截面尺寸较大。

图 6-16a 所示的重力式桥墩,在水平荷载 F 作用下桥墩内将产生弯矩,最大弯矩($F \times H$)在墩底截面,在此弯矩作用下横截面内将产生弯曲正应力,一部分截面受拉、一部分截面受压;桥墩在自重 G 和桥跨传来的竖向永久荷载 R 作用下,横截面内产生压应力;此压应力完全抵消弯曲拉应力,因而最终横截面上没有拉应力,见图 6-16b 所示。

重力式桥墩多采用简单的流线型截面形状,如圆端墩、尖端墩、圆角形墩等,以便桥下水流顺畅地绕过桥墩,减少阻水及墩旁冲刷。因重力式桥墩横截面内没有拉应力,一般采用抗拉强度很低的砖石材料或素混凝土材料。

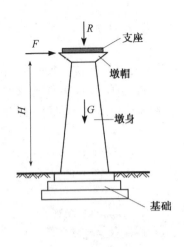
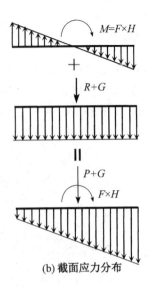

(a) 组成　　　　　　　　　　(b) 截面应力分布

图 6-16　重力式桥墩

当重力式桥墩采用 b（顺桥向截面尺寸）$\times h$（横桥向截面尺寸）的矩形截面时，由式(3-1)，竖向力引起的截面压应力为：$\sigma_N = \dfrac{R+G}{bh}$；由式(3-4)，弯矩引起的截面最大拉应力：$\sigma_M = \dfrac{6M}{bh^2}$。截面不出现拉应力的条件：

$$\sigma_M \leqslant \sigma_N \longrightarrow \dfrac{M}{R+G} \leqslant \dfrac{h}{6}$$

式中　$\dfrac{M}{(R+G)}$ 为偏心距，墩底截面弯矩与轴力的比值。

矩形截面重力式桥墩要求满足偏心距不超过六分之一截面高度。

6.3.2　桩柱式桥墩

柱式桥墩可以是单柱（图 6-17a），也可以是排柱（多柱）（图 6-17b）。

(a) 单柱　　　　　　　　　　(b) 排柱

图 6-17　桩柱式桥墩

排柱通过柱顶的盖梁连成整体，共同承担荷载。每个柱的受力状态如同竖向悬臂构件（参见图 3-12），与重力式桥墩的区别在于横截面内允许出现拉应力，用能抵抗拉应力的钢筋混凝土材料建造。桥墩截面可以实心,也可以是空心,以减小材料用量。

当墩身由基础中的桩延伸而来时,称为桩式桥墩。

6.3.3 刚架式、桁架式桥墩

刚架式桥墩的柱与盖梁和系梁(高墩桥中部的梁)刚接,组成刚架,见图 6-18 所示。横桥向按刚架柱受力(顺桥向仍按排架柱受力),参见图 5-30e 所示。

大跨径斜拉桥和悬索桥的桥墩一般采用刚架式,以增强抵抗横桥向水平荷载的能力,见图 6-10c、图 6-13a 所示。

在刚架内增加斜腹杆后成桁架式桥墩,见图 6-12d 所示。

桁架式桥墩抵抗横桥向水平荷载的能力大于刚架式桥墩。

图 6-18 刚架式桥墩

思考题

6-1 连续梁桥与简支梁桥相比,有什么优缺点?
6-2 刚架桥与梁桥相比,梁的截面内力有什么不同?
6-3 为什么桁架结构的跨度可以做得比梁式结构大?
6-4 拱桥的拱圈有哪几种截面形式?
*6-5 拱桥的整体弯矩是靠什么承担的、整体剪力又是靠什么承担的?
6-6 有什么办法可以消除拱桥支座的水平推力?
6-7 斜拉桥有哪几种索形?
6-8 斜拉桥桥面竖向荷载是如何传递到地基的?
6-9 悬索桥桥面竖向荷载是如何传递到地基的?
*6-10 为什么斜拉桥的最大跨径赶不上悬索桥?
6-11 桥墩在横桥向有哪些水平荷载?
6-12 重力式桥墩需满足什么条件?

思考题注释

作业题

6-1 图示外伸梁,承受均布荷载 p。试计算支座截面和跨中截面弯矩,绘制弯矩图。

作业题指导

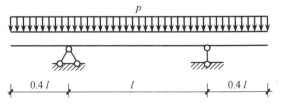

作业题 6-1 插图

6-2 图示两跨简支梁桥,跨径为 l,承受车辆荷载,前轴重力 $F_1=13$ kN、后轴重力 $F_2=27$ kN,轴距 $0.2l$。当车辆行驶到什么位置时(即 x 等于多少 l 时)中间桥墩由车辆荷载引起的支座反力最大?为多少?

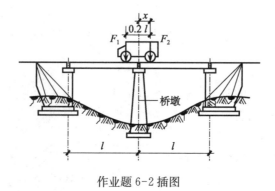

作业题 6-2 插图

6-3 图示竖琴索面斜拉桥,桥面均布荷载 p,各斜拉索张力的竖向分力相同,$T_z=2pl/15$。试计算主梁的支座弯矩和跨中弯矩(提示:主梁在均布荷载 p 和索张力的竖向分力 T_z 共同作用下的弯矩可分别计算,然后叠加)。

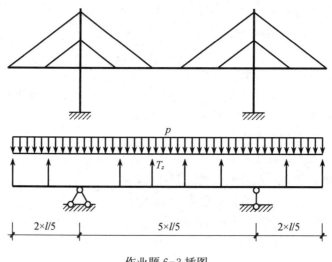

作业题 6-3 插图

6-4 图示悬索桥,吊杆等距离布置,桥塔两侧结构布置相同,主缆呈抛物线。试计算在桥面均布荷载 p 作用下,每个桥塔受到的竖向压力。

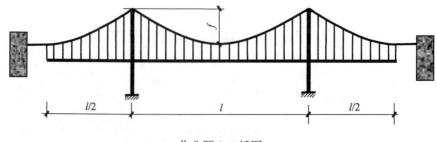

作业题 6-4 插图

测试题

6-1 三等跨连续梁桥的截面最大弯矩、跨中挠度与跨径、荷载、截面相同的简支梁桥相比( )。

(A) 弯矩和挠度均小于简支梁桥
(B) 弯矩和挠度均大于简支梁桥
(C) 弯矩小于简支梁、挠度大于简支梁桥
(D) 弯矩大于简支梁、挠度小于简支梁桥

6-2 简支梁桥与连续梁桥相比,具有( )的优点。

(A) 节省材料
(B) 支座不需要提供水平推力
(C) 温度变化和墩台不均匀沉降不会引起附加内力
(D) 行车平顺舒适

6-3 刚架桥有( )三种结构形式。

(A) 门式刚架、T形刚架和斜腿刚架　　(B) 连续刚架、T形刚架和斜腿刚架
(C) 连续刚架、门式刚架和斜腿刚架　　(D) 连续刚架、门式刚架和T形刚架

6-4 拱桥的跨越能力比梁桥大,这是因为( )。

(A) 支座推力抵消了一部分外荷载
(B) 拱桥的矢高大于梁桥的截面高度
(C) 拱主要承受轴压力,而梁承受弯矩
(D) 建造拱桥的材料强度大于梁桥的材料强度

6-5 不同拱圈截面抵抗弯矩的效率( )。

(A) 桁架拱＞箱形拱＞肋拱＞板拱　　(B) 箱形拱＞肋拱＞板拱＞桁架拱
(C) 肋拱＞板拱＞桁架拱＞箱形拱　　(D) 板拱＞桁架拱＞箱形拱＞肋拱

6-6 斜拉桥的索面形状有( )。

(A) 垂直索面、曲面索面和水平索面　　(B) 垂直索面、倾斜索面和曲面索面
(C) 倾斜索面、曲面索面和水平索面　　(D) 垂直索面、倾斜索面和水平索面

6-7 我国自主设计、施工的南京长江大桥属于( )。

(A) 拱桥　　　　(B) 桁架桥　　　　(C) 斜拉桥　　　　(D) 悬索桥

6-8 世界首座跨越千米的美国华盛顿桥属于( )。

(A) 拱桥　　　　(B) 桁架桥　　　　(C) 斜拉桥　　　　(D) 悬索桥

6-9 目前名列世界同类桥型最大跨径的上海卢浦大桥属于( )。

(A) 拱桥　　　　(B) 桁架桥　　　　(C) 斜拉桥　　　　(D) 悬索桥

6-10 在下列桥墩类型中,抵抗横桥向水平荷载能力最强的是( )。

(A) 重力式桥墩　　(B) 桩柱式桥墩　　(C) 刚架式桥墩　　(D) 桁架式桥墩

第 7 章 地 下 工 程

为人类生活、生产提供地下活动空间或隐蔽、保护场所的工程设施称为地下工程。

7.1 地下工程种类与特点

地下工程种类与特点

根据用途,**地下工程**(underground engineering)可以分为**隧道**(tunnel)、**地下建筑**(underground buildings)和**人防工程**(civil defense engineering)。

7.1.1 隧道

隧道是穿越障碍的交通工程设施,障碍可以是山岭、土体或水体,相应地称为山岭隧道、地下隧道和水下隧道。依据交通方式或用途,隧道可以分为**航运隧道**(shipping tunnel)、**铁路隧道**(railway tunnel)、**公路隧道**(highway tunnel)、**人行地道**(pedestrian tunnel)、**引水隧道**(water diversion tunnel)、**巷道**(roadway)和**地下管廊**(underground pipe gallery)等。

图 7-1 挪威斯塔特航运隧道

航运隧道是近代隧道的始祖,全长 157 m、建于 1678 年至 1681 年的法国马尔派司(Malpas)运河隧道是最早使用火药开凿的隧道。提议了近 150 年正式开建的挪威斯塔特隧道,全长 1.7 km、高 45 m、宽 36 m,可通行 1.6 万 t、12 m 吃水水深船只,预计 2029 年建成,见图 7-1 所示。

铁路隧道伴随着铁路的诞生而诞生。世界上第一条铁路隧道 1827 年出现在火车的故乡英国。我国第一条铁路隧道是 1890 年建成的台湾狮球岭隧道,全长 261 m,见图 7-2a 所示,匾额"旷宇天开"由台湾巡抚刘铭传题写。1988 年 3 月 13 日投入运营的日本青函隧道(Seikan

(a) 台湾狮球岭隧道

(b) 日本青函隧道

图 7-2 铁路隧道

Tunnel),曾是世界最长的铁路隧道,全长 53 860 m,其中海底部分 23 300 m,见图 7-2b 所示。目前世界上最长的铁路隧道是瑞士的圣哥达基线隧道,2016 年 12 月 11 日运行,总长 57.09 km。

由于公路允许的曲线半径比铁路小,汽车的爬坡能力比火车强,出于经济的考虑,以往在山区多采用盘山公路。随着高速公路的涌现以及出于对山体植被的保护,公路隧道越来越普遍。截至 2019 年底,我国已通车公路隧道为 19 067 座、里程 18 966.6 km,名列世界第一。1970 年 9 月建成通车(1965 年 5 月动工)的上海黄浦江打浦路隧道,全长 2 761 m,是我国第一条水下公路隧道,见图 7-3a 所示;2007 年 1 月 20 日通车的陕西秦岭终南山公路隧道全长 18.02 km,是我国目前最长的公路隧道,见图 7-3b 所示。

(a) 上海黄浦江打浦路隧道　　　　　　　(b) 陕西秦岭终南山隧道

图 7-3　公路隧道

人行地道是专供行人横穿道路(图 7-4),或连接地下建筑用的地下通道,在大城市已很普遍。一般埋深较浅,多采用矩形断面。引水隧道是水利枢纽的组成部分,用来将水引入水电站的发电机组,见图 7-5 所示。巷道是在矿山开采中从山体以外通向矿床的通道,用于运矿、行人以及通风、排水、运输采矿设备等,见图 7-6 所示。地下管廊是用于敷设电力、通信、给水、供热、燃气等市政管线的地下设施,便于管线的维修、扩容和改造,可免除对道路的多次开挖,见图 7-7 所示。

图 7-4　人行地道　　　　　　　　　　　图 7-5　引水隧道

图 7-6 巷道

图 7-7 地下管廊

常用隧道横断面有：圆形、椭圆形（拱形顶＋曲墙）、马蹄形（拱形顶＋直墙）和矩形，见图 7-8 所示。

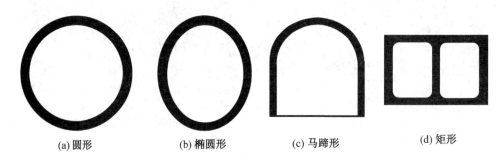

(a) 圆形　　(b) 椭圆形　　(c) 马蹄形　　(d) 矩形

图 7-8 隧道横断面形状

圆形断面适应不同岩体压力分布的能力最强，但断面面积的利用率较低；矩形断面面积的利用率最高，但对岩体压力分布的适应性弱；椭圆形和马蹄形介于圆形和矩形之间。

7.1.2 地下建筑

地下建筑包括地下工业建筑和地下民用建筑。

地下工业建筑一般建在山体中，包括地下工厂（图 7-9a）和地下仓库。将工业建筑建在地下一是出于战备的需要，二是利用地下恒温、恒湿、超静的环境条件。如 2010 年 12 月 12 日投入使用的我国四川锦屏地下实验室，垂直岩石覆盖达 2 400 m，可以屏蔽高能量的宇宙射线，为暗物质探测等重大基础性前沿课题研究提供"干净"的辐射环境，到 2015 年底，该实验室从目前的 4 000 m³ 扩容至 12 万 m³，见图 7-9b 所示。

地下民用建筑包括地下商场（地下街）、地下车站（图 7-9c）和地下车库（图 7-8d），主要用于土地面积紧张的特大城市。在空调发明前，人们还利用地下的热稳定性建造地下居住建筑，如西北黄土高原的窑洞。

地下车站是地铁所需要的，在地铁线路的转换站，地下车站往往是多层的；在一些交通枢纽，还会把高铁车站和汽车车站组合进去，放置在不同层。地下商场通常会和地铁站结合起来，建造在地铁旁，以解决商场交通。当具有多种使用功能的地下民用建筑连成带状整体时称为地下街，如日本的东京八重洲地下街，总长度 6 km、总面积 6.8 万 m²。

(a) 地下工厂

(b) 地下实验室

(c) 地下车站

(d) 地下车库

图 7-9 地下建筑

地下建筑的地面上没有其他建筑物的称为单建式地下建筑。单建式地下建筑可不受限制地根据使用功能需要进行设计。另一种是除了有地下建筑还有地面建筑，称为附建式地下建筑，附建式地下建筑即地下室。高层建筑为了自身的稳定都建有地下室，此时地下建筑和地上建筑是统一设计、统一施工的，上、下需要兼顾，地下建筑会受限于地面建筑。随着城市的发展，城市繁华地段需要在已有地面建筑的下方修建地下建筑，此时地下建筑受到的限制会比较大，施工也更为复杂。

在老城区建筑密集的商业中心，如何利用地下空间已成为大城市能否保持繁华商业的关键，地下空间开发已成为城市规划的重要组成部分。

7.1.3 人防工程

人防工程是人民防空工程的简称，是指为保障战时人员与物资掩蔽、通信指挥、医疗救护而修建的地下防护建筑。我国在 20 世纪六七年代曾在城乡大规模修建人防工程，所谓深挖洞。现代人防工程大多和房屋地下室、地下街、地下车站等结合起来，成为平战两用工程。

我国的人防工程根据防御的武器种类划分为甲类和乙类，甲类的预定防御武器包括核武器、常规武器、化学武器、生物武器等四类武器；乙类的预定防御武器为核武器除外的另外三类武器。其中乙类人防工程是 2005 年新设立的，主要出于对爆发核战争的可能性已大大降低的分析判断，以及现代战争已不再将一般民用设施作为打击对象这一事实。

甲类人防工程根据防核武器爆炸抗力（从高到低）划分为核 4 级、核 4 级 B、核 5 级、核 6 级和核 6 级 B 等五个等级；乙类人防工程根据防常规武器爆炸抗力（从高到低）划分为常

5级和常6级。更高级别的防护工程用于军事工程。

人防工程的结构要求能抵御爆炸冲击荷载；设在出入口、连通口、进（排）风口及排烟口等各种孔口的防护设备要求能堵截冲击波、生化毒剂、电磁脉冲等武器破坏效应。

7.1.4 地下工程的优缺点

1) 优点

地下工程具有以下优点：

(1) 抗灾能力强

当出现飓风、暴雪、冰冻等极端气候时，公路大桥和地面铁路可能需要关闭和停运，而过江隧道和地下铁路则安然无恙，可以正常运行。另外，地震对地下工程的破坏也远远小于地上工程的破坏。地下工程抵御这些灾害的能力比地上工程强。

(2) 保护环境

盘山路会破坏山岭的植被，特别像青藏高原等生态脆弱的地区，路两旁受施工影响区域的植被很长时间内难以自然恢复；对于松散岩体，筑路造成的岩体松动常引发沿路的山体滑坡。相比之下，隧道对植被和岩体稳定的影响要小得多，仅限于洞门（进、出口）。将大型停车场、水处理工厂等设置从地面移入地下后，可以腾出地方搞环境绿化；用地铁代替高架、管线入地，可以改善城市景观。

(3) 增加城市密度、发挥集聚效应

在老城商业区，通过地下空间的合理开发，地上一个城、地下一个城，可以增加城市密度，发挥集聚效应，繁荣经济，促进城市的持续发展。

(4) 有利战备

战争条件下，地下工程的人员生存率和物资完好率大大高于地上工程；地下工程容易在短期内改造成人防工程，从而更好地减轻战时损失。

2) 缺点

地下工程的建造成本和使用成本较高。同一类型的工程（如道路、车库），地面方案的成本最低，高架方案其次，地下方案最高。

地下缺乏人类生存的两种基本要素：空气和阳光。地下工程需要解决人工通风问题，安装通风管道，较长隧道每隔一定距离还需专门设置通风竖井。一旦通风设备出现故障，很快会危及人员生命安全。地下工程内产生的废气也需要人工排放，而不像地上工程那样可以自然排放。人长期不接受阳光会引起健康问题，人工照明也不如自然照明舒适。

当发生意外时，如交通事故、火灾，地下工程的施救不如地上工程方便。

7.2 隧道受力特点

7.2.1 围岩应力状态

1) 初始应力状态

天然状态（未受人工挖掘扰动）下岩体内的应力称为**地应力**（geostress）或**初始应力**（initial stress）。地应力包括**自重应力**（gravity stress）和**构造应力**（tectonic stress）。距离地表深度为

隧道受力特点

z 的岩体单元体上的竖向压应力为：

$$\sigma_z = \gamma z$$

侧向压应力为：

$$\sigma_x = \sigma_y = \lambda \sigma_z$$

式中 γ——岩体的重度；

λ——侧压力系数，与岩体类别有关，完整坚硬岩体的侧压力系数很小，而松散软弱岩体的侧压力系数很大。

由于地壳水平挤压、上下隆降等地质构造运动引起的地应力称为构造应力。一般水平构造应力大于竖直构造应力。构造应力非常复杂，目前尚无法用力学方法进行分析，主要依赖现场测试。

2) 圆形隧道围岩应力状态

在岩体中挖掘隧道后，**围岩**(surrounding rock)中的应力状态会发生改变。

假定在离地表深度为 z 的位置拟挖掘一半径为 R_0 的圆形隧道。隧道挖掘前，深度为 z 处的竖向地应力为 p_0、侧向地应力为 λp_0，如图 7-10a 所示。当深度 z 远大于隧道直径时（如埋深大于 20 倍隧道半径），可以认为拟挖隧道附近的应力均匀分布。隧道开挖后（图 7-10b），隧道内的地应力全部释放；根据弹性理论[11]，隧道外围岩的应力状态用极坐标可以表示为：

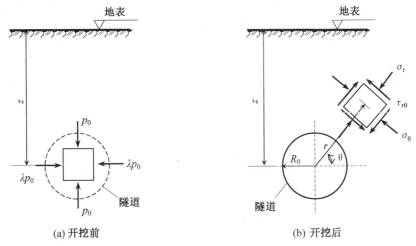

(a) 开挖前　　　　　　　　(b) 开挖后

图 7-10　圆形隧道岩体应力状态

径向正应力

$$\sigma_r = \frac{1}{2} p_0 \left[(1+\lambda)\left(1 - \frac{R_0^2}{r^2}\right) - (1-\lambda)\left(1 - 4\frac{R_0^2}{r^2} + 3\frac{R_0^4}{r^4}\right) \cos 2\theta \right] \quad (7\text{-}1a)$$

环向正应力

$$\sigma_\theta = \frac{1}{2} p_0 \left[(1+\lambda)\left(1 + \frac{R_0^2}{r^2}\right) + (1-\lambda)\left(1 + 3\frac{R_0^4}{r^4}\right) \cos 2\theta \right] \quad (7\text{-}2a)$$

切应力

$$\tau_{r\theta} = \frac{1}{2} p_0 \left[-(1-\lambda)\left(1 + 2\frac{R_0^4}{r^4} - 3\frac{R_0^4}{r^4}\right) \sin 2\theta \right] \quad (7-3a)$$

当 $\lambda = 1$ 时，挖掘前岩体处于静水压力状态，各方向的正应力相同。由式(7-1a)、式(7-2a)、式(7-3a)，隧道挖掘后的围岩应力：

$$\sigma_r = p_0 \left(1 - \frac{R_0^2}{r^2} \right) \quad (7-1b)$$

$$\sigma_\theta = p_0 \left(1 + \frac{R_0^2}{r^2} \right) \quad (7-2b)$$

$$\tau_{r\theta} = 0 \quad (7-3b)$$

与 θ 无关，为轴对称。

图 7-11 是隧道挖掘后岩体应力的分布情况。

在隧道边，$r = R_0$，径向应力 σ_r 为 0；当 $r \to \infty$ 时，$\sigma_r = p_0$，恢复到隧道挖掘前的应力水平；当 $r = 5R_0$ 时，$\sigma_r = 0.96 p_0$。

当 $r = R_0$ 时，环向应力 $\sigma_\theta = 2 p_0$；当 $r \to \infty$ 时，$\sigma_\theta = p_0$，恢复到隧道挖掘前的应力水平；当 $r = 5R_0$ 时，$\sigma_\theta = 1.04 p_0$。

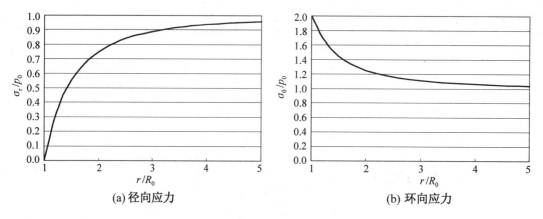

(a) 径向应力　　　　　　　　　(b) 环向应力

图 7-11　隧道挖掘后围岩应力分布情况

可见，隧道挖掘后隧道周边的径向应力下降为 0、当 $\lambda = 1$ 时环向应力增大一倍；从工程精度出发，5 倍隧道半径以外的岩体应力可认为不随隧道挖掘的影响，围岩范围可定在 5 倍隧道半径。

式(7-2a)取 $r = R_0$，得到隧道周边的环向应力：

$$\sigma_\theta = p_0 [(1+\lambda) + 2(1-\lambda)\cos 2\theta] \quad (7-2c)$$

最大压应力出现在侧面（$\theta = 0°$、$\theta = 180°$），$\sigma_{\theta\max} = (3-\lambda) p_0$，侧压力系数越大，其值越小；最小压应力出现在顶面和底面（$\theta = 90°$、$\theta = 270°$），$\sigma_{\theta\min} = (3\lambda - 1) p_0$，当侧压力系数小于 1/3 时将出现拉应力，这对围岩的稳定很不利，因为岩体的抗拉强度很低。不同侧压力系数情况下隧道周边的环向应力分布见图 7-12 所示，不管侧压力系数为多少，总有一部分围岩的隧道周边环向应力超过初始应力，这对围岩的稳定也是不利的。

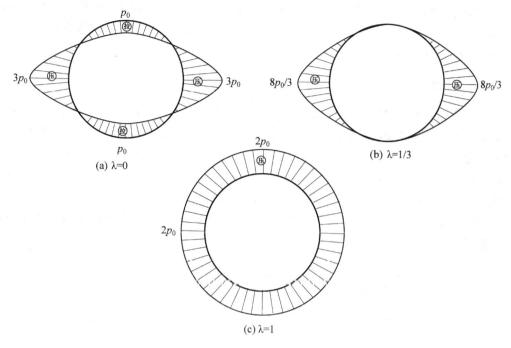

图 7-12 不同侧压力系数下隧道边环向应力的分布

3) 椭圆形隧道周边围岩应力状态

对于图 7-13a 所示的椭圆形隧道,设轴比 $a/b=m$;挖掘前围岩的竖向地应力为 p_0、侧向地应力为 λp_0。挖掘后隧道周边的径向正应力和切应力为 0,环向正应力为[11]:

$$\sigma_\theta = \frac{2m(1+\lambda)-(1-\lambda)(m^2-1)+(1-\lambda)(1+m)^2\cos 2\theta}{1+m^2-(m^2-1)\cos 2\theta}p_0 \tag{7-2d}$$

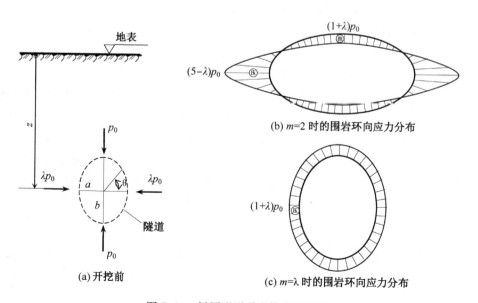

图 7-13 椭圆形隧道岩体应力状态

当椭圆隧道平置时,顶面和底面存在拉应力,侧面有较大的压应力,见图 7-13b 所示,受力状态不理想。如果将椭圆隧道竖置,受力状态可以大大改善,当 $m=\lambda$ 时达到理想状态:隧道周边没有拉应力,压应力均匀分布,如图 7-13c 所示。

7.2.2 围岩压力

从上面的分析可知,隧道挖掘后围岩的应力状态发生了改变,可能会导致围岩失去稳定、出现坍塌等现象。为了保持围岩的稳定性,挖掘过程中需要临时**支撑**(support)、挖掘后需要立即做**衬砌**(lining),支撑和衬砌统称为**支护结构**(supporting structure)。围岩作用在支护结构上的荷载称为**围岩压力**(surrounding rock pressure)。

围岩压力包括松动压力、形变压力、膨胀压力、冲击压力等。

松动压力是由于挖掘而松动或坍落的岩体以重力形式直接作用在支护结构上的压力,包括顶面的竖向压力和侧面的侧向压力,见图 7-14 所示。

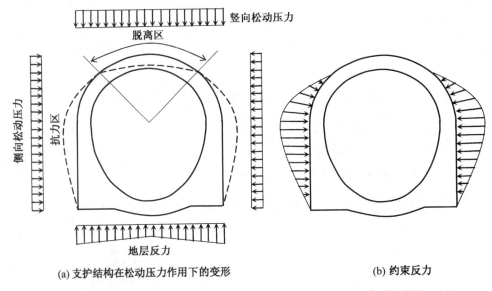

图 7-14 支护结构的荷载

支护结构在松动压力作用下会发生变形。竖向松动压力大于侧向松动压力时支护结构外轮廓线的变形示意见图 7-14a 中的虚线。在顶面,变形朝向隧道内,支护结构趋于脱离围岩,不受围岩的约束,称脱离区;而在侧面,变形朝向围岩,当支护结构与围岩紧密接触时,围岩将约束这种变形,对支护提供约束反力,见图 7-14b 所示。这种约束反力成为形变压力。

岩体在隧道挖掘前处于三向受压状态,具有三向压缩变形;挖掘后,垂直隧道周边方向的压力(即径向压力)消除,该方向的弹性压缩变形随之消失,与挖掘前的初始状态相比出现膨胀,支护结构阻止其膨胀,从而在支护结构中产生膨胀压力。地应力越大、膨胀压力越大。某些岩体具有吸水膨胀的特性,遇水(凿穿暗河、地表植被破坏引起雨水渗透)遇到后也会产生膨胀压力。

对于地应力很高的完整硬岩(弹性模量较大),积累了很大的弹性变形能,一旦原来的平衡条件打破,积累的能量会突然释放,发生岩爆,对支护结构产生冲击压力,形成瞬间压力。

7.3 衬砌种类

衬砌种类

衬砌是隧道中维持围岩稳定、防止围岩变形或坍塌的结构,起着保证隧道安全的作用。即使是非常稳定的围岩,出于耐久性的考虑(避免风化)也会建造衬砌。

根据施工方法,衬砌有整体式模筑混凝土衬砌、装配式衬砌、喷锚式衬砌和复合式衬砌。

7.3.1 整体式模筑混凝土衬砌

整体式模筑混凝土衬砌是采用立模的方式浇筑混凝土而形成的衬砌。首先在挖掘好的洞身周边绑扎钢筋(图7-15a);接着架设模板(图7-15b),模板常采用可移动的模板台车;然后灌注混凝土;待混凝土硬化后拆除模板(或移去模板台车)。

(a) 绑扎好的钢筋网　　　　　　　(b) 支模板

图 7-15　整体式衬砌施工过程

整体式模筑混凝土衬砌的抗渗性强、整体性好,对地质条件和隧道形状的适应性强,是目前铁路和公路隧道主要采用的衬砌类型。但衬砌浇筑后并不能马上受力,需要养护,工期相对较长,现场工作强度大。

7.3.2 装配式衬砌

装配式隧道衬砌是将衬砌划分为若干块管片,这些管片预先在工厂或工地制作好,运至坑道内后将它们拼装成一环接着一环的衬砌,管片之间用螺栓连接,见图7-16所示。

(a) 预制管片　　　　　　　(b) 拼装成型

图 7-16　装配式衬砌

装配式衬砌一经装配成环即可承受围岩压力，不需要临时支撑，从而可节省支撑材料和人工；不需要养护，工期可以缩短，大量工作在工厂完成，现场劳动强度大大降低。装配式衬砌最适合圆形隧道，对其他形状的适应性差；另外，对洞身尺寸的精度要求高，接缝的防渗较难处理；整体性和防渗性能不如整体式模筑混凝土衬砌。

7.3.3 喷锚式衬砌

喷锚式衬砌是将两种施工新技术结合起来——锚杆和喷射混凝土，见图 7-17a 所示。

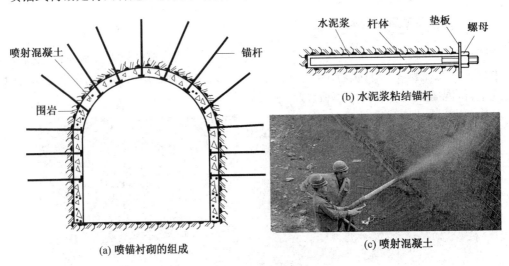

图 7-17 喷锚衬砌

先在岩体上钻孔，然后将锚杆的一端锚入围岩外围的岩体，另一端固定在衬砌上；通过在固定端张拉杆体对围岩施加径向压力。此压力可以补偿因挖掘隧道消失的径向压应力，起到加固围岩的作用，从而维持围岩的稳定。

杆体材料可以采用钢筋、钢绞线，也可以采用纤维筋。锚固方式是通过楔形锚头、直径略大于孔径的杆体与孔壁的摩擦力，也可以采用水泥浆或树脂等粘结材料。图 7-17b 是水泥浆粘结锚杆的示意图。

喷射混凝土是一种采用压力喷枪将掺有速凝剂的细石混凝土喷射到物体表面的一种混凝土浇筑方法，见图 7-17c 所示。与模筑混凝土相比，它将混凝土的输送、浇筑、振捣等多道工序合而为一，且不需要模板，工作效率大大提高；能在任意复杂形状表面喷射。但喷射混凝土的厚度有限，最大厚度不超过 200 mm，一次喷层厚度一般为 50~70 mm；此外，混凝土的密实性不如模筑混凝土。喷射混凝土的表面粗糙，如直接面向人群，需另做装饰层。

7.3.4 复合式衬砌

复合式衬砌由两层或两层以上衬砌组成，分两次或多次施工。

最常用的复合式衬砌为"喷锚衬砌＋模筑混凝土衬砌"。首先在挖掘好的洞壁表面喷射一层混凝土（可以加锚杆，也可以不加锚杆），形成外衬，起临时支护作用，其优点是可以及时施工；因其厚度较薄、刚度较小，能与围岩一起变形，不至于因围岩变形导致衬砌破坏。待围岩变形稳定后再支模浇筑混凝土内衬。

为防止地下水渗入隧道内,可在内外衬砌之间采用软聚氯乙烯薄膜、聚异丁烯片、聚乙烯片等防水卷材设置防水层;也可以内衬采用抗渗混凝土。

采用先后两次支护,对衬砌受力是有利的。围岩在较柔的外层支护条件下,可产生较大的形变,释放掉大部分变形能,使后设的内层衬砌受力减小。内层衬砌施作后,又会对原先处于二维受力状态的外层支护产生径向抗力,改善外层支护的受力条件。不过,这种衬砌的造价较高,施工程序也较复杂。

7.4 地下工程岩土挖掘方法

岩土挖掘方法

地下工程的种类繁多,面临的地质条件和环境条件也千差万别,所以有多种岩土挖掘方法,代表性的有**明挖法**(open excavation method)、**矿山法**(mining method)、**新奥法**(new Austrian tunneling method)、**掘进机法**(tunnel boring machine)、**盾构法**(shield method)、**顶管法**(pipe jacking method)和**沉埋法**(immersed tunnel method)。

7.4.1 明挖法

明挖法又称基坑法,是将地下工程范围内以及上方的岩土(主要是土体)从上往下全部挖去,待工程建完后再回填。该方法地下工程的质量容易控制、开挖时的人员安全性高、施工费用低。用于附建式地下建筑以及地下车站、地下车库等大面积地下民用建筑,地表无障碍物的浅埋隧道也采用明挖法,见图 7-18a 所示。当开挖深度较深时(或虽然不深但四周无法放坡时)周边需做支护结构,防止坑壁坍塌。支护结构承受基坑外侧的土压力作用,处于悬臂受力状态,抵抗侧向荷载的能力很弱(参见 12.1.3 节),一般需设置水平支撑,如图 7-18b 所示。当地下水位相对坑底较高时,还要求支护结构能起到止水作用。

(a) 浅埋隧道

(b) 基坑支护

图 7-18 明挖法

7.4.2 矿山法和新奥法

矿山法最早用于矿山巷道的开挖,故得此名,又称钻爆法。目前主要用于山岭隧道的开挖。它通过钻眼爆破破碎岩体,然后开挖出渣,成形后用钢、木临时支撑。矿山法的优点是适应性强,不受断面形状限制,能适应岩溶、高地应力、断层等复杂岩体。缺点是劳动强度大、生产效率低;爆破会大量松动围岩,增加衬砌的荷载。

从矿山法发展而来的新奥法,即奥地利隧道施工新方法,通过改进爆破方法(采用微差爆破等措施实现光面爆破)减少对围岩的震动,采用锚喷支护技术充分发挥围岩的自承载能力,通过围岩变形监测指导施工过程,使围岩与支护结构共同形成支撑环来承受压力。这一方法它改变了将围岩单纯作为衬砌荷载的传统观念。

7.4.3 掘进机法和盾构法

掘进机法是用特制的大型切削设备,将岩石剪切挤压破碎,通过配套的运输设备将碎石运出,见图 7-19a 所示。掘进机法与钻爆法相比,是一种连续作业方法,速度快、用工少、施工安全,开挖面平整,对围岩的挠动小。但对隧道断面形状有限制,适合圆形断面,对地质条件及岩性变化的适应性差。

(a) 掘进机　　　　　　　　　　(b) 盾构机

图 7-19　隧道挖掘机械

盾构法采用的盾构机(图 7-19b)是集掘进、临时支撑、衬砌施工于一体的机械设备,由刀盘切割土体、管路排出土渣、盾壳临时支撑洞壁、管片拼装机制作衬砌,以尾部已装配好的衬砌作为推进支点。它是目前机械化程度最高的隧道施工机械,全长可达 80~90 m。盾构法具有施工速度快、对周围建筑物影响较小等特点。

掘进机法和盾构法都是由刀盘切割岩土,前者适合中、硬岩,多用于山岭隧道;后者适合软岩和土体,一体化程度更高,多用于地下隧道。

7.4.4 沉管法和顶管法

沉管法是预制管段沉放法的简称,是一种水下隧道的施工方法,见图 7-20a 所示。将预先制作好的、两端带有临时封墙的隧道管段(可以是圆形,也可以是矩形)拖运到隧道设计位置;定位后向管段内加载,使其下沉至预先挖好的水底沟槽内;管段逐节沉放、连接后,拆除封墙,使各节管段连通成为整体的隧道;在其顶部和外侧用块石覆盖。

顶管法的管段也是预先制作好的,采用液压千斤顶克服管道与周围土体的摩擦力,将管段逐节压入土中,同时挖除迎面的泥土,见图 7-20b 所示。顶管法对地面的影响小,特别适合穿越已有建筑物、道路和管线;受顶推力的限制,不适合大直径(大于 5 000 mm)和长隧道,曲率半径较小也比较困难。

(a) 沉管法

(b) 顶管法

图 7-20 沉管法和顶管法

思考题

7-1 地下工程有什么优缺点?

7-2 哪种隧道横断面形状受力最好?

7-3 城市地下空间开发的难度在哪里?

7-4 隧道有哪几种挖掘方法? 各有什么优缺点?

7-5 隧道衬砌的作用是什么? 有哪几种类型?

7-6 在岩体中挖掘隧道后,围岩的应力状态有什么样的变化?

*7-7 矿山有很多废弃坑道,是否可以加以利用?

作业题

7-1 某深埋圆形隧道,挖掘前隧道中心处的竖向地应力为 p_0、侧向地应力为 λp_0。已知侧压力系数 $\lambda=0.5$,试计算挖掘后隧道边围岩侧面和顶面的环向应力。

7-2 深埋椭圆形隧道,侧压力系数 $\lambda=0.5$。当椭圆形的轴比 a/b 等于多少时,挖掘后隧道边围岩环向没有拉应力、只有均匀压应力?

*7-3 一直径为 $D=1\,200$ mm 的圆管拟采用顶管法穿越道路,如图所示。作业坑深度 $H=6$ m、宽度 $B=4$ m。已测得管的端阻力 $q_p=1\,200$ kPa、侧阻力 $q_s=100$ kPa;土的重力密

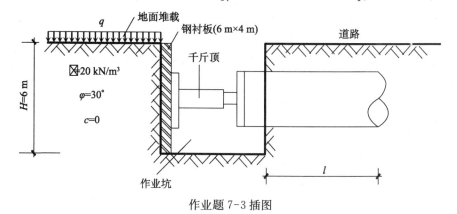

作业题 7-3 插图

度 $\gamma=20\ kN/m^3$、内摩擦角 $\varphi=30°$、黏聚力 $c=0$，试问：

(1) 为了避免千斤顶后坐土体破坏，圆管顶入土中多长后需要在地面堆载？

(2) 如顶管长度 l 达到 10 m，则地面需要至少堆载多少，才能保证顶管作业的正常进行？

测试题

7-1　乙类人防工程的预定防御武器包括(　　)。
(A) 化学武器、生物武器和核武器
(B) 常规武器、生物武器和核武器
(C) 常规武器、化学武器和核武器
(D) 常规武器、化学武器和生物武器

7-2　将工厂建在地下，除了出于战备考虑外，还为了(　　)。
(A) 节省土地　　　　　　　　　(C) 利用地下恒温、恒湿、超静的环境条件
(B) 降低造价　　　　　　　　　(D) 减少污染

7-3　在下列隧道形状中，断面利用率最高的是(　　)。
(A) 圆形　　　(B) 矩形　　　(C) 马蹄形　　　(D) 椭圆形

7-4　受力性能最理想的隧道形状为(　　)。
(A) 圆形　　　(B) 矩形　　　(C) 马蹄形　　　(D) 竖置椭圆形

*7-5　地应力包括自重应力和构造应力，其中(　　)。
(A) 侧向自重应力小于竖向自重应力，侧向构造应力大于竖向构造应力
(B) 侧向自重应力大于竖向自重应力，侧向构造应力小于竖向构造应力矩形
(C) 侧向自重应力和构造应力均小于竖向应力
(D) 侧向自重应力和构造应力均大于竖向应力

7-6　圆形隧道开挖后，隧道边围岩的最大环向应力和最大径向应力与开挖前相比(　　)。
(A) 均增加　　　　　　　　　　(B) 均减小
(C) 最大环向应力增大、最大径向应力减小　(D) 最大环向应力减小、最大径向应力增大

7-7　下列哪两种衬砌施工时不需要模板(　　)。
(A) 整体式模筑混凝土衬砌和装配式衬砌
(B) 装配式衬砌和喷锚式衬砌
(C) 喷锚式衬砌和复合式衬砌
(D) 复合式衬砌和整体式模筑混凝土衬砌

7-8　对隧道断面形状和复杂岩体条件适应性最强的岩土挖掘方法是(　　)。
(A) 矿山法　　　(B) 掘进机法　　　(C) 盾构法　　　(D) 顶管法

7-9　对地面影响最大的岩土挖掘方法是(　　)。
(A) 矿山法　　　(B) 新奥法　　　(C) 掘进机法　　　(D) 明挖法

7-10　沉管法施工用于(　　)。
(A) 房屋基础　　　(B) 桥梁基础　　　(C) 隧道　　　(D) 道基

第8章 道路工程

公路(highway)、**铁路**(railway)和**机场飞行区**(airfield area)都属于交通工程设施,运行不同的交通工具:汽车、火车和飞机。

8.1 公路

8.1.1 公路种类

公路按使用性质分为:国道、省道、县道、乡道和专用公路。其中国道由四类组成:一类是首都北京通往各省、直辖市、自治区的政治、经济中心和 30 万人以上城市的干线公路;二类是通向各港口、铁路枢纽、重要工农业生产基地的干线公路;三类是大中城市通向重要对外口岸、开放城市、历史名城、重要风景区的干线公路;四类是具有重要意义的国防公路。专用公路指专供或主要供厂矿、林区、农场、油田、旅游区、军事要地等与外部联系的公路。

公路按使用任务、功能和适应的交通量分为高速公路、一级公路、二级公路、三级公路、四级公路等五个等级。

高速公路为专供汽车分向分车道行驶并应全部控制出入的多车道公路,各种汽车折合成小客车的平均日交通量 2.5 万辆以上;二级公路为供汽车行驶的双车道公路,每昼夜 3 000～7 500 辆中型载重汽车交通量;三级公路为主要供汽车行驶的双车道公路,每昼夜 1 000～4 000 辆中型载重汽车交通量;四级公路为主要供汽车行驶的双车道或单车道公路,每昼夜中型载重汽车交通量 200 辆以下。

根据在道路网中的地位和功能,城市道路分为:快速路、主干路、次干路和支路。快速路为特大和大中城市主要功能分区之间提供大量、长距离、快速的交通服务,以及过境交通服务;分向、分车道,全立交,控制进、出口。主干路是城市内部各主要功能分区之间主要通道。次干路与主干路构成城市道路网,起集散交通的作用。支路是次干路与街道路的连接线,便捷局部区域通行。

8.1.2 公路横断面组成

公路横断面由路基和路面组成。

1) 公路路基

公路路基横断面由行车道、路肩、中间带、边坡、边沟等组成(图 8-1)。行车道用于车辆行驶,宽度与车道数和公路等级有关。路肩位于行车道外缘至路基边缘之间,用于保护行车道和临时停车,宽度与设计车速有关。中间带由路线双向的两条左侧路缘带(位于车行道两侧与车道相衔接的用标线或不同的路面颜色划分的带状部分)和中央分割带(分割对向行车道的地带)组成,高速公路和一级公路才设置。分离式路基无中间带。边坡是路基两侧具有一定坡度的坡面,起保证路基稳定的作用。边沟用于排除路面雨水。路基顶面宽度为行车道、路肩、中间带的宽度总和。

图 8-1 路基组成

路基高度由路线纵剖面设计确定；路基宽度根据交通量和公路等级确定；边坡由路基整体稳定性确定，坡角应小于土石的内摩擦角。

路基横断面有四种基本形式：**路堤**(road embankment)、**路堑**(road cutting)、半填半挖和不填不挖，见图 8-2 所示。

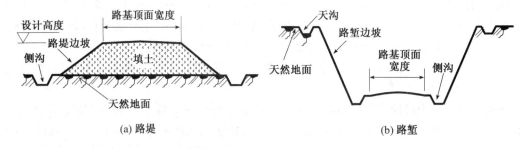

图 8-2 公路路基横断面示意图

高于天然地面的填方路基称为路堤；低于天然原地面的挖方路基称为路堑；在一个断面内，部分要填、另一部分要挖的路基称为半填半挖路基；当路基设计标高与天然地面基本一致时为不填不挖路基。

路基采用土、石等材料；要求满足强度、刚度（变形）和稳定性要求。

2) 公路路面

公路路面一般由垫层、基层和面层组成，见图 8-3 所示。

面层直接承受车轮的竖向力、水平力以及车身后的真空吸力，也直接经受自然气候和环境的影响；要求平整、坚固、耐磨抗滑，并不透水；常用材料有沥青混凝土（图 8-3a）和水泥混凝土（图 8-3b），前者称**柔性路面**(flexible pavement)，后者称**刚性路面**(rigid pavement)。

基层承受面层传来的竖向力并扩散到垫层；常用材料有石灰土、水泥、砂砾和碎砾石。

垫层起隔离作用，用来隔离路基土中水的上冒以及路面冰冻深入土基；常用材料有砂石、炉渣和二灰混合料。

(a) 沥青混凝土

(b) 水泥混凝土

图 8-3 路面

8.1.3 公路线形组成

1) 平面线形

公路中线(highway midline)在水平面上的投影为**平面线形**(plane alignment)。

平面线形有**直线**(straight line)、**圆曲线**(circular curve)和**缓和曲线**(transition curve)等三种。直线的距离最短，视线好，乘坐平稳、舒适。但过长易引起驾驶员麻痹，不利行车安全。

圆曲线用于需要改变线路平面方向的地方，它是最简单的曲线。汽车行驶在曲线上存在离心惯性力，过小的曲率半径容易导致车辆的侧翻。

车辆以速度 v 行驶在曲率半径为 R 的曲线上时，其离心惯性力为：

$$F = m \times \frac{v^2}{R} = \frac{Gv^2}{Rg}$$

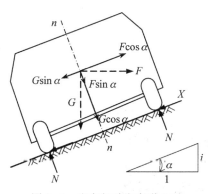

图 8-4 汽车行驶在弯道上时径向受力状态

将离心惯性力 F 和重力 G 分解为沿路面法线方向和切线方向的分力，如图 8-4 所示。因路面的横坡角 α 很小，近似取 $\sin\alpha = i$、$\cos\alpha = 1$；路面对所有车轮提供的横向力用 X 表示。根据路面切线方向车辆的平衡条件，有 $X = \frac{Gv^2}{Rg} - Gi$。定义横向力系数 $\mu = X/G$，上式两边除以 G，得到：

$$\mu = \frac{v^2}{Rg} - i$$

横向力由车轮的横向摩阻力提供，当横向力系数小于车轮与路面的摩擦系数时，汽车将出现横向滑移，造成事故。设计取值时还要考虑轮胎的磨损、油耗和乘客舒适度。

取重力加速度 $g = 9.81 \text{ m/s}^2$，速度 v 的单位从 m/s 换算为 km/h，则上式可以表示为：

$$R = \frac{v^2}{127(\mu + i)}$$

这是圆曲线要求的最小半径。

缓和曲线是曲率连续变化的曲线,用于直线与曲线或曲线与曲线的连接处,离心惯性力逐渐变化,车辆进入圆曲线时不致产生侧向冲击。

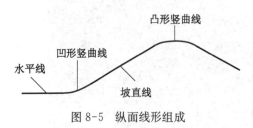

图 8-5 纵面线形组成

2) 纵面线形

公路中线沿线路纵剖面的形状为纵面线形。纵面线形由水平线、坡直线和竖曲线组成,见图 8-5 所示。为了减小路基工程量,线路沿纵向并不处于同一标高,而是随地形变化。所以除了同一标高的水平线外,还有坡直线。为了行车安全,不同等级的路均有最大纵坡限制,根据汽车的动力性能,确定最大坡长。为了提高行车质量,最小坡长也有限制。

竖曲线设置在纵坡变化处。正变坡角处为凸形竖曲线;负变边坡角处为凹形竖曲线。

8.1.4 线路交叉

线路交叉有平面交叉和立体交叉两类。

1) 平面交叉

平面交叉有简单交叉口(图 8-6a、图 8-6b、图 8-6c)和环形交叉口(图 8-6d)两种。简单交叉口不需另外占地,需设信号灯。环形交叉口不需设信号灯[①],可避免周期性交通阻滞,但中心岛需占用额外土地。

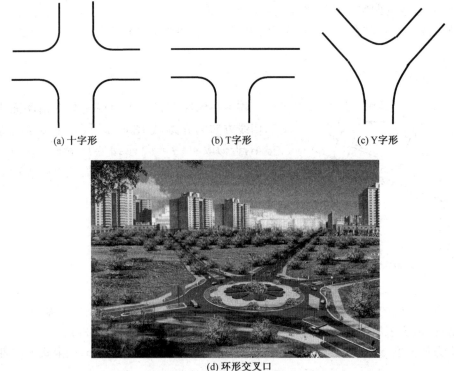

图 8-6 平面交叉口类型

---

① 当交通量较大,特别是机动车与非机动车混合行驶时,容易造成交通阻塞,所以环形交叉口也会设置信号灯。

2）立体交叉

立体交叉有分离式立体交叉和互通式立体交叉两类。

分离式立体交叉有路跨式和隧道式两种形式，结构简单、占地面积少，但两个方向不能转换，常用于公路与铁路的交叉以及城市高架路。

互通式立体交叉由跨路桥、匝道和变速车道组成，其中匝道是连接上、下道路，供左、右车辆行驶的道路。互通式立体交叉有苜蓿叶式、完全定向式和喇叭形等多种形式。苜蓿叶式立体交叉平面类似苜蓿叶（故得此名），左转弯匝道均采用环形匝道、绕行距离长；右转弯均以外侧直接与匝道连接；占地面积大，见图 8-7a 所示。

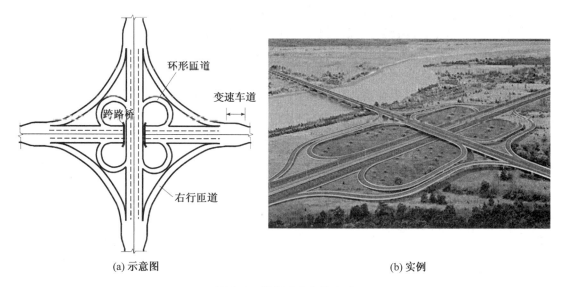

(a) 示意图　　　　　　　　　　　　(b) 实例

图 8-7　苜蓿叶式立体交叉

完全定向式立体交叉的每一条匝道都从一指定路口直接到另一指定路口不通向其他道路（苜蓿叶式立交桥的左转车道与直行车道共线），行驶路线短、转向明确。但匝道数量多、造价高且相互交错，一般需四层。如 1993 年 9 月 14 日建成通车的北京四元立交桥，由 2 座主桥，6 座通道桥，8 座跨河桥，10 座匝道桥共计 26 座结构类型不同的桥梁组成，桥梁总面积 40 572 m^2，总长度 2 800m，立交桥占地 62 hm^2，见图 8-8 所示。

图 8-8　完全定向式立交桥

喇叭形立体交叉适用于T形或Y形岔口，左右转弯匝道明显，占地较少，见图8-9所示。

8.1.5 高速公路记录

高速公路指只供汽车行驶,4车道以上,中央分隔带,将往返交通完全隔开两向分隔行驶,完全控制出入口,全部采用立体交叉,能适应120 km/h或者更高速度的公路。

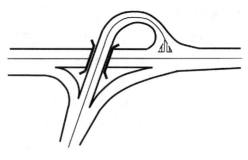

图8-9 喇叭形立体交叉

世界上第一条高速公路是1951年建成的波恩至科隆公路。我国(不含港、澳、台)最早通车的高速公路是沪嘉线,1984年12月21日兴建,1988年10月31日通车,全长15.9 km。开工最早的高速公路是沈大线,1984年6月24日开工,1990年8月20日通车,全长375 km。

截至2020年底,我国(不含港、澳、台)高速公路总里程已达到16.1万km,见图8-10所示,超过美国成为世界第一。

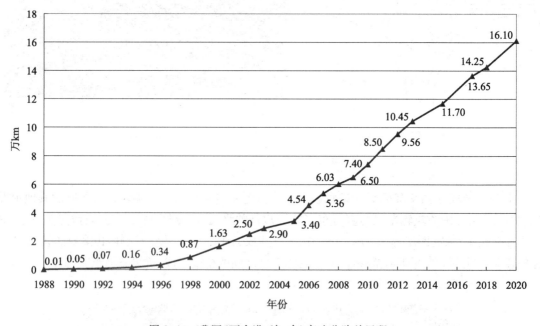

图8-10 我国(不含港、澳、台)高速公路总里程

8.2 铁路

8.2.1 铁路分类

铁路依据运输主体分为客货混运、货运专线和客运专线。

依据在铁路网中的作用,客货混运铁路分Ⅰ、Ⅱ、Ⅲ级。Ⅰ级铁路起主干作用,年运量≥20 Mt;Ⅱ级铁路起骨干作用,年运量≥10 Mt且<20 Mt;Ⅲ级铁路为某一区域服务,年运量<

10 Mt。其中 1 对/日客车折算为年运量 1 Mt。

铁路按按行车速度,分为常速(<140 km/h)铁路、准高速(140～200 km/h)铁路和高速(>200 km/h)铁路。世界上运行最早的高速铁路是 1964 年 10 月通车的日本东海道新干线,时速 210 km(改造后时速 300 km)。我国(不含港、澳、台)第一条高速铁路是 2008 年 8 月 1 日通车的京津城际铁路,最高时速达到 350 km。截至 2020 年底,高速铁路总里程已达到 3.79 万 km。

根据机车类型,有蒸汽机车、内燃机车和电力机车之分,其中电力机车有轮轨列车和磁悬浮列车两种。2002 年 12 月 31 日,我国第一列磁悬浮列车(也是世界上第一条投入商业运营的磁悬浮列车线)——浦东到虹桥试运行,最高时速 430 km。

按铁路的位置,可以分为地面铁路、**地下铁路**(subway)和**高架铁路**(overhead railway)。高架铁路的造价高于地面铁路、地下铁路的造价高于高架铁路。世界上最早的地下铁路是 1863 年 1 月 10 日通车的英国伦敦地铁,全长 6.3 km。我国(不含港、澳、台)最早运行地铁的城市是北京,1969 年 10 月 1 日通车。目前我国已有 38 个城市开通地铁。为了避免一哄而起,2018 年国务院规定了兴建地铁的条件:地方财政一般预算收入在 100 亿元以上,GDP 达到 1000 亿元以上,城市人口在 300 万以上,规划线路的客流规模达到单向高峰 3 万人/小时。

8.2.2 铁路线形组成

铁路的线形组成与公路类似,但对曲线半径、坡角、坡长等的要求比公路高。表 8-1 是不同等级铁路、不同设计时速下的最小曲线半径。

表 8-1 铁路最小曲线半径

铁路等级	Ⅰ			Ⅱ			Ⅲ		
设计时速 $v_{max}/(km \cdot h^{-1})$	140	120	100	80	120	100	80	100	80
最小半径 R_{min}/m	1 600	1 200	800	500	1 000	700	450	600	400

铁路与公路的交叉道口有平交(图 8-11a)和立交两种(图 8-11b、图 8-11c),相互之间不需要互通,所以构造比公路线路交叉简单。平交道路在公路侧设置保护栏(栏木或栅门),以及音响或闪光信号机具,分为人工控制和自动控制两类。因平交口存在安全隐患,目前已逐步减少交道口的使用,改用立交口。立交口有地道式(图 8-11b)和高架式(图 8-11c)两种。

铁路与铁路交叉处采用道岔实现互通。

(a) 平道口

(b) 地道式立体道口

(c) 高架式立体道口

图 8-11 铁路道口

8.2.3 铁路横断面组成

铁路横断面由路基和轨道组成。

1) 铁路路基

铁路路基横断面也有四种基本形式:路堤、路堑、半填半挖和不填不挖。不填不挖路基尽管可减小土方量,但易发生水淹和雪埋病害,一般用于地下水位较低的干旱平原地区。

直线段路基顶面宽度 B 等于道床底面宽度与两侧路肩宽度 b 之和,见图 8-12 所示。路肩用来防止道砟散落、保持道床完整,以及供养护人员行走。Ⅰ级铁路路堤不小于 0.8 m、路堑不小于 0.6 m,高速铁路为 1.4 m。

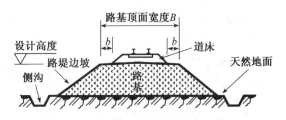

图 8-12 铁路路基(路堤)横断面示意图

2) 轨道

轨道部分包括钢轨、轨枕、道床、道岔、联结零件和防爬设备等。

钢轨用于引导车辆行驶并将车辆荷载传递给轨枕。钢轨分标准钢轨和无缝钢轨两种。我国标准钢轨长度为 12.5 m 和 25 m。无缝钢轨由标准钢轨焊接而成,可以消除大量的钢轨接头,行车平稳,降低车辆和轨道维护费用。但无缝钢轨内存在较大的温度应力,有两种处理办法:由钢轨承担和释放。

轨枕承受钢轨传来的荷载,并向道床扩散。轨枕使用木材和混凝土。混凝土轨枕一般施加预应力,分普通轨枕和宽轨枕,宽轨枕比普通轨枕宽一倍,沿线路满铺,又称轨枕板。

道床是轨枕的基础,铺设在路基之上,将列车荷载均匀地分摊到路基,起保护路基的作用。分普通道床(图 8-13a)和整体道床(图 8-13b),普通道床采用碎石、炉渣;整体道床(无渣轨道)采用混凝土。

(a) 普通道床

(b) 整体道床

图 8-13 铁路道床

道岔是机车车辆从一股轨道转入或越过另一股轨道的设备,有两种用途,连接和交叉。最普通的单开道岔见图 8-14 所示,由转辙器、辙叉及护轨、连接部分组成。

连接零件包括钢轨之间的连接部件和钢轨与轨枕之间的连接部件。钢轨与轨枕之间的连接除了要有效地将钢轨上的水平力(沿线方向的制动力、曲线横线方向的惯性力)传递给轨

图 8-14 单开道岔

枕、阻止钢轨相对轨枕平移外,还应能在动力作用下发挥缓冲减振作用。

防爬装置是用来阻止钢轨和轨枕产生纵向移动的设备。

8.3 机场

机场

8.3.1 机场种类

民用机场（airport）按航线性质分为国际机场和国内机场,国际机场需设置海关;按航线布局分为门户复合枢纽机场、区域枢纽机场、干线机场和分线机场。截至2020年底,我国(不含港、澳、台)共有颁证运输机场340个,其中北京、上海、广州三大机场为门户复合枢纽机场,昆明、成都、西安、重庆、乌鲁木齐、郑州、沈阳、武汉等八大区域的机场为区域枢纽机场;深圳、杭州、大连、厦门、南京、青岛、呼和浩特、长沙、南昌、哈尔滨、兰州、南宁等十二大机场为干线机场。

8.3.2 机场飞行区等级

机场飞行区是指机场内供航空飞行器起飞、降落、滑行和停放的区域。机场飞行区等级用两个指标划分,第一个指标Ⅰ根据飞行基准飞行场地长度分为1、2、3、4等四个等级。飞行基准飞行场地长度是指飞机以规定的最大起飞质量,在海平面(即海拔为零)、标准大气压、温度为15℃、无风条件下起飞所需的最小飞行场地长度。气压、温度、风向风速会影响飞机的起飞降落;空气稀薄、地面温度高会导致发动机效率下降;逆风起降可以增加空速,使升力增加,飞机就能在较短的距离中完成起降动作。所以飞行基准飞行场地长度规定了这三个参数值。

第二个指标Ⅱ根据飞机最大翼展和最大轮距宽度,分为A、B、C、D、E、F等六个等级,见表8-2所示。

表8-2 飞行区指标

指标Ⅰ	飞行基准飞行场地长度/m	指标Ⅱ	翼展/m	主起落架外轮外侧边间距/m
1	<800	A	<15	<4.5
2	800～1 200	B	15～24	4.5～6
3	1 200～1 800	C	24～36	6～9
4	>1 800	D	36～52	9～14
		E	52～65	9～14
		F	65～80	14～16

8.3.3 飞行场地的组成

飞行场地由跑道、道肩、滑行道、停机坪和安全地带组成,见图8-15所示。

1) 跑道

机场跑道（airport runway）供飞机起飞滑跑和降落滑跑之用,是机场最重要的工程设施。飞机起飞时需要通过滑跑加速,使机翼上的升力大于飞机重量,才能离开地面;飞机降落时速

图 8-15 飞行场地组成

度很快,需要通过滑跑减速才能停下来。

跑道长度应满足飞机起飞和降落所需要的距离。起飞距离是飞机从滑跑到离地 10.7 m 高距离的 1.15 倍;降落距离是飞机离地 15 m 高到完全停止距离的 1.67 倍,见图 8-16 所示。

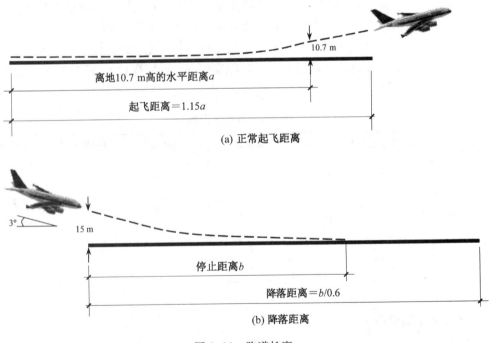

图 8-16 跑道长度

跑道宽度与主起落架轮距和翼展有关,应保证主起落架和翼吊发动机位于跑道内,否则发动机的喷气会吹起地面的泥土或砂石,使发动机受损。道面及道肩的总宽度对于飞行区指标Ⅱ为 D 或 E 的跑道;飞行区指标Ⅱ为 F 的跑道,不小于 75 m。

2）道肩

机场跑道的道肩位于跑道两侧,宽度一般为 1.5 m。作用是减少飞机一旦因侧风偏离跑道中线时引起的损害。因飞机一般不在道肩上滑行,强度可以低于跑道。

3）滑行道

滑行道是连接跑道到机坪的通路,在交通繁忙的跑道中段设有一个或几个跑道出口和滑行道相连,以便降落的飞机迅速离开跑道。滑行道的宽度由使用机场最大的飞机轮距宽度决定,要保证飞机在滑行道中心线上滑行时,它的主起落架轮子的外侧距滑行道边线不少于 1.5~4.5 m。在滑行道转弯处,宽度还需根据飞机性能适当加宽。

滑行道的强度不低于跑道强度,因为飞机在滑行时的重量大于起飞重量和降落重量,滑行道上的飞机运行密度也高于跑道。

4）停机坪

停机坪是飞机停靠供乘客上下、货物装卸、检修飞机、补充燃油的区域。有四种基本的停机坪布置形式:前列式、指廊式、卫星式和开阔式。前列式将停机坪布置在航站楼前面,适用于停机坪位较少的情况,见图 8-17a 所示;指廊式将停机坪沿指廊两侧布置,多条指廊可以平行,也可以构成 Y 形、T 形等,见图 8-17b 所示;卫星式将停机坪沿卫星厅四周布置,见图 8-17c 所示;开阔式停机坪远离航站楼,与前三种旅客通过廊桥上下飞机不同,需要通过巴士运输旅客上下飞机,见图 8-17d 所示。大型机场常采用多种基本布置形式的组合。

(a) 前列式

(b) T 形指廊式

(c) 卫星式

(d) 开阔式

图 8-17 停机坪布置形式

5）安全地带

跑道安全地带是在跑道的四周划出一定的区域来保障飞机在意外情况下冲出跑道时的安全,包括侧安全地带和端安全地带;侧安全地带从跑道中心线至少向外 150 m;端安全地带从跑道尽端向外延伸的长度,对于飞行区指标 Ⅰ 为 1~2、3、4 的机场分别为 200 m、150 m 和

50 m。在这个区域内要求地面平坦,不允许有任何障碍物,在紧急情况下,允许起落架无法放下的飞机在此地带实施硬着陆。

8.3.4 跑道的结构组成与要求

机场跑道由道面和道基两部分组成。

1) 道基

道基(subgrade)承受道面传来的飞机轮载,一般由土石筑成,要求密实、稳定和均匀。道基的控制指标包括压实度、沉降、反应模量和强度。

对于飞行区指标Ⅱ为A、B级的道基顶面以下0.8 m深度范围内(称道床,其中上部0.3 m厚称上道床、下部0.5 m厚称下道床)的道基压实度不小于95%,C~F级不小于96%。

道面施工后设计使用年限内的沉降,对于跑道不宜超过0.2~0.3 m,对于滑行道和机坪不宜超过0.3~0.4 m。

道基一定面积所受到的压强与变形的比值称道基反应模量 k_0,由现场试验测定。对于黏土道基不小于40 MN/m³、砂土道基不小于60 MN/m³、碎石道基不小于80 MN/m³。

对于飞行区指标Ⅱ为A、B级的上道床填料加州强度[①]不小于6%、下道床填料强度不小于4%,飞行区指标Ⅱ为C~F级的上道床填料强度不小于8%、下道床填料强度不小于5%。

对于填筑道基,尚需满足边坡稳定的要求。

2) 道面

道面(pavement)分水泥混凝土道面和沥青混凝土道面,前者称为刚性道面,后者称为柔性道面。国内几乎所有的机场都采用水泥混凝土道面。水泥混凝土道面通常由垫层、基层和面层(板)组成。垫层一般采用砂石、炉渣、粉煤灰等具有较高强度和较好水稳定性的材料,厚度不小于150 mm。基层采用水泥、石灰、粉煤灰等混合料;厚度对于飞行区指标Ⅱ为A、B级时不小于150 mm,飞行区指标Ⅱ为C~F级时不小于300 mm。水泥混凝土面层的厚度,对于飞行区指标Ⅱ为A、B时,不小于200 mm,飞行区指标Ⅱ为C~F级时不小于240 mm。

道面应满足强度、平坦度、粗糙度和稳定性要求。

道面强度用道面等级序号PCN (Pavement Classification Number 的缩写)表示。PCN由五部分组成,用"/"分开:PCN/××/R(或F)/A(或B,C,D)/W(或X,Y,Z)/T(或U)。

第五部分代表跑道等级的评定方法,技术评定用字母"T"表示、经验评定用字母"U"表示。

第四部分代表允许的飞机轮胎压力,1.5 MPa及以上高压力用字母"W"表示,1.0~1.5 MPa中等压力用字母"X"表示,0.5~1.0 MPa低压力用字母"Y"表示,0.5 MPa及以下超低压力用字母"Z"表示。

第三部分代表道基强度,对于刚性道面用道基反应模量 K_0 的大小来划分,$K_0>120$ MN/m³的高强度道基用字母"A"表示,$K_0=60\sim120$ MN/m³的中等强度道基用字母"B"表示,$K_0=25\sim60$ MN/m³的低强度道基用字母"C"表示,$K_0<25$ MN/m³的超低强度道基用字母"D"表示。

第二部分代表道面类型,刚性道面用字母"R"表示,柔性道面用字母"F"表示。

---

① 由美国加利福尼亚州提出的一种评定基层材料承载能力的试验方法。

第一部分代表道面等级,用数字表示,对于刚性道面根据道面混凝土厚度、混凝土弹性模量和道基反应模量 K_0 评定。

每条跑道都有一个 PCN 值。

飞机对道面强度的要求用飞机等级序号 ACN(Aircraft Classfication Number 的缩写)表示,它是某种特定机型的飞机长期起降不损坏跑道所需要的道面厚度与按基准飞机(轮胎压力值 1.2 MPa)500 kg 重单轮荷载所需道面厚度的比值,由飞机制造商提供。当飞机的 CAN 数不大于跑道的 PCN 数时,该种型号的飞机可以无限制地使用这条跑道。

道面凹凸不平时会引起机翼和机身结构的疲劳破损、起落架振动和有效荷载增加、影响驾驶员的正常操作、乘客感到不舒适。所以对道面的平坦度有要求。我国对水泥混凝土道面的平整度要求是 3 m 直尺与道面之间的间隙值不大于 3 mm。

为了保证机轮与道面之间有足够的摩擦力(特别在雨天),要求道面具有一定的粗糙度。对于水泥混凝土道面,通过拉毛、刻槽的方法制作表面纹理,要求纹理深度不小于 0.8 mm。及时排除道面积水是增加雨天道面摩擦力的重要措施,因此要求道面具有 1%~2% 的横坡,以保证径流通畅。

稳定性是指道面在设计使用年限内,应具有良好的水稳定性和热稳定性,在各种气候和水文条件下具有足够的强度;此外,道面还应具有能承受高速喷气流的稳定性和不受燃油等溶剂侵蚀的性能。

思考题

8-1 路基横断面有哪几种形式?
8-2 何谓缓和曲线?为什么要设置缓和曲线?
8-3 公路路面由哪几部分组成?各自的作用是什么?
8-4 为何对公路的最小坡长和最大坡长都有限制?
8-5 高速公路和高速铁路的时速标准分别是多少?
8-6 线路的立体交叉有哪几种形式?
8-7 铁路轨道包括哪些部分?
8-8 无缝轨道的温度应力是如何处理的?
8-9 机场飞行区等级是如何确定的?
8-10 飞行场地由哪几部分组成?每一部分起什么作用?
8-11 机场道面有哪些要求?

思考题注释

作业题

8-1 某公路的圆弧弯道设计时速 80 km/h,超高横坡度采用 $i=5\%$,横向力系数取 $\mu=0.15$。试计算圆曲线的最小半径。

8-2 B-777-300 机型的最大滑行重量 $G=3\,002.8$ kN,主起落架荷载分配系数 $p=0.948$;主起落架个数 $n_c=2$,一个起落架的轮子数 $n_w=6$。道面滚动摩擦系数 0.015、滑动摩擦系数 0.5。试分别计算飞机机轮不制动和制动,单个机轮作用在道面上的水平力。

作业题指导

测试题

8-1 公路和铁路路堤边坡坡度由( )控制。
(A) 路基刚度 (B) 路基强度
(C) 路基稳定 (D) 路基排水

8-2 哪两种公路和铁路路基断面形式会在路侧形成边坡?( )
(A) 路堤和路堑 (B) 路堑和半填半挖
(C) 半填半挖和不填不挖 (D) 不填不挖和路堤

8-3 道路平面线形中的缓和曲线是指( )。
(A) 曲率为零的线 (B) 曲率为无限大的线
(C) 曲率为某个固定值的线 (D) 曲率连续变化的线

8-4 下列哪种线路交叉两个方向不能转换?( )
(A) 苜蓿叶式立体交叉 (B) 完全定向式立体交叉
(C) 喇叭形立体交叉 (D) 分离式立体交叉

8-5 公路和铁路的平面线形包括( )。
(A) 圆曲线、二次抛物线和缓和曲线 (B) 直线、二次抛物线和缓和曲线
(C) 直线、圆曲线和缓和曲线 (D) 直线、圆曲线和二次抛物线

8-6 铁路与公路的交叉道口有( )。
(A) 道岔口、平道口和地道式道口 (B) 道岔口、平道口和高架式道口
(C) 道岔口、地道式道口和高架式道口 (D) 平道口、地道式道口和高架式道口

8-7 公路路面和机场道面由( )组成
(A) 面层、垫层和隔离层 (B) 面层、基层和垫层
(C) 基层、垫层和隔离层 (D) 面层、基层和隔离层

8-8 为保证机轮与道面之间有足够的摩擦力,机场道面必须满足( )。
(A) 强度要求 (B) 平坦度要求
(C) 粗糙度要求 (D) 稳定性要求

8-9 机场飞行区等级用两个指标划分,指标Ⅰ分1、2、3、4四个等级;指标Ⅱ分A、B、C、D、E、F六个等级;指标Ⅰ、指标Ⅱ分别根据( )划分等级。
(A) 基准飞行场地长度;飞机翼展和主起落架外轮外侧边间距
(B) 基准飞行场地长度;飞机轮胎压力
(C) 飞行场地道面类型和厚度;飞机轮胎压力
(D) 飞行场地道面类型和厚度;飞机翼展和主起落架外轮外侧边间距

8-10 机场跑道基准飞行场地长度的影响因素包括( )。
(A) 气压、温度和风向风速 (B) 温度、风向风速和湿度
(C) 风向风速、湿度和气压 (D) 温度、气压和湿度

8-11 起减少飞机一旦因侧风偏离跑道中线时引起损害作用的飞行场地部分为( )。
(A) 跑道 (B) 道肩
(C) 滑行道 (D) 安全地带

8-12 哪种停机坪布置形式旅客无法通过廊桥上、下飞机,而需要巴士运输?(　　)
(A) 开阔式　　　　　　　　　　(B) 前列式
(C) T形指廊式　　　　　　　　(D) 卫星式

8-13 公路苜蓿叶式交叉属于(　　)。
(A) 简单平面交叉　　　　　　　(B) 环行平面交叉
(C) 分离式立体交叉　　　　　　(D) 互通式立体交叉

第 9 章 水 工 程

水是人类生存最基本的要素之一,与能源等其他资源相比,水资源具有不可替代性。水工程是指为消除水害,保护开发、利用使用水资源而兴建的各类工程设置,其中人类生活和工业生产直接使用水的工程称为给水排水工程,用于消除水害的工程称防洪工程,用于农田灌溉和排涝的工程称农田水利工程,利用水发电的工程称水电工程,利用水来运输的工程称航运工程,这些工程需要修建不同种类的水工建筑物。

9.1 我国水资源状况

水资源状况

尽管地球 71% 的表面积为水所覆盖,但淡水资源只占全部水资源的 2.53%;在淡水资源中,有 87% 分布在人类难以利用的两极冰层、高山冰川和永冻地带,人类真正能够利用的是江河湖泊以及地下水中的一部分,仅占地球总水量的 0.26%。我国水资源总量不足、分布不均、污染问题严峻。

9.1.1 水资源总量

水资源通常是指较长时间内保持动态平衡可通过工程措施供人类利用、可以恢复和更新的淡水。

根据 2021 年 7 月 9 日水利部公布的《2020 年中国水资源公报》(公报中涉及的全国性数据均未包括香港、澳门特别行政区和台湾地区),2020 年全国水资源总量为 31 605.2 亿 m^3,其中地表水为 30 407.0 亿 m^3,扣除与地表水重复的地下水为 1 198.2 亿 m^3。按照国际公认的标准,人均水资源低于 3 000 m^3 为轻度缺水,低于 2 000 m^3 为中度缺水,低于 1 000 m^3 为重度缺水,低于 500 m^3 为极度缺水。我国人均水资源为 2 240 m^3,总体为轻度缺水,只有世界平均值的 28%,是全球 13 个人均水资源最贫乏的国家之一。预计到 2030 年人均水资源量将下降到 1 750 m^3,总体进入中度缺水。

水资源来源于大气降水,其中一部分通过蒸发和散发返回大气层,剩余部分构成水资源(地表径流量和地下水的降水入渗补给量)。图 9-1 是近 20 年我国(不含港、澳、台)每年的降水总量和水资源总量。水资源总量与降水总量的比值称为产水系数,近 20 年的产水系数在 0.422~0.472 之间波动,平均值为 0.45。

9.1.2 水资源分布

我国(不含港、澳、台)各地的年降水量(mm)有很大的差异,从东南部年降水量大于 1 600 mm 的丰水带到西北部年降水量小于 50 mm 的缺水带。

图 9-2a、b 是按省(自治区、直辖市)统计的平均年降雨量,有 71% 的国土面积(涉及 15 个

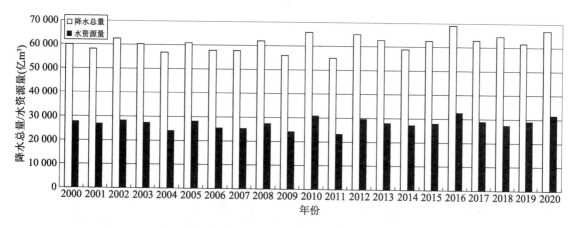

图 9-1 我国(不含港、澳、台)历年的降水总量和水资源总量

省份)年降水量小于 800 mm。

由于各省份的人口密度不同,按人均水资源统计(不包括过境水),我国目前有 17 个省(自治区、直辖市)人均水资源量低于中度缺水线,其中有 9 个省(自治区、直辖市)的人均水资源量低于 500 m³,为极度缺水地区。

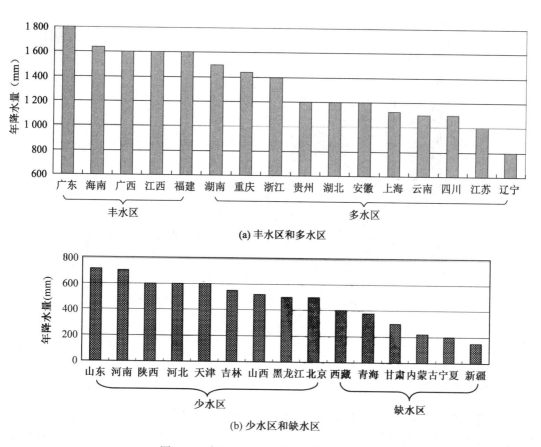

图 9-2 我国(不含港、澳、台)降水量分布

图9-3是我国(不含港、澳、台)各地人均水资源。

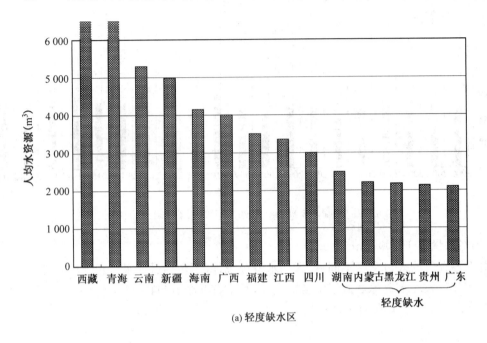

(a) 轻度缺水区

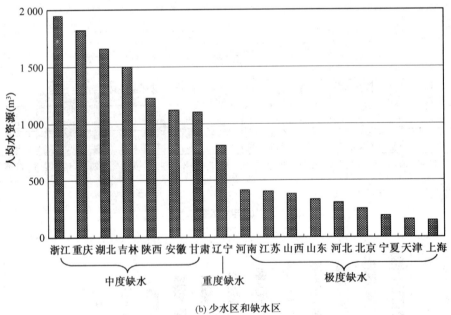

(b) 少水区和缺水区

图9-3 我国(不含港、澳、台)人均水资源

9.1.3 用水量

用水量包括生活用水、工业用水、农业用水(农田灌溉、林牧渔用水)和生态用水(指通过人工措施供给的城镇环境用水和部分河湖、湿地补水)。由于农业节水技术的推广,农业用水占总用水量中的比例逐年(2012年将农村生活用水量中的牲畜用水量调整至农业用水量中)下

降;而生活和工业用水所占比例逐年增加,见图 9-4a 所示。2003 年前因农业用水的下降,全国总用水呈下降趋势;2003 年后由于工业用水和生活用水的增加,总用水量呈逐年增加趋势,一直持续到 2013 年,见图 9-4b 所示。

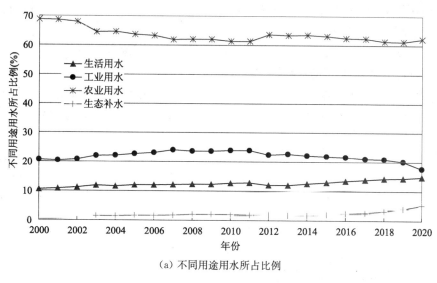

(a) 不同用途用水所占比例

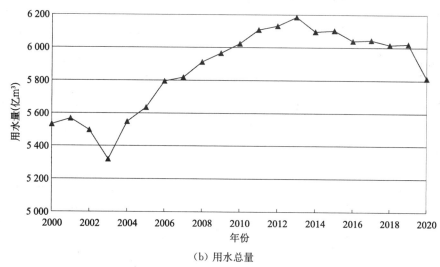

(b) 用水总量

图 9-4 我国历年的用水情况

全国用水量的 80% 以上来源于地表水,10% 左右来源于地下水,但河北、北京、河南、山西和内蒙古 5 个省(自治区、直辖市)地下水供水量占到总供水量的一半以上。目前全国(不含港、澳、台)人均用水量为 450 m³ 左右,用水总量占水资源总量的 21% 左右,但 9 个极度缺水的省份(图 9-3b)人均用水量超过了人均资源总量。

9.1.4 水质状况

除了转化为其他物质,绝大部分的水是可循环的,所以水资源更重要的问题是污染问题。我国根据《地表水环境质量标准》(GB 3838—2002),将地表水的水体环境质量划分为五类:

Ⅰ类 主要适用于源头水、国家自然保护区；

Ⅱ类 主要适用于集中式生活饮用水地表水源地一级保护区、珍稀水生生物栖息地、鱼虾类产卵场、仔稚幼鱼的索饵场等；

Ⅲ类 主要适用于集中式生活饮用水地表水源地二级保护区、鱼虾类越冬场、洄游通道、水产养殖区等渔业水域及游泳区；

Ⅳ类 主要适用于一般工业用水区及人体非直接接触的娱乐用水区；

Ⅴ类 主要适用于农业用水区及一般景观要求水域。

水质的评价指标包括 24 项基本项目（表 9-1）、集中式生活饮用水地表水源地 5 项补充项目、集中式生活饮用水地表水源地 80 项特定项目。当评价指标达不到Ⅴ类时称劣Ⅴ类。

表 9-1 地表水环境质量标准基本项目标准限值　　　　　　单位:mg/L

序号	项目		Ⅰ类	Ⅱ类	Ⅲ类	Ⅳ类	Ⅴ类
1	水温(℃)		人为造成的环境水温变化应限制在:周平均最大温升≤1;周平均最大温降≤2				
2	pH(无量纲)		6~9				
3	溶解氧	≥	饱和率90%（或7.5）	6	5	3	2
4	高锰酸盐指数	≤	2	4	6	10	15
5	化学需氧量(COD)	≤	15	15	20	30	40
6	五日生化需氧量(BOD_5)	≤	3	3	4	6	10
7	氨氮(NH_3-N)	≤	0.15	0.5	1.0	1.5	2.0
8	总磷(以 P 计)	≤	0.02（湖、库0.01）	0.1（湖、库0.025）	0.2（湖、库0.05）	0.3（湖、库0.1）	0.4（湖、库0.2）
9	总氮(湖、库,以 N 计)	≤	0.2	0.5	1.0	1.5	2.0
10	铜	≤	0.01	1.0	1.0	1.0	1.0
11	锌	≤	0.05	1.0	1.0	2.0	2.0
12	氟化物(以 F^- 计)	≤	1.0	1.0	1.0	1.5	1.5
13	硒	≤	0.01	0.01	0.01	0.02	0.02
14	砷	≤	0.05	0.05	0.05	0.1	0.1
15	汞	≤	0.000 05	0.000 05	0.000 1	0.001	0.001
16	镉	≤	0.001	0.005	0.005	0.005	0.01
17	铬(六价)	≤	0.01	0.05	0.05	0.05	0.1
18	铅	≤	0.01	0.01	0.05	0.05	0.1
19	氰化物	≤	0.005	0.05	0.2	0.2	0.2
20	挥发酚	≤	0.002	0.002	0.005	0.01	0.1
21	石油类	≤	0.05	0.05	0.05	0.5	1.0
22	阴离子表面活性剂	≤	0.2	0.2	0.2	0.3	0.3
23	硫化物	≤	0.05	0.1	0.2	0.5	1.0
24	粪大肠菌群(个/L)	≤	200	2 000	10 000	20 000	40 000

图9-5是近20年我国对河流水质的监测情况,图中纵坐标是某类水质的河流长度与所监测河流总长度的比例。适合于生活饮用水的Ⅰ~Ⅲ类比例在63%左右,其中Ⅰ类的比例在5%左右。Ⅱ类水质的比例有逐年上升的趋势(与此同时Ⅲ类水质逐年下降);劣Ⅴ类水质比例从2001年开始有上升趋势,到2007年开始下降,2011年恢复到1998年的水平。水污染治理有成效,但任务仍很艰巨。除了废水排放的直接污染外,空气污染物通过降水也会污染水体,填埋式的固体废弃物通过降水渗入地下、流入河流湖泊也会影响到水体质量,所以水质是环境质量的总体反映,水污染需要综合治理、共同努力。

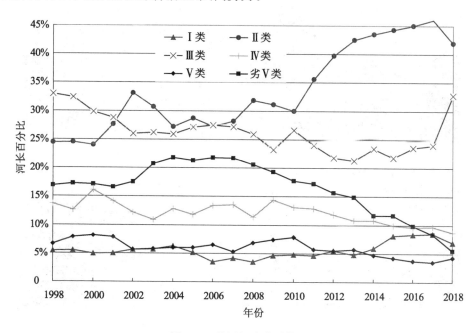

图9-5 我国河流水质情况

9.2 给水排水工程

给水排水工程

城市的给水排水是水在城市的循环过程,包括给水工程和排水工程两部分,前者是指从水体取水为居民和厂矿、运输企业供应生活、生产用水;后者是指将人类生活污水和生产中的各种废水、多余的地面水经处理后排放到水体。

9.2.1 给水工程

城市给水工程由取水工程、输水工程、水处理工程(自来水厂)、配水管网和建筑给水组成。不同城市采用不同种类的给水系统。

1) 取水工程

取水工程是从水源地提取水的工程设施,见图9-6所示。不同水源(江河、湖泊、

图9-6 取水工程

水库等地表水源,潜水、承压水、泉水等地下水源)的取水设施不同。江河的取水点应选择水质较好,有稳定河床和河岸,靠近主流、有足够水深的地方。

2) 输水工程

输水有明渠(图 9-7a)和管道(图 9-7b)两种方式,遇到山谷和河流时需设置渡槽(图 9-7c)或管线桥(图 9-7d)。采用水渠方式成本低,但损耗较大(渗流和蒸发①),易受污染;管道输水的损耗小、不易污染,但成本高。

(a) 水渠　　　　　　　　　　(b) 输水管道

(c) 渡槽　　　　　　　　　　(d) 管线桥

图 9-7　输水设施

3) 水处理工程

水处理工程是通过物理、化学的方法,去除水中对生产、生活不需要或有害的物质,将水加工成符合用途要求的工程设施。针对不同水源质量、不同用途的水,采用不同的水处理工艺。常见的自来水水处理工艺见图 9-8 所示。

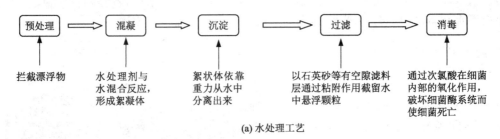

(a) 水处理工艺

---

① 新疆吐鲁番和哈密盆地的坎儿井采用暗渠输水有效地减小了水分蒸发,据 1962 年统计共有坎儿井 1 700 多条,灌溉面积 50 多万亩[1]。

(b) 水处理设施

图 9-8 自来水水处理工程

4) 配水管网

向用户输配水的管道系统称配水管网,由管道、配件和附属设施组成。给水管材料有铸铁管、钢管和预应力混凝土管。配件包括闸阀和水表。附属设施有调节构筑物(水池、水塔)和给水泵站等,见图 9-9 所示。在管网中适当地点设置增压泵站,可以减小泵站前管网的压力,降低输水能耗和费用,并改善管网运行条件。

(a) 水塔　　　　　　　　　(b) 给水泵站

图 9-9 给水附属设施

5) 建筑给水

建筑给水是对具体的一栋建筑物供水,根据水的用途,有生活给水(民用建筑)、生产给水(工业建筑)和消防给水。给水方式有直接给水、设水箱给水和设水泵给水。设水箱给水是为了解决多层房屋上部楼层水压不足的问题,在用水低谷期(深夜)利用较高的水压向屋顶的水箱输水,由屋顶水箱向上部楼层供水。对于高层建筑,水低谷期的水压也无法使水达到屋顶,必须设置水泵。

6) 给水系统种类

城市给水系统有统一给水、分质给水、分区给水、循环给水等多种。

统一给水系统将生活、生产和消防用水全部按生活用水水质标准供水,适用地形较平坦的中小城市。

分质给水系统为不同的用水目的提供不同的水质,如居民饮用水达到直接饮用的标准、工业用水大户的水质低于生活用水的标准。分质给水有利于合理使用优质水源,但需要多套管网系统,给水成本较高。

分区给水系统是将整个给水系统划分为既相对独立又有适当联系的区域,用于供水范围大、各区域功能明确的大城市。

循环给水系统对使用过的水经过简单处理后重复使用,仅从水源地获取少量水用于补充循环过程中消耗的水,一般用于用水大户的厂矿企业。

9.2.2 排水工程

城市排水系统包括污水和雨水的收集、输送,以及污水处理和处置三部分。由于生活污水、工业废水和雨水包含的有害物质不同,可采用不同的处理、处置方式,从而构成不同的排水体制。

1) 排水体制

城市排水体制分为分流制与合流制两种基本类型。

分流制排水体制在一个排水区设置污水和雨水两套独立的排水管道系统,分别收集和输送污水和雨水(包括工业冷却水)。当空气质量或城市卫生环境不佳时,初期雨水的水质很差,包含较多的有害物质。此时可通过设置跳跃井的方法将初期雨水截流、排入污水管;当雨水量小于设计控制量时,水流落入跳跃井井底的截流槽,流向污水管;当雨水量大于设计控制量时,水流将跳过截流槽,直接流向雨水管。

分流制可减少污水处理量,运行成本低,但一次性投入量大。我国《城市排水工程规划规范》(GB 50318—2017)要求除干旱地区外,新建城市和旧城改造地区的排水系统应采用分流制;不具备改造条件的合流制地区可采用截流式合流制排水系统。

合流制排水体制在一个排水区的雨水和污水全部进入一套排水管道系统,这是最古老的排水方式,主要起排除城市积水的问题。合流制又分为直排式和截流式,直排式将收集的污水和雨水就近排放水体;截流式在排放水体前建造截流干管,同时在合流干管与截流干管相交处设置溢流井,并在截流干管下游设置污水处理厂,当雨天混合污水的流量超过截流干管的输水能力后,部分污水经溢流井溢出,直接排入水体。

2) 污水和雨水的收集、输送

生活污水的收集和输送包括受水器、排水管道、清通设施和通气管道。受水器指接受污水或废水的容器或装置,如洗手池、浴缸、便池等卫生洁具,它是建筑内部排水系统的起点。排水管道包括器具排水管、排水横支管、排水立管和排出管,见图9-10所示。器具排水管是连接卫生洁具与排水横支管之间的短管,除坐便器(自带水封装置)外,一般设存水弯作为水封装置,防止管道内的气体串入室内;排水横支管用来将器具排水管送来的污水转输到排水立管,再由排水立管通过排出管将污水输送到室外管网。清通设施用来疏通排水管道;通气管用来把管道内产生的有害气体排至大气中,并在排水时向管内补充空气,避免管道内的气压破坏水封。

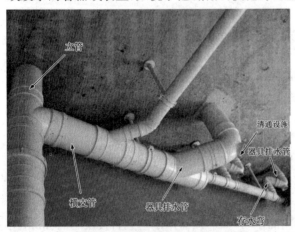

图9-10 室内排水管道组成

屋面雨水利用坡度首先流入天沟,由天沟汇集到雨水口,再由落水管排入地面排水管道,见图 9-11a 所示。

地面多余雨水(未渗入地下部分)通过设有盖板(图 9-11b)的下水道收集。

(a) 天沟落水管　　　(b) 下水道盖板

图 9-11　雨水收集

图 9-12　窨井

污水的输送系统由排水管道、窨井(图 9-12)和污水泵站组成。窨井是用在排水管道的转弯、分支、跌落等处,以便于检查、疏通用的井,学名叫检查井。泵站是用来连接低管段和高管段,提升污水。

3) 污水处理

污水处理方法按照其作用可分为物理法、生物法和化学法三种。

物理法是利用物理作用分离污水中的非溶解性物质,在处理过程中不改变化学性质,常用的有重力分离、离心分离、反渗透、气浮等;生物法是利用微生物的新陈代谢功能,将污水中呈溶解或胶体状态的有机物分解氧化为稳定的无机物质,使污水得到净化,常用的有活性污泥法和生物膜法;化学法是利用化学反应作用来处理或回收污水的溶解物质或胶体物质,常用的有混凝法、中和法、氧化还原法、离子交换法等。

根据污水的处理程度,城市污水处理分一级处理、二级处理和三级处理。

一级处理主要通过物理方法去除污水中呈悬浮状态的固体污染物质,BOD[①] 可去除 30% 左右,达不到排放标准,属于二级处理的预处理;二级处理主要去除污水中呈胶体和溶解状态的有机污染物质(BOD,COD[②] 物质)去除率可达 90% 以上,使有机污染物达到排放标准;三级处理进一步处理难降解的有机物、氮和磷等能够导致水体富营养化的可溶性无机物等。

4) 污水处置

污水处置是指污水的最终去处,有两个处置方式:一是排入水体,二是中水(水质介于给水和排水之间)回用,重新进入非生活用水的供水系统。

我国对污水的排放标准分一、二、三级 3 个等级,其中排入Ⅲ类水域和二类海域的污水,执行一级标准;排入Ⅳ、Ⅴ类水域和排入三类海域的污水,执行二级标准;排入设置二级污水处理厂的城镇排水系统的污水(指工业废水),执行三级标准。

---

① 生化需氧量(Biochemical Oxygen Demand)的简写,表示水中有机物由于微生物的作用而引起氧化分解所消耗水中溶解氧的总量。

② 化学需氧量(Chemical Oxygen Demand)的简写,废水中的有机物、亚硝酸盐、亚铁盐、硫化物等在化学氧化过程中需要消耗的氧量。

9.3 水工建筑物

9.3.1 堤

堤(embankment)用来抵御洪水泛滥、挡潮防浪,保护堤内居民和工农业生产的安全,是一种防洪工程设施。根据堤的位置,有江堤、河堤、湖堤、库堤、海堤等。

1) 江、河、湖、库堤

江、河、湖、库堤(图 9-13)一般为重力式,用土石修筑成梯形截面,依靠自身重量抵抗迎水面的静、动水压力和背水侧的土压力,迎水面用石材或混凝土砌块砌筑(干垒或浆砌)护面,以抵挡水流的冲刷。在河岸用地紧张的地区,迎水面也有直立的,但稳定性不如斜坡,枯水期在背水侧土压力作用下易发生坍塌。采用浆砌(用水泥砂浆砌筑)甚至浇筑混凝土尽管可以提高护堤的强度,但隔绝了水体与土体的循环、交换,影响了河流的自净能力。所以目前开始使用空心砌块护堤,见图 9-13b 所示。

(a) 江堤　　　　　　　　(b) 河堤

(c) 湖堤　　　　　　　　(d) 库堤

图 9-13　堤的种类

我国劳动人民在长期的抗洪中因地制宜总结了丰富的经验,用钢丝笼装毛石垒砌护堤(图 9-14a)就是由都江堰用竹丝笼装卵石(图 9-14b)发展而来。

城市河堤常常和景观设计结合起来,成为人们的休闲场所,见图 9-15 所示。但这些河堤仅仅是改变了视觉效果,尚不具备生态功能。

(a) 钢丝笼

(b) 竹丝笼

图 9-14 石笼

图 9-15 景观河堤

2) 海堤

海堤(sea dike)的截面形式有斜坡式、直立式和混合式(上部直立、下部斜坡)。因海上潮大浪高,在堤外放置大块石或预制混凝土异型块(图 9-16a),以消减波浪的能量(临海的江堤为抵御大潮,也会放置消波石)。

(a) 消波块

(b) 浮体

图 9-16 海堤

阻挡波浪的海堤称防波堤,主要功能是为港口提供掩护条件,维持水面平稳(一般规定港内的容许波高在 0.5～1.0 m 之间),使港口免受坏天气影响,以便船舶安全停泊和作业,并起到防止港池淤积和波浪冲蚀岸线的作用。

防波堤除了有一般海堤的斜坡式、直立式、混合式外,因不需挡水,还有透空式、浮动式、喷气式和射水式防波堤。

由于 3 倍波高的表层水深内集中了 90% 以上的波能,防浪结构伸入水下 2～2.5 倍波高处就可以发挥防浪掩护作用。在波小、水深的水域修建重型防波堤工程量大,不经济,这时可将上部的防浪结构坐落在桩、柱支墩上,构成下部可以透水的防波堤,称为透空堤。

浮动堤由浮体(图 9-16b)和锚系设备组成,浮体结构有排筏、气囊、空箱或其他特殊形体,常用铁锚系在沉块上,可以消减表面波能,适合水深、水位变化大、波高小的水域。

喷气式防波堤利用空压机,通过安置在水底的有孔管道喷排气泡,形成气幕和两侧的环流,阻碍并消减波浪;射水式防波堤利用水泵,通过安置在水面的喷嘴喷射水流,以达到消减波能的效果。这两种防波堤都易于搬移,适用于施工、维修等临时性工程。

9.3.2 坝

坝(dam)是修建在河谷或河流中用来拦截水流、抬高水位、积蓄水量的水工建筑物。坝承受上游和下游水位差引起的侧向压力。按受力状态,水坝分为重力坝、拱坝和支墩坝三大类[33]。

1) 重力坝

重力坝(gravity dam)依靠自身重力抵抗上游水侧压力引起的倾覆力矩,依靠坝体与地基的摩擦力抵抗水侧压力引起的滑移,截面形式一般为梯形,上部窄、下部宽。优点是结构简单,施工较容易,耐久性好,适宜于在岩基上建高坝;缺点是体积大、用料多,材料抗拉强度未能充分利用。重力坝可以用土石建造,也可以用混凝土建造。黄河小浪底坝为斜墙堆石坝,最大坝高 154 m,土石方填筑量 5 040 万 m^3,见图 9-17a 所示。目前世界上最高的重力坝是瑞士的大

(a) 土石重力坝

(b) 混凝土重力坝

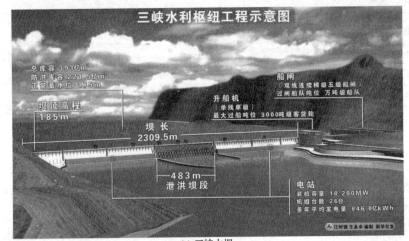
(c) 三峡大坝

图 9-17 重力坝

迪克桑斯坝,坝高285 m,采用的是混凝土,见图9-17b所示。世界上最大的水利工程三峡大坝的主坝也是重力式混凝土坝[36],坝高185 m、底部宽115 m、顶部宽40 m、全长2 309 m,混凝土浇筑量2 800万 m³,见图9-17c所示。

2) 拱坝

拱坝(arch dam)的水平横截面呈拱形,凸向上游,水平方向按拱受力,大部分上游水侧压力通过拱作用传递给两岸基岩(拱支座);竖直方向按悬臂梁受力,部分荷载传递给坝底地基。由于水侧压力沿水平方向均匀分布(同一水位侧压力相同),所以常做成抛物线拱形(此时抛物线是理想拱轴线,见3.2.4节)。水平方向在水侧压力作用下拱身主要受压;竖直方向在水侧压力作用下拱身受弯。可见拱坝是两种受力状态的复合。当坝底厚度与最大坝高的比值小于0.1时称为薄拱坝,以水平方向的拱作用为主;在0.4~0.6之间时称为重力拱坝,以悬臂梁受力为主,拱作用不明显;在0.1~0.3间的称为拱坝,两种受力机制共同起作用。拱坝的材料用量小于重力坝,具有良好的经济性;但对地基和两岸岩石要求较高,施工难度亦较重力坝大,适合于建造在两岸岩基坚硬完整的狭窄河谷上。

为了改善竖直方向的受力状态,在竖直方向也可以采用拱形(凸向上游),称为双曲拱坝。1998年12月1日建成的我国四川二滩水电站大坝采用的就是双曲混凝土拱坝,坝高240 m,坝顶弧长774.7 m,拱顶部厚11 m、拱底部厚55.7 m,厚高比为0.23,见图9-18a所示。目前世界上最高的双曲拱坝是1985年建成的格鲁吉亚英古里双曲拱坝,高271.5 m,坝底厚度86 m,厚高比为0.33,见图9-18b所示。

(a) 二滩坝　　　　　　　　　　　　　　(b) 英古里坝

图9-18　双曲拱坝

3) 支墩坝

支墩坝(buttress dam)由面板和支墩(扶壁)组成,面板承受的上游水侧压力传递给支墩,由支墩传递给地基。根据结构类型分为平板坝、大头坝和连拱坝,见图9-19所示。平板坝的面板为一倾斜平板,面板倾斜可减小板内弯矩。大头坝的面板由支墩上游部分扩宽形成,有三种形状:平板式、圆弧式(图9-19b)和钻石式(上游面由三个折面组成)。连拱坝的面板呈拱形,可大大减小面板内的弯矩,厚度薄于平板坝,混凝土用量较少。

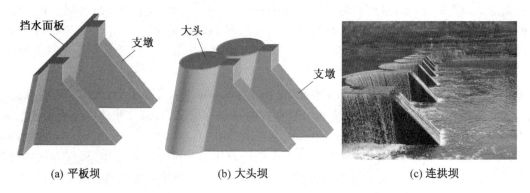

图 9-19 支墩坝结构类型

9.3.3 水闸与船闸

1) 水闸

水闸(sluice)是挡水和泄水的水工建筑物,广泛用于防洪工程、农田水利工程和水利水电工程。根据使用功能,有节制闸、进水闸、分洪闸、排水闸、挡潮闸、冲沙闸等水闸。

节制闸建在河道或水渠之上,枯水期闭闸抬高上游水位,以利取水或航运;洪水期开闸泄洪,控制下泄流量。进水闸建在河道、水库或湖泊的岸边,用来控制引水流量,以满足灌溉、发电或供水的需要。分洪闸常建于河道的一侧,用来将超过下游河道安全泄量的洪水泄入预定的湖泊、洼地,及时削减洪峰,保证下游河道的安全。排水闸常建于江河沿岸,外河水位上涨时关闸以防外水倒灌,外河水位下降时开闸排水,排除两岸低洼地区的涝渍。挡潮闸建在入海河口附近,涨潮时闭闸不使海水沿河上溯,退潮时开闸泄水。冲沙闸利用河(渠)道水流冲排上游河段或渠系沉积的泥沙。

水闸结构分闸门和闸室两大部分,闸门闭合时起挡水作用,受上流水侧压力作用;闸室起支承闸门的作用,并与闸门一起挡水。根据闸室结构形式,水闸分开敞式、胸墙式和涵洞式水闸。

开敞式水闸(图 9-20a)当闸门开启时过闸水流通畅,适用于有泄洪、排冰、过木或排漂浮物等任务要求的水闸,节制闸、分洪闸常用这种形式。

(a) 开敞式　　　　　　　(b) 胸墙式　　　　　　　(c) 涵洞式

图 9-20 水闸种类

胸墙式水闸(图 9-20b)在闸门上方设有胸墙,以减小闸门高度或控制下泄流量,适用于闸上水位变幅较大或挡水位高于闸孔设计水位的情况,挡潮闸、进水闸、泄水闸常用这种形式。

涵洞式水闸(图9-20c)多用于穿堤引(排)水,闸室结构为封闭的涵洞,在进口或出口设闸门,洞顶填土与闸两侧堤顶平接即可作为路基而不需另设交通桥。

小型闸门由混凝土制作,大型闸门由钢制作。挡水面板的形状有平面和弧形两种,平面闸门制作简单,弧形闸门的开启、闭合力较小。闸门的启闭方式有直升式、横拉式、升卧式、水平转动式和竖向转动式,其中弧形闸门仅适用于后两种启闭方式。直升式闸门垂直升降,是最常见的一种闭启方式,见图9-21a所示,具有结构简单、运行可靠的优点。横拉式闸门左右水平移动,可降低闸室高度,但闸门宽度受到限制。水平转动式闸门启闭时绕竖轴转动,见图9-21c所示。竖向转动式闸门启闭时绕水平轴转动,见图9-21d所示。升卧式闸门提升时先直升一段,然后闸门的顶部向下游或上游转动,至闸门全开时,闸门呈水平状卧于闸室上部,可降闸室高度,见图9-21b所示。

(a) 直升式

(b) 升卧式

(c) 水平转动式

(d) 竖向转动式

图9-21 闸门启闭方式

2) 船闸

船闸(ship-lock)是用于筑有水坝的河道上通航的箱形水工建筑。船舶上行过闸时,通过输排水系统的调节,使闸室水位与下游水位齐平;打开下闸门,船舶由下游引航道驶入闸室,随即关闭下闸门;由输水系统从上游向闸室灌水,待闸室中的水面上升到与上游水位齐平时,开启上闸门,船舶即由闸室驶出;船舶下行过闸时按相反程序。船闸闸门多采用水平旋转的人字门,闭闸时利用拱作用抵抗水侧压力,见图9-22a所示。

根据航运的繁忙程度,可设置单线船闸、双线船闸和多线船闸;根据上、下游水位的落差,可布置单级船闸、双级船闸和多级船闸。三峡水利枢纽为双线五级船闸[37],船闸总长6 442 m,中上游引航道 2 113 m,下游引航道 2 708 m,船闸主体段 1 621 m;五个闸室每个闸室长 280 m、宽 34 m,闸室坎上最小水深 5 m;设计单向年通过能力 5 000 万 t,见图 9-22b 所示。

(a) 船闸人字闸门　　　　　　(b) 三峡船闸

图 9-22　船闸

9.3.4　码头

码头(wharf)是江、河、海岸供航运乘客上下、货物装卸的水工建筑物。

1) 布置形式

码头的平面布置有顺岸式、突堤式和挖入式等三种基本形式。

顺岸式码头(图 9-23a)的前沿线与自然岸线大致平行,具有建设工程量小、陆域面积宽阔、疏通交通布置方便等优点,是河港及中小型海港的常用布置形式,适合于河道水面宽阔的区域。

突堤式码头(图 9-23b)的前沿线与自然岸线成较大角度,具有在有限水域范围布置较多泊位的优点,但受突堤宽度的限制,每个泊位的库场面积较小,装卸作业不方便。

挖入式码头(图 9-23c)的港池(供船舶停泊、作业、驶离和转头操作用的水域)在陆域由人工开挖而成,船舶停靠对航道通航的影响较小,在大型河港中较为常见。

(a) 顺岸式

(b) 突堤式　　　　　　(c) 挖入式

图 9-23　码头平面布置基本形式

2) 结构类型

码头按其结构类型可以分为重力式码头、高桩码头、板桩码头和混合式码头。

重力式码头依靠自身重量抵抗岸侧土压力引起的滑移和倾覆,结构整体性好,但工程量大,对地基有一定的要求。对于深水码头常用沉箱基础,见图 9-24 所示。

(a) 预制沉箱

(b) 下沉到位

图 9-24 重力式码头

高桩码头由基桩和上部结构组成,见图 9-25 所示;常用预应力混凝土管柱和钢管柱,桩沉入水底地基,上部高出水面;上部结构有梁板式、大板式、框架式和承台式等;波浪和水流可在码头平面以下通过,不影响泄洪,并可减少淤积。由于需要沉桩,适合于软土地基。

(a) 下部桩基

(b) 上部梁板

图 9-25 高桩码头

板桩码头由板桩墙和锚碇设施组成,结构简单,施工速度快,除特别坚硬或过于软弱的地基外,均可采用,但结构整体性较差,侧向刚度较小,高度一般不超过 10 m。

思考题

9-1 为什么说水是最重要的资源?我国的水资源总体状况如何?
9-2 城市给水系统由哪几部分组成?有哪些种类?
9-3 何谓城市的排水体制?有哪几种类型?
9-4 江河湖库堤用混凝土代替土石堤有什么不利影响?
9-5 水坝根据受力状态可以分为哪几类?
9-6 水闸做成弧形有什么好处?

思考题注释

9-7 为什么拱坝的拱形采用二次抛物线?

*9-8 土木工程可以有哪些节水举措?

*9-9 作为普通居民在减少水污染方面可以做哪些事?

作业题

作业题指导

9-1 图示重力式河堤,宽为 B,每米长河堤的重力为 G。当水位下降到多少时(即 z 等于多少时)河堤处于绕 o 点整体倾覆的极限状态?

(提示:当主动土压力对 o 点的倾覆力矩等于河堤重力和静水压力对 o 点的抗倾覆力矩时河堤处于整体倾覆极限状态)

9-2 图示梯形重力坝,低水位侧直列,高水位侧倾斜、倾角 α;每米长坝体的重力为 G,坝体与地基的摩擦系数为 μ。试计算当上游蓄水位超过多少时(即 H_1 等于多少时)坝体处于整体滑移极限状态?

(提示:静水压强垂直于坝体表面,上游侧的静水压强是倾斜的,有水平分力和竖向分力,前者的滑移力,后者是抗滑移力)

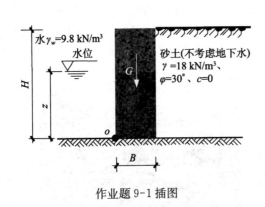

作业题 9-1 插图

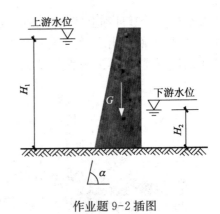

作业题 9-2 插图

测试题

测试题解答

9-1 按照国际标准,当人均水资源少于( )属于重度缺水。
(A) 3 000 m³/人 (B) 2 000 m³/人
(C) 1 000 m³/人 (D) 500 m³/人

9-2 按人均水资源计算,首都北京市属于( )。
(A) 极度缺水区 (B) 轻度缺水区 (C) 中度缺水区 (D) 重度缺水区

9-3 按照人均水资源,我国目前总体属于( )。
(A) 轻度缺水 (B) 中度缺水 (C) 重度缺水 (D) 极度缺水

9-4 下列哪三个环境质量类别的地表水不能用于生活饮用水?( )
(A) Ⅰ、Ⅱ、Ⅲ类 (B) Ⅱ、Ⅲ、Ⅳ类
(C) Ⅲ、Ⅳ、Ⅴ类 (D) Ⅳ、Ⅴ、劣Ⅴ类

9-5 对不同的用户提供不同水压的给水系统称为( )。
(A) 分压给水系统 (B) 分区给水系统 (C) 循环给水系统 (D) 分质给水系统

9-6 污水处理按照其作用可分为(　　)三种。
(A) 化学法、生物法和自然降解法
(B) 物理法、生物法和自然降解法
(C) 物理法、化学法和自然降解法
(D) 物理法、化学法和生物法

9-7 用来挡水和泄水的水闸,根据闸室结构形式,分为(　　)。
(A) 直升式、胸墙式和涵洞式
(B) 开敞式、胸墙式和涵洞式
(C) 开敞式、直升式和涵洞式
(D) 开敞式、直升式和胸墙式

9-8 拱坝一般设计成(　　)。
(A) 凸向上游的抛物线形
(B) 凸向下游的抛物线形
(A) 凸向上游的圆弧形
(B) 凸向下游的圆弧形

9-9 根据受力状态,大坝分为(　　)。
(A) 直立坝、支墩坝和重力坝
(B) 支墩坝、直立坝和拱坝
(C) 拱坝、支墩坝和重力坝
(D) 拱坝、直立坝和重力坝

9-10 海堤外侧放置大块石的作用是(　　)。
(A) 消减波浪的能量
(B) 加强堤的强度
(C) 加强堤的稳定性
(D) 修堤备用材料

9-11 通过铁锚将浮体系在沉块上的防波堤属于(　　)。
(A) 透空式防波堤
(B) 浮动式防波堤
(C) 喷气式防波堤
(D) 射水式防波堤

9-12 码头的平面布置有(　　)三种基本形式。
(A) 突堤式、挖入式和卫星式
(B) 顺岸式、挖入式和卫星式
(C) 顺岸式、突堤式和卫星式
(D) 顺岸式、突堤式和挖入式

9-13 码头的基本结构类型有(　　)。
(A) 重力式、拱式和板柱式
(B) 高桩式、拱式和板柱式
(C) 高桩式、重力式和板柱式
(D) 高桩式、重力式和拱式

第 10 章 项 目 论 证

项目论证是土木工程全寿命周期的第一个阶段,包括立项申请、可行性研究和项目审批三个步骤。立项申请是以项目建议书的形式由业主单位根据国民经济和社会发展长远规划,结合行业和地区发展规划的要求向政府主管部门提出要求建设某一项目(新建或扩建)的申请;可行性研究是对待建项目技术的可行性、经济的合理性和环境的可能性进行科学分析和论证;项目审批是政府主管部门根据可行性研究报告、通过专家评审对项目做出决策。这一阶段的核心工作是项目的可行性研究。对于非政府投资项目目前已将项目审批改为项目备案。

10.1 可行性研究的内容、步骤和作用

可行性研究(feasibility study)是指在建设项目拟建之前,通过对与项目有关的市场、资源、工程技术、经济和社会等方面的问题进行全面分析、论证和评价,确定项目是否可行以及选择最佳的实施方案。

可行性研究的
内容、步骤
和作用

10.1.1 可行性研究的内容

可行性研究的内容包括:**市场研究**(market research)、**技术研究**(technology research)、**效益分析**(benefit analysis)和**环境影响评价**(environment impact assessment)。

1) 市场研究

土木工程属于经济领域固定资产投资中的不动产投资,作为一种经济活动,投资的目的是要获得效益(经济效益和社会效益);项目有效益的前提是要有需求,如果拟建项目的产出品没有需求,那根本没有必要兴建,可行性研究的其他各项分析也不必再进行;而需求情况必须通过市场研究获得。首先通过市场调查获得当前和以前对拟建项目产出物的需求情况;然后分析各种影响需求量的因素;最后,根据影响因素的变化趋势,预测未来该种商品的需求情况。

2) 技术研究

有三种情况促使土木工程需要不断采用新技术:一是为了降低材料和人工消耗、提高生产力;二是人们对土木工程提出了新要求,如更高的建筑、更大跨度的桥梁、更高的安全度、功能的多样化;三是面临以前未遇到过的恶劣环境,如高寒冻土、复杂地质、飓风大浪。

技术研究需要回答技术是否可行的问题。新技术产生于实验室,将新技术应用于实际工程需要对其成熟度进行评估:比较实验室条件与工程条件的差异,分析尚存在的问题,这些问题在短期内能否解决,以及通过什么方法解决。

3) 效益分析

效益分析需要回答经济是否合理的问题。根据市场研究得到的未来需求情况,测算拟建项目的预期收益;根据对工程建设费用(见 12.4.2 节)和项目运行费用的计算,测算项目预期成本;根据收益和成本情况测算项目的投资效益率,包括经济效益和社会效益。其中工业项目中的厂房一般不单独计算投资收益率,而是对整个工业项目进行效益分析。

4）环境评价

环境影响评价需要回答环境是否可能的问题。自然界的生态平衡是经过亿万年的漫长过程形成的,土木工程是人类对自然的一种干预,这种人工干预或多或少会对生态平衡产生影响(绝大多数情况下是不利影响)。为了维持生态平衡,必须了解建设项目对自然环境可能产生的不利影响,并采取有效措施降低这种影响,将不利影响控制在自然界可承受的范围内。

10.1.2 可行性研究的步骤

可行性研究包括机会研究、初步可行性研究和详细可行性研究三个步骤。

1）机会研究

机会研究是要在一个确定的地区和行业(各类工业、房地产、交通、水利、能源、商业、体育、文化产业等),根据对自然资源和市场需求的调查和预测,以及国内产业政策和国际市场情况,选择合适的投资机会,确定政策许可的具体投资项目。主要的依据是国内的中长期发展规划、同类项目的情况。这一阶段所需时间一般为1~2个月,投资额和收益的估算精度要求在±30%以内。

2）初步可行性研究

经过机会研究初步认为工程项目可行,值得继续研究,但又不能肯定是否值得进行详细可行性研究,就要先做初步可行性研究,以进一步判断该项目是否具有较高的效益。这一阶段所需时间为4~6个月,要求经济数据的精度在±20%以内。

3）详细可行性研究

详细可行性研究阶段需要对项目的市场、技术、经济、环境等方面进行全面、科学、细致的论证。包括工程选址、工程规模、工艺或技术方案、投资总额、建设时间、资金来源、需求量预测、预期收益、投资回收期、投资风险分析、环境影响等。这一阶段所需时间为1~3年,要求经济数据的精度在±10%以内。

10.1.3 可行性研究的作用

细致、科学的可行性研究可以避免或减少失败项目。我国港珠澳大桥的设计花了3年、施工花了6年,可行性研究花了4年;京沪高铁建设周期3年,而可行性研究花了10年;三峡工程的项目论证长达40年。

缺乏市场需求的项目盲目上马,会成为烂尾工程。北京奥德兰游乐园(图10-1)占地123.04 hm²,拟建成亚洲最大游乐园,1994年始建、1998年停建,15年后拆除。

使用不成熟的技术,可能会导致重大工程事故。加拿大魁北克大桥在1907年8月29日施工时,部分受压杆件出现屈曲引起南端和悬臂跨整体垮塌;1913年重建时再

图10-1 北京奥德兰游乐园

次出现锚固支撑构件断裂、中间段坠入河中;两次事故共造成88人丧生。1922年,加拿大的七大工程学院共同出钱将大桥倒塌的残骸全部买下,决定用它打造成钢戒指,发给每年从工程

系毕业的学生。这些戒指成为工程界有名的工程师之戒（iron ring），见图 10-2 所示。

(a) 1917年竣工时的大桥　　(b) 倒塌后的残骸　　(c) 工程师之戒

图 10-2　加拿大魁北克大桥

忽视重大工程项目对环境的影响，可能带来生态灾难。苏联的咸海（现位于乌兹别克斯坦和哈萨克斯坦之间）最初面积 6.7 万 km^2，是世界上第四大湖，曾拥有丰富的渔业资源，见图 10-3a 所示，1960 年前捕鱼量达到苏联的六分之一。为了在温暖但干燥的中亚西部大规模种植玉米等农作物，通过修筑人工运河拦截咸海的补水水源——阿姆河和锡尔河，东水西调，导致咸海日渐干涸（图 10-3b），走向消亡。

(a) 曾经的沿海渔船　　(b) 干涸的咸海

图 10-3　咸海的消亡

项目的可行性研究具有以下作用：

(1) 作为确定和批准工程建设的依据。政府主管部门需依据可行性研究报告对建设项目进行审批。

(2) 作为向银行贷款的依据。银行通过审查可行性研究报告，判断项目能否按期竣工、建成后是否具有偿还能力，以决定是否贷款。

(3) 作为向当地政府、规划部门及环境环保当局申请建设执照的依据。建设项目符合当地市政规划、环境保护等要求才能获得建设执照。

(4) 作为科研、制造及订购设备的依据。可行性研究报告中提出的技术攻关项目需要委托有关科研机构进行研究，项目所涉及大型设备需要预先订购。

(5) 作为企业组织管理、机构设置、职工培训等工作安排的依据。建设项目竣工后需要一整套组织机构、管理和操作人员进行运行维护或生产(工业项目)，这需要提前做出安排。

(6) 作为**项目后评价**(post project evaluation)的依据。项目投入运行一段时间后，需要进行项目后评价，评价项目的技术质量、经济效益、环境影响是否达到预定的目标。

10.2 可行性研究的经济学基础

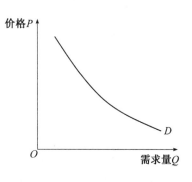

可行性研究的经济学基础

10.2.1 需求

1) 需求曲线

需求(demand)是指消费者在某一时期内按照某一价格愿意并且能够购买某种商品(物品或服务)的数量。需求涉及两个变量：一个是该商品的价格；另一个是在这个价格下人们愿意并且有能力购买的数量，也即需求量。需求不同于需要，需要是对某种东西的渴望，是无条件的。需求是一系列价格与需求量的关系，这种关系用几何曲线来表示时，称为**需求曲线**(demand curve)，见图10-4所示。

常识告诉我们，当其他情况不变时，某种商品的价格越低，人们购买的数量越多；反之，价格越高，购买的数量越少。这种需求量与价格的反方向关系称为**需求规律**(the law of demand)，即需求曲线的斜率是负的。

图10-4 需求曲线

2) 需求的影响因素

需求曲线反映的是在其他情况不变时，需求量与价格的关系，这"其他情况"就是影响需求的因素，包括消费者的偏好、消费者的收入、相关商品的价格变化和人们对商品价格的预期。

调查、统计发现，相同收入情况下，不同地域、不同人群某种商品的需求并不相同，这被归为消费者**偏好**(preference)或嗜好。一种商品在相同价格下，某个地区的需求量可能比其他地区大；年轻人群会偏好一些新潮商品，而年老人群可能会偏好一些传统商品。偏好程度越高，需求增加。商品广告就是试图影响消费者的偏好。

对大多数商品而言，随着消费者收入的增加，需求增加，即需求曲线向右移动；也有商品的需求随收入的增加而减少的。

某种商品的需求会受到其他商品价格的影响，例如当猪肉价格上涨时，牛肉的需求会增加；电价上涨时，电磁炉的需求会下降。

当人们预期未来某种商品的价格会上涨时，需求增加，反之需求下降。

可见，商品的需求量Q_d随该种商品的价格(用P表示)、消费者偏好(用T表示)、消费者收入(用 M 表示)、其他商品的价格(用 P_x 表示)和该种商品的预期价格(用 P^e 表示)的变化而变化,用函数形式(称需求函数)可表示为:

$$Q_d = f(P, T, M, P_x, P^e) \qquad (10\text{-}1a)$$

而需求曲线就是在影响需求量的其他影响固定不变的情况下,需求量与价格的关系,用函数形式可以表示为:

$$Q_d = f(P) \qquad (10\text{-}1b)$$

当其他因素变化时,需求曲线将发生变化。

10.2.2 需求弹性

由于需求量与各影响因素的关系只能通过市场调查和统计分析得到,很难获得确切的函数关系。采用**需求弹性**(elasticity of demand)来定量描述某个影响因素发生变化引起需求量变化的程度。常用的需求弹性有**价格弹性**(price elasticity of demand)、**交叉价格弹性**(cross-price elasticity of demand)和**收入弹性**(income elasticity of demand)。

1) 需求价格弹性

需求价格弹性定义为:在其他因素不变的情况下,当价格发生变动时,需求量变化的百分比与价格变化百分比的比值,表示为:

$$E_d = \frac{\Delta Q/Q}{\Delta P/P}$$

由于需求量与价格呈反方向关系,当价格下降,即 $\Delta P<0$ 时,需求量增加,$\Delta Q>0$,所以需求价格弹性为负值,常用绝对值 $|E_d|$ 表示。$|E_d|>1$,称需求富于弹性;极端情况 $|E_d|\to\infty$,称需求完全富于弹性,此时的需求曲线为一段水平线。$|E_d|<1$,称需求缺乏弹性;极端情况 $|E_d|=0$,称需求完全缺乏弹性,此时的需求曲线为一段垂直线。

下面来讨论价格变动对消费支出的影响。设价格为 P 时的需求量为 Q,消费者的支出 $Y=P\times Q$;现价格变动 ΔP 时,相应需求量的变动量为 ΔQ。消费者支出的变化量:

$$\Delta Y = \Delta P \times Q + P \times \Delta Q = \Delta P \times Q(1+E_d)$$

如果价格下降,$\Delta P<0$,当需求富于弹性($|E_d|>1$)时,ΔY 为正,即支出增加;当需求缺乏弹性时($|E_d|<1$)时,ΔY 为负,即支出减小。

消费者的支出等于商品生产者的收入。只有富于弹性的商品,集体降价才能增加商品生产者的收入;对于缺乏弹性的商品,降价反而减少收入。采取薄利多销的策略,对富于弹性的商品才有效。

那么是哪些因素决定商品的价格弹性系数呢?

① 该商品的消费支出在家庭消费总支出中所占比例。如果某种商品的消费支出在家庭消费总支出中所占的比例很小,那么即使价格有较大的涨落,消费量也不会有大的变化,比如食盐,该种商品的价格弹性比较小。

② 该商品的替代品数目和替代程度。如果某种商品的替代品多、替代程度高,那么一旦

该种商品涨价,消费者有更多的选择购买替代品,使该种商品的需求量有较大的下降;如果该种商品降价,较多替代品的购买量会下降,转而增加该种商品的购买量,价格弹性系数会比较大。替代品的数目与商品定义的范围有关,对青菜来讲,萝卜、韭菜等素菜都是它的替代品;如果商品定义为素菜,替代品只有荤菜、主食;如果商品定义为食品,则没有替代品。商品范围越大、价格弹性系数越小。

③ 商品的用途。商品用途越多,需求价格弹性就可能越大。例如石油,可以用作动力、纺织、建材(沥青),如果石油降价,原来对煤炭、棉布、水泥的需求会转向石油,使石油需求量大增。

④ 考察时间的长短。需求量是就一定时间范围而言的,当某种商品涨价时,随着时间的延续,消费者越容易找到替代品、减小该种商品的需求量,价格弹性趋于增大。

2) 需求交叉价格弹性

需求的交叉价格弹性定义为:在影响商品 X 需求量的其他因素不变的情况下,另一商品 Y 的价格(P_y)发生变动时,商品 X 需求量变化的百分比与商品 Y 价格变化百分比的比值,表示为:

$$E_{xy}=\frac{\Delta Q_x/Q_x}{\Delta P_y/P_y}$$

一般情况下,$E_{xy}=E_{yx}$。E_{xy} 可能是正值,也可能是负值。根据交叉价格弹性的数值,可以对商品之间的关系进行分类:如果 $E_{xy}>0$,X 是 Y 的替代商品,如天然气与石油,替代商品之间具有相同或相似的用途;如果 $E_{xy}<0$,X 是 Y 的互补商品,如汽车与汽油,互补商品相互搭配才能满足人们某种需要;如果 $E_{xy}=0$,X 与 Y 为不相关商品,即 Y 商品价格对 X 商品的需求量没有影响。

3) 需求收入弹性

需求的收入弹性定义为:在其他因素不变的情况下,当消费者的收入发生变化时,需求量变化的百分比与收入变化百分比的比值,表示为:

$$E_M=\frac{\Delta Q/Q}{\Delta M/M}$$

根据需求收入弹性的数值,可以将商品分成三类:$E_M>1$ 的商品称为**奢侈品**(luxury goods),当家庭收入下降时,消费者并不是按比例减少各类商品的需求量,而是更多地削减被认为不是生活必需的商品,所以该类商品需求量的下降幅度超过收入的下降幅度;$0<E_M<1$ 的商品称为**必需品**(necessary goods),当家庭收入下降时,该类商品会优先保证,尽管需求量也会有所减小,但减小的幅度小于收入下降的幅度;$E_M<0$ 的商品称为**劣等品**(inferior goods),当收入增加时,该类商品的需求量反而下降,如化纤服装。劣等品是经济学名词,不等同于劣质品,商品本身的质量并无问题。

奢侈品、必需品、劣等品的划分随家庭的收入水平而异,对一些家庭而言属于必需品的商品,对另一些家庭可能属于奢侈品。随着生活水平的提高,类别会发生变化,一些原来的奢侈品可能转变为必需品,一些原来的必需品可能会转变为劣等品。

10.2.3 供给

1) 供给曲线

供给(supply)是指在一定时期内与每一销售价格相对应，厂商愿意提供的某种商品(物品或服务)的数量。用来表示供给量与价格关系的几何曲线称**供给曲线**(supply curve)，见图10-5所示。供给量通常是价格的增函数，即随着价格的增加，厂商愿意提供的数量越多，这一规律称**供给规律**(the law of supply)。

2) 影响供给的因素

供给量除了与价格有关外，还与其他因素有关，这些其他因素包括：厂商从事生产的目标、生产技术和生产要素的价格、其他商品的价格和政府的赋税政策。

利润极大化和销售额(市场占有率)极大化不同的生产目标将使厂商愿意提供的商品数量不同。技术进步或生产要素价格的下降使得单位产量的生产成本下降，与任一价格对应的供给量增加。厂商一般同时生产多种商品，当甲商品价格不变而乙商品价格上升时，会增加乙商品的生产量，减少甲商品的生产量，即乙商品的价格会影响甲商品的供给量。对某种商品课税将减少供应量；相反，补贴将增加供应量。

3) 供给价格弹性

与需求价格弹性类似，供给价格弹性定义为：在其他因素不变的情况下，当价格发生变动时，供给量变化的百分比与价格变化百分比的比值，表示为：

$$E_s = \frac{\Delta Q/Q}{\Delta P/P}$$

根据供给规律，供给价格弹性一般为正值。$E_s > 1$，称供给富于弹性；极端情况 $E_s \to \infty$，称供给完全富于弹性，此时的供给曲线为一段水平线。$E_s < 1$，称供给缺乏弹性；极端情况 $E_s = 0$，称供给完全缺乏弹性。

供给价格弹性最主要的影响因素是所考察时间的长短。商品生产需要一定的周期(比如一年生产一季的小麦，生产周期为一年)，当考察的时间短于生产周期时，无论价格怎么变化，供给量也无法做出反应，此时的供给缺乏弹性；随着时间的推移，厂商有条件根据价格变化调整生产量，因而供给弹性增加。

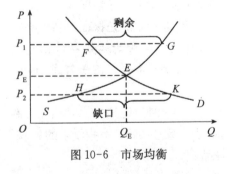

图 10-6 市场均衡

10.2.4 市场均衡

前面分别讨论了需求量与价格的关系、供给量与价格的关系，现在把它们放在一起来确定市场的均衡价格和均衡产量。

1) 均衡价格与均衡产量

在图 10-6 中，某种商品的需求曲线 D 和供给曲线 S 的交点 E 为市场均衡点，对应的价格为该种商品的均衡

价格 P_E、对应的供给量为均衡产量,价格为均衡价格 P_E 时,消费者愿意购买的数量刚好等于厂商愿意提供的数量。当市场价格 P_1 高于均衡价格 P_E 时,厂商愿意提供的产量 P_1G 超过消费者愿意购买的数量 P_1F,市场将出现剩余 FG;此时一些厂商将试着以较低的价格供应商品,市场价格下降;如果价格没有回落到 P_E,这种价格调整没有理由会停止。当市场价格 P_2 低于均衡价格 P_E 时,厂商愿意提供的商品数量小于消费者愿意购买的数量,市场存在缺口 HK;此时,一些急迫的消费者愿意出高一点的价格购买以满足需求,市场价格上升;如果价格没有上升到 P_E,这种价格调整没有理由会停止。可见,均衡价格是唯一能维持不变的价格。

市场价格并非总是处于均衡价格,均衡价格是经过一系列价格调整后达成的,价格的调整需要一定的时间。

2) 市场均衡点的变动

市场均衡点是相对确定的需求和确定的供给而言的,当需求和供给不变时,均衡价格和均衡产量维持不变;当需求和供给发生变化时,市场均衡点将发生变动。

先来讨论供给变化引起市场均衡点的变化。假定需求不变,供给增加,供给曲线从 S 变动到 S_1,见图 10-7a 所示。这意味着厂商现在愿意以较低的价格提供与原来相同的数量,这可能是由于技术进步、生产效率的提高导致生产成本的降低,或者生产要素价格下降导致生产成本的降低。与原来的市场均衡点 E 相比,均衡价格从 P_E 下降到 P_{E1}、均衡产量从 Q_E 增加到 Q_{E1}。如果供给减少,市场均衡点的变动结果相反:均衡价格上升、均衡产量下降。

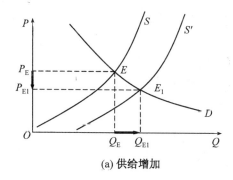
(a) 供给增加

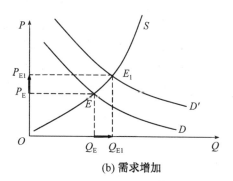
(b) 需求增加

图 10-7 市场均衡点的变化

现在假定供给不变,需求增加,需求曲线从 D 变动到 D',见图 10-7b 所示。这意味着消费者现在愿意按各个价格比以前购买更多的数量,这可能是因为消费者的收入增加了,或者是由于广告的作用使消费者的偏好发生了变化。需求的增加使市场均衡点从原来的 E 点变动到 E_1 点,均衡价格从 P_E 上升到 P_{E1}、均衡产量从 Q_E 增加到 Q_{E1}。不过,这种变动可能是短时间的,厂商很快会做出反应,增加他们的生产能力,使供给曲线向右移动,从而使价格再度趋于下降。

3) 供给和需求的应用——美国农业政策的经济分析

农业生产由于科学技术的进步,农产品的供给曲线大幅度右移;另一方面,农产品属于生活必需品,价格弹性非常小、需求曲线非常陡峭,人们不太会因粮食价格上涨而减少其维持生命所必需的粮食消费,也不会因为收入的增加而大幅增加粮食消费。随着收入的增加和少量人口的增加,需求曲线只有限的增加;陡峭的需求曲线使得供给曲线少量的增加就会引起价格的大幅度下降,见图10-8所示。美国在20世纪30年代就遇到了这样的情况,1932年的小麦价格仅为1925年价格的四分之一,1929年到1932年,棉花、小麦、稻米等农产品平均价格下降到原来的1/2,"谷贱伤农",这给政府造成很大的政治压力,迫使政府采取经济政策去支持农业。美国政府采用过多种方式支持农业:限制种植、政府购买和价格补贴[15]。

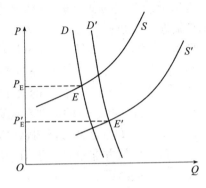

图10-8 农产品价格的变化

第一种方案政府通过与农场主签订土地休耕合同,限制种植面积,让一部分土地休耕,从而减少农产品的供给量。由图10-9a所示,农产品供应量减少后,价格从 P_E 上升到 P'_E,农场主的总收益从 $OP_E E Q_E$ 变化到 $OP'_E E' Q'_E$;由于农产品的需求缺乏弹性,矩形面积 $P_E P'_E E' A$ 大于 $Q'_E A E Q_E$,总收益增加;并且由于种植面积的减少,成本有所减少,净收益增加得更多。不过消费者的利益却由于价格的上升而受到损害,对消费者而言,这如同水灾或旱灾造成的粮食减少一样。这种方案需要政府的强制推行和农业协会的自律,因为在价格上升的情况单个农场主是不会自愿减少耕种面积的。

第二种方案是通过政府购买维持高于自由均衡价 P_E 的某个价格 P'_E(图10-9b)。现在农场主可以自由种植,在这个价格下,农产品的供给量为 OQ'_E,消费者的需求量为 $P'_E A$,市场存在剩余;如果政府不加干预的话,价格必然下降到 P_E。为了维持这一高价,政府必须按 P'_E 的价格从市场购买剩余量 AE',为此需要花费一笔费用($P'_E \times AE'$)。现在的需求由两部分组成:消费者需求和政府需求,这相当于需求曲线从 D 增加到 D',所以 E' 的均衡点是可以维持的。农场主的总收益($P'_E \times Q'_E$)一部分来自消费者($P'_E \times P'_E A$),另一部分来自政府($P'_E \times AE'$)。政府购买这些农产品并非需要消费,所以要寻找出路,援助贫困国家或者向海外市场倾销。

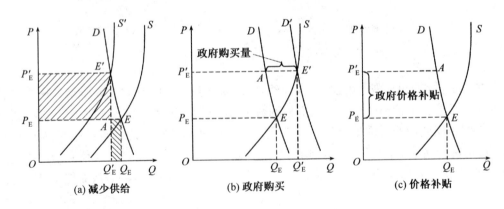

图10-9 支持农业的政策

第三种方案是政府通过价格补贴的方式维持农场主较高的收益(图10-9c)。现在农场主按自由均衡价 P_E 出售,然后从政府那些领取价格补贴 $P_E P'_E$。与第二个方案一样,政府需要付出高昂的费用;不过现在消费者可以以较低的价格消费较多的数量。

10.2.5 边际效用与消费者剩余

1) 边际效用

效用(utility)是消费者从商品消费中得到的满足,经济学用它来表示用途各异的商品共有的性质。从一定数量的商品中获得的效用总和称为总效用;每增加一个单位商品所新增的效用,也即总效用的增量称为**边际效用**(marginal utility)。随着某一商品消费量的增加,该商品的总效用增加,但边际效用趋向于递减,这一现象称为**边际效用递减规律**(the law of diminishing marginal utility)。边际效用递减的一种解释认为:消费一种商品的数量越多,生理上得到的满足或心理上对重复刺激的反应就减弱了。

图10-10a是A先生消费甲商品的边际效用与商品数量之间的关系,称边际效用曲线。他从第1个商品中获得的边际效用是40个效用单位,从第2个商品中获得的边际效用是30个效用单位,小于第1个商品的边际效用;从2个商品中获得的总效用为40+30=70个效用单位;从第3个商品中获得的边际效用为22个效用单位,小于第2个商品的边际效用;从3个商品中获得的总效用为40+30+22=92个效用单位,见图10-10a中的阴影部分。为了分析方便,将台阶状的边际效用曲线用平滑曲线代替,用MU表示,见图10-10a中的虚线。

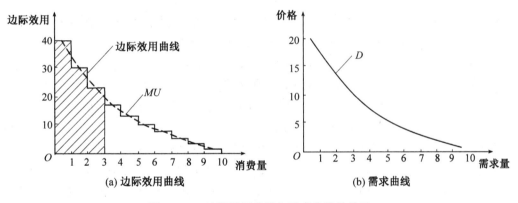

图10-10 边际效用曲线与需求曲线的关系

2) 需求规律的解释

美国经济学家马歇尔认为人们从商品消费中得到的满足(也即效用),可以用他愿意支付的货币来表示。假定1个货币单位(比如说元)等于2个效用单位,如果甲商品的市场均衡价格为11元,那么A先生愿意购买几个商品呢?答案是3个,市场价格(11元)刚好等于A先生从第3个商品中获得的边际效用。如果购买量多于3个,比如说4个,第4个商品给他带来的边际效用小于他支付的货款,作为理性的消费者是不会这样做的;如果购买量小于3个,那么他增加购买量得到的效用大于市场价格,他没有理由不增加,直到边际效用等于市场价格。而对应不同市场价格消费者愿意购买的商品数量就是需求曲线,见图10-7b所示。由此可见,消费者的需求曲线本质上就是边际效用曲线,边际效用递减规律决定了需求曲线向右下方倾斜。

3) 消费者剩余

消费者剩余(consumer surplus)的概念由美国经济学家马歇尔提出[15],是指消费者从一定数量的商品消费中获得的总效用与他支付费用的差额。

现在我们知道,商品的需求曲线就是商品的边际效用曲线,见图10-11所示。如果市场均衡价格为 P_E,消费者购买的商品数量为 Q_E;从中获得的总效用为需求曲线、竖直线 EQ_E 与坐标轴围成的面积,消费者支付的费用为矩形 OP_EEQ_E 的面积;两者的差额——消费者剩余为图10-11中阴影部分的面积。

消费者剩余代表消费者从商品消费中净得的好处,是一种社会的经济福利,它与消费量有关,消费量越大,消费者剩余越大。

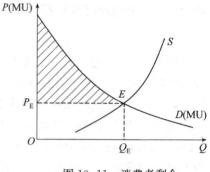

图 10-11　消费者剩余

10.3　可行性研究的方法

10.3.1　需求预测方法

1) 预测方法的种类

需求预测就是要对未来的商品需求量做出估计。根据预测原理,需求预测方法可分为**因果关系法**(causal relationship)、**时间序列法**(time series)和**调查分析法**(survey analysis)。

因果关系法把需求量看成因变量,把影响需求的因素看成自变量;通过历史数据建立因变量与各自变量的关系;然后根据自变量的未来值,推算因变量的未来值。该方法需要收集大量的需求量与影响因素的历史数据,以建立两者之间稳定的关系;并需要可靠的影响因素的未来值,国家或地区的宏观经济数据的预测值相对比较可靠。

时间序列法又称趋势外推法,它是将历史需求量按时间顺序排列,寻找需求量随时间的变化规律,建立两者关系的数学模型,以此对未来需求量做出预测。该方法认为决定事物过去发展的因素,在很大程度上也决定着事物未来的发展,它是用自身的过去和现在预测自身的未来,方法比较简单。这种方法适用于未来和现在、过去的经济环境有很好的连贯性。

调查分析法是就需要预测的对象向有关人员进行抽样调查,通过对调查结果的统计、分析得出预测结果。调查的对象可以是潜在的消费者、专家或销售经理,调查的方式有问卷、交谈等。其中面向专家的德尔菲法(Delphi method)由调查者以函件的方式分别向专家组成员进行征询;专家组成员以匿名的方式(函件)提交意见;调查者将意见整理统计后形成新的函询;经过几次反复征询和反馈,专家组成员的意见逐步趋于一致,最后获得精度较高的集体判断结果。由于调查数据出自被调查者凭借自身经验、知识的判断,所以预测结果带有一定主观性。该方法简单实用,对历史资料的依赖性不强,特别适用于缺乏历史资料或没有历史资料的新产品的短期需求调查,也常被用于其他预测方法中消费倾向问题的调查。

2) 商品属性分析

了解拟建项目产出品的商品属性,有利于明确需求对象、分析商品的市场特征、选择合适的预测方法,是合理预测市场需求量的基础。

根据商品的经济用途(经济属性),商品可以分为用于生活的消费品(又称生活资料)和用

可行性研究的方法

于生产的生产资料。在生产资料中厂房、机器等属于资本品,原材料、半成品等属于中间品。一些商品是单纯的资本品或中间品,如车床、原油;一些商品是单纯的消费品,如手机、内衣;更多的商品既可用于消费也可用于生产,如粮食作为消费品可以用来食用,也可以作为原材料用于酿酒、养殖;电脑可以作为消费品为个人使用,也可以作为资本品为信息企业使用。对于具有双重属性的商品既要考虑消费需求,也要考虑生产需求。例如交通设施的需求量——交通量,既包括物资运输的生产需求,也包括探亲、旅游的消费需求;住宅的需求量既包括用于居住的消费需求,也包括投资需求。

根据需求量与收入的相关关系,消费品分为必需品、奢侈品和劣等品;必需品和奢侈品与收入呈正相关关系,其中后者对收入更敏感;劣等品与收入呈负相关关系。根据其他商品与所预测商品的相关关系,商品分为互补商品、替代商品和不相关商品。互补商品和替代商品是需求预测需要考察的对象,其中互补商品的需求量之间呈正相关关系,替代商品的需求量之间呈负相关关系。根据消费对象不同,消费品可以分为个人消费品和家庭消费品,前者如手机,后者如空调;根据消费时间长度,消费品可以分为日用品和耐用品,耐用品除了有新购需求,还存在更新(以旧换新)需求。

3) 需求量影响因素分析

需求的因果分析法首先需要分析需求量的影响因素。需求量的影响因素很多,有些属于短期影响因素,如季节性影响(夏天空调需求量会增加、冬季棉衣需求量会增加),突发事件影响(禽流感导致家禽需求量急剧下降);有些属于长期影响因素。建设项目的需求预测属于长期预测,应关注长期影响因素,并剔除短期因素的影响。商品属性不同,长期影响因素也不尽相同。下面以住宅为例,讨论需求量的影响因素。住宅具有消费和投资双重属性,需分开考虑。

(1) 消费者收入。消费者收入一般用人均可支配收入衡量,它是个人收入扣除向政府缴纳的各种税、费后的余额。消费性住宅的需求量与收入呈正相关关系。由于住宅属于家庭消费品,家庭年收入与需求量的相关性可能更高。购买住宅是最大的一项家庭支出,不太可能用当年的收入购买,往往是利用若干年的节余;储蓄存款是家庭节余的一项衡量指标。

(2) 人口增长率。住宅的消费属性属于生活必需品,需求量与人口增长率呈正相关关系。由于住宅的不可流动性,住宅市场是地区市场,不可能形成全国市场,所以人口增长率应以一个城市为统计单位,包括自然增长率和人口迁移(目前我国经济活跃城市的人口增长主要依赖于迁入人口)。

(3) 住宅拥有量。与冰箱、电脑等其他耐用品不同,住宅的更新周期很长,几十年甚至上百年,更新需求较小。在其他因素不变的情况下,一个城市的人均居住面积越高、消费需求量越小;投资需求量不受住宅拥有量影响。

(4) 市场利率。消费者购买住宅时大多需要贷款,市场利率上升,购置成本增加(相当于住宅价格上涨),需求量会下降;相反,利率下降、需求量增加。由于我国银行采用固定利率,并不能很好地反映实际贷款成本(民间借贷非常活跃),应采用市场利率而不是银行利率作为影响因素的考察指标。

(5) 价格和价格预期。价格对需求量的影响应从两个方面分开考察,价格上升,住宅的消费需求量下降,但住宅的投资需求量则上升。目前价格的上升会强化人们对未来价格上升的预期,而未来价格上升,可以增加投资收益。所以从越涨需求量越大的统计数据并不能说住宅的消费需求违背了需求规律。对于住宅价格的预期,人们目前还无法做到理性判断,因为从房地产市场形成到现在几乎是一路上涨,人们坚信它是只涨不跌,这种情形如同 2007 年以前中国的股市。上交所的股市从 2007 年 10 月 16 日顶峰的 6 124 点跌落到 3 000 点左右后,人们对股票价格的预期就比较理性了,资本品价格有涨也有跌,投资有风险。

(6) 旧城拆迁量。旧城改造强制报废了原有住宅,会增加对住宅的需求量。当旧城改造任务完成后,这一影响因素消失。

(7) 廉租房和公寓建设。廉租房和公寓属于商品房的替代商品,这部分住房会减少低收入家庭和年轻家庭的需求量。

上述各项影响因素在不同时期对需求量的影响程度是不同的,应区分主要因素和次要因素,以便集中精力研究主要因素。

4) 因果关系法预测模型的建立

建立预测模型先要在影响因素分析的基础上选择模型自变量。因模型自变量的未来值自身也需要预测,所以自变量不宜过多。应选择那些与需求量相关程度高(也即主要影响因素)、且自身的预测值较为可靠的变量。如果多个自变量之间存在较高的相关性,则可以选择其中的一个;当某个影响因素在未来并不发生变化时,不选作自变量。

变量选好后需要确定变量在模型中的表达形式。最简单的形式是线性形式,这时式(10-1a)的需求函数可采用全量形式具体表示为:

$$Q_d = a_0 + a_1 X_1 + \cdots + a_i X_i + \cdots + a_n X_n \tag{10-2}$$

式中 Q_d——待预测的需求量;

X_i——影响需求的因素(自变量),共 n 个;

$a_i (i=0 \sim n)$——回归系数。

然后利用 Q_d 与 X_i 的 m 组历史数据,估计回归系数 a_i。当只有一个自变量时(用 X 表示),回归系数 a_0、a_1 按下式确定:

$$\left. \begin{array}{l} a_1 = \dfrac{\sum\limits_{j=1}^{m} x_j Q_{dj} - m \bar{X} \cdot \bar{Q}_d}{\sum\limits_{j=1}^{m} x_j^2 - m \bar{X}^2} \\ a_0 = \bar{Q}_d - a_1 \bar{X} \end{array} \right\} \tag{10-3a}$$

式中 $\bar{Q}_d = \dfrac{1}{m} \sum\limits_{j=1}^{m} Q_{dj}$ —— m 组需求量的平均值;

$\bar{X} = \dfrac{1}{m} \sum\limits_{j=1}^{m} x_j$ —— m 组影响因素的平均值。

得到需求函数后即可根据影响因素的未来值推测需求量的未来值。

如果影响因素与需求量之间并非呈线性关系,需求函数可采用增量形式近似表示为:

$$\left. \begin{array}{l} \Delta Q_d \approx Q_{d0} \sum\limits_{i=1}^{n} E_i \delta_i \\ Q_d = Q_{d0} + \Delta Q_d \end{array} \right\} \tag{10-3b}$$

式中　Q_{d0}——目前的需求量；

　　　Q_d——需要预测的下一个时期(如下一年度)的需求量；

　　　ΔQ_d——下一个时期的需求增加量(负值代表减少量)；

　　　E_i——第 i 个影响因素的需求弹性(定义见10.2.2节)，需根据历史资料估计；

　　　δ_i——第 i 个影响因素在下一个时期的相对变化量。

10.3.2　投资效益分析方法

投资效益包括经济效益和社会效益。衡量一个建设项目的经济效益时，从投资者角度计算项目的效益和费用；衡量一个建设项目的社会效益时，从全社会角度计算项目的效益和费用。其中经济效益的衡量方法有静态评价法和动态评价法两类。

1) 经济效益的静态评价方法

静态评价法不考虑资金的时间价值，常用两种评价指标：**投资回收期**(payback period)和**投资收益率**(rate of return on investment)。所谓投资回收期是指项目建成后每年的净收益累计达到投资额所需的年限。用 TR 表示每年的总收益、TC 表示每年的运行成本，则投资企业每年的净收益 $\pi = TR - TC$；假定该项目的投资总额为 I，则该项目的静态投资回收期(单位：年)：

$$T = \frac{I}{\pi} = \frac{I}{TR - TC} \tag{10-4a}$$

该式隐含的假定是项目建成后每年的净收益是相同的，大多数情况并不符合。所以更一般的表达式为：

$$I = \sum_{t=1}^{T} \pi_t = \sum_{t=1}^{T} (TR_t - TC_t) \tag{10-4b}$$

式中下标 t 代表第 t 年。

如果投资回收期小于基准投资回收期，则该项目是经济合理的。

投资收益率是指项目建成后每年的净收益与投资额的比值，按下式计算：

$$ROI = \frac{\pi}{I} \times 100\% \tag{10-5}$$

如果投资收益率大于基准收益率，则该项目是经济合理的。

2) 经济效益的动态评价方法

经济效益的静态评价方法没有考虑资金的时间价值。由于资金有收益(称为利息)，所以明年的100元与今年的100元在价值上是不等的。利息与本金的比值称为利息率，简称利率。假定利率 $r = 5\%$，则今年的100元等于明年的 $100 元 \times (1 + 5\%) = 105$ 元，等于后年的 $105 元 \times (1 + 5\%) = 100 元 \times (1 + 5\%)^2 = 110.25$ 元；或者说一年后的105元等于今年的 $\frac{105}{(1+5\%)}$ 元 $= 100$ 元。这种在特定利率下不同时期数额不等而价值相等的资金称为等值资金。

有了等值资金的概念，我们就可以把不同时期的资金按等值进行换算。将 m 年后的资金换算为现在的等值资金称为贴现，相应的现在等值资金称为**现值**(present value)。用上面的例子，一年后的 105 元的现值是 100 元,两年后的 110.25 元的现值是 100 元。现在资金在 m 年后的等值资金称为现在资金的**未来值**(future value),现在的 100 元一年后的未来值是 105 元。

考虑资金时间价值的评价方法称动态评价法,有净现值法、动态投资回收期法、内部收益率法和外部收益率法等。

在动态评价法中,将某个时刻的收入和支出称为**现金流**(cash flow),收入为现金流入,支出为现金流出;同一时期现金流入与现金流出的差额称为**净现金流**(net cash flow)。净现值法是计算项目在建设期和使用年限内各年的净现金流现值的累计值,称**净现值**(net present value)。设用于计算现值的利率(又称贴现利率,简称贴现率)为 r_0,第 j 年的净现金流用 NCF_j,则第 j 年净现金流的现值为 $\dfrac{NCF_j}{(1+r_0)^{j-1}}$;$n$ 年的净现值为:

$$NPV = \sum_{j=1}^{n} \frac{NCF_j}{(1+r_0)^{j-1}} \tag{10-6}$$

式中 n 为项目建设和使用总年限。

【**例 10-1**】某收费高速公路逐年的支出和收入如表 10-1 所示,项目的建设期为 4 年、运行期为 20 年。取标准贴现率 $r_0=6\%$,求净现值。

表 10-1 某项目支出、收入表 　　　　　　　　　　单位:万元

年份	1	2	3	4	5	6	7~15	8~24
投资	50 000	60 000	60 000	30 000				
运行费用					2 000	2 000	3 000	3 000
收入					20 000	25 000	32 000	32 000

〔解〕
首先计算每年的净现金流,净现金流=收入-运行费用-投资;然后计算净现金流的现值;最后将各年的净现金流现值累加,计算过程列于表 10-2,表中还计算了累计净现金流。该项目的净现值 $NPV=85\ 947.55$ 万元。

表 10-2 净现值计算 　　　　　　　　　　单位:万元

年份 (j)	投资 ①	运行费用 ②	收益 ③	净现金流 ④=③-②-①	累计净现金流 ⑤=$\sum$④	净现金流现值 ⑥=$\dfrac{④}{(1+0.06)^{j-1}}$	净现值 $NPV=\sum$⑥
1	50 000			−50 000	−50 000	−50 000	−50 000
2	60 000			−60 000	−110 000	−56 603.8	−106 604
3	60 000			−60 000	−170 000	−53 399.8	−160 004
4	30 000			−30 000	−200 000	−25 188.6	−185 192
5		2 000	20 000	18 000	−182 000	14 257.69	−170 934
6		2 000	25 000	23 000	−159 000	17 186.94	−153 748
7		2 000	32 000	30 000	−129 000	21 148.82	−132 599

续表 10-2

年份 (j)	投资①	运行费用②	收益③	净现金流 ④=③-②-①	累计净现金流 ⑤=$\sum$④	净现金流现值 ⑥=$\dfrac{④}{(1+0.06)^{j-1}}$	净现值 $NPV=\sum$⑥
8		2 000	32 000	30 000	-99 000	19 951.71	-112 647
9		2 000	32 000	30 000	-69 000	18 822.37	-93 824.6
10		2 000	32 000	30 000	-39 000	17 756.95	-76 067.7
11		2 000	32 000	30 000	-9 000	16 751.84	-59 315.8
12		2 000	32 000	30 000	21 000	15 803.63	-43 512.2
13		2 000	32 000	30 000	51 000	14 909.08	-28 603.1
14		2 000	32 000	30 000	81 000	14 065.17	-14 537.9
15		2 000	32 000	30 000	111 000	13 269.03	-1 268.91
16		3 000	32 000	29 000	140 000	12 100.69	10 831.78
17		3 000	32 000	29 000	169 000	11 415.74	22 247.52
18		3 000	32 000	29 000	198 000	10 769.57	33 017.09
19		3 000	32 000	29 000	227 000	10 159.97	43 177.06
20		3 000	32 000	29 000	256 000	9 584.877	52 761.93
21		3 000	32 000	29 000	285 000	9 042.337	61 804.27
22		3 000	32 000	29 000	314 000	8 530.507	70 334.78
23		3 000	32 000	29 000	343 000	8 047.648	78 382.43
24		3 000	32 000	29 000	372 000	7 592.121	85 974.55

上述计算结果还可以用曲线表示，见图 10-12 所示，图中横坐标为年份、纵坐标为净现值或累计净现金流。从开始投资之日算起，第 15.1 年的净现值为 0（见图 10-12 中的实线），开始从负转为正，这一年限称为动态投资回收期。前面介绍的静态投资回收期则是累计净现金流为 0 对应的年限，即图 10-12 中虚线与横坐标的交点，为 11.3 年。

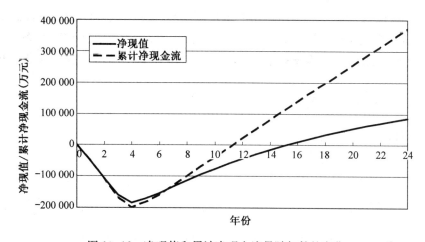

图 10-12 净现值和累计净现金流量随年份的变化

净现值法的评价准则是：当贴现率取标准利率、项目使用年限内算得的净现值 $NPV \geq 0$ 时，该项目经济合理；当 $NPV < 0$ 时经济不合理。

从例 10-1 净现值的计算过程可以发现，当每年的净现金流不变时，净现值会随贴现率的增加而减小。当项目使用年限内的净现值减小到 0 时，对应的贴现率称为**内部收益率** (internal rate of return)，用 IRR 表示，可由下式求得：

$$NPV = \sum_{j=1}^{n} \frac{NCF_j}{(1+r)^{j-1}} = 0 \tag{10-7}$$

对于表 10-1 中的数据，净现值与贴现率的关系见图 10-13 所示。当贴现率为 10.08% 时净现值为 0，所以该项目的内部收益率 IRR 为 10.08%。

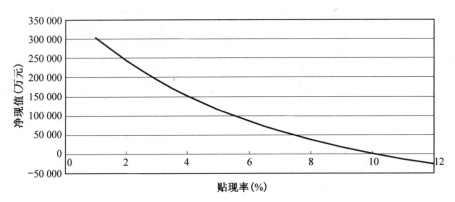

图 10-13　净现值与贴现率关系

内部收益率法的评价准则是：当标准贴现率为 i 时，如果 $IRR \geq i$，项目经济合理；如果 $IRR < I$，项目经济不合理。

内部收益率反映了项目的盈利能力。该方法对所有现金流，无论是建设期的净支出（投资），还是运行期的净收益，均按同一个贴现率（内部收益率）贴现，这隐含了一个假定：所获得的净收益全部用于再投资，并且再投资的收益率均等于该项目的内部收益率。这与实际情况并不符合，因为用于再投资的收益不太可能刚好等于该项目的内部收益率。

外部收益率法采用两个利率，运行期的净收益（净现金流）进行再投资的收益率取标准贴现率 i_0，即按标准贴现率进行贴现；建设期的投资按收益率 i' 贴现。**外部收益率** (external rate of return) 用 ERR 表示，是使**净未来值** (net future value) 等于零时的收益率，可按下式求得：

$$NFV = -\sum_{j=1}^{l} I_j (1+i')^{n-j} + \sum_{j=l+1}^{n} NCF_j (1+i_0)^{n-j} = 0 \tag{10-8}$$

式中　l——项目的建设年限；

　　　n——建设和运行总年限。

对于表 10-1 数据，项目建设年限为 4 年、运行年限为 20 年，净未来值与贴现率的关系见图 10-14 所示，当贴现率为 7.87% 时，净未来值为零，所以该项目的外部收益率 ERR 为 7.87%。

外部收益率法评价的准则是：当 $ERR \geq i_0$，项目在经济上是合理的。

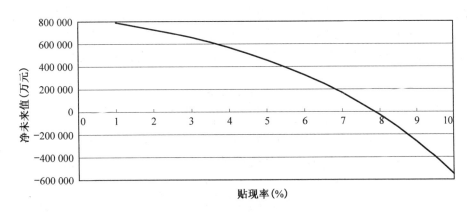

图 10-14 净未来值与贴现率关系

3) 社会效益的评价方法

建设项目的社会效益是指为社会发展、文明进步所做的贡献,包括经济、科技、文化、卫生、政治、国防等各个方面,其中对经济发展贡献的评价称为国民经济评价,它是站在全社会角度,从国民经济整体利益出发,以资源最优配置、国民收入最大增长和合理分配为目标的经济效果分析。为了加以区别,从投资者(建设单位)角度对项目的经济效果进行评价又称为项目的财务评价。

项目的国民经济评价和项目财务评价有以下区别:

(1) 着眼的对象不同。财务评价着眼的对象是投资者,国民经济评价着眼的对象是全体国民。

(2) 效益和费用的界定不同。对于财务评价,商品的销售额是投资者的收益;但对于国民经济评价,销售额并不是收益,因为销售额是由消费者支付,仅仅是资金从消费者转移到生产者,全社会的收益并没有增加。企业购买原材料的货款、支付的工资、交纳的税,对于财务评价来说,是费用(支出),但对国民经济评价来说并不是费用,因为这一部分的资金并没有从全社会消失,而是从生产者转移到原材料供应商、工人和政府。对国民经济评价而言,经济效益是项目最终为社会提供的物品和服务的数量和质量,费用是该项目全社会消耗的资源。

(3) 效益和费用的范围不同。财务评价只计入直接收益和直接费用,国民经济评价还需计入间接效益(外部效益)和间接费用(外部费用)。例如,汽车的尾气排放(符合国家排放标准),可能会影响居民的身体健康,增加国家的医疗支出,这是全社会承担的汽车项目的间接费用,但财务评价并不计入这部分费用,因为汽车企业并没有支付这部分费用。由于高铁的新建,带动了当地的经济,这是项目的外部效益,财务评价中并不计入,而国民经济评价中需要考虑。

(4) 采用的价格体系不同。当市场经济不是很完善时,市场价格并不完全反映商品的价值。例如我国的一些不可再生资源的价格和劳动力价格长期偏低,如果按市场价格进行国民经济评价,会低估项目的费用、高估项目的效益,所以需要采用反映商品价值的价格,这种价格称为**影子价格**(shadow price)。而对企业而言,实际的支出和收入都是以市场价格计价的,所以财务评价时可采用市场交易价格。

建设项目投入品的影子价格就是它的机会成本,建设项目产出品的影子价格就是消费者的支付意愿。如果能用影子价格计算建设项目的收益、用影子价格计算投资费用和运营费用，并且计量出外部效益和外部费用，把它们加到项目的效益和费用中，总效益扣去总费用即为项目的净效益。与项目的财务评价类似，项目国民经济评价方法有经济净现值法、经济内部收益率法等。

当项目产出品的市场价格由于该项目的投产发生下降时，利用消费者剩余的概念可以较好地评价项目的社会净效益。假定该项目投产前产出品的市场均衡点为 E，相应的均衡价格为 P_E、均衡产量为 Q_E；项目投产后，由于供给增加（供给曲线从 S 变动到 S'），市场均衡点变动到 E'，均衡价格从 P_E 下降到 P_E'、均衡产量从 Q_E 增加到 Q_E'，见图 10-15 所示。

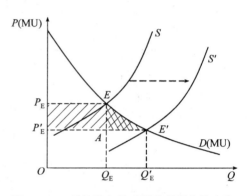

图 10-15 项目投产前后消费者剩余的变化

该项目投产后，消费者剩余增加了 $P_E E E' P_E'$ 的面积，其中 $P_E E A P_E'$ 部分是该项目产出品原有企业减小的收益（这一部分收益转移为消费者剩余），全社会的收益并没有增加，而曲边三角形 AEE' 的面积是该项目为社会新增的净收益。

10.3.3 环境影响评价方法

建设项目的环境影响评价是对拟建项目可能带来的环境影响进行预测分析，提出相应的环境保护措施，为项目选址、设计及建成投产后的环境管理提供科学依据。环境影响评价的主要内容包括：环境影响因素识别与评价因子筛选、项目所在区域环境现状调查与评价、建设项目工程分析、环境影响预测评价、环境保护措施以及进行跟踪监测的方法与制度。

1) 环境影响因素识别与评价因子筛选

环境影响因素识别是指通过系统检查拟建项目在建设、运行以及退役后等不同阶段的各种行为与可能受影响的环境要素（如大气环境、水环境、声环境、土壤环境、地质环境、自然人文景观、文物古迹等）之间的作用效应关系、影响性质、影响范围、影响程度等，找出建设项目对各环境要素可能产生的污染影响和生态影响，包括有利与不利影响、长期与短期影响、可逆与不可逆影响、直接与间接影响、累积与非累积影响，为环境预测确定目标、为环境保护措施指明方向。

环境影响识别的方法有矩阵法、网络法和地理信息系统支持下的叠加图法等。矩阵法是将建设项目的各种行为和一系列环境要素分别作为行和列，以两者之间的关系（性质和程度）作为元素，构成项目与环境的关系矩阵。网络法是用网络图表示各种行为造成的环境影响以及各种影响之间的因果关系，以原因—结果关系树来表示环境影响链，多层影响逐级展开，呈树枝状，故又称影响树法；它不仅可以反映直接影响，还可以反映间接影响和累积影响。叠加图法首先将每种影响因素的影响范围和程度（阴影范围和阴影深浅）绘制在项目所在区域的透明轮廓基图上，然后将各种透明图片叠合在一起，可直观地反映一项工程的综合影响。

依据环境影响识别结果，结合区域环境功能要求或所确定的环境保护目标，筛选评价因子，而评价因子是指环境要素中的指标。评价因子应能够反映环境影响的主要特征、区域环境的基本状况及建设项目的特点和排污特征。

2) 工程分析

工程分析是结合建设项目的工程组成、规模、工艺路线,对环境影响较大的主要因素进行深入、详细的分析。常用的方法有类比分析法、实测法、实验法、物料衡算法和参考资料分析法。其中类比分析法是通过收集与拟建项目类似工程兴建前后对环境的实际影响数据,根据拟建项目与已建项目的差异经修正后作为拟建项目的分析结果。类比对象的选择条件是:工程性质、工艺和规模与拟建项目基本相当,评价因子相似,项目建成已有一定时间,所产生的影响已基本全部显现。物料衡算法以质量守恒定律为基础,通过对物料平衡的计算,估算出污染物的排放量。物料平衡是指"在单位时间内进入系统的全部物料质量必定等于离开该系统的全部物料质量(产品+副产品+回收)再加上流失掉的物料质量(排放)"。

3) 环境现状调查与评价

建设项目所在区域的环境现状调查与评价的对象包括地形地貌、气候与气象、水文、土壤、生态、水环境、大气环境、声环境等自然环境;人口、工业、农业、能源、土地利用、交通运输现状及规划、环境保护规划等社会环境;环境质量和区域污染源;放射性、光与电磁辐射、振动、地面下沉等其他环境。

环境现状调查的方法有收集资料法、现场调查法、遥感和地理信息系统分析法等。

4) 环境影响预测与评价

建设项目的环境影响预测是要对能代表区域环境质量的各种环境因子的未来变化进行分析,常用的方法有数学模式法、物理模型法、类比调查法和专业判断法。

数学模式法采用统计、归纳的方法在时间域上通过外推做出预测。该法能给出定量预测结果,但需要一定的计算条件和输入必要的参数、数据。

物理模型法通过建立在实验基础上的实物模型,来预测建设项目对未来环境的影响。该方法的再现性好,能反映复杂的环境特征,但需要合适的实验条件和必要的基础数据,建立复杂环境模型需较多的人力、物力和时间。预测精度的关键在于模型与原型的相似性,包括集合相似、运动相似、热力相似和动力相似。

专业判断法又称专家咨询法,如德尔菲法(Delphi method),属于定性预测方法,特别适用于难以量化的环境影响,如对文物和景观的环境影响。

5) 环境保护措施与跟踪监测

建设项目所采取的环境保护措施应具有长期稳定运行和达标排放的可靠性,满足环境质量要求和污染物排放总量控制要求。

根据建设项目的影响特征,制定相应的环境质量、污染源、生态以及社会环境影响等方面的跟踪监测计划。对于非正常排放和事故排放时可能出现的环境风险,应提出预防和应急预案。

思考题

10-1 为什么建设项目的可行性研究需从市场研究开始?
10-2 技术研究需要解决什么问题?
10-3 需求有哪些影响因素?何谓需求弹性?
10-4 有哪些需求预测的方法?

思考题注释

10-5　建设项目经济效益的静态评价有哪些常用指标？其含义是什么？
10-6　建设项目经济效益的动态评价有哪几种方法？
10-7　何谓建设项目的社会效益？
10-8　建设项目的环境影响评价包括哪些内容？
*10-9　何谓边际效用？边际效用有什么规律？
*10-10　何谓消费者剩余？消费者剩余在经济评价中有什么用处？

作业题

10-1　某展馆系临时性建筑，建设期为1年，投资6 000万元；使用期（运行期）为5年。投入使用后每年的运行费均为100万元，收益分别为2 800万元、2 100万元、1 400万元、700万元和500万元。取标准贴现率$r_0=6\%$，试计算净现值、动态回收期和静态回收期。

10-2　计算题10-1的内部收益率IRR和外部收益率ERR。

作业题指导

测试题

10-1　项目可行性研究的步骤包括(　　)。
(A) 初步可行性研究、方案可行性研究和详细可行性研究
(B) 机会研究、方案可行性研究和详细可行性研究
(C) 机会研究、初步可行性研究和详细可行性研究
(D) 机会研究、初步可行性研究和方案可行性研究

测试题解答

10-2　如果某种商品的需求价格弹性$|E_d|>1$，则该商品降价时(　　)。
(A) 销售量和销售额均上升　　　(B) 销售量上升、销售额下降
(C) 销售量和销售额均下降　　　(D) 销售量下降、销售额上升

10-3　如果某种商品的需求价格弹性$|E_d|<1$，则该商品提价时(　　)。
(A) 销售量和销售额均上升　　　(B) 销售量上升、销售额下降
(C) 销售量和销售额均下降　　　(D) 销售量下降、销售额上升

10-4　当X、Y两种商品的交叉价格弹性$E_{xy}>0$时，这两种商品是(　　)。
(A) 替代商品　　(B) 互补商品　　(C) 相关商品　　(D) 不相关商品

10-5　当X、Y两种商品的交叉价格弹性$E_{xy}<0$时，这两种商品是(　　)。
(A) 替代商品　　(B) 互补商品　　(C) 相关商品　　(D) 不相关商品

10-6　当X、Y两种商品的需求交叉价格弹性$E_{xy}=0$时，这两种商品是(　　)。
(A) 替代商品　　(B) 互补商品　　(C) 相关商品　　(D) 不相关商品

10-7　需求收入弹性系数$0<E_M<1$的商品称为(　　)。
(A) 必需品　　(B) 奢侈品　　(C) 劣等品　　(D) 劣质品

10-8　当某种商品的需求不变时，随着供给的增加，市场的(　　)。
(A) 均衡价格、均衡产量均上升　　　(B) 均衡价格上升、均衡产量下降
(C) 均衡价格下降、均衡产量上升　　(D) 均衡价格、均衡产量均下降

10-9　当某种商品的供给不变时，随着需求的增加，市场的(　　)。
(A) 均衡价格、均衡产量均上升　　　(B) 均衡价格上升、均衡产量下降

(C) 均衡价格下降、均衡产量上升 (D) 均衡价格、均衡产量均下降

*10-10 消费者剩余(　　)。
(A) 与需求无关、随供给增加而增加 (B) 与需求无关、随供给增加而减小
(C) 随需求变化、随供给增加而增加 (D) 随需求变化、随供给增加而减小

10-11 根据预测原理,需求的预测方法有(　　)。
(A) 因果关系法、时间序列法和调查分析法
(B) 统计回归法、时间序列法和调查分析法
(C) 统计回归法、因果关系法和调查分析法
(D) 统计回归法、因果关系法和时间序列法

10-12 住宅的消费需求量与居民收入和市场利率的关系为(　　)。
(A) 居民收入、市场利率上升,需求量增加
(B) 居民收入、市场利率下降,需求量增加
(C) 居民收入上升、市场利率下降,需求量增加
(D) 居民收入下降、市场利率上升,需求量增加

10-13 在其他因素不变的条件下,工程项目静态投资回收期与动态投资回收期的关系(　　)。
(A) 静态投资回收期总是大于动态投资回收期
(B) 静态投资回收期总是小于动态投资回收期
(C) 当贴现率较小时静态投资回收期小于动态投资回收期
(D) 当贴现率较大时静态投资回收期小于动态投资回收期

10-14 工程项目的净现值(NPV)与贴现率 r_0 和每年的净现金流(NCF_j)的关系为(　　)。
(A) r_0、NCF_j 越大,NPV 越大　　(B) r_0 越大,NCF_j 越小,NPV 越大
(C) r_0 越小,NCF_j 越大,NPV 越大　　(D) r_0、NCF_j 越小,NPV 越大

10-15 工程项目经济效益动态评价法的内部收益率和外部收益率分别是(　　)。
(A) 使净未来值等于零对应的贴现率;使净未来值等于零时的投资收益率
(B) 使用年限内净现值减少到零对应的贴现率;使用年限内净现值减少到零的投资收益率
(C) 使用年限内净现值减少到零对应的贴现率;使净未来值等于零时的投资收益率
(D) 使净未来值等于零对应的贴现率;使用年限内净现值减少到零的投资收益率

10-16 环境影响识别的方法有(　　)。
(A) 网络法、叠加图法、物料衡算法 (B) 矩阵法、叠加图法、物料衡算法
(C) 矩阵法、网络法、物料衡算法 (D) 矩阵法、网络法、叠加图法

第 11 章 工程勘察设计

工程勘察设计是土木工程项目全寿命周期的第二个阶段,包括工程勘察和工程设计,其中工程勘察是工程设计的重要依据。

11.1 工程勘察

工程勘察(geotechnical investigation and surveying)包括**工程测量**(engineering surveying)、**岩土工程勘察**(geotechnical investigation)和**水文勘察**(hydrogeology survey)三部分。

工程勘察

11.1.1 工程测量

勘察设计阶段的工程测量任务是通过对建设场地的地物(地面上的固定物体,如河流、房屋、道路、湖泊等)和地貌(地面高低起伏的形态,如山岭、平原、谷地等)的量测、计算,绘制成地形图。工程施工阶段的工程测量任务是将设计图纸上工程的平面位置和高程标定到实地上;项目运行维护阶段的工程测量任务对工程变形进行监测,建立三维实景模型。

1) 地形图

在**地形图**(topographic map)上,地物用图例表示;地貌用等高线表示。等高线是地面上高程相等的相邻点所连接而成的闭合曲线,同一条等高线上的高程相同,等高线密集表示坡度陡、稀疏表示坡度缓。图 11-1a 是某局部地形的示意图,图 11-1b 是对应的等高线。通过地形图可以判断出**山丘**(hills)和**洼地**(depressions)、**山脊**(ridgeline)和**山谷**(valleys)、**鞍部**(saddle)、**绝壁**(precipice)与**悬崖**(cliffs)等特征地貌。

山丘和洼地的等高线都是一组闭合曲线,凡是内圈等高线的高程注记大于外圈者为山丘,小于外圈者为洼地。

山脊的等高线为一组凸向低处的曲线,曲线方向改变处的连线称为山脊线(图 11-1b 中点划线所示),又称分水线,降雨时雨水从山脊向两边流;山谷的等高线为一组凹向低处的曲线,曲线方向改变处的连线为山谷线(图 11-1b 中虚线所示),又称集水线,两侧的雨水汇集此处,向下流淌。

鞍部是相对的两个山脊和两个山谷的汇聚处,它上下左右的等高线是两组相对的山谷线和两组相对的山谷线。鞍部是盘山公路必定经过的地方。

绝壁是非常陡峭的岩壁,等高线非常密集,甚至重叠(90°直列岩壁);悬崖是上凸、下凹的绝壁,外圈等高线侵入内圈。

地形图用于工程选址、道路选线,还可以用来计算土方量。

2) 基本测量方法

工程测量有三项基本内容:高程测量、角度测量和距离测量。

(1) 高程测量

高程测量是通过测量两点之间的高差,由已知点高程推算未知点高程。如图 11-2 所示,A 为已知高程点,B 为待测高程点。在 A、B 两点分别竖立水准尺,在两点之间架设水准仪;设在 A、B 点水准尺上的读数分别为 a、b,A 点的高程为 H_A。

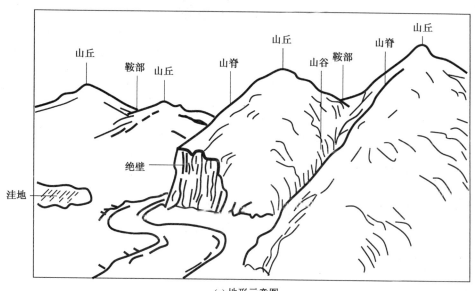

(a) 地形示意图

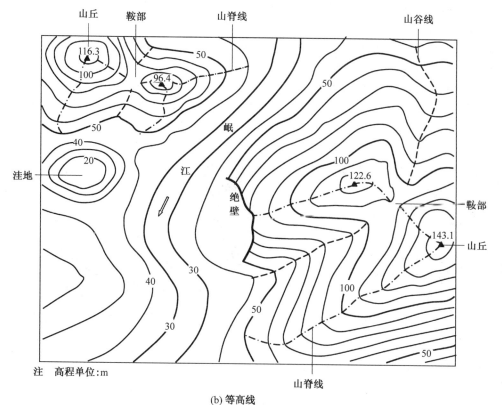

(b) 等高线

图 11-1 地形图

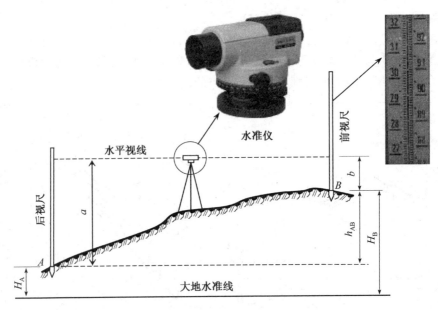

图 11-2 高程测量

则 B 的高程为：

$$H_B = H_A + h_{AB} = H_A + a - b$$

重复上述工作可测得各未知点高程。

(2) 角度测量

角度测量包括水平角测量和竖直角测量。如图 11-3a 所示，O、A、B 为地面上不同高程的三个点，沿铅直方向投影到水平面 P 上，得到 O'、A'、B' 三个投影点。水平投影线 $O'A'$ 与 $O'B'$ 的夹角 α 称为地面方向线 OA 与 OB 之间的水平夹角，取值范围为 $0 \sim 360°$。

在同一竖直面内，地面某一点至目标点的方向线与水平视线之间的夹角称为竖直角，方向线仰视为正、俯视为负，竖直角取值范围 $-90° \sim +90°$，见图 11-3b 所示。

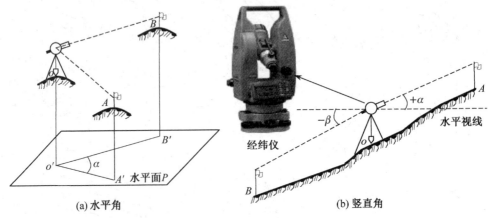

(a) 水平角　　(b) 竖直角

图 11-3 角度测量

(3) 距离测量

距离测量是量测两标志点之间的水平距离。距离测量的方法有：直接量距法、光学量距法和物理量距法。

直接量距法用钢卷尺(图 11-4a)量距,劳动量大、精度一般(1/5 000~1/1 000)。光学量距法是利用经纬仪、水准仪中望远镜内的视距丝,根据几何光学原理测定距离,精度较差(1/300~1/200),但操作较为简便。物理量距法通过测定光波在两点间传播的时间计算距离,激光测距仪(图 11-4b)的自动化程度高、精度好(1/1 000 000~5/100 000)。百米以内的测距已开发出手持式激光测距仪,使用非常方便,见图 11-4c 所示。

(a) 钢卷尺

(b) 激光测距仪

(c) 手持式测距仪

图 11-4 测距工具

目前工程建设中已普遍使用全站仪进行测量作业。全站仪是全站型电子速测仪的简称,它是集水平角、垂直角、距离(斜距、平距)、高差测量功能于一体的测绘仪器系统,一次安置仪器就可完成该测站上全部测量工作,具有测量数据的自动记录、储存、计算功能,以及数据通信功能。

3) 全球定位系统测量

全球定位系统(Global Positioning System)简称 GPS,包括空间星座、地面监控和用户设备等三部分。

空间星座由 24 颗卫星组成,分布在 6 个轨道面内,每个轨道面上有 4 颗。卫星运行周期为 11 小时 58 分。可保证地球上任意地点、任意时刻至少能观测到 4 颗卫星。

地面监控系统监测卫星工作状态并进行调整,提供时间基准并更新卫星信息。

用户设备部分包括 GPS 接收机和数据处理软件。用户接收机接收卫星信号;根据测距码信号从卫星发射到达接收机天线所经历的时间获得卫星到接收机的空间几何距离。由于卫星的瞬时坐标是已知的(可以通过接收到的卫星导航电文获得),理论上如果接收机同时对 3 颗卫星进行测距,就可以确定测站的三维坐标。但由于卫星时钟和接收机时钟绝非严格同步,存在时钟差,因而有 4 个未知数,需要同时对 4 颗卫星进行测距。

GPS 起源于 1958 年美国军方的一个项目,1964 年投入使用,到 1994 年全球覆盖率高达 98% 的 24 颗 GPS 卫星星座布设完毕。此外,俄罗斯格洛纳斯卫星导航系统(GLONASS)、欧洲伽利略卫星导航系统(Galileo satellite navigation system)以及我国的北斗卫星导航系统(BeiDou Navigation Satellite System)也可以用于工程测量。

4) 倾斜摄影与 3D 激光扫描测量

航空摄影用于地形测量最早可追溯到 1858 年纳达尔通过热气球从空中拍摄巴黎城。传统的航空摄影采用 1 个摄像机,以垂直方向(俯视)拍摄,无法获取侧面信息。**倾斜摄影**

(oblique photography)在无人机飞行平台上装有1个垂直方向和前、后、左、右4个侧向摄像机,同步采集**点云数据**(point cloud data)(每个点包含有三维坐标、颜色信息和反射强度信息),见图11-5a所示;利用计算机软件自动生成三维实景模型,见图11-5b所示。与传统的人工建模相比,效率大大提高,更加真实客观地反映地物实际情况。

(a) 无人机　　　　　　　　　　　　(b) 三维实景模型

图11-5　倾斜摄影

三维激光扫描(3D laser scanning)采用激光扫描仪(图11-6a)采集物体的点云数据,通过将点云配准、合并、去杂、平滑、数据分割、三维变换,构建三维模型,见图11-6b所示。

在工程中,常将无人机倾斜摄影和三维激光扫描结合起来,取长补短。前者覆盖范围宽,但无法获取目标物下部和内部的完整信息,导致构建的实景模型在底部和遮挡区域发生扭曲、变形、空洞等问题;后者视角范围窄,但可获取物体下部和内部的精确信息。

(a) 激光扫描仪　　　　　　　　　　　(b) 构建的三维模型

图11-6　三维激光扫描

11.1.2　岩土工程勘察

岩土工程勘察的目的是要查明、分析、评价土木工程建设场地的地质、环境特征和岩土工程条件,它包括四方面的工作内容:调查与测绘、勘探与取样、室内试验与原位测试、报告编制。

1) 调查与测绘

通过收集现有资料以及必要的测绘,查明建设地点的地形地貌、地层岩性、地质构造和不良地质现象(如断层、滑坡、溶洞等),为评价场地工程地质条件及合理确定勘探方式提供依据。场地稳定性评价是这一阶段的工作重点。

2) 勘探与取样

勘探是查明地下具体地质情况的必要手段,有坑探、钻探和触探等方法。

坑探(tunnel exploration)是通过开挖探槽、探井,直接观察地质结构并采集原状岩土样品的一种勘探方法,具有精确可靠的优点,但开挖工作量大、周期长,适用于浅层地质勘探。

钻探用钻机从地表向下钻孔,以鉴别和划分地层,并从钻孔不同深度处获取岩土样品,见图 11-7a 所示。

触探是通过探杆将金属探头贯入土层,通过量测各层土对触探头的贯入阻力,间接判断土层以及估算土的力学性能。触探并不能获取岩土样。

3) 室内试验与原位测试

通过在实验室对从现场获取的岩土样进行实验,获得岩土的物理、力学性能指标。对黏性土一般进行天然含水率、天然重度、液限、塑限、压缩系数及抗剪强度测定;对于砂土一般进行颗粒分析,测定天然重度、天然含水率及自然休止角等;对于岩石测定单轴抗压强度。

由于土样的实验条件和实际情况的边界条件存在差异,获取样品时难免造成挠动,所以对地基承载力这样一些指标需要通过原位测试获得。

4) 报告编制

岩土工程勘察的成果最终以勘察报告的形式反映,勘察报告包括以下主要内容:勘察的任务、要求及工作概况;场地描述;地层分布(图 11-7b);地下水情况;工程地质条件评价和附件。

(a) 钻探

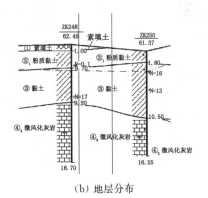
(b) 地层分布

图 11-7 岩土工程勘察

11.1.3 水文勘察

水文勘察包括水文测量和水文地质勘察。

水文测量是为了了解地表水情况,如降雨量、蒸发量、流速、流量、水位等,一般由水文站定期测量,见图 11-8a 所示。

水文地质勘察是为了了解地下水情况,如地下水的形成、分布、埋藏、补给和排泄等,见图 11-8b 所示。包括水文地质测绘、地球物理勘探、水文地质钻探、水文地质实验、地下水动态观测、实验室分析以及报告编制等工作内容。

(a) 水文测量　　　　　　　　　　　　　(b) 水文地质勘察

图 11-8　水文勘察

11.2　工程设计种类与设计要求

工程设计种类与要求

土木工程的种类繁多、用途各异，工程设计涉及许多专业。按工种分为功能与形态设计、土建设计和设备设计三大类；按设计阶段和设计深度分为**方案设计**（scheme design）、**初步设计**（preliminary design）和**施工图设计**（construction design）。

11.2.1　功能与形态设计

每一项土木工程都有它的服务对象和用途或者说使用功能，例如住宅供人居住，应有起居、饮食、洗漱、就寝、储藏、学习工作等功能；水库具有储水、防洪、灌溉、发电、养殖等功能。工程设计首先要进行功能需要分析（即必须具备哪些功能，包括基本功能和扩展功能），然后根据自然环境条件、科技水平、建设使用费用确定功能实现的最佳途径以及实现方法。土木工程的外形除了服从使用功能外还应满足人们的审美需求，特别是建筑和桥梁，所以对外形也需要专门设计。

以上这些工作对民用建筑和一般工业建筑称为建筑设计，由建筑学专业承担；对道路工程称为线路设计，由交通专业承担；对复杂工业建筑称为工艺设计，依据厂房性质的不同分别由化工专业、机械、能源、材料、无线电专业等工科专业承担。

11.2.2　土建设计

土建设计由土木工程专业承担。土木工程在使用期间会受到各种作用（直接和间接作用）、面临有害的环境，如何保证土木工程的安全、正常使用，并有足够的耐久性是土建设计的任务。土建设计包括结构设计、岩土工程设计、路面设计、轨道设计等种类。

11.2.3　设备设计

设备设计包括给排水设计、采暖通风设计和电气设计。

给水是为土木工程提供生活、生产用水和消防用水，有人群生活和生产活动的场所都需要给水，如房屋、地下建筑，出于防火的需要，隧道需提供消防用水；排水是将废水从土木工程排除，房屋、桥梁、地下建筑、隧道、公路、铁路等均需要排水。给排水设计由给排水专业承担。

通风是为土木工程提供新鲜空气、排出废气,房屋、地下建筑、隧道均需要通风,对于直接和人群接触的场所,还需要调节空气。暖气通风设计由暖通专业承担。

电气设计包括供电系统、照明系统和信息系统设计,前者由电气专业承担,后者依据信息系统的性质和复杂程度由不同的专业承担,如铁路的信息系统由信号工程专业承担,广播电视台的信息设计由通信专业、自动化专业、仪器仪表专业等联合承担。

11.2.4 方案设计

方案设计又称概念设计,是对工程框架的整体构思,包括各组成部分的功能和相互关系、各部分在空间的分布。方案设计需要确定工程规模、工程类别、设计标准和投资估算,一般在工程项目可行性研究的第三阶段就要进行。

对结构设计而言,方案设计阶段需要确定结构类型和主要设计参数,如房屋层数、高度、建筑面积,水平结构体系类型、竖向结构体系类型、下部结构类型,设计工作年限、抗震抗风防火等级等;桥梁的长度、宽度、跨径、通航净空,桥跨结构类型、桥墩类型,设计工作年限、抗震抗风防洪等级等。

11.2.5 初步设计

初步设计又称技术设计,是要解决方案中一些关键技术问题,对设计方案进行完善和优化;对新技术进行技术攻关,完成从实验发明阶段到工程应用阶段的转变;提供工程概算。对于技术成熟的小型工程,也可以省略初步设计直接进行施工图设计。

对结构设计而言,初步设计阶段需要确定主体结构的布置、主要结构构件的几何尺寸和材料;对主体结构进行计算分析,对结构方案进行优化;对新技术、新材料和新工艺进行适应性论证。

11.2.6 施工图设计

施工图设计又称详细设计,是工程设计的最后阶段,需要表达全部设计意图,完成所有设计细节,提供设备清单和材料用量,能编制出工程预算,详细程度和设计深度要满足工程施工的要求。设计成果包括计算书和图纸。

11.2.7 设计要求

工程设计应满足功能要求、经济要求、美观要求和生态要求,使土木工程在其设计工作年限内能正常地发挥各项预定功能;在全寿命周期内的建造、维护、使用的总费用最少;做到形态与功能的统一、工程与周围环境的和谐;对材料、能源等资源的消耗达到最低,全寿命周期内的碳排放最小,工程对自然的干预最少。

11.3 结构设计方法

结构设计方法

11.3.1 结构的功能与可靠度

工程结构应具有**安全性**(safety)、**适用性**(serviceability)和**耐久性**(durability)三大结构功能。

1) 安全性

安全性是指结构在正常施工和正常使用时应能承受出现的各种作用,当出现下列七种状态之一时,即认为结构已不能承受作用,达到承载能力的**极限状态**(limit states)。

① 结构构件或连接因超过材料强度而破坏(图11-9a),或因过度变形而不适合继续承载;

② 结构或构件因疲劳而破坏;

③ 地基丧失承载力而破坏,见图11-9b所示;

④ 结构或构件出现屈曲失稳,见图11-9c所示;

⑤ 整个结构或结构的一部分作为刚体失去稳定(如倾覆、滑移),见图11-9d所示;

⑥ 结构转变为机动体系;

⑦ 结构因局部破坏而发生连续倒塌。

(a) 强度破坏

(b) 地基破坏

(c) 屈曲失稳破坏

(d) 整体倾覆破坏

图11-9 结构破坏类型

上述①、②、③三种情况都属于强度破坏,此时结构所能承受的最大荷载,即极限承载力由材料或岩土的强度控制。其中①是一次受荷下的破坏,它是结构最普遍的破坏形式,所有类型的结构、所有材料的结构都可能发生。②是在重复受荷达到200万次下的破坏(称疲劳破坏),桥梁中的车辆荷载、厂房中的吊车荷载在结构使用年限内会重复出现200万次以上,所以直接承受这些荷载的结构或构件就有可能发生疲劳破坏。

屈曲失稳破坏时材料强度不起控制作用,与材料的弹性模量有关;强度相对弹性模量较高的钢受压构件和木受压构件容易发生屈曲失稳破坏。

结构发生倾覆破坏时,不仅与材料强度无关,与材料的所有力学性能都无关。是否会发生倾覆破坏与受力状态有关,埋入墙中的悬臂梁,当梁端荷载过大时梁将发生倾覆破坏,但如果梁的两端都有支承,变成简支梁,则不会发生倾覆破坏。

图 11-10a 是由两根柱和一根梁组成的单层排架,属于结构,能承受荷载;图 11-10b 所式的是一个机构,在非常小的水平荷载下就会发生运动,无法承受荷载。结构中是不允许出现这种机构的,但当水平荷载达到一定程度后,排架柱底会因为塑性转动变形形成所谓的塑性铰,变成机动体系,类似图 11-10b 的机构,此时已不能再增加荷载,标志着破坏。

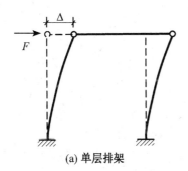
(a) 单层排架

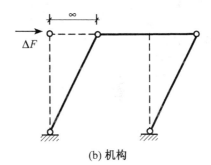
(b) 机构

图 11-10　结构与机构的区别

当结构遭遇到如爆炸、撞击等设计规定的偶然事件时,如仅发生局部破坏,但仍能保持整体稳固性则是允许的;但如果发生与起因不相称的破坏后果,出现连续倒塌(连锁反应),则结构已失去承载能力。1968 年 5 月 6 日英国伦敦坎宁镇 22 层的 Ronan Point 装配式大板公寓因 18 层煤气爆炸,炸飞正面一块墙板,导致上层楼板失去支承坠入砸坏下层楼板,最后破坏沿建筑物竖向蔓延,见图 11-11 所示。

2) 适用性

当结构构件出现下列状态之一时,即认为适用性不再满足,达到正常使用的极限状态:

① 影响正常使用或外观的变形;

② 影响正常使用的局部损坏(如裂缝);

③ 影响正常使用的振动。

图 11-11　结构连续倒塌

结构构件过大的变形会引起房屋装修的损坏、厂房吊车的卡轨,公路桥桥面铺装层的损坏、行车不平稳,还会造成人们的心理压力,所以必须加以控制。

混凝土构件过大的裂缝容易引起钢筋的锈蚀。

明显的振动,特别是与人的心脏跳动频率接近的振动会引起人的不舒适感,应避免,见图 11-12 所示。

2020年5月5日下午虎门大桥发生明显振动,迫使交通中断:大桥维护放置的沿护栏水马改变了钢箱梁的气动外形,在特定风环境下产生涡振。

(a) 虎门大桥风振

2021年5月18日中午赛格大厦出现明显晃动,人员全部撤离;楼顶桅杆风致涡激共振引发整个大楼振动。

(b) 赛格大厦风振

图 11-12　结构不适宜使用的振动

3) 耐久性

结构的耐久性是在各种环境条件作用下,保持结构安全性和适用性的能力,与结构所处环境、结构构造和结构材料有关,材料的耐久性见第 4 章。耐久性极限状态见图 11-13 所示。

(a) 混凝土桥墩腐蚀

(b) 房屋腐蚀

图 11-13　耐久性极限状态

结构的耐久年限不应低于**设计工作年限**(design working life)。房屋建筑的设计工作年限分三挡:5 年(临时性结构)、50 年(普通结构)和 100 年(标志性和特别重要的建筑结构)。铁路桥梁的设计工作年限为 100 年。公路桥梁的设计工作年限分三挡:30 年(小桥)、50 年(中桥、重要小桥)和 100 年(大桥和重要中桥)。港口工程结构的设计工作年限对于临时性的为 5~10 年;对于永久性的为 50 年。机场水泥混凝土道面的设计工作年限为 30 年。

4) 结构的可靠度

结构在规定的时间内、规定的条件下,完成预定功能(安全性、适用性和耐久性)的能力称为结构的**可靠性**(reliability);完成预定功能的概率称为可靠度,用 p_d 表示,不能完成预定功能的概率称**失效概率**(probability of failure),用 p_f 表示, $p_f = 1 - p_d$。

规定时间是指设计工作年限。规定条件是指正常设计条件、正常施工条件和正常使用条件。

如果用 R 代表结构的抗力,S 代表结构的荷载效应,结构的可靠度就是 $S \leqslant R$ 的概率,即

$$p_d = P(S \leqslant R)$$

结构的可靠度过低,结构发生破坏的风险增大,人员和财产的潜在损失增大,会引起人们心理恐慌;可靠度过高,建造成本增加。确定结构设计的目标可靠度需要对这两方面进行权衡。我国一般房屋建筑在设计基准期内的目标失效概率为 0.000 7,即可靠度为 99.999 3%。

11.3.2 结构设计的步骤

结构设计包括方案设计、结构分析、构件与连接设计和施工图绘制四大步骤,见图 11-14 所示。

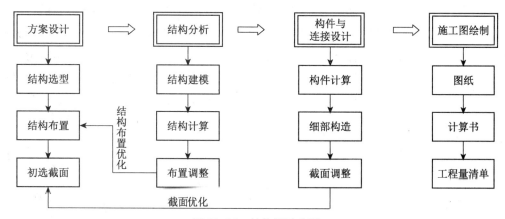

图 11-14 结构设计步骤

方案设计包含结构选型、结构布置和初选截面等几个内容。其中结构选型包括水平结构体系选型、竖向结构体系选型和基础选型,首先根据工程使用功能,选择 2~3 个合适的结构类型,然后依据同类工程经验,就技术性能、经济指标、施工条件、环保性能等综合比对,确定最佳结构方案。

结构分析是指计算结构在各种荷载作用下的内力、变形、应力、应变等荷载效应。首先需要根据确定的结构方案进行结构建模;然后进行结构计算,根据计算结果对结构布置进行调整,以期在满足结构可靠度要求的前提下获得最佳的经济指标。

构件与连接设计需要计算截面、节点或构件的抗力,以满足抗力不小于荷载效应的结构可靠度要求;根据计算结果对截面进行优化。

施工图是下一阶段工程施工的依据,需要完整表达所有最终的设计结果;由于图纸无法反映设计计算过程,为便于对设计成果的审查,尚需要提供全过程的计算书;提供工程量清单是为编制工程预算、备料服务。

11.3.3 结构的荷载效应分析

结构的可靠度涉及荷载效应和抗力两个方面,要使结构的可靠度达到预定目标,就必须进行结构精确的荷载效应分析,简称结构分析。它是结构设计重要的工作内容,正确与否直接影响到结构的安全性和适用性。

根据是否考虑结构振动,结构分析分为静力分析和动力分析,前者不考虑、后者考虑;根据对材料性能的假定,结构分析分为弹性分析和弹塑性分析,前者假定材料是完全弹性的,后者考虑材料的塑性性能;根据是否考虑结构变形对内力对影响,结构分析分为几何线性分析和几何非线性分析,前者不考虑、后者考虑。

1) 线弹性分析

线弹性分析(linear elastic analysis)不考虑材料的塑性性能,假定应力-应变关系是线性的(为一根直线),由此可推断出构件截面的弯矩-曲率关系是线性的(图 11-18a);不考虑结构变形对内力的影响。

对于图 11-15a 所示在顶部同时作用竖向轴心荷载 P 和水平集中荷载 F 的悬臂柱,可将两个荷载分开考虑,在竖向轴心荷载作用下,构件截面内仅产生轴压力,沿杆件长度的分布见图 11-15b 所示;在水平集中荷载作用下,构件截面内产生弯矩和剪力,沿杆件长度的分布分别见图 11-15c、图 11-15d 所示,弯曲变形引起的侧向位移分布见图 11-15e 所示。内力(轴力、弯矩和剪力)和变形与荷载都是线性关系,荷载引起的效应与荷载成正比。超静定结构也是这个规律,见图 11-16 所示,图中 $K = \dfrac{EI_b/L}{EI_c/H}$。

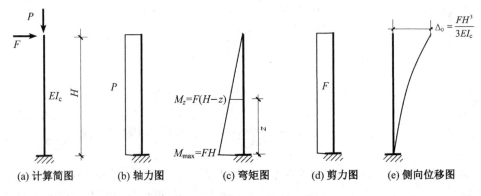

图 11-15 悬臂柱的线弹性分析

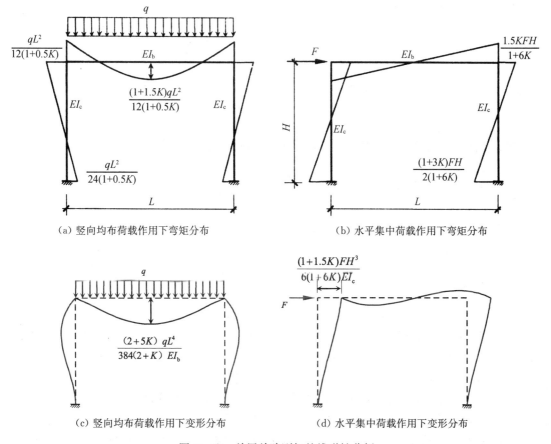

图 11-16 单层单跨刚架的线弹性分析

2) 弹性几何非线性分析

上述的线弹性分析方法具有一定的近似性。实际上当悬臂柱在水平荷载 F 作用下发生侧向位移时,竖向荷载的作用点也随之移动,如图 11-17a 所示。此时,水平荷载 F 作用下截面产生的弯矩不变;但竖向荷载 P 除了产生轴力外,还将产生附加弯矩,柱子底面的附加弯矩为 $P \times \Delta$,此附加弯矩又会引起附加侧向位移。

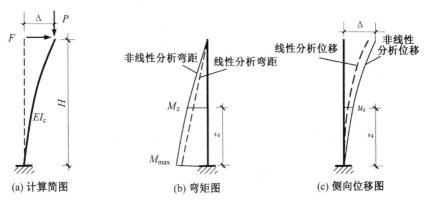

图 11-17 悬臂柱的几何非线性分析

最终的截面弯矩和侧向位移分别为[13]：

$$M_z = \frac{F}{\lambda}\tan(\lambda H)\cos(\lambda z) - \frac{F}{\lambda}\sin(\lambda z)$$

$$u_z = \frac{F}{\lambda P}\sin(\lambda z) + \frac{F}{\lambda P}\tan(\lambda H)[1-\cos(\lambda z)] - \frac{Fz}{P}$$

式中　$\lambda^2 = P/EI_c$。

弯矩和侧向位移分布分别如图 11-17b、图 11-17c 所示。

最大弯矩出现在柱底：

$$M_{\max} = M_z\big|_{z=0} = \frac{\tan(\lambda H)}{\lambda H}FH \tag{11-1a}$$

最大侧向位移在柱顶：

$$\Delta = u_z\big|_{z=H} = \frac{FH}{\lambda^2 EI}\left[\frac{\tan(\lambda H)}{\lambda H} - 1\right] \tag{11-2a}$$

内力和变形与荷载呈现非线性关系，这种非线性称为**几何非线性**（geometric nonlinearity），由于位移使得结构的受力状态（荷载作用点）发生了变化。

3）弹塑性（材料非线性）分析

上面两种分析方法都假定材料是弹性的，实际上土木工程使用的钢、木、混凝土等结构材料都是弹塑性的。对于弹塑性材料，截面的弯矩-曲率关系不再是图 11-18a 所示的一根直线，而近似为图11-18b 所示的多折线，图中第一个转折点弯矩 M_y 称为屈服弯矩，第二个转折点弯矩 M_u 称为极限弯矩，取决于截面形状、尺寸和所用材料。

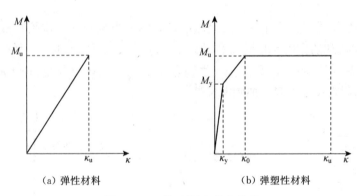

(a) 弹性材料　　　　　　　　(b) 弹塑性材料

图 11-18　截面弯矩-曲率关系

令 $\dfrac{M_y}{\kappa_y} = EI$、$\dfrac{M_u - M_y}{\kappa_0 - \kappa_y} = \eta EI$，图 11-18b 所示的弯矩-曲率关系可以分段表示为：

$$M = \begin{cases} EI\kappa & \kappa \leqslant \kappa_y \\ \eta EI(\kappa - \kappa_y) + M_y & \kappa_y < \kappa \leqslant \kappa_0 \\ M_u & \kappa > \kappa_0 \end{cases}$$

对于图 11-19a 所示的受均匀线分布荷载的等截面两跨连续梁,按线弹性分析得到的弯矩分布见图 11-19b。截面弯矩随荷载线性增加,各截面的弯矩保持不变的比例关系,与荷载无关,如支座弯矩 M_g 与跨中弯矩 M_c 的比例始终为 $(ql^2/8)/(ql^2/16)=2$,可以用一个弯矩图表示所有截面在不同荷载值下的弯矩。

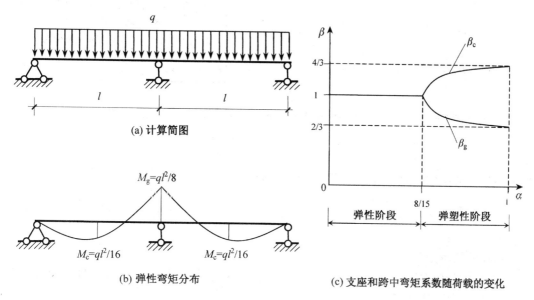

图 11-19 连续梁的弹塑性分析

考虑材料的塑性后,情况就不同了。取 $\eta=0.6$、$M_y=0.8M_u$;令荷载系数 $\alpha=\dfrac{q}{12M_u/l^2}$,支座弯矩系数 $\beta_g=\dfrac{M_g}{ql^2/8}$,跨中弯矩系数 $\beta_c=\dfrac{M_c}{ql^2/16}$。支座和跨中弯矩系数随荷载的变化情况见图 11-19c 所示。

在弹性阶段,随着荷载的增加,支座截面的弯矩系数和跨中截面的弯矩系数(包括所有截面的弯矩系数)维持不变,弯矩值与荷载值呈线性关系;进入弹塑性阶段后,随着荷载的增加,支座截面的弯矩系数下降、跨中截面的弯矩系数增加,弯矩值与荷载值呈非线性关系,这种非线性是由材料的塑性性能引起的,称为**材料非线性**(material nonlinearity)。

考虑材料的弹塑性性能后,不仅截面内力与荷载值不再呈线性关系,结构变形与荷载值也不再呈线性关系。图 11-20a 所示的钢筋混凝土悬臂柱,在柱顶水平荷载 F 作用下,按弹性分析,柱顶侧移 Δ 始终与荷载 F 呈线性关系,比例系数为侧向刚度 D,见图 11-20b 所示。实际上,截面屈服后,侧向刚度减小、侧移的增加快于荷载的增加;当荷载达到峰值荷载(承载力达到极限)后,结构还可以继续变形,但承载力下降,直到变形达到极限,结构才完全破坏,见图 11-20c 所示。极限位移 Δ_u 与屈服位移 Δ_y 的比值定义为结构的**延性系数**(ductility factor),延性系数越大,说明结构的延性越好。

在外力作用下,悬臂柱在弹性变形阶段的应变能可表示为:

$$U=\frac{F\Delta}{2}=\frac{F^2}{2D} \tag{11-3a}$$

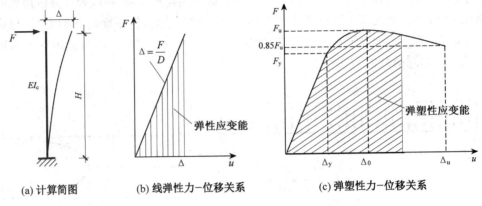

(a) 计算简图　　(b) 线弹性力-位移关系　　(c) 弹塑性力-位移关系

图 11-20　悬臂柱力与位移的关系

见图 11-20b 中阴影线面积。进入弹塑性阶段,应变能需用积分形式表示:

$$U = \int_0^\Delta F\,\mathrm{d}u \tag{11-3b}$$

4) 线弹性动力分析

以上结构分析方法针对的是静力荷载,当结构受到动力荷载作用时,需要进行动力分析。

(1) 单自由度体系运动方程

对于单层结构,动力分析时可以取图 11-21a 所示的计算简图,图中 m 为结构的质量, D 为结构的侧向刚度,是所有柱侧向刚度的总和。当结构受到动力荷载 $p(t)$ (大小、方向随时间变化的力)作用时,将发生水平振动,如图 11-21a 中虚线所示。质点的水平位移用 $u(t)$ 表示,速度和加速度分别用 $\dot{u}(t)$、$\ddot{u}(t)$ 表示。对质点取隔离体(图 11-21b),某个时刻节点受到的力包括:外荷载 $p(t)$、阻尼力 f_D 和恢复力 f_s。阻尼力 f_D 是一种使自由振动的振幅稳定地减小的作用,它与运动速度成正比,比例系数 c 称为阻尼系数,即 $f_D = c\dot{u}(t)$,方向与速度相反;恢复力 f_s 是结构对质点位移的约束反力,对于线弹性体系 $f_s = Du(t)$,方向与位移相反。

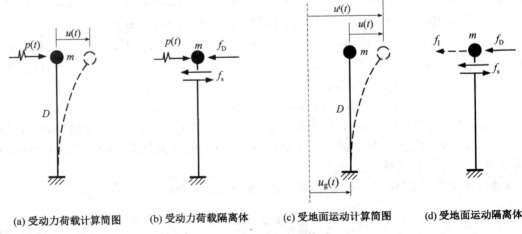

(a) 受动力荷载计算简图　　(b) 受动力荷载隔离体　　(c) 受地面运动计算简图　　(d) 受地面运动隔离体

图 11-21　单自由度体系

由牛顿运动第二定律,有
$$p(t)-f_D-f_s=m\ddot{u}(t)$$

如果将 $m\ddot{u}(t)$ 假想为一种方向与加速度方向相反的力(称之为惯性力),则动力系统满足动平衡方程 $\sum F=0$。

上式整理后得到运动方程:
$$m\ddot{u}(t)+c\dot{u}(t)+Du(t)=p(t) \tag{11-4a}$$

一旦确定了某个时刻质点的位移 $u(t)$,即可用静力分析方法计算结构的内力(如柱中剪力和弯矩)。

工程结构设计中必须考虑的地震是由于地面运动引起的结构振动。地面运动的位移用 $u_g(t)$ 表示、质点的总位移(绝对位移)用 $u^t(t)$ 表示、质点相对地面的位移仍用 $u(t)$ 表示,三者之间存在关系 $u^t(t)=u_g(t)+u(t)$,见图 11-21c 所示。质点惯性力的大小 $f_I=m\ddot{u}^t(t)=m[\ddot{u}_g(t)+\ddot{u}(t)]$,方向如图 11-21d 中虚箭头所示;恢复力和阻尼力由质点与地面的相对运动引起,$f_s=Du(t)$、$f_D=c\dot{u}(t)$。根据动平衡方程 $\sum F=0$,有 $f_I+f_D+f_s=0$,整理后有

$$m\ddot{u}(t)+c\dot{u}(t)+Du(t)=-m\ddot{u}_g(t) \tag{11-4b}$$

比较式(11-4b)与式(11-4a)可以发现,由于地面加速度 $\ddot{u}_g(t)$ 产生的结构相对位移(或变形)$u(t)$ 与地面静止但承受动力荷载 $m\ddot{u}_g(t)$ 作用产生的结构位移相同。地面运动可用有效地震力代替:

$$p_{\text{eff}}(t)=-m\ddot{u}_g(t)$$

其中地面运动加速度 $\ddot{u}_g(t)$ 可由地震记录仪获得。

(2) 单自由度体系谐振激励下的结构反应

如果结构受到的动力荷载为一谐振力,$p(t)=p_0\sin\omega t$,其中 p_0 为力的幅值;ω 为激励圆频率,周期 $T=2\pi/\omega$。式(11-4a)变为:

$$m\ddot{u}(t)+c\dot{u}(t)+Du(t)=p_0\sin\omega t$$

这是二阶微分方程,对于静止初始条件(即结构受到动力荷载前处于静止状态),其解为[4]:

$$u(t)=e^{-\zeta\omega_n t}(C_3\cos\omega_D t+C_4\sin\omega_D t)+C_1\sin\omega t+C_2\cos\omega t \tag{11-5a}$$

其中

$$\left.\begin{aligned}C_1&=\frac{p_0}{D}\frac{1-(\omega/\omega_n)^2}{[1-(\omega/\omega_n)^2]^2+[2\zeta(\omega/\omega_n)]^2}\\ C_2&=\frac{p_0}{D}\frac{-2\zeta\omega/\omega_n}{[1-(\omega/\omega_n)^2]^2+[2\zeta(\omega/\omega_n)]^2}\\ C_3&=-C_2\\ C_4&=\frac{\zeta C_3-C_1\omega/\omega_n}{\sqrt{1-\zeta^2}}\end{aligned}\right\} \tag{11-5b}$$

式中 $\omega_n = \sqrt{D/m}$ ——无阻尼时结构的自振频率(或称固有频率);

$\zeta = \dfrac{c}{2m\omega_n}$ ——阻尼比,混凝土结构一般为5%,钢结构为2%~5%;

$\omega_D = \omega_n\sqrt{1-\zeta^2}$ ——有阻尼振动固有频率。

图 11-22 给出了位移 $u(t)$ 随时间 t 的变化情况(这种曲线称时程曲线),图中纵坐标为 $u(t)/u_0$,u_0 是 p_0 作为静力荷载作用时结构的位移,$u_0 = p_0/D$;横坐标为 t/T,$T = 2\pi/\omega$。

结构的动力反应由两部分组成:瞬态反应(式 11-5a 中右边第一项)和稳态反应(式 11-5a 中右边第二、三项)。瞬态反应随时间按指数衰减,衰减的速度与阻尼比有关,经过一段时间后其影响基本消失,见图 11-22a 中的细实线;稳态反应一直存在,见图 11-22a 中的虚线。

结构设计更关心最大动力反应,定义位移反应峰值与静力位移的比值,$R_d = \dfrac{|u(t)|_{\max}}{u_0}$ 为位移反应系数。位移反应系数与阻尼比 ζ 和频率比 ω/ω_n 的关系见图 11-22b 所示。

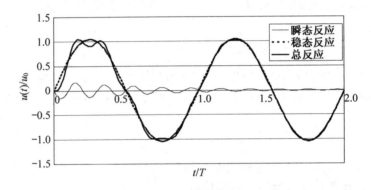

(a) 动力反应的组成部分($\omega/\omega_n = 0.2$、$\zeta = 5\%$)

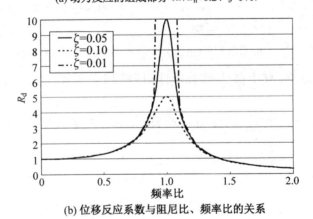

(b) 位移反应系数与阻尼比、频率比的关系

图 11-22 结构的动力反应

当频率比 ω/ω_n 小于 1 时,位移反应系数随频率比的增大而增大;当频率比 ω/ω_n 大于 1 时,位移反应系数随频率比的增大而减小,$\omega/\omega_n \to \infty$,$R_d \to 0$;频率比 $\omega/\omega_n = 1$ 时,体系发生共振,位移反应系数达到最大,此时阻尼的作用异常明显,阻尼越大、位移反应系数

越小。

(3) 单自由度体系地震作用下的结构反应

将式(11-4b)两边除以 m，得到：

$$\ddot{u}(t) + 2\zeta\omega_n \dot{u}(t) + \omega_n^2 u(t) = -\ddot{u}_g(t) \tag{11-5c}$$

对某个结构系统，阻尼比 ζ 和固有频率 ω_n（或固有周期 T_n）是确定的，针对某个地面运动加速度时程 $\ddot{u}_g(t)$，由上式可得到对应的结构位移时程。

图 11-23a 是 1940 年 5 月 18 日 Imperial Valley 地震中在美国加州 El Centro 地震观察站记录到的南北方向水平地面运动加速度地震波（常简称 El Centro 波）。

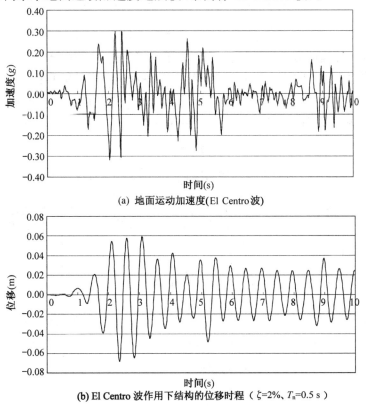

图 11-23 地震作用下的结构反应

由地震引起的地面运动加速度，包含不同的频率，看起来杂乱无章，是相当复杂的，所以无法通过解析的方法得到类似式(11-5a)那样的函数表达式，需要通过数值计算方法得到结构的反应。图 11-23b 是 $\zeta=2\%$、$T_n=0.5$ s 的单自由度结构的位移时程。根据位移时程、采用静力分析方法可进一步得到不同时刻结构的内力或应力。

当对结构进行弹塑性动力分析时，需要用弹塑性恢复力模型（诸如图 11-20c）代替恢复力与位移的线弹性关系 $f_s = Du(t)$，其余部分相同。

11.3.4 结构构件的抗力

抗力是指结构或构件承受作用效应（力和变形）的能力，以极限状态下所能抵抗的作用效应作为能力大小的衡量指标,它是结构可靠度的另一方面影响因素。抵抗力的能力称为**极限承载力**(ultimate bearing capacity),简称承载力;抵抗变形的能力称为**极限变形**(ultimate deformation)。

针对不同的极限状态,有不同的抗力表达形式。

1) 材料破坏时的抗力

结构构件发生材料破坏时,抗力采用截面承载力的表达形式。截面承载力与受力状态、截面几何尺寸和材料性能有关。对应受拉、受压、受剪、受弯和受扭等基本受力状态,分别有受拉承载力、受压承载力、受剪承载力、受弯承载力和受扭承载力;与复合受力状态对应的是复合承载力,如压弯承载力、弯剪扭承载力等。

钢构件和木构件的受拉承载力均可表示为截面面积 A 与材料抗拉强度 f 的乘积,即

$$N_u = Af \tag{11-6}$$

因混凝土的抗拉强度很低,极限状态时混凝土已开裂退出工作(受力),钢筋混凝土构件的受拉承载力为截面内配置的纵向钢筋的截面面积与钢筋抗拉强度的乘积。

与受拉承载力不同,钢构件和木构件的截面受弯承载力与截面形状有关,为抗弯截面模量 W(又称截面抵抗矩)与材料抗弯强度 f 的乘积,即

$$M_u = Wf \tag{11-7}$$

相同截面面积下,不同截面形状的模量不同,见图 11-24 所示,因而承载力不同。

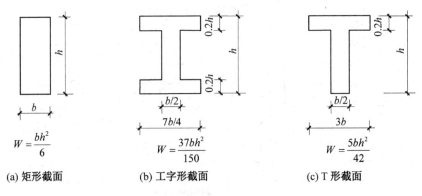

(a) 矩形截面　　(b) 工字形截面　　(c) T 形截面

图 11-24　不同截面形状的截面模量

钢筋混凝土的截面抵抗矩除了与截面形状有关外,还与纵向钢筋的配置情况有关。

2) 屈曲失稳时的抗力

受压构件屈曲失稳时的抗力采用构件承载力的表达形式,除了与截面有关外,还与构件的长度、受荷方式、支座约束情况等有关。对于两端受轴压力的构件,不同支座约束条件下的抗力分别见式(3-16a)、式(3-16b)、式(3-16c)所示。

3) 刚体失稳时的抗力

结构发生**倾覆**(overturning)、**滑移**(sliding)等**刚体失稳**(rigid body instability)时,抗力采用结构承载力的表达形式。对于图 11-25a 所示的挡土墙,倾覆抗力(抗倾覆力矩):

$$M_r = Ga \tag{11-8}$$

对于图 11-25b 所示的挡土墙,滑移抗力(抗滑力):

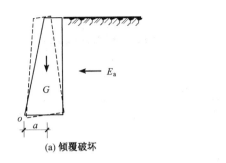
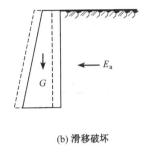

(a) 倾覆破坏　　　　　　　　(b) 滑移破坏

图 11-25　倾覆和滑移破坏

$$F_s = \mu G \tag{11-9}$$

式中　μ——挡土墙与地基的摩擦系数。

图 11-25 所示的挡土墙,在主动土压力 E_a 作用下可能会发生绕 o 点的倾倒(图 11-25a)以及水平滑动(图 11-25b)。

11.3.5　结构优化

结构满足使用功能、达到规定的可靠度有多种方案,从众多方案中选择最优方案称为结构优化(structural optimization),它是结构设计的重要工作内容。最优的标准称为优化目标,结构必须满足的条件(如使用功能、结构可靠度)称为约束条件。材料使用量是常见的结构优化目标。结构优化有截面优化、结构布置优化和结构形式优化等三个层次。

1) 截面优化

不同截面形状承受弯矩的效率不同(图 11-24),矩形截面优于正方形截面,工字形截面优于矩形截面,前者代替后者可以减少材料用量。

对于受弯构件,沿杆件长度的弯矩一般是不均匀的。弯矩大的地方采用大的截面、弯矩小的地方采用小截面,见图 11-26 所示的鱼腹式吊车梁,比整个构件采用相同截面所使用的材料要少。

图 11-26　鱼腹式吊车梁

2) 结构布置优化

图 11-27 所示外伸梁,总长度为 L、承受均布荷载 q,考虑图 11-27a、图 11-27b 所示的两种结构布置方案。梁采用对称截面,承受正弯矩的能力和承受负弯矩的能力相同,设材料强度为 f。方案Ⅰ的最大截面弯矩(荷载效应)$M_{max} = qL^2/18$,截面模量用 $W_Ⅰ$ 表示,令截面抗力(见式11-7)等于荷载效应,$M_{max} = W_Ⅰ f$,抗弯所需的截面模量 $W_Ⅰ = 0.0556 qL^2/f$。方案Ⅱ的最大截面弯矩 $M_{max} = 0.0214 qL^2$,抗弯所需的截面模量 $W_Ⅱ = 0.0214 qL^2/f$,小于方案Ⅰ,这意味着方案Ⅱ可以采用较方案Ⅰ小的截面,从而节省材料用量。

3) 结构类型优化

不同结构类型的承载效率不同。超高层建筑总高为 H,承受均布水平荷载 q,计算简图见图 11-28a 所示,考虑两种结构类型:剪力墙结构(图 11-28b)和实腹筒体结构(图 11-28c)。

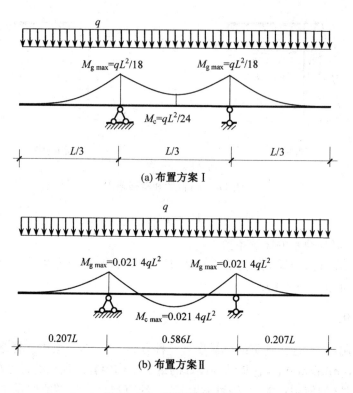

(a) 布置方案 I

(b) 布置方案 II

图 11-27　外伸梁布置方案

假定两种结构类型均为正方形平面,竖向结构的截面面积相同(因高度相同,所以材料体积相同),现比较两者抵抗侧向位移的能力。顶点侧向位移越小,说明抗侧移能力越强。

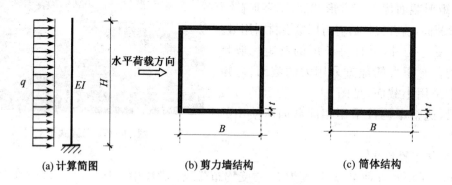

(a) 计算简图　　(b) 剪力墙结构　　(c) 筒体结构

图 11-28　不同结构类型抗侧移能力的比较

竖向悬臂构件在均布水平荷载作用下的顶点侧移:

$$\Delta = \frac{qH^4}{8EI}$$

要比较两者的顶点侧向位移,只需比较两者的截面惯性矩 I。剪力墙结构两榀与荷载方向垂直的墙的惯性矩很小,可略去,可只考虑两榀与荷载方向平行的墙的惯性矩。剪力墙结构的惯性矩:

$$I_w = 2 \times \frac{tB^3}{12} = \frac{tB^3}{6}$$

筒体结构的截面惯性矩等于边长为$(B+t)$的大正方形的惯性矩扣去边长为$(B-t)$的小正方形的惯性矩：

$$I_t = \frac{(B+t)^4}{12} - \frac{(B-t)^4}{12} = \frac{2tB^3[1+(t/B)^2]}{3}$$

t/B 很小，筒体结构的惯性矩大致是剪力墙结构的 4 倍，即前者抵抗侧移的能力大致是后者的 4 倍。超高层建筑选择筒体结构相比剪力墙结构是更优的方案。

11.4 结构防灾设计

土木工程可能遭受的灾害很多，包括自然灾害和人为灾害两大类，前者如地震、飓风、洪水、泥石流等；后者如火灾、爆炸、塌陷、污染等。

结构防灾设计

11.4.1 抗震设计

地震是造成人员和财产损失最严重的自然灾害，全球每年发生 500 万次，造成严重破坏的大地震每年约 20 次。强烈地震不仅会引起房屋、桥梁的破坏、倒塌（图 11-29a、图 11-29b），还会引发火灾（图 11-29c）、海啸（图 11-29d）、有毒物体泄露等次生灾害。

工程案例：
地震灾害

(a) 房屋损毁

(b) 桥梁倒塌

(c) 大火蔓延

(d) 海啸席卷

图 11-29 地震灾害

1) 震级与烈度

震级(earthquake magnitude)是衡量地震强弱的指标,根据一次地震所释放的能量确定,用字母 M 表示。震级每差一级,地震释放的能量相差 32 倍。5 级以上称破坏地震、7 级以上称强烈地震、8 级以上称特大地震。目前由仪器记录到的最大等级地震是 2011 年 3 月 12 日发生在日本东北部的 9.0 级地震。2008 年 5 月 12 日发生在我国四川的汶川地震达到 8.0 级,死亡人数达到 6.9 万人,另有 1.8 万人失踪。表 11-1 是 20 世纪全球大地震一览表。

表 11-1 20 世纪全球大地震一览表

时间	地点	震级	死亡人数	时间	地点	震级	死亡人数
1906.4.18	美国旧金山	8.3	452	1966.8.19	土耳其	6.9	2 520
1906.8.16	智利	8.6	2 万	1968.8.31	伊朗	7.4	1.2 万
1908.12.28	意大利	7.5	8.3 万	1970.3.28	土耳其	7.4	1 086
1915.1.13	意大利	7.5	29 980	1970.5.31	秘鲁	7.7	66 794
1920.12.16	中国	8.6	10 万	1972.4.10	伊朗	6.9	5 057
1923.9.1	东京	8.3	10 万	1972.12.23	尼加拉瓜	6.2	5 000
1927.5.22	中国	8.3	20 万	1974.12.28	巴基斯坦	6.3	5 200
1932.12.26	中国	7.6	7 万	1976.2.4	危地马拉	7.5	22 778
1933.3.2	日本	8.9	2 990	1976.5.6	意大利	6.5	946
1934.1.15	印度	8.4	1.07 万	1976.7.28	中国唐山	7.8	24.276 9 万
1935.5.31	印度	7.5	3 万	1976.8.17	菲律宾	7.8	8 000
1939.1.24	智利	8.3	2.8 万	1976.11.24	土耳其	7.9	4 000
1939.12.26	土耳其	7.9	3 万	1977.3.4	罗马尼亚	7.5	1 541
1946.12.21	日本	8.4	2 000	1978.9.16	伊朗	7.7	2.5 万
1948.6.28	日本	7.3	5 131	1979.12.12	哥伦比亚	7.9	800
1949.8.5	厄瓜多尔	6.8	6 000	1980.10.10	阿尔及利亚	7.3	4 500
1950.8.15	印度	8.7	1 530	1980.11.23	意大利	7.2	4 800
1953.3.18	土耳其	7.2	1 200	1982.12.13	也门	6.0	2 800
1956.6.10	阿富汗	7.7	1 200	1983.10.30	土耳其	7.1	1 300
1957.7.2	伊朗	7.4	2 500	1985.9.19	墨西哥	8.1	9 500
1957.12.13	伊朗	7.1	2 000	1988.12.7	亚美尼亚	6.9	2.5 万
1960.5.21	智利	8.3	5 000	1993.9.30	印度	6.4	3 万
1962.9.1	伊朗	7.1	12 230	1995.1.17	日本阪神	7.2	5 300
1963.7.26	南斯拉夫	6.0	1 100	1999.9.21	中国台湾	7.3	2 246
1964.3.27	阿拉斯加	8.4	131				

全球地震的震中主要位于几组地震带上,如环太平洋地震带集中了 80% 的浅源(<70 km)地震和 90% 的中源(70~300 km)地震,绝大多数地区是受到地震的波及。一次地

震的震级是唯一的,但离震中不同距离的地区受到的地震影响是不同的,采用地震烈度(seismic intensity)来衡量某个地区可能遭受地震影响的强弱。我国和世界上大多数国家将烈度分为12度,其中6～9度是设防烈度,划分标准见表11-2所示。图11-30是汶川地震的烈度分布区域,中心地区达到11度,外围区域才6度。

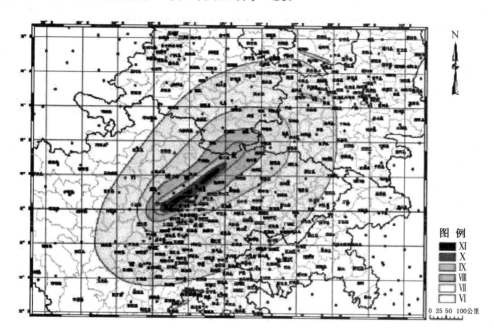

图11-30 汶川地震烈度分布图

表11-2 中国地震烈度表

烈度	人的感觉	房屋损害程度	其他损害现象
1	无感		
2	室内个别静止中的人有感觉		
3	室内少数静止中的人有感觉	门、窗轻微作响	悬挂物微动
4	室内多数人感觉,室外少数人感觉,少数人梦中惊醒	门、窗作响	悬挂物明显摆动,器皿作响
5	室内普遍感觉,室外多数人感觉,多数人梦中惊醒	门窗、屋顶颤动作响,灰土掉落,抹灰出现细微裂缝	不稳定器皿翻倒
6	惊慌失措,少数人惊逃户外	个别砖瓦掉落,墙体细微裂缝	河岸和软弱土出现裂缝
7	大多数人仓皇逃出户外,骑自行车的人和行驶中汽车驾乘人员有感觉	局部开裂、破坏,但不影响使用	河岸出现塌方,软弱土裂缝较多
8	多数人摇晃颠簸,行走困难	结构受损,需要修理	干硬土上亦有裂缝
9	行走的人摔跤	墙体龟裂,局部倒塌,修复困难	干硬土上许多裂缝,滑坡、塌方普遍
10	骑车的人会摔倒,不稳状态的人会摔出,有抛起感	大多数倒塌,不堪修复	出现山崩和地裂
11		普遍倒塌	地震断裂延续很长,大量山崩滑坡
12			地面剧烈变化,山河改观

地震烈度与震级、震源深度、离震中距离以及地质情况有关。根据大量的资料统计,震中烈度 I_0 与震级 M 有下列近似关系:

$$M = 0.58I_0 + 1.5 \tag{11-10}$$

震级、烈度都是现代概念。我国的历史文献对地震震中的现象有详细的描述,根据地震烈度表可以判断出震中烈度,再根据式(11-10)推算出当时历史上发生的地震震级,从而大大丰富地震的统计数据。

2) 抗震设防目标

我国的**抗震设防**(seismic precautionary)采用三个水准目标:当遭受低于本地区抗震设防烈度的地震影响时,一般不受损坏或不需修理可继续使用;当遭受相当于本地区设防烈度的地震影响时,可能损坏,经一般修理或不需修理仍可继续使用;当遭受高于本地区抗震设防烈度预估的地震影响时,不致倒塌或发生危及生命的严重破坏,概括为"小震不坏、中震可修、大震不倒"。

"小震"是指第一水准烈度,平均重现期为 50 年,设计基准期内的超越概率为 63.6%,对应于地震概率密度函数的众值,又称常遇地震,它比基本烈度约低一度半;"中震"是指第二水准烈度,平均重现期为 475 年,设计基准期内的超越概率为 10%,为某个地区的基本设防烈度;"大震"是指第三水准烈度,平均重现期为 1975 年,设计基准期内的超越概率为 2.5%,又称罕遇地震。

3) 抗震设计内容

抗震设计包括三个层次的内容:抗震概念设计、抗震计算和抗震构造措施。

(1) 抗震概念设计

抗震概念设计包括避开地震断裂带,选择对抗震有利的场地、结构类型和结构布置方案。

条状突出的山嘴、高耸孤立的山丘、非岩石和强风化岩石的陡坡、河岸和边坡边缘以及含有液化土层的场地属于对抗震不利的场地。其中土体液化是指饱和状态的砂土或粉土在动荷载作用下表现出类似液体的性状,完全失去强度和刚度。场地土越坚硬、覆盖层厚度越薄,对抗震越有利。

延性好的结构类型对抗震有利。从能量角度,结构的破坏是因为结构无法再耗散外部输入的能量。从地震激励开始到某个时刻输给结构体系的能量为:

$$E_I(t) = -\int_0^u m\ddot{u}_g(t) \mathrm{d}u$$

结构体系内的能量由四部分组成:结构的动能 $[E_k(t) = m\dot{u}^2/2]$、阻尼能 $E_D(t)$、弹性应变能 $\left[E_s = U = \dfrac{f_s^2(t)}{2D}\right]$ 和塑性应变能 $E_y(t)$。如要保证结构不破坏,体系应满足下列能量平衡方程:

$$E_I(t) = E_k(t) + E_D(t) + E_s(t) + E_y(t) \tag{11-11}$$

地震结束时动能和弹性应变能消失,所以结构最终通过阻尼能和塑性应变能来耗散输入能量。当结构没有延性时(延性系数等于1),仅能靠阻尼耗能。

从图 11-20b、c 可以发现,在相同应变能情况下弹塑性体系的恢复力小于弹性体系,即地震作用弹塑性体系小于弹性体系。

一般说来,钢、木结构的延性优于混凝土结构,混凝土结构的延性优于砌体结构。

具有多道抗震防线的结构比只有一道抗震防线的结构更有利抗震。当结构遭遇的地震周期接近结构自振周期时会发生共振,造成比较大的损坏。如果只有一道防线,整个结构即遭破坏;如果有多道防线,第一道防线(部分结构)损坏后,还有第二道防线,不至于整个结构破坏;特别是部分结构损坏后,结构的整体侧向刚度下降、自振周期增大,从而可以在后续的地震中避免共振,减轻损害程度。担当第一道防线的结构必须具备刚度相对较大、承载力相对小的特点,担当第二道防线的结构必须具备刚度相对较小、承载力相对大的特点;房屋结构中的剪力墙结构、筒体结构和竖向桁架结构可以担当第一道防线,框架结构可以担当第二道防线。可见,要实现多道设防,必须采用平面复合结构体系(见第5章第3节)。

结构的平面布置和竖向布置越规则,对抗震越有利。平面不规则容易造成地震时竖向扭转,而结构竖向扭转时,不同平面位置的结构发挥的作用不同,角部最大、外侧其次、内部最小,即大量的地震作用集中在少数部位的结构,形成薄弱部位。竖向不规则容易形成薄弱楼层,引起倒塌。

(2) 抗震计算

结构的抗震计算包括两个阶段:第一阶段多遇地震下计算和第二阶段罕遇地震下计算。

第一阶段进行承载力计算和变形计算,以达到在第一水准烈度下结构和非结构构件不坏和第二水准烈度下损坏可修的目标,其中结构构件不坏通过抗力不小于荷载效应来控制,非结构构件不坏通过变形小于允许变形来控制。

第二阶段进行弹塑性变形计算,通过控制薄弱部位的变形能力不小于变形需求,达到第三水准烈度下结构不倒的目标。

对于普通结构或设防烈度比较小的情况,不需要进行第二阶段计算,通过第一阶段的计算加上合理的抗震构造措施即可满足抗震目标。

(3) 抗震构造措施

抗震构造措施是指不需经过计算而对结构和非结构构件规定的有利于提高抗震性能的细部要求,它包括增强结构的整体性、提高构件和截面的延性、避免发生脆性破坏、加强非结构构件与结构的拉结等多个方面。

11.4.2 防火设计

1) 火灾危害

火灾是较常遭遇的人为灾害,我国每年发生火灾10多万起,死亡2 000多人,伤残3 000~4 000人,直接财产损失10亿~20亿元,造成巨大的生命和财产损失。如1994年12月8日发生在新疆克拉玛依市友谊宾馆的火灾造成325人死亡,132人受伤;2000年12月25日洛阳市东都商厦火灾造成309人死亡;2003年11月3日发生的湖南衡阳市衡州大厦火灾,造成20名消防官兵死亡、15名消防人员和现场记者受伤;2014年1月11日发生的云南迪庆藏族自治州州府香格里拉独克宗古城火灾,虽无人员伤亡,但上百栋古建筑被烧毁,直接经济损失上亿元,而损失的文物价值无法弥补。

2) 防火设计内容

防火设计涉及多个方面,包括防火规划设计、火灾自动报警系统设计、防火分区设计、安全疏散设计、建筑灭火系统设计、结构耐火设计、装修防火设计等。

工程案例:
火灾视频

防火规划设计包括防火间距、消防车道、消防水源等，避免火烧连营，无法救援。火灾报警系统通过探测烟雾浓度发出报警，可以保证在第一时间发现火情，为救火赢得时间。火灾一般只有一个起火点，通过防火墙、防火卷帘和防火水幕带等分割物将大的空间划分为较小的封闭区域，可以避免火灾在楼内的蔓延，减少损失；防火卷帘和防火水幕带在火灾发生时才自动开启，需与报警系统连通。安全疏散设计包括水平疏散通道（走廊）、竖向疏散通道（楼梯）和疏散指示标牌，为每个防火分区提供安全、畅通的逃生通道。建筑灭火系统包括消火栓、灭火器、消防给水设置，对于人员密集的民用建筑和易燃、易爆的工业建筑尚需设置自动喷水灭火设备。结构耐火设计的目的是保证在火灾发生时以及发生后结构的稳定性，不至于整体倒塌或很快倒塌。装修防火设计的重点是要控制装修材料的燃烧性能、避免遇火时有毒气体的排放。

3) 结构耐火设计

结构耐火设计的意义在于：为人员安全疏散赢得时间，为消防人员施救创造安全环境，为灾后修复提供条件。

结构耐火设计的步骤包括：确定建筑物的耐火等级、选定结构构件的耐火时间、通过构造措施使结构构件的耐火时间满足规定的要求。

建筑物根据其重要性、火灾的危险性、建筑物的高度和火灾荷载等将建筑物的耐火等级分为四级，一级最高、四级最低。建筑物的重要性是指一旦发生火灾所造成的经济、政治和社会等各个方面负面影响的大小程度；火灾危险性是指发生火灾的可能性大小；建筑物高度是考虑人员疏散和火灾扑救的易难程度；火灾荷载是指建筑物室内所容纳的可燃物数量，包括装修材料、固定家具等固定可燃物和存放的容载可燃物。

梁、板、柱、墙等结构构件在保持结构整体稳定性方面所起的作用是不同的，竖向构件墙、柱的破坏会引起梁和板的破坏，梁的破坏会引起板的破坏。所以墙、柱的耐火时间要求高于梁，梁的耐火时间要求高于板。建筑物的耐火等级越高，所要求的构件耐火时间越长。

构件的耐火时间称耐火极限，由标准耐火试验测定，指构件从受火开始到耐火失效为止的时间。耐火失效的判别条件有三个：失去稳定性、失去完整性和失去绝热性。失去稳定性指构件失去支撑能力或抗变形能力；失去完整性是指当构件一面受火作用时，出现穿透性裂缝或穿火孔隙，使其背火面可燃物燃烧起来；失去绝热性是指构件失去隔绝过量热传导的性能，以背火面测点平均温度超过初始温度140℃，或背火面任一测点温度超过初始温度180℃为标志。

吊顶、门窗等仅起分隔作用的非承重构件以完整性和绝热性两个条件作为判别依据；墙、柱等承重构件以稳定性作为判别依据；板、墙等具有承重和分隔双重作用的构件以稳定性、完整性和绝热性三个条件作为判别依据。

砌体构件的耐火极限主要取决于其厚度，通过控制最小厚度即能满足所要求的耐火时间。混凝土构件的耐火极限主要取决于钢筋离构件表面的距离，称混凝土保护层厚度，通过调整混凝土保护层厚度满足耐火极限要求。钢构件通过防火涂料、耐火保护层和耐火吊顶等措施满足耐火极限要求。

11.4.3 地质灾害防治

1) 地质灾害种类

地质灾害（geological disasters）是指由地质作用使地质环境条件产生突发或累进的破坏

并造成人类生命财产损失的现象或事件,常见的类型有山体崩塌、山体滑坡、泥石流、地面塌陷、地面沉降、地面裂缝等地质灾害。其中山体崩塌是指陡坡上的岩体突然脱离母体滚动堆积在坡脚的地质现象,见图11-31a所示;山体滑坡是指斜坡(天然坡或人工坡)上的岩土在重力作用下沿着一定的软弱面或软弱带产生剪切位移而整体向坡脚移动的现象,见图11-31b所示;泥石流是指在山区或其他沟谷深壑、地形险峻地区,含有大量泥沙石块的特殊洪流,见图11-31c所示;地面塌陷是指地表岩土向下陷落、形成陷坑(洞)的一种地质现象,见图11-31d所示;地面沉降是指在一定的地表面积内发生地面水平面下降的现象,见图11-31e所示;地裂缝是指在地面形成一定长度和宽度的裂缝,见图11-31f所示。

(a) 山体崩塌 　　　　(b) 山体滑坡 　　　　(c) 泥石流

(d) 地面塌陷 　　　　(e) 地面沉降 　　　　(f) 地裂缝

图11-31 常见的地质灾害

2010年8月7日甘南藏族自治州舟曲县城东北部山区发生的泥石流长约5 km,平均宽度300 m,平均厚度5 m,总体积750万 m^3,流经区域被夷为平地,共造成1 557人遇难,284人失踪。

2015年12月20日深圳市恒泰裕工业园发生的人工堆土滑坡,造成73人死亡、4人失踪、17人受伤,33栋建筑物被埋或受损,直接经济损失8.8亿元。

2020年全国共发生地质灾害7 840起,造成死亡(失踪)139人、受伤58人,直接经济损失50.2亿元。

2) 地质灾害诱发原因

地质灾害的发生有自然和人为两大类原因,大多数情况是两者相互作用的结果。自然原因包括地形地貌、地表植被、地质构造与岩性、地壳运动、岩体风化、强风暴雨等。崩塌、滑坡和泥石流都与地形有关,发生在山区。植被能减少地表水向岩体的渗透,提高土体的抗冲性,植物根系能提高土体的抗剪强度;植被破坏,容易发生滑坡。断裂破碎岩体、软弱岩石更容易发生失稳;地壳运动引起的地震常伴随崩塌、滑坡、地裂缝等;风化严重的岩体稳定性差。高强度降水是滑坡和泥石流的直接诱因,雨水的渗透会降低岩土抗剪强度、水流为斜坡提供向下的滑动力。

人为原因是指引起地质灾害的人类工程活动,可分为认识不足和错误行为两类。认识不足指限于人类的认识水平和地质勘察手段,对工程区的不良地质条件了解不清,工程对地质的影响机理认识不足(如建坝蓄水引发地震),工程行为导致地质灾害。错误行为是指因违背人类已掌握的科学知识,违反相关规范法律规定,管理不到位而导致的地质灾害。如采掘矿产不规范,预留矿柱少,引起采空区坍塌、山体滑坡;削坡建房、修路、违规堆土,形成不稳定边坡,采石放炮导致岩体松动,引起滑坡;超量、长期开采地下水引起地面沉降、开裂;水库与渠道渗漏,软化岩体导致滑坡。

3) 地质灾害防治措施

贯彻预防为主、避让与治理相结合、全面规范突出重点的原则。首先应做好地质灾害调查和区划工作,对于危险地质环境和灾害高发地段,应有计划的搬迁居民,尽可能避免工程活动。其次,对于地质灾害易发地段要做好应急预案,加强监测和预报(特别是雨季高发期),一旦出现险情,立即转移人员,启动抢险方案。再其次,根据轻重缓急,分期分批做好岩体加固,消除隐患。最后,要全面落实谁开发、谁治理的原则,加强管理,规范作业,违法必究。

11.5 结构新技术

11.5.1 BIM 技术与结构参数化设计

1) BIM 技术

建筑信息模型技术,简称 **BIM**(building information model)技术,是指在建设工程全寿命周期内,对其物理和功能特性进行数字化表达,并以此进行设计、施工、运行维护的过程总称,它是继 CAD(computer aided design,计算机辅助设计)技术后建设工程领域又一重要的计算机应用技术。CAD 技术是用计算机绘图代替手工在图板上绘图,不管是早期的二维模型还是后来的三维模型,都是以直线、弧线、圆等作为基本图元,这些图元构成的建筑部件,如梁、板、柱、墙、门、窗,只具有几何特性,而无功能特征和物理特征,无法直接进行计算分析(如建筑能耗分析、结构计算等);部件之间没有任何关联,如要删除一面墙及相应的门窗,需要对图元一一删除。BIM 技术以带有属性信息的建筑部件作为图元,部件之间存在关联,当需要删除一面墙时,墙上的门窗自动删除;当删除一扇窗时,原来窗的位置自动恢复为完整的墙。

传统设计,建筑、结构、设备等各个专业各自建模、独立设计,当各自的设计方案发生冲突时,协调后各自修改;BIM 技术通过统一的数据标准,各专业设计之间可以共享三维设计模型,协同设计,当某个专业设计做出修改时,其他专业可自动更新。

BIM 技术将三维可视模型贯穿建设项目的全寿命周期。在设计阶段,通过碰撞检查(如结构构件内钢筋之间的碰撞、结构构件与管线的碰撞,见图 11-32 所示),帮助设计师修改设计,免得到施工阶段发现再返工。这种碰撞问题在平面图纸中是很难识别的。通过建筑空间中的虚拟体验、火灾时人员紧急疏散模拟、结构抗震虚拟仿真,改进设计。在施工阶段,通过对建造过程的虚拟仿真,确定最优施工方案,实现对质量、安全、进度和成本的优化控制。在运行维护阶段,通过用检测结果更新部件参数,以对结构安全现状和耐久年限做出评价;通过导入周围环境变化(如临近地下工程施工),可以进行结构影响分析。

(a) 钢筋碰撞检查

(b) 管线与构件碰撞检查

图 11-32 碰撞检查

2) 结构参数化设计

参数化设计是 BIM 的技术基础之一。结构设计需要先建立结构模型,然后进行结构计算。传统的结构建模方法是在结构方案确定后,针对固定的结构形状和截面属性进行建模;当方案调整时,需要人工修改、重新建模;结构优化则需凭借工程经验、进行试算比选;费时费力,难以获得最优方案,**参数化设计**(parametric design)可以很好解决这些问题。参数化设计包括参数化建模、参数化计算和参数化优化。参数化建模把结构形态(如跨度、高度等)、构件信息(如截面形状和尺寸、材料性能等)参数化(设为函数变量),建立参数化模型,实现结构模型的实时调整;参数化计算能够根据参数化模型通过插件自动完成结构分析计算,当结构模型修改时,计算结果实时更新;参数化优化将结构分析计算与优化算法相结合,根据计算结果自动调整模型参数,通过不断迭代得到全局最优解。

11.5.2 基于性能的抗震设计

1) 性能目标

传统的抗震设计目标是"小震不坏、中震可修、大震不倒"。**基于性能的抗震设计**(performance-based seismic design)将结构性能目标划分为 A、B、C、D 四个等级,不同构件针对不同的地震水准采用不同的性能要求,见表 11-3 所示,综合考虑各种因素选择结构抗震性能目标等级。

表 11-3 结构抗震性能目标等级

性能目标	A 级			B 级			C 级			D 级		
	损坏部位			损坏部位			损坏部位			损坏部位		
地震水准	关键构件	普通竖向构件	耗能构件	关键构件	普通竖向构件	耗能构件	关键构件	普通竖向构件	耗能构件	关键构件	普通竖向构件	耗能构件
小震	无损坏	无损坏	无损坏	无损坏	无损坏	无损坏	无损坏	无损坏	无损坏	无损坏	无损坏	无损坏
中震	无损坏	无损坏	无损坏	无损坏	无损坏	轻微损坏	轻微损坏	轻微损坏	轻度损坏	轻度损坏	部分中度损坏	中度损坏
大震	无损坏	无损坏	轻微损坏	轻微损坏	轻微损坏	轻度损坏	轻度损坏	部分中度损坏	中度损坏	中度损坏	部分严重损坏	严重损坏

注:关键构件指其损坏会引起其他构件连锁损坏的构件;耗能构件是利用自身塑性变形耗散能量的构件。

2) 实现途径

从式(11-11)动力系统的能量平衡方程可以发现,达到预期的抗震性能,有两个途径:一是增加结构系统的耗能能力,二是减少地震能量的输入。将部分构件设计成耗能构件、增加结构的塑性变形能,或者设置阻尼器(图 11-33)增加结构的阻尼能,都可以提高系统的耗能能力。通过基础隔震(图 11-34)则可以减少地震能量对上部结构的输入。

(a) 摩擦阻尼器　　　(b) 粘滞阻尼器　　　　　　(a) 隔震部位　　　(b) 橡胶隔震支座

图 11-33　阻尼器　　　　　　　　　　图 11-34　基础隔震

11.5.3　防连续倒塌设计

结构遭受偶然作用、发生连续倒塌会造成重大人员伤亡和财产损失。如 1995 年 4 月 19 日美国俄克拉何马市联邦大楼遭汽车炸弹袭击,底层 3 根柱炸断,导致大楼北面整个倒塌,168 人死亡,680 人受伤,见图 11-35 所示。

结构的**防连续倒塌**(preventing progressive collapse)设计有拆除构件法、拉结构件法、局部加强法等。

拆除构件法是按照一定规则拆除结构的主要受力构件(模拟遭受偶然事件而失效),验算剩余结构体系的极限承载力,见图11-36 所示。

图 11-35　结构的连续倒塌

  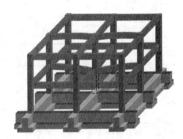

(a) 角柱失效　　　　　　(b) 边柱失效　　　　　　(c) 中柱失效

图 11-36　拆除构件法

拉结构件法是在某个竖向构件失效后,局部按拉结模型(图 11-37)进行承载力验算,维持结构的整体稳固性。

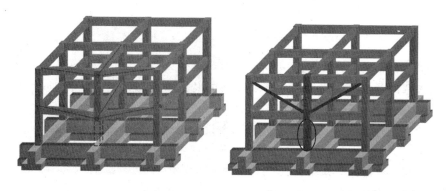

图 11-37　拉结构件法　　　　　图 11-38　局部加强法

局部加强法是对可能遭受偶然作用而发生局部破坏的竖向重要构件和关键传力部位(图 11-38)预先加强,提高其安全储备。

此外,避免或减小偶然作用效应,是防连续倒塌设计的另一途径,涉及作用回避、作用宣泄、障碍防护等。

11.5.4　虚拟仿真试验

当出现新结构,或结构面临新的环境(如极地环境、星球环境),人们对结构性能尚未完全了解时,需要进行结构试验。传统的实体试验(图 11-39)存在以下不足:①因工程结构体量巨大,实体试验必须缩尺,缩尺后的实体模型无法完全反映实际结构的受力特性;②在实验室很难模拟飓风、地震等真实环境条件;③费用昂贵,试验数量受到限制。而**虚拟仿真试验**(virtual simulation test)(图 11-40)可以很好地弥补这些不足,其具有以下优点:可针对足尺结构进行**分析**;可根据现场实测数据模拟真实环境条件;使用成本低廉,可多次反复试验。

(a) 火灾试验

(b) 风洞试验

(c) 地震模拟振动台实验

图 11-39　实体试验

(a) 桥梁风洞仿真试验

(b) 房屋风洞仿真试验

(c) 地震仿真试验

(d) 火灾仿真试验

图 11-40　虚拟仿真试验

思考题

思考题注释

11-1　工程勘察包括哪几部分，每部分的目的是什么？

11-2　工程测量有哪些新技术？倾斜摄影与传统航空摄影的最大区别是什么？

11-3　工程设计涉及哪些工种？有哪几个设计阶段？结构设计有哪几个步骤？

11-4　工程设计的总要求是什么？

11-5　工程结构应具备哪三大功能，何谓结构的可靠度？

11-6　什么是结构分析？结构静力分析有哪几种方法？

11-7　什么是结构构件的抗力？抗力与哪些因素有关？

11-8　对结构进行优化可以从哪几个方面着手？

11-9　我国目前的抗震设防目标是什么？基于性能的抗震设计将结构性能目标划分为哪几个等级？

11-10　抗震设计包括哪几方面的内容？

11-11　防火设计包括哪些内容？结构耐火设计的意义是什么？

11-12　常见的地质灾害有哪些种类？如何区分地质灾害的自然原因和人为原因？

11-13　防治地质灾害应采取哪几方面的措施？

11-14　BIM 技术与 CAD 技术有哪几方面本质区别？

11-15　何谓结构的参数化设计？有什么优点？

11-16　何谓结构的连续倒塌，有哪几种防连续倒塌设计方法？

11-17　虚拟仿真试验相比实体试验有哪些优点？

作业题

作业题指导

11-1　图示单层单跨排架结构，柱顶作用水平集中荷载 F、横梁作用均布竖向荷载 q。试按线弹性分析方法计算横梁跨中弯矩和柱底内力（提示：与柱铰接的横梁可以简化为简支梁）。

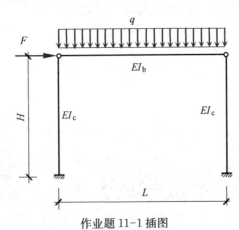

作业题 11-1 插图

11-2 题 11-1 横梁的抗弯截面模量为 W、材料抗弯强度为 f。竖向荷载 q 为多大时横梁跨中达到抗弯极限承载力。

*11-3 图示三种结构:排架结构、剪力墙结构和筒体结构,平面尺寸 B 相同,房屋总高度 H 相同。设正方形柱截面高度 $h_c=1$ m,墙厚 $t=0.2$ m、墙长 $B=5$ m(容易发现三种结构的竖向构件材料体积相同)。试分别计算它们的侧向刚度,并加以比较。

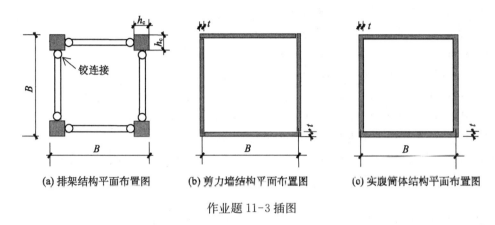

作业题 11-3 插图

*11-4 图 11-12 所示的单自由度体系,受圆频率为 ω 的谐振力作用。结构的阻尼比 $\zeta=0.05$。试计算当谐振力频率与结构自振频率比 $\omega/\omega_n=1$ 时,结构的位移反应系数。

*11-5 题 11-1 排架柱截面面积 A_c。试计算竖向均布荷载作用下结构的弹性应变能。

测试题

测试题解答

11-1 工程勘察包括( )。
(A) 岩土工程勘察、水文勘察和环境勘察
(B) 工程测量、岩土工程勘察和水文勘察
(C) 工程测量、水文勘察和环境勘察
(D) 工程测量、岩土工程勘察和环境勘察

11-2 为建立三维实景模型,采用倾斜摄影或三维激光扫描采集点云数据,每个点应包括( )。
(A) 速度信息、颜色信息和反射强度信息
(B) 三维坐标信息、颜色信息和反射强度信息
(C) 三维坐标信息、速度信息和反射强度信息
(D) 三维坐标信息、速度信息和颜色信息

11-3 在地形图上,( )的等高线为一组凸向低处的曲线
(A) 山脊 (B) 山谷 (C) 洼地 (D) 山丘

11-4 在地形图上,内圈等高线的高程注记小于外圈者为( )。
(A) 山脊 (B) 山谷 (C) 洼地 (D) 山丘

11-5 下列哪项内容并不是岩土工程勘察的内容( )。
(A) 岩土试样室内试验   (B) 地表水测量
(C) 地质勘探   (D) 地形地貌调查

11-6 岩土工程勘察常用的勘探方法有（　　）。
(A) 坑探、钻探和触探
(B) 地球物理勘探、钻探和触探
(C) 地球物理勘探、坑探和触探
(D) 地球物理勘探、坑探和钻探

11-7 工程设计按工种分为（　　）。
(A) 功能与形态设计、土建设计和设备设计
(B) 方案设计、土建设计和设备设计
(C) 方案设计、功能与形态设计、设备设计
(D) 方案设计、功能与形态设计、土建设计

11-8 按设计进度和设计深度，工程设计分为（　　）。
(A) 方案设计、技术设计和施工图设计
(B) 土建设计、技术设计和施工图设计
(C) 方案设计、技术设计和土建设计
(D) 方案设计、土建设计和施工图设计

11-9 工程设计除了要满足功能要求外，还应满足（　　）。
(A) 美观要求、规范要求和生态要求
(B) 经济要求、规范要求和生态要求
(C) 经济要求、美观要求和生态要求
(D) 经济要求、美观要求和规范要求

11-10 结构的功能包括（　　）。
(A) 安全性、适用性、经济性
(B) 耐久性、安全性、适用性
(C) 经济性、耐久性、安全性
(D) 适用性、经济性、耐久性

*11-11 结构荷载效应的静力分析方法有（　　）。
(A) 时程分析法、线弹性分析法和弹性几何非线性分析法
(B) 时程分析法、线弹性分析法和弹塑性分析法
(C) 时程分析法、弹性几何非线性分析法和弹塑性分析法
(D) 线弹性分析法、弹性几何非线性分析法、弹塑性分析法

*11-12 结构振动时，阻尼力和恢复力的方向（　　）。
(A) 阻尼力与速度相同、恢复力与位移方向相同
(B) 阻尼力与速度方向相反、恢复力与速度方向相反
(C) 阻尼力与速度方向相同、恢复力与位移方向相反
(D) 阻尼力与速度方向相反、恢复力与位移方向相同

11-13 结构构件发生材料破坏时，抗力采用（　　）的表达形式
(A) 材料承载力　(B) 截面承载力　(C) 构件承载力　(D) 整体结构承载力

11-14 受压构件发生屈曲失稳时，抗力采用（　　）的表达形式
(A) 材料承载力　(B) 截面承载力　(C) 构件承载力　(D) 整体结构承载力

11-15 结构发生倾覆、滑移等刚体失稳时，抗力采用（　　）的表达形式
(A) 材料承载力　(B) 截面承载力　(C) 构件承载力　(D) 整体结构承载力

11-16 结构优化有（　　）三个层次。
(A) 截面、结构布置和结构类型
(B) 材料、截面和结构类型
(C) 材料、结构布置和结构类型
(D) 截面、结构布置和材料

11-17 "小震"和"大震"的重现期分别为（　　）。
(A) 50年、100年
(B) 100年、475年
(C) 475年、1975年
(D) 50年、1975年

11-18 我国的抗震设防烈度为( )。
(A) 1~12度 (B) 1~6度 (C) 7~12度 (D) 6~9度

11-19 动力荷载作用下结构体系内的能量由四部分组成：动能、阻尼能、弹性应变能和塑性应变能；静力荷载作用下，结构体系内只有( )。
(A) 动能和阻尼能 (B) 弹性应变能和塑性应变能
(C) 动能和塑性应变能 (D) 阻尼能、弹性应变能

*11-20 结构在动力荷载作用下的位移反应系数随荷载频率与自振频率的比值变化( )。
(A) 随频率比减小、位移反应系数增大
(B) 频率比增大、位移反应系数增大
(C) 频率比小于1时，频率比增大、位移反应系数增大
(D) 频率比大于1时，频率比增大、位移反应系数增大

11-21 建筑物的结构耐火设计主要是为了( )。
(A) 控制火灾时的有毒气体 (B) 保证逃生通道畅通
(C) 保证结构不倒塌或不很快倒塌 (D) 避免火灾蔓延

11-22 下列哪种平原灾害不属于地质灾害？( )
(A) 地面塌陷 (B) 地面沉降 (C) 湖底干裂 (D) 地面裂缝

11-23 下列哪种不属于斜坡地质灾害？( )
(A) 地震 (B) 山体崩塌 (C) 泥石流 (D) 山体滑坡

11-24 BIM技术可用于( )。
(A) 设计和施工阶段 (B) 施工和运维阶段
(C) 设计和运维阶段 (D) 设计、施工和运维阶段

*11-25 实现结构抗震性能目标的有效途径有( )。
(A) 基底隔震、设置阻尼器、将部分构件设计成耗能构件
(B) 基底隔震、设置阻尼器、提高构件承载力
(C) 基底隔震、将部分构件设计成耗能构件、提高构件承载力
(D) 设置阻尼器、将部分构件设计成耗能构件、提高构件承载力

*11-26 下列哪个并不是防结构连续倒塌的有效措施( )。
(A) 将偶然作用作为普通荷载进行结构设计
(B) 对可能遭受偶然作用的部位进行局部加强
(C) 对潜在的偶然作用源设置物理屏障
(D) 对潜在的偶然作用源提供泄能通道

*11-27 下列哪项并不是虚拟仿真试验的优势( )。
(A) 足尺试验 (B) 模拟真实环境条件
(C) 使用费用低廉 (D) 完全替代实体试验

第 12 章 工 程 施 工

工程施工是项目全寿命周期的第三阶段,涉及施工技术和项目管理两个方面,建设费用的绝大部分发生在这一阶段。不同的工程对象涉及不同的施工技术,但一个单项工程的施工大致可以分成土石方与基础工程施工、主体工程施工、设备安装与装饰装修工程施工等三大部分。施工阶段的项目管理包括施工管理和施工监理。

12.1 土石方与基础工程施工

12.1.1 内容

土石方工程包括一切土(石)的挖掘、填筑和运输等过程,以及排水、降水和土壁支护等辅助工程,必要时还有爆破工程(开挖岩体)。在土木工程中,最常见的土石方分部工程有建设场地的平整、基坑开挖与土方填筑等分项工程。

公路和铁路基础由土方筑成,所以可归入土方工程。房屋、桥梁的基础施工分为浅基础施工和深基础施工两大类。

12.1.2 场地平整

场地平整就是要将自然高低起伏的地面改造成设计所要求的平面。自然地面高于设计平面的区域需要挖土;反之,自然地面低于设计平面的区域需要填土。场地的设计标高有两种确定方法:一种是按照挖填平衡原则确定;另一种是用最小二乘法原理求最佳设计平面。所谓挖填平衡是指的挖土量(体积)等于总的填土量(体积),这意味着既不需要从外部运入土方,也不需要向外运出土方。而最佳设计平面不仅满足挖填平衡的要求,而且使总的土方工程量最小。土石方工程量除了与土石方量成正比外,还与土石方的运输距离有关。

12.1.3 基坑开挖

基坑开挖关键是要解决好坑壁(土坡)稳定和地下水渗流问题,特别是流砂问题(沉井基础不存在这些问题)。

基坑开挖后形成人工土坡,保证土坡稳定有两种方法:放坡和支护。

当基坑较浅、周围空旷时,可采用放坡开挖:从坑底向上依据一定的坡度逐渐变宽,开挖成上口大、下口小的基坑形状,如图 12-1 所示,坡角应小于滑动角(见 2.4.3 节)。

如果坡角无法保证,可采用喷锚(参见 7.3.3 节)的方法对土坡进行加固。

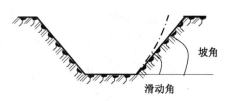

图 12-1 放坡开挖

如果基坑无法放坡开挖,需要采用支护结构防止坑壁的坍塌。重力式水泥土墙(图 12-2a)和钢板桩(图 12-2b)是两种常见的支护结构形式。

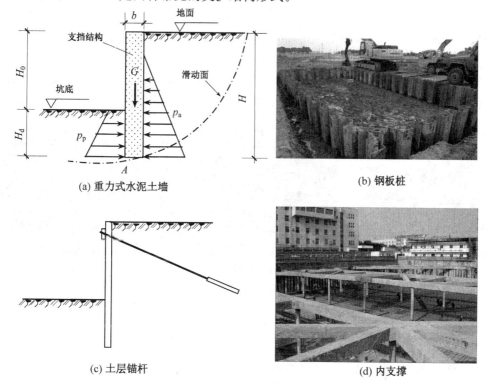

图 12-2 支护结构

水泥土墙是利用搅拌桩机将水泥与土进行搅拌,形成柱状水泥加固土(搅拌桩),搅拌桩排列成带状形成环。图 12-2a 所示支护结构在地面一侧受主动土压力作用,在基坑一侧受被动土压力作用;支护结构的埋入深度 H_d 应满足不发生沿滑动面的整体失稳破坏和绕 A 点的倾覆破坏;进行抗倾覆验算时,主动土压力 p_a 构成倾覆力矩,被动土压力 p_p 和支挡结构自重 G 构成抗倾覆力矩;在土压力作用下,支护结构内存在弯矩,需满足强度和顶点的侧移要求。

钢板桩是带有锁口的一种型钢,相互搭扣排列成带状,见图 12-2b。最大优点是基础施工完毕后可以拔出,重复使用,降低工程造价;但刚度较小。

悬臂构件的承载效率是很低的,当基坑较深时,可对支护结构增设支点,改善其受力状态,有外拉和内撑两种方法。外拉是在基坑外围设置土层锚杆作为支护结构的支点,见图 12-2c 所示。内撑是在基坑内部采用混凝土构件或型钢构件作为支护结构的支点,见图 12-2d 所示。型钢构件可重复使用,但刚度不如混凝土、一次性投入比较大;混凝土构件刚度大、无法重复使用。土层锚杆的优点是费用低、不影响坑内的作业空间,但可靠性不如内支撑。

地下连续墙也可用作支护结构。其强度、刚度和止水效果都优于重力式水泥土墙,但费用较高。基础施工完毕即废弃,造成一定浪费。

如果坑底位于地下水位以下,地下水会渗入坑内;当土质为细砂土或粉砂土时,借助水头压力,砂土会从坑边或坑底冒出,出现流砂,严重时会导致基坑边坡塌方,临近建筑的地基掏空而出现开裂、下沉、倾斜甚至倒塌。解决的办法有井点降水、设止水帷幕和冻结法等。

井点降水是在基坑开挖前,预先在基坑四周埋设一定数量的滤水管(井),在基坑开挖前和开挖过程中,利用真空原理不断抽出地下水,使该区域的地下水位降低到坑底以下,是较常使用的方法,见图12-3a所示。

通过设置地下止水帷幕(图12-3b),可以使地下水只能从止水结构的下端向基坑渗流,增加渗流路径,减少动水压力,防止流砂出现。

冻结法是利用人工制冷技术将开挖区域的土体进行冻结,使地层中的水结成冰,从而隔绝地下水的渗流;天然岩土变成冻土后还可增加土体的强度,有利坑壁的稳定,见图12-3c所示。

(a) 井点降水　　　　　　　　(b) 止水帷幕　　　　　　　　(c) 冻结法

图12-3　解决地下水向基坑渗流的常用方法

12.1.4　基础工程施工

基坑开挖完毕后,接着进行基础工程施工。混凝土浅基础的施工程序基本同本章第2节主体工程施工中的"混凝土结构工程",唯一的区别在于箱型基础有防水要求。深基础中的地下连续墙和沉井施工程序参见3.3.2节。

桩基础由桩和承台组成。如桩身全部埋入土中、承台底面与土体接触称低承台桩基;如桩身上部露出地面、承台位于地面以上称高承台桩基。跨河桥桥墩基础和码头多为高承台桩基。按施工方法,桩分为预制桩和灌注桩两种。

1) 预制桩施工

预制桩先在工厂或工地制作好桩(有混凝土桩、钢桩和木桩),然后在桩位处沉桩。当桩比较长时,在沉桩过程中需接桩。沉桩的方式有捶击法、静压法和振动法。捶击法由打桩机的落锤将桩打入土中,见图12-4a所示,是最常用的一种沉桩方法;沉桩过程有噪音和振动,在城市施工有限制。静压法是依靠压桩机的静压力将桩压入土层,由压桩机自重及配重提供反力,见图12-4b所示;适用软弱土层,沉桩过程无振动和噪音。振动法是通过高频振动锤将桩沉入土中。控制桩的垂直度和接桩质量是保证预制桩质量的关键。预制桩施工速度快,但沉桩过程存在挤土,会引起邻近土体的隆起和水平位移,导致邻桩桩位的偏移,对附近建筑物和地下管线也会有不利影响。

2) 灌注桩施工

灌注桩施工时先在桩位成孔(图12-5a),然后放入钢筋笼(图12-5b)、浇筑混凝土(图12-5c)。根据成孔方式不同,有干作业成孔灌注桩、泥浆护壁成孔灌注桩和沉管灌注桩等三大类。干作业成孔灌注桩适用于地下水位以上、稳定性较好的土层,有人工挖孔和机械钻孔两种。人工挖孔成本低,但劳动强度大、作业环境差;机械钻孔常用的螺旋钻钻孔机通过动力旋转钻杆,使钻头上的螺旋叶片切削土层,土体沿旋转叶片提升排出孔外。泥浆护壁成孔灌注桩

(a) 锤击法　　　　　　　　　　　(b) 静压法

图 12-4　沉桩方法

是在钻孔过程中,孔内注入泥浆以防止孔壁坍塌,采用导管灌注水下混凝土。沉管灌注桩采用锤击或振动方法把带有桩尖的钢套管沉入土层中成孔,利用钢套管护壁;然后在钢套管内放入钢筋笼,边灌注混凝土边拔套管。

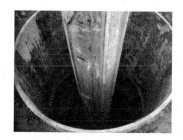  

(a) 成孔　　　　　　(b) 下钢筋笼　　　　　(c) 灌注混凝土

图 12-5　灌注桩施工步骤

清理孔内渣土和桩身混凝土灌注是保证灌注桩质量的关键。

3) 逆作法施工

基础和地下室采用**逆作法施工**(reverse construction method),可有效解决深基坑坑壁坍塌问题;利用结构自身支撑坑壁,可节省支护费用。施工程序为:施工地下连续墙作为地下室外墙、桩和地下室柱→浇筑首层楼盖(留有开挖口)作为侧墙支护(图 12-6a)→挖负一层土(图12-6b)、浇筑负一层楼盖(图 12-6c)作为第 2 道侧墙支护→……→浇筑地下室底板、桩基承台。

(a) 浇筑首层楼盖　　　　(b) 负一层挖土　　　　(c) 浇筑负一层楼盖

图 12-6　逆作法施工程序

12.1.5 土方填筑

基坑内的基础施工完毕后,四周需要回填;室内地坪一般高于天然地面,所以也需要填土。此外,公路路基、铁路路基等也属于土方填筑工程。

为了保证填筑质量,需要对土料的级配进行专门设计并进行压实。常用的压实方法有碾压、夯实和振动压实等几种。碾压适用于大面积填土,如路基、堆料场等;夯实主要用于小面积填土,最大优点是可以压实较厚的土层。

12.2 主体工程施工

主体施工

依据不同的结构种类,主体工程施工可以分为砌筑工程(针对砌体结构)、混凝土结构工程、钢结构工程等分部工程。无论哪种主体工程都需要搭设架子(称脚手架)作为操作平台,另外,材料和预制构件需要从地面移动到指定位置。

12.2.1 脚手架工程

脚手架是土木工程施工的重要设施,不仅关系到工程的质量,还涉及施工人员的人身安全,因脚手架破坏导致的工程事故时有发生。

常用的脚手架有扣件式钢管脚手架、门式钢管脚手架和自动升降脚手架等几类。在一些边远地区工地,还会见到用毛竹搭成的脚手架,尽管成本较低,但可靠性较差。

扣件式钢管脚手架通过扣件将各种钢管连接成整体,其组成见图12-7a所示。脚手板是工人行走、操作、堆放器具和材料的平台,可用钢、木和竹等材料制作。脚手板上的竖向荷载传递给横向水平杆,再由横向水平杆传递给立杆。纵、横向水平杆均起水平联系的作用,为立杆提供水平支撑;离垫板第一道纵、横向水平杆(离垫板高度不超过200 mm)称之扫地杆,是为

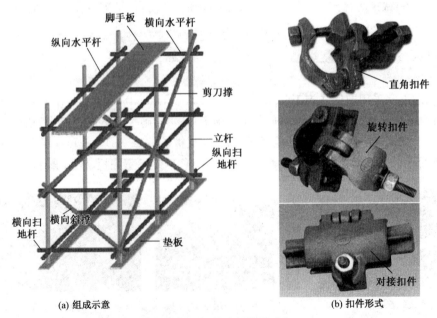

(a) 组成示意   (b) 扣件形式

图12-7 扣件式钢管脚手架

了保证立杆底部不发生相对水平位移,从而形成固定铰支座而不是可动铰支座;在脚手板上方的纵向水平杆起栏杆作用。垫板起扩散立柱荷载的作用,减小地面沉降,一般用木板和型钢制作。扣件作为杆件之间的连接只能起到铰接作用,如果缺了剪刀撑和斜撑,脚手架是一个机动体系,会发生整体失稳。当立杆存在初弯曲时,在竖向荷载作用下容易发生屈曲失稳。扣件是脚手架形成整体的关键,加工质量和安装质量都很重要;有连接立杆和水平杆的直角扣件、连接立杆和斜杆的旋转扣件以及用于钢管接长的连接扣件,见图12-7b所示。

图12-8 门架式钢管脚手架基本单元

门架式钢管脚手架是一种工厂制作的基本单元在现场拼接而成的脚手架。基本单元包括一副门式框架、两副剪刀撑、一副水平梁架和四个连接器组成,见图12-8所示。搭设和拆卸工作量小于扣件式钢管脚手架。

升降式脚手架是以已施工完毕的结构作为支撑点,随施工进程沿外墙升降,结构施工时由下往上逐层提升;装修施工时由上往下逐层下降。与前面两种相比,升降式脚手架不需要从地面一直搭设到结构顶部,仅需要一层,可大大减少脚手架工作量,但对结构在施工阶段的强度有要求。

12.2.2 吊装工程

吊装工程是指用起重设备将在工厂或工地预先制作好的构件或结构吊起,移动至指定位置。除了预制构件外,施工过程中的材料、工器具也需要垂直运输到指定高度。

常用的起重设备有塔式起重机、桅杆式起重机、履带式起重机、汽车起重机和浮吊等,用于不同种类土木工程和不同工地环境的结构吊装。

塔式起重机(tower crane)简称塔吊,是建筑工地最为常见的一种起重设备,通过升降、回转和变幅使重物可以达到作业范围内的任何一点空间位置。塔吊的组成见图12-9a所示,吊钩吊有重物后,将对塔身产生一个倾覆力矩,通过平衡臂末端放置的配重抵消倾覆力矩;吊臂在重物作用下受弯和受压、平衡臂在配重作用下受压;塔顶承受吊臂、平衡臂和拉绳传来的荷载,并将荷载传递给塔身;塔身除了承受竖向压力,还承受不平衡力矩和水平风荷载引起的倾覆力矩。吊钩借助卷扬机可以升降。回转机构有两种设置方式:上回转和下回转。上回转的回转机构设置在塔身和塔顶之间,仅塔顶连同吊臂和平衡臂回转,塔身不转动,回转时塔身受竖向扭矩作用;下回转的回转机构设在塔身和底座之间,塔身连同塔顶一起回转,底座受竖向扭矩作用,塔身不受扭。小车连同吊钩可以沿吊臂水平移动,实现变幅。

塔吊变幅除了图12-9a所示的由小车行走实现外,还有一种是依靠吊臂的升降实现,如图12-9b所示,此时塔臂受压。

根据与主体结构的关系塔吊分为自立式、附着式和内爬式。自立式塔吊的稳定完全依靠自身,分移动式和固定式两种:移动式塔吊设有行走底架,可在专设的轨道上负荷行走,作业范围大;当工地吊装工程量大设有多台塔吊,不需行走时可将底座固定在地面。

(a) 小车变幅式　　　　　　　　(b) 仰俯式

图 12-9　塔吊的组成

附着式塔吊的塔身随着建筑物(图 12-10a)或桥塔(图 12-10b)的升高,每隔一定距离(20 m 左右)用系杆与主体结构连接,可大大增强承受水平风荷载的能力和整体稳定性,提高塔吊的使用高度。

(a) 建筑工地　　　　(b) 桥梁工地

图 12-10　附着式塔吊

内爬式塔吊设置在建筑物的核心筒内,塔身高度只有 20 m 左右、不落地,固定在核心筒内,建筑物每建造 3~8 m,起重机就爬升一次,见图 12-11 所示。适用于任意高度,广泛应用于超高层建筑。

(a) 塔身　　　　　(b) 吊臂

图 12-11　内爬式塔吊

桅杆式起重机的结构主要由扒杆、缆风绳和锚锭组成；其中缆风绳承受拉力、锚锭将缆风绳拉力传给地面，扒杆承受压力；有独脚扒杆式、人字扒杆式和牵缆式等种类。具有制作简单、拆装方便、起重量大、受地形影响小（适用于各种地形）等优点，但也存在灵活性差、工作半径小、需设置较多的缆风绳等缺点。

履带式起重机和汽车起重机都是可以行走的起重机，具有使用灵活的特点，适用于需要集中吊装的建筑工地（图 12-12a）和诸如高架桥等线状工地（图 12-12b）。汽车起重机作业时必须先打支腿，所以无法负荷行走；履带式起重机可以负荷行走，因为接地面积大、稳定性好，可在较差的地面作业。

(a) 建筑工地　　　　　　　　　　　(b) 桥梁工地

图 12-12　履带式起重机、汽车式起重机

浮吊用于水上吊装作业，见图 12-13 所示。

图 12-13　浮吊

12.2.3　结构安装的顶推法和转体法

当桥梁结构构件所处位置存在障碍（如立交桥下层交通无法中断、急流河道）无法布置起吊设备时，顶推法和转体法可以解决这一结构安装的难题。**顶推法**（incremental launching method）指的是梁体在桥头逐段浇筑或拼装，用千斤顶纵向顶推，使梁体通过各墩顶的临时滑动支座面就位的施工方法，见图 12-14 所示。

转体法（swivel method）是指将桥梁结构在非设计轴线位置制作（浇筑或拼接）成形后，通过转体就位的一种结构安装方法，见图 12-15 所示。转体法可以将在障碍上空的作业转为岸上或近地面无障碍区域的作业,既可以水平转体也可以竖向转体,或者两者结合。

图 12-14　顶推法　　　　　　　　　　图 12-15　转体法

12.2.4　混凝土结构工程

混凝土结构工程包括钢筋工程、模板工程和混凝土工程等三个主要工种(分项工程)。

1) 钢筋工程

钢筋工程包括钢筋加工、钢筋连接和钢筋安装三个工序。

钢筋加工是指对钢筋进行调直、除锈、下料和弯折等工作。直径不超过 10 mm 的钢筋,厂家会把钢筋卷成一圈一圈的圆环,俗称盘圆,使用时需要将其拉直,称调直;除锈是指清除钢筋表面轻微的锈迹和污物;下料是指将钢筋切割成需要的长度;弯折是将钢筋弯成所需要的形状。

为了便于运输,工厂生产的直钢筋长度只有 9 m 或 12 m,工程使用时需将钢筋接长,称之为连接。连接是钢筋工程施工中的关键工序,有三种方式:绑扎、焊接和机械连接。绑扎是将两段钢筋相互搭接一段长度,借助钢筋与混凝土之间的粘结强度实现钢筋的连接(图 12-16a),适用于承受静力荷载、直径不超过 25 mm 的钢筋连接。焊接连接有对焊(图 12-16c)、搭接焊(图 12-16d)、绑条焊(图 12-16e)等几种。机械连接通过套筒将两段钢筋连成整体,见图 12-16b 所示,具有操作简便、不受钢筋直径限制等优点。

(a) 绑扎连接　　　　　　　　　　(b) 套筒连接

(c) 对焊　　　　　　(d) 搭接焊　　　　　　(e) 绑条焊

图 12-16　钢筋连接种类

钢筋安装是指将设计规定的各类钢筋(纵向钢筋、箍筋)放置到指定位置,用铁丝绑扎(图 12-17a)或点焊成钢筋骨架(图 12-17b)。要求钢筋的位置正确、平直,骨架牢固,以免在浇筑混凝土过程中钢筋变位。

(a) 绑扎骨架

(b) 焊接骨架

图 12-17 钢筋安装

2) 模板工程

混凝土结构的外形是由模板控制的,模板工程对混凝土结构的施工质量、施工安全有很大的影响。所占劳动量、工期和成本的比重均较大,据统计,模板工程费用约占混凝土工程费用的 34%,总用工量的 50%。所以模板工程的技术进步十分重要。

根据使用次数,模板可以分为周转性模板和永久性模板两大类。周转性模板拆卸后可再次使用,以降低模板工程费用;永久性模板一次性使用,不拆除,留存在结构内。使用永久性模板有两种情况:一种是以结构的一部分作为模板,如压型钢板—混凝土组合楼板,压型钢板在施工期间充当混凝土的模板,工程投入使用后压型钢板作为结构的一部分与混凝土组成组合楼板一起承受荷载,为了保证压型钢板与混凝土共同工作,会在压型钢板上设置栓钉等连接件,见图 12-18a 所示;另一种是在不便拆除的部位使用,如梁位于底板以下的筏形基础,浇筑后梁侧模板无法拆除,用砖砌成胎模,见图 12-18b 所示。

(a) 压型钢板模板

(b) 砖砌胎模

图 12-18 永久性模板

周转性模板根据能否移动分为固定模板和移动模板两大类。固定模板在一处浇筑混凝土硬化后,拆除模板到另一处重新搭设模板。移动模板又分水平移动和竖向移动,前者适用于隧道等线状结构,见图 12-19a 所示;后者适用于高层、筒仓等竖向结构,见图 12-19b 所示。移动模板可节省拆模和立模工作量,加快施工进度;但一次投入较大。

(a) 水平移动模板

(b) 竖向移动模板

图 12-19　移动模板

模板工程包括安装和拆除两个工序。

为了保证施工安全,安装的模板必须有足够的强度;为了保证构件尺寸的精度,面板尺寸的误差应控制在允许范围,模板必须有足够的刚度,以控制因模板变形引起的构件尺寸偏差;为了不发生漏浆模板必须接缝严密;为了保证构件表面平整、光滑,模板的板面必须平整、无杂物。

拆除承重模板时混凝土强度必须达到设计要求。

3) 混凝土工程

混凝土工程包括混凝土的制备、运输、浇筑和养护等多个工序。

混凝土制备是将各组成材料按一定比例混合、搅拌成均匀的混凝土拌合物,要求具有良好的和易性。原材料质量和配合比是关键。目前在城市普遍使用商品混凝土,混凝土制备在商品混凝土公司完成。

混凝土拌合物从商品混凝土公司到工地的运输采用混凝土搅拌车(图 12-20a),为了保证在运输过程中混凝土拌合物不发生离析、分层,搅拌车一边行驶一边缓慢搅拌。混凝土拌合物在工地内的运输,包括水平运输和垂直运输,现在一般由混凝土泵车完成,它可以将混凝土拌合物直接输送到浇筑点,效率高、费用低,见图 12-20b 所示。混凝土拌合物从搅拌出料到浇筑完毕包括运输、停留、浇筑的总时间应控制在混凝土初凝时间之内。

混凝土浇筑(图 12-20c)的关键是振捣密实,避免因自由倾落高度过大出现混凝土离析。采用振动器振捣时应避免漏振和过振。

(a) 混凝土搅拌车

(b) 混凝土泵车

(c) 混凝土浇筑

图 12-20　混凝土工程

混凝土浇筑完毕后应及时养护,在12小时以内覆盖并保持湿润状态,养护期间避免踩踏。

12.3 设备安装与装饰装修工程施工

设备安装与装修施工

12.3.1 设备安装

土木工程为了能发挥其使用功能,除了主体工程外,还有许多附属设施,如高速公路的防护栏、隔音墙、通信设施,以及桥梁工程的照明设施等。在工业建筑中包括机械设备安装,电气设备安装及线路的架设,通风、除尘、消声设备及其管道的安装,给排水、供热、供气装置与管道安装,自动化仪表和电子计算机安装,通信和声像系统的安装等。在民用建筑中,一般统称为水、暖、电安装。设备安装的专业性很强,涉及机械制造、电力、电气、自动控制、通信等许多专业,一般由专门的设备安装公司或设备生产厂家负责实施。

12.3.2 装饰装修工程

装饰装修的作用是保护结构免受风雨、潮气等侵蚀,改善隔热、隔音、防潮功能,增加美观。装饰装修工程包括的内容很多,其中抹灰工程、饰面工程和涂饰工程最为普遍;而门窗工程、吊顶工程、轻质隔断工程等仅限于房屋建筑。

在外墙的饰面工程中,幕墙和花岗岩是目前较为时兴的做法。幕墙按材料可以分为玻璃、铝合金、不锈钢板、搪瓷钢板、花岗石板幕墙等几种。其中玻璃幕墙的施工工序包括:连接件的预设、纵横框体的安装、玻璃的安装和密封清洁等。

花岗岩饰面有粘贴法、湿作业法和干法三种。粘贴法是用水泥浆粘贴在基体上,适用于小规格饰面板;湿作业法先在基体上设置用于固定的钢筋网,然后用铜丝或镀镍铁丝将饰面板与水平钢筋连接,最后在面板与基体之间灌注水泥砂浆;干作业法在饰面板与基体之间用不锈钢连接件连接,中间形成空腔,不灌水泥砂浆。

12.4 施工管理

施工管理

施工管理属于施工方项目管理,包括自工程施工投标开始到保修期满为止的全过程工作。而项目管理是在一定条件下,以实现项目建设单位的目标为目的,以项目经理个人负责制为基础和以项目为独立实体进行经济核算,运用系统的观点、理论和科学技术对项目进行计划、组织、协调、控制等活动。项目管理分甲方(投资方)项目管理、乙方(建造方)项目管理和丙方(第三方)项目管理。施工阶段的乙方为施工方,施工监理则属于丙方项目管理。

12.4.1 工程招投标

招标(public bidding)**投标**(enter a bid)是国际上广泛使用的建设项目交易方式,其目的是为计划兴建的工程项目选择合适的施工单位。招标可以看成土木工程产品需求者的一种购买方式,而投标可以看成土木工程产品生产者的一种销售方式。招标投标的原则是鼓励竞争、防止垄断,世界银行和其他国际金融机构对其贷款项目的招标投标的程序和规则有严格的规定。

招投标主要包括招标、投标和决标三个阶段,其中投标是施工项目管理的内容之一。

1) 招标

招标有公开招标和邀请招标两种形式。公开招标是指招标人以招标公告的方式邀请不特定的法人或者其他组织投标,又称竞争性招标;邀请招标指招标人以投标邀请的方式邀请特定的法人或其他组织投标,又称有限竞争招标。

招标阶段包括编制招标文件、发布招标公告和资格预审等三项工作。

工程施工的招标文件(标书)一般包括以下内容:投标邀请书、投标人须知;合同主要条款、投标文件格式;技术条款、设计图纸;评标标准和方法、投标辅助材料等。

当采用公开招标方式时,通过公共媒体发布招标公告。发布招标公告到投标截止日期一般不少于 45 天,对于大型工程不少于 90 天,我国招投标法规定最短不少于 20 天。

招标公告一般应包括:招标人的名称和地址;招标项目的内容、规模、资金来源;招标项目的实施地点和工期(计划开工和竣工日期);获取招标文件地点、时间和收取的费用;对招标人的资质等级的要求、投标保证金等。

交纳投标保证金的目的是向建设单位保证投标的有效性维持到决标签合同,起慎重、严肃之用,如无不当行为,招投标结束后将如数归还。

资格预审是招标单位对报名参加投标的众多施工单位的财务实力、技术水平、施工管理经验等方面的书面调查,以评定施工单位是否有能力完成承包任务。资格预审应按照招标通告中载明的合格投标人条件进行,不得以不合理的条件限制或者排斥潜在投标人。

2)投标

经资格预审合格者方能参加投标,且需交纳投标保证金。

投标包括工程项目情况的调查和编制投标文件两项工作。

了解工程项目情况可通过研究招标文件、查看现场、参加招标交底会等途径。招标文件是编制投标文件的重要依据。为了解建设地点的交通、环境等条件,有时需要赴现场进行实地察看。招标交底会则是对招标文件中存有的疑问进行统一的解释和答复。

投标文件一般包含技术标和商务标,其中技术标包括工程概况、施工总体计划、施工组织设计、确保工程质量和工期的措施、确保施工安全和环境保护的措施等。商务标即报价,根据招标文件中提供的工程量清单,计算工程造价;在考虑投标策略以及各种影响工程造价的因素后提出报价。投标文件需在投标截止期前以密封的方式送达招标地点。

3)决标

决标阶段包括开标、评标和中标等三个环节。

开标在招标文件确定的提交投标文件截止时间的同一时间公开进行;开标地点为招标文件中预先确定的地点。开标由招标人主持,邀请所有投标人参加,当众予以拆封、宣读。

评标由招标人依法组建的评标委员会负责,由招标人的代表和有关技术、经济等方面的专家组成。评标委员会应当向招标人提出书面评标报告,并推荐合格的中标候选人,或受招标人授权直接确定中标人。

中标人确定后,由招标人向中标人发出中标通知书。中标人接到中标通知书后,与招标人按照招标文件和投标文件订立书面合同,并交纳履约保证金。

12.4.2 工程预算

1)建设工程预算费用的构成

建设工程预算是在工程项目实施前对工程建设费用的一种测算。工程建设费用包括建筑安装工程费用,设备、工器具购置费用和其他费用,见图 12-21 所示。

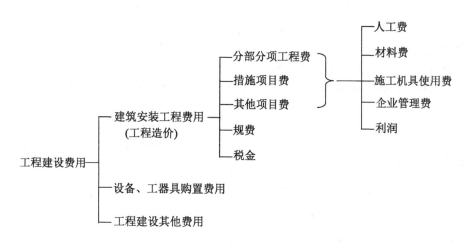

图 12-21 工程建设费用构成

(1) 建筑安装工程费

建筑安装工程费是施工过程中发生的费用,又称工程造价,包括分部分项工程费、措施项目费、其他项目费、规费和税金等五大部分。

分部分项工程费又称直接工程费,是指施工过程中耗费的、构成工程实体的各项费用。

措施项目费是指为完成建设工程施工,发生于该项工程施工前和施工过程中的技术、生活、安全、环境保护方面的费用,包含①安全文明施工费;②夜间施工增加费;③二次搬运费;④冻、雨期施工增加费;⑤已完工程及设备保护费;⑥工程定位复测费;⑦特殊地区施工增加费;⑧大型机械设备进出场及安装拆除费;⑨脚手架工程费。

其他项目费包括暂定金额、记日工和总承包服务费。暂定金额是对尚未完全确定是否实施的工程部分预留的费用;记日工是对一些零星工程所发生的费用;总承包服务费是指作为总承包单位对专项承包工程所提供的配合、协调、服务工作所发生的费用。

规费是指按国家法律、法规规定,由省级政府和省级有关权力部门规定必须缴纳或计取的费用,包括社会保险费(五险:养老保险费、失业保险费、医疗保险费、生育保险费和工伤保险费)、住房公积金和工程排污费。

税金是指国家税法规定的、应记入建筑安装工程造价内的营业税[①]、城市维护建设税、教育费附加和地方教育费附加。

分部分项工程费、措施项目费和其他项目费均由人工费、材料费、施工机具使用费、企业管理费和利润等五部分组成。

(2) 设备、工器具购置费

设备、工器具购置费是指为购置设计所规定的各种机械和电气设备的全部费用,包括设备出厂价格、由厂家到施工现场的运输费用和采购保管费等。

(3) 工程建设其他费用

工程建设其他费用是指建设项目施工过程以外所发生的费用,如土地使用费、勘察设计费、试验研究费、建设单位管理费等。

---

① 2016 年 5 月 1 日起营业税改为增值税。

2) 建筑安装工程费用的计算方法

建筑安装工程费用的计算方法分两类：

一类是计量的方法：费用＝工程量×单价；

另一类是取费的方法：费用＝计费基数×费率。

人工费、材料费、施工机具使用费采用计量的方法，企业管理费、利润、规费和税金采用取费的方法。

(1) 人工费

人工费是指支付给从事建筑安装工程施工的生产工人和附属生产单位工人的各种费用。分项工程的人工费计算公式为：

$$分项工程的人工费 = 分项工程工程量 \times 定额人工费$$

$$定额人工费 = \sum (人工定额用量 \times 日工资单价)$$

日工资单价包含工资、奖金、津贴、加班费和按国家法律规定的非工作期间应支付的工资，如探亲、生育、培训等。不同分项工程的工程量采用不同的计量单位，如土方开挖、浇筑混凝土以体积为计量单位，模板以与混凝土接触的面积为计量单位。工程量的计算依据是设计图纸，招标文件一般会提供工程量清单。人工定额用量是指单位工程量（如浇筑 1 m^3 混凝土）所需的人工工日，以 8 小时为一个工日。由于一个分项工程中需要使用不同的工种，如普工、一般技工、高级技工，他们的工资单价不同（如江苏省南京市一类工 118 元/工日、二类工 114 元/工日、三类工 105 元/工日），所以要分类计算，然后求和（$\sum$）。

(2) 材料费

材料费是指施工过程中耗费的原材料、辅助材料、构配件、零件、半成品或成品、工程设备的费用。其中工程设备是指构成永久工程一部分的机电设备、金属结构设备、仪器装置及其他类似的设备和装置。分项工程的材料费计算公式为：

$$分项工程的材料费 = 分项工程工程量 \times 定额材料费$$

$$定额材料费 = \sum (材料定额用量 \times 材料预算单价)$$

材料预算单价包含材料原价、运杂费、运输损耗费、采购及保管费。一个分项工程可能涉及不同种类的材料（如钢筋工程中不同等级的钢筋、用来连接钢筋的机械套筒等），需要逐项计算，然后求和。

(3) 施工机具使用费

施工机具使用费是指施工作业所发生的施工机械、仪器仪表使用费或租赁费。分项工程中的施工机具使用费计算公式为：

$$分项工程施工机具使用费 = 分项工程工程量 \times 定额机械使用费$$

$$定额机具使用费 = \sum (施工机械定额台班用量 \times 台班单价)$$

以工作 8 小时作为一个台班。台班单价包含 7 项费用：折旧费、大修费、平常维修保养费、安拆费及场外运费、机器操作人工费、燃料动力费、税费。因涉及多种机械，所以要分别计算，然后求和。

将分部工程的所有分项工程人工费、材料费和施工机械使用费相加得到分部工程的人工费、材料费和施工机具使用费。

(4) 企业管理费

企业管理费是指建筑安装企业组织施工生产和经营管理所需的费用,包括:管理人员工资、办公费、差旅费、固定资产使用费、工具用具使用费、劳动保险和职工福利费、劳动保护费、检验试验费、工会经费、职工教育经费、财产保险费、财务费、税金(房产税、车船使用税、土地使用税、印花税等)和其他(技术转让费、技术开发费等)共14项。

企业管理费计算公式:

$$企业管理费 =(人工费 + 材料费 + 施工机具使用费)\times 企业管理费费率$$

企业管理费费率由企业自行确定。

(5) 利润

利润是指施工企业完成所承包工程获得的盈利,按下列公式计算:

$$利润 =(人工费 + 材料费 + 施工机具使用费)\times 利润率$$

利润率一般取5%~7%。

(6) 规费

规费以人工费为计费基数,计算公式为:

$$规费 = \sum(人工费 \times 各项费率)$$

(7) 税金

营业税的计费基数为税前工程造价,包括上述1~6项,目前施工企业的营业税税率为3%。城市维护建设税、教育费附加和地方教育费附加的计费基数为营业税;城市维护建设税的税率根据纳税地点分为7%(市区)、5%(县城、镇)、1%(不在市区、县城、镇);教育费附加和地方教育费附加的税率分别为3%和2%。税金计算公式为:

$$税金 = 税前工程造价 \times 综合税率$$

$$综合税率 = \begin{cases} 3\% + 3\% \times 7\% + 3\% \times 3\% + 3\% \times 2\% = 3.36\% & 市区 \\ 3\% + 3\% \times 5\% + 3\% \times 3\% + 3\% \times 2\% = 3.30\% & 县城、镇 \\ 3\% + 3\% \times 1\% + 3\% \times 3\% + 3\% \times 2\% = 3.18\% & 其他 \end{cases}$$

税前工程造价与税金之和为税后工程造价。

上述费用计算中的定额由各省、自治区、直辖市的造价管理机构确定。

3) 工程预算的种类和作用

工程项目的不同阶段对应不同种类的预算。对应可行性研究中机会研究阶段的是投资估算,主要参照已建成的同类项目;对应详细可行性研究和初步设计阶段的是工程概算,依据初步设计文件和概算定额;对应施工图设计阶段的是施工图预算,依据施工图设计文件和预算定额;对应施工实施阶段的是施工预算。施工预算是施工单位内部为控制施工成本而编制的一种预算。

工程预算具有以下作用:

(1) 控制投资规模、设计标准的依据。

(2) 编制标底、投标文件、签订承发包合同的依据。

(3) 施工单位编制施工计划、控制施工成本的依据。

(4) 施工单位与材料供应商签订供货合同的依据。

(5) 建设单位向施工单位拨付工程款的依据。

(6) 施工企业对项目经理部,项目经理部对工程队、班组成本核算的依据。

12.4.3 施工组织设计

施工组织设计属于项目管理的实施规划,由项目经理组织项目经理部在工程开工之前编制完成,它是指导土木工程施工的技术经济文件。

1) 施工组织设计的内容

一个土木工程项目通常包含若干个具有独立使用功能的单项工程,如一条跑道、一栋航站楼等;而一个单项工程又有若干个可独立组织施工的单位工程组成,如土建工程、设备安装工程、装饰装修工程等;单位工程根据不同的工程部分或专业性质可以划分为分部工程,如土方工程、基础工程、主体结构工程等;分部工程按不同的施工工种或方法可以进一步细分为分项工程,如模板工程、钢筋工程、混凝土工程等,它是施工组织的基本单位。针对不同的对象和范围,有不同种类的施工组织设计,如建设项目施工组织总设计、单位工程施工组织设计、分部工程施工组织设计等。无论哪一类施工组织设计,都应具备以下的基本内容:

(1) 建设项目的工程概况及施工条件。

(2) 施工部署及施工方案。

(3) 施工进度计划。

(4) 施工现场平面布置图。

(5) 保证工程质量及安全、环保的技术措施。

(6) 主要技术经济指标。

上述基本内容中,第(2)(3)(4)项是施工组织设计的核心内容,简称"一案""一表"和"一图"。

2) 施工部署及施工方案

施工部署是工程的总体安排,涉及施工区段的划分、相关工程的开展顺序;施工方案是指某项工程的具体施工方法。施工部署及施工方案是否合理直接关系到工程的进度、质量和成本。

为缩短工期、节省成本,对大型建设项目,需要进行合理的施工布局,划分施工区段,组织合理的施工流向,以使得部分单项工程能提前投入使用、发挥效益。确定时应考虑:满足用户的使用需要;便于施工组织的分区分段;适应主导工程的合理施工顺序。

确定施工顺序时,首先应满足质量的要求,其次应满足施工工艺、施工方法和施工机械的要求,最后还应考虑当地的气候条件和安全技术的要求。

同一种工种工程往往有多种施工方法,选择施工方法的原则是有利于保证工程质量和施工安全,有利于提高生产效率,有利于降低成本。

3) 施工进度计划

施工进度计划是要为每一项施工过程确定进场和退场日期,明确各施工过程相互衔接和穿插配合的关系,并据此提出施工作业每天所需的劳动力和各技术物资供应计划。要求在保证能按规定的工期完成质量合格的工程任务的基础上,使人工、机械设备和其他物资资源的消耗最小。

编制施工进度计划涉及根据技术规范要求确定施工过程,根据施工图计算工程量,根据工程量和定额(人工定额、材料定额和机械定额)计算用工量、材料使用量和机械台班数,根据企业的资源量和施工现场的容量确定施工过程的作业天数和图表绘制等工作。

施工进度计划有水平图表(横道表)和网络计划图两种。

施工进度横道表是应用最广泛的表达方式,其优点是直观、简单、方便、易懂,在绝大多数建设工地均能见到。

表 12-1 是某条形基础工程的进度计划。该工程的施工顺序为:挖基槽→做胎膜→绑扎钢筋→浇筑混凝土并养护→回填土,共 5 个施工过程,假定每个施工过程需要 4 个工作日,则总共需要 20 个工作日,见表中的粗黑线。

如果希望缩短工期,一种方案是增加每个施工过程投入的劳动力和相应的施工机械,缩短作业天数;另一种方案是将施工现场分成甲、乙两段,实行分段施工、流水作业。即前一个施工过程在甲段完成后,移到乙段继续施工;与此同时,在甲段进行后一个施工过程。在每个施工过程作业天数不变的情况下,总的施工工期缩短为 12 个工作日,但同时施工的人数增加(除了头尾外,每天有两组不同工种的人员投入施工),见表中的阴影线。

网络计划技术(network planning technology)是一种系统分析和优化技术,用于土木工程的施工进度计划时可以把施工过程中的各有关工作组成一个有机整体,清晰地反映出各项工作之间的相互制约和依赖关系;找出影响工程进度的关键工作;并对计划进行工期、材料、成本等优化。

表 12-1 某条形基础工程施工进度表

施工过程＼工作日	0~4	5~8	9~12	13~16	17~20
挖基槽	甲段／乙段				
做胎膜		甲段／乙段			
绑扎钢筋		甲段／乙段			
浇筑混凝土			甲段／乙段		
回填土			甲段／乙段		

双代号网络计划图是应用较为普遍的一种网络计划形式,它由一根箭杆和两端节点的编号表示一项工作。这里的工作视计划的粗细程度可以是一个工序、一个单项工程甚至是一个建设工程。一般情况下,工作既需要消耗时间又需要消耗资源,也有的工作仅需要消耗时间而不需要消耗资源,如混凝土蓄水养护。有时,为了表示先后工作之间的逻辑关系,需要在网络图中加入既不消耗资源也不消耗时间的"虚工作",用虚箭杆表示。

下面以一混凝土结构工程(单层框架)为例介绍网络计划图的绘制方法。该工程的工序包括:绑扎柱钢筋、立柱模板、浇筑柱混凝土、柱混凝土养护、拆柱模、立梁底模、绑扎梁钢筋、立梁侧模、浇筑梁混凝土、梁混凝土养护、拆梁模。其中绑扎钢筋、立模、浇筑混凝土和拆模是技工种,需由专门人员承担,假定这些工种只有一组人员,这意味着混凝土工(钢筋工、模板工)在做完柱子后才能做梁,为此在节点④、⑦和⑨、⑪之间,加入了虚箭杆,见图12-22所示,图中带括号的数字代表每项工作的作业时间。

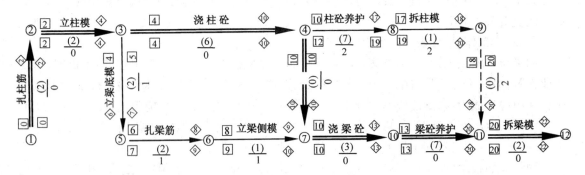

图 12-22　某混凝土结构工程施工的网络计划图

网络计划图的绘制应满足下列要求:不允许出现循环回路;不允许出现编号相同的箭杆;只允许出现一个没有内向箭杆的起始节点和没有外向箭杆的终点节点。

通过网络计划图的时间参数计算,可得出总工期和关键线路。

某项工作的最早开始时间(ES)是指各紧前工作完成后,本项工作有可能开始的最早时刻,它等于所有紧前工作最早结束时间的最大值;某项工作的最早结束时间(EF)等于该项工作的最早开始时间加上作业时间。最早开始时间和最早结束时间从起始节点开始顺着箭杆方向逐项进行计算,见图12-22中箭杆上方(或左边)的数字,其中最早开始时间用带方框数字表示,最早结束时间用带菱形框数字表示。

某项工作的最迟结束时间(LF)是指在不影响总工期的前提下,本项工作必须完成的最迟时刻,它等于所有紧后工作最迟开始时间的最小值;某项工作的最迟开始时间(LS)等于该项工作的最迟结束时间减去作业时间。最迟开始时间和最迟结束时间从终点节点开始逆着箭杆方向逐项进行计算,见图12-22中箭杆下方(或右边)的数字。

在不影响后续工作最早开始时间(也即不影响总工期)的前提下,该项工作所拥有的机动时间称为时差(TF),它等于最迟完成时间减去最早完成时间,或最迟开始时间减去最早开始时间,见图12-22中横杆下面的数字。

网络计划图中从起始节点开始,连续经过一系列箭杆和节点,最后到达终点节点的通路称为线路。图12-22中共有3条线路:①→②→③→④→⑧→⑨→⑪→⑫;①→②→③→⑤→⑥→⑦→⑩→⑪→⑫;①→②→③→④→⑦→⑩→⑪→⑫。一条线路上各项工作持续时间的总和称为该线路之长,最长的线路称为关键线路,关键线路的长度就是总工期。可以看出,关键线路是由时差为零的工作构成的,见图12-22中的双线。

如要压缩总工期则必须缩短关键线路上各工作的持续时间,所以有"向关键线路要工期"之说;对于非关键线路上的各项工作均有一定的机动时间,可根据劳动力、机械设备、材料供应等情况灵活安排,所以有"向非关键线路要效益"之说。

利用网络计划可以对施工进度进行优化,如规定工期内如期完成;资源有限,工期最短;工期一定,资源高峰最低等。

实际工程中常常会出现在某个阶段停工、延期的情况,如遇到极端气候或重大活动,材料供应商未能及时供应等,这时需要及时调整后续计划,以免影响总工期。

现在已有专门网络计划软件自动计算。

4) 施工现场总平面图

施工现场总平面图表示全工地在施工期间所需各项设施和永久性建筑(已建的和拟建的)在空间上的合理布局,使之定点、定线、定位,成为具有明确坐标的总体布置指示图,指导现场施工部署的行动方案。

施工现场总平面图的内容包括临时工程设施(生活临时设施和生产临时设施),工地临时用水、电、气、热等动力供应,施工材料、预制构件、设备放置场地等的布置。

图 12-23 为某砖混结构住宅楼的单位工程施工平面图。

12.4.4　施工准备工作

施工准备工作的主要任务是创造必需的施工条件,尽可能预见并排除在施工过程中可能出现的问题,包括技术准备、现场准备、物资和施工机械准备、施工队伍准备等内容。

1) 技术准备工作

施工技术人员应预先熟悉设计图纸,充分理解设计意图和细部构造,检查各专业工种(建筑、结构、设备)之间的协调性、主体结构使用阶段与施工阶段的协调性,并通过施工图交底(由建设单位、设计单位、施工单位和监理单位共同参加)提出问题,商讨解决方案。

此外,施工技术人员还应掌握建设场地的地形、地质、水文、气象等资料。

2) 施工现场准备工作

施工现场准备工作包括"三通一平"、修建临时设施和工程定位,其中"三通一平"是指在建设工程用地的范围内修通道路,接通水源,接通电源及平整场地;工程定位是指确定建设工程在场地上的位置。

3) 物资与施工机械方面的准备工作

预先计算出各阶段对材料、施工机械设备、工具等的需求量,并说明供应单位、交货地点、运输方法等,特别是对预制构件,需根据施工图制表造册,及时向预制厂加工订货。

对于需要购置或租赁的大型施工机械设备,根据施工进度计划确定的所需工作日及进场和退场时间,精心计划,以免延误工期或闲置浪费。

4) 施工队伍准备

根据工程项目,核算各工种的劳动量,配备劳动力,组织施工队伍,确定负责人。对特殊的工种需组织调配或培训。配备好职工队伍后,要进行工程计划、工程技术交底,进行必要的技术、安全和环保教育。

12.4.5　目标控制

施工过程中的管理围绕项目质量、安全、进度和成本等目标控制。

1) 质量控制

工程质量控制通过"**计划(Plan)**、**执行(Do)**、**检查(Check)**、**处理(Action)**"循环工作方法,不断改进过程控制。PDCA 循环包括四个阶段、八个步骤。

阶段"P":

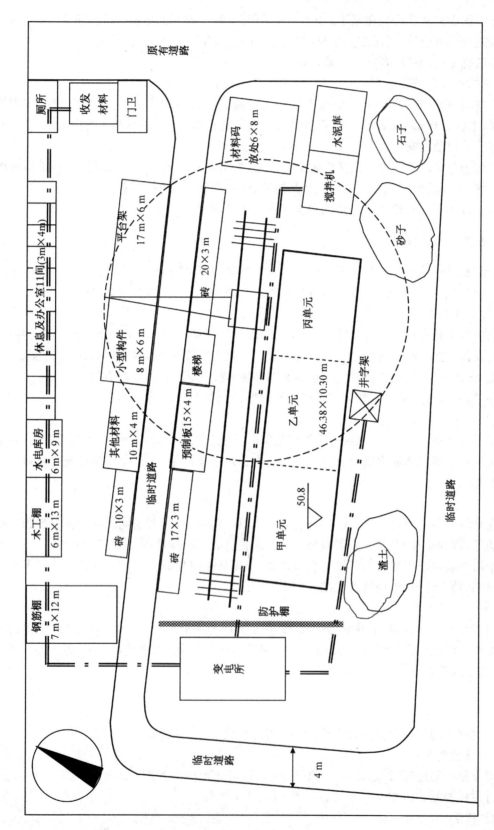

图 12-23 某砖混结构住宅楼单位工程施工现场平面图

(1) 根据调查研究取得的大量信息,确定达到的目标和经营方针。
(2) 根据目标和方针拟订计划。
(3) 分析可能发生的问题,制定对策和各项措施。

阶段"D":

(4) 根据计划要求,落实措施,组织贯彻执行。

阶段"C":

(5) 检查执行情况,分析实施效果。
(6) 掌握应该巩固的成果,提出存在的问题。

阶段"A":

(7) 总结经验,肯定成绩,巩固措施,制定标准,提出存在问题,拟出解决办法。
(8) 提出下一循环的意见。

项目质量控制的标准是国家的工程施工技术规范以及发包人的质量要求。控制因素包括人员、材料、机械、工艺和环境。控制过程包括准备阶段、施工阶段和竣工验收阶段。

2) 安全控制

安全控制的目标是避免各类安全事故的发生。安全事故的发生可归结为"人的不安全行为""物的不安全状态""作业环境的不安全因素"以及"管理缺陷"等四个原因。安全控制应针对上述四个方面进行。

统计表明,在各类安全事故中,由于人的不安全行为引起的超过70%。所谓人的不安全行为是指与人的心理特征相违背、可能引发安全事故的非正常行为,如,在没有排除故障的情况下操作,没有做好防护或提出警告;在不安全的速度下操作;使用不安全的设备或不安全地使用设备;处于不安全的位置或不安全的操作姿势;工作在运行中或有危险的设备上。

生产过程中发挥一定作用的机械、物料、生产对象以及其他生产要素统称为物。物都具有不同形式、性质的能量。由于物的能量可能释放引起事故的状态,称为物的不安全状态。发生能量意外释放的根本原因,是对能量正常流动与转换的失控。所有的物的不安全状态,都与人的不安全行为或人的操作、管理失误有关。物的不安全状态既反映了物的自身特性,又反映了人的素质和人的决策水平。

生产作业环境中,温度、湿度、光线、振动、噪声、粉尘、有毒有害物质等,不但会影响人在作业中的工作情绪,不适度的、超过人的不能接受的环境条件,还会导致人的职业性伤害。这些统称为环境的不安全因素。

管理是以上三个因素存在的基础。管理不到位就必然存在人的不安全行为、物的不安全状态及环境的不安全因素。管理是事故发生的间接原因,其他三个因素是直接原因。

要避免安全事故的发生,就要消除物的不安全状态、杜绝人的不安全行为、控制环境的不安全因素。

通过安全技术消除物的不安全状态和环境的不安全因素,通过安全教育杜绝人的不安全行为,将安全管理贯穿于计划、实施、检查、处理的全过程。

3) 进度控制

项目进度控制以实现施工合同约定的竣工日期为最终目标。控制的依据是施工组织设计的进度计划。项目的施工进度计划通过编制年、月、周施工进度计划,逐级落实,最终通过施工任务书由班组实施。

在施工进度计划的实施过程中应做好跟踪、检查、调整等几个方面的工作。

在计划图上进行实际进度记录,跟踪记载每个施工过程的实际开始日期、完成日期,记录每日完成数量、施工现场发生的情况、干扰因素的排除情况;工程量、总产值以及耗用的人工、材料和机械台班等的数量进行统计与分析,编制统计报表。

根据实施记录对施工进度计划进行检查,检查的内容包括:检查期内实际完成和累计完成工程量;实际参加施工的人力、机械数量及生产效率;窝工人数、窝工机械台班数及其原因分析;进度偏差情况;影响进度和特殊原因及分析。

当检查中发现因物资供应、工程量变更或其他不可抗拒等干扰因素且无法排除时,应及时调整进度计划,并按调整后的进度计划执行。调整内容包括施工内容、工程量、起止时间、持续时间、工作关系和资源供应。

4) 成本控制

施工合同签订后,工程造价(或施工企业的收入)就确定了,项目成本的控制直接关系到施工企业能否盈利。成本控制涉及控制依据、过程控制、核算与考核。

施工企业根据合同造价、施工图和招标文件中的工程量清单,确定正常情况下的企业管理费和利润,将工程造价的其余费用确定为项目经理的可控成本,形成项目经理的责任目标成本。项目经理在接受企业法定代表人委托之后,根据企业内部的施工定额(这是不同于施工图预算的地方)组织编制施工预算作为项目的计划目标成本;由项目经理部按工程部位对计划目标成本进行分解,作为分部工程成本核算的依据;进一步按成本项目进行成本分解,确定项目人工费、材料费、施工机具台班费的构成,为施工生产要素的成本核算提供依据;最后将各分部分项工程成本控制目标和要求落实到成本控制的责任者。

在项目实施过程中,按照增收节支、全面控制、责权利相结合原则,用目标管理方法对实际施工成本的发生过程进行有效控制:做好施工采购策划,控制材料价格;加强施工定额管理和施工任务单管理,控制劳动力和材料消耗;加强施工调度,避免因施工计划不周和盲目调度造成窝工损失、机械利用率降低、物料积压等而使施工成本增加;积极推广新技术、新材料和新工艺,提高生产效率;加强施工合同管理和施工索赔管理,正确运用施工合同条件有关法规及时进行索赔。

按照量价分离的原则,按月对实际施工成本与计划成本进行比对,分析影响成本节约、超支主要因素,包括:实际工程量与预算工程量的对比分析;实际采购价格与计划价格的对比分析;各种费用实际发生额与计划支出额进行对比分析。

对项目成本进行分层考核:企业对项目经理部进行成本管理考核,以确定的责任目标成本为依据;项目经理部对项目内部各岗位及作业队进行成本管理考核,以控制过程的考核为重点。

12.4.6 合同管理

施工项目合同管理内容包括施工合同的订立、履行、变更和终止。

1) 合同的订立

施工项目合同的订立应符合下列原则:

(1) 合同当事人的法律地位平等,一方不得将自己的意志强加给另一方。

(2) 当事人依法享有自愿订立合同的权利,任何单位和个人不得非法干预。

(3) 当事人确定各方的权利和义务应当遵守公平原则。

(4) 当事人行使权利、履行义务应当遵循诚实信用原则;任何单位和个人不得非法干预当事人行使权利。

(5)当事人应当遵守法律、行政法规,尊重社会公德,不得扰乱社会经济秩序,不得损害社会公共利益。

施工项目合同文件由下列内容组成:协议书;中标通知书;投标书及其附件;专用条款,通用条款,标准、规范及有关技术文件;图纸;具有标价的工程量清单;工程报价单或施工图预算书。在施工合同履行中,发包人有关工程洽商、变更等书面协议或文件为本合同的组成部分。

2)合同文件的履行

通过跟踪、收集、整理、分析合同履行中的信息,对施工合同实行动态管理,合理、及时地进行调整;对合同履行应进行预测,及早提出和解决影响履行的问题,以回避或减少风险。如果发生不可抗力致使合同不能履行或不能完全履行时,应及时向企业报告,并在委托权限内及时进行处置。

在施工合同履行期间应注意收集、记录对方当事人违约事实的证据,作为索赔的依据。

3)合同的变更

当发生工程量增减,工程标准及特性的变更,工程标高、基线、尺寸等变更,工程的取消;施工顺序的改变;永久工程的附加工作等变更时应及时进行合同的变更。

合同变更时由项目经理根据施工合同的约定,向监理工程师提出变更申请,监理工程师进行审查,审查同意后向项目经理提出合同变更指令。

4)索赔

索赔是指在工程合同的实施过程中,合同一方因非自身因素或对方不履行或未正确履行合同所规定的义务而受到损失时,向对方提出赔偿要求的权利。索赔属于正确履行合同的正当权利要求,是一种经济补偿行为,而不是惩罚。所以索赔在一般情况下都通过友好协商的方式解决,若双方无法达成妥协、存在争议时可通过仲裁解决。索赔包括工期和费用。

索赔的关键在于"索",施工单位不"索",建设单位就不会主动来赔;索得无力,赔得艰难。索赔成功必须具备三个条件:有正当的索赔理由和充足的证据;按施工合同文件中有关规定办理;认真、如实、合理、正确地计算索赔的时间和费用。

由于土木工程施工行业的竞争越趋激烈,投标报价很低,所以业内有"中标靠低价、赚钱靠索赔"之说。可见,是否善于索赔在一定程度上关系到企业的生存。

5)合同终止和评价

合同的终止包括按约定履行完成和合同解除。

合同终止后施工单位应对合同订立过程情况、合同条款、合同履行情况和合同管理工作等进行总结评价。

12.5 施工监理

12.5.1 概述

建设工程监理是指监理单位对工程建设及其参与者的行为所进行的监督和管理。这里所指的工程建设参与者包括建设单位、设计单位、施工单位、材料设备供应单位等。在西方国家的工程建设活动中已形成了建设单位、施工单位和监理单位三足鼎立的基本格局。世界银行等国际金融机构都把实行建设监理作为提供贷款的条件之一,建设监理成为工程建设必须遵循的制度。

我国是从1988年开始引入这一建设工程管理制度的。1998年3月1日起施行的《中华人民共和国建筑法》中列入了有关监理的法律条文,2000年12月7日正式颁布了《建设工程监理规范》,标志着我国工程建设监理制度已纳入法制化的轨道。

目前,我国的工程建设监理主要面向施工阶段,还没有覆盖到设计阶段,《建设工程监理规范》也仅适用于建设工程施工、设备采购和制造的监理工作。

监理工作的任务可以归结为"控制、管理、协调"三个方面。控制是指对工程质量、工程造价和工期进行控制,管理包括合同管理和资料管理,协调是指公正地处理好建设单位和施工单位之间的各种利益冲突。

12.5.2 工程质量控制工作

重点部位、关键工序的施工工艺和确保工程质量的措施,施工单位需调整、补充或变动已批准的施工组织设计,需由监理工程师审核同意后签认。

当施工单位采用新材料、新工艺、新技术、新设备时,由监理工程师组织专题论证,经审定后签认。

拟进场的工程材料、构配件和设备等需由监理工程师采用平行检验或见证取样方式进行抽检,未经监理人员验收或验收不合格的拒绝签认,并签发通知单通知施工单位限期将不合格的工程材料、构配件、设备撤出现场。对直接影响工程质量的计量设备的技术状况进行定期检查。

监理工程师需对施工过程的每个工序进行巡视和检查,对于隐蔽工程的隐蔽过程、下道工序施工完成后难以检查的重点部位,还应进行旁站。

上一道工序未经监理人员验收或验收不合格时,严禁进行下一道工序的施工。施工过程中发现的质量缺陷,由施工单位整改,并检查其整改结果;当发现施工存在重大质量隐患,可能造成质量事故或已经造成质量事故,可要求施工单位停工整改。

对需要返工处理或加固补强的质量事故,需责令施工单位报送质量事故调查报告和经设计单位等相关单位认可的处理方案,项目监理单位对质量事故的处理过程和处理结果进行跟踪检查和验收。

12.5.3 工程造价控制工作

工程款的支付分预付款、中期付款和竣工结算。其中预付款在开工前支付,包括三部分:一是开工费,用于施工现场的临时设施、开办费用等;二是已运抵工地的成套设备和装备费用;三是已运抵工地的材料费用。预付款的数额和支付时间在施工合同中会明确载明。

中期付款一般按施工进度阶段逐次支付(国际上通常按月支付)并扣还预付款。竣工结算是工程竣工验收后,施工单位和建设单位对工程造价的最后计算和财务清算划拨,一般会留下约5%的保留金,以保证承包人履行保修职责。中期付款和竣工结算都需经过监理工程师的审定。

监理工程师对质量验收合格的工程量进行现场计量、按施工合同的约定审核工程量清单和工程款支付申请表,报建设单位,作为付款依据。未经监理人员质量验收合格的工程量,或不符合施工合同规定的工程量,监理人员有权拒绝计量和该部分的工程款支付申请。

监理工程师审定竣工结算报表,与建设单位、施工单位协商一致后,签发竣工结算文件和最终的工程款支付证书报建设单位。

12.5.4 工程进度控制工作

监理工程师依据施工合同有关条款、施工图及经过批准的施工组织设计制定进度控制方案,对可能影响进度的潜在因素进行风险分析,制定防范性对策。

检查进度计划的实施,并记录实际进度及其相关情况,当发现实际进度滞后于计划进度时,指令施工单位采取调整措施。

对因建设单位原因导致的工程延期提出相关费用索赔的建议。

12.5.5 施工合同管理的监理工作

合同管理的监理工作包括工程暂停与复工、工程变更、费用索赔、工程延期、合同争议、合同解除等方面的工作。

1) 工程暂停及复工

出现下列情况之一者,监理工程师有权签发工程暂停令:
(1) 建设单位要求暂停施工且工程需要暂停施工。
(2) 为了保证工程质量而需要进行停工处理。
(3) 施工出现了安全隐患,为消除隐患需要停工。
(4) 发生了必须暂时停止施工的紧急事件。
(5) 施工单位未经许可擅自施工,或拒绝项目监理单位管理。

停工的范围应根据停工原因的影响范围和程度确定。

当施工暂停原因消失,具备复工条件时,应及时签署工程复工报审表,指令施工单位继续施工。并处理因工程暂停引起的与工期、费用等有关的问题。

2) 工程变更

工程变更有三种情况:一是设计单位对原设计存在的缺陷提出工程变更;二是建设单位需要改变使用功能提出工程变更;三是施工单位因施工过程中遇到不可克服的困难而提出的工程变更。

工程变更需要原设计单位编制设计变更文件,对于后两种情况还需先取得监理工程师审查同意。

监理工程师将根据实际情况、设计变更文件和其他有关资料,按照施工合同的有关条款,对工程变更的费用和工期做出评估,并与施工单位和建设单位进行协调;经协商达成一致后,由建设单位与施工单位在变更文件上签字,以作为工程变更补充协议的依据。

3) 费用索赔处理

费用索赔是双向的,施工单位可以向建设单位提出费用索赔,建设单位也可以向施工单位提出费用索赔。

监理单位受理施工单位的索赔申请,必须同时满足以下三个条件:索赔事件造成了施工单位直接经济损失;索赔事件是由于非施工单位的责任发生的;施工单位已按照施工合同规定的期限和程序提出费用索赔申请表,并附有索赔凭证材料。

4）工程延误的处理

当发生施工合同文件中规定的工程延期条件时,施工单位可提出工程延期申请。项目监理单位依据施工合同中有关工程延期的约定、工期拖延和影响工期事件的事实和程度以及影响工期事件对工期影响的量化程度确定批准工程延期的时间。

当工程延期造成施工单位提出费用索赔时,按以上介绍的规定处理;当施工单位未能按照施工合同要求的工期竣工交付造成工期延误时,项目监理单位按施工合同规定从施工单位应得款项中扣除误期损害赔偿费。

5）合同的解除

合同解除的原因有建设单位违约、施工单位违约和不可抗力或非建设单位、施工单位原因。合同解除时,由项目监理单位按施工合同的规定清理施工单位的应得款项,或偿还建设单位的相关款项,并书面通知建设单位和施工单位。施工合同终止时,由项目监理单位按施工合同规定处理合同解除后的有关事宜。

12.6 施工新技术

12.6.1 虚拟建造

利用 BIM 技术,可实现施工过程的虚拟仿真。在设计阶段建立的三维可视模型基础上,通过添加工程建设场地环境参数、施工机械参数,引入时间(进度)维度,可形成四维可视模型;如果进一步引入成本维度(材料、人工花费、机械能源使用费),可形成五维可视模型,实现**虚拟建造**(virtual construction)。

图 12-24 所示的复杂空间结构,要精确达到设计方案所要求的结构形状和空间位置,单凭工程经验绝非易事,虚拟仿真可以作为有力助手。正式开工前,通过对复杂工程或关键工序的施工过程进行虚拟仿真(图 12-25),可获得施工控制参数、提前发现潜在的质量或安全问题、多工种同步施工的协调问题,优化施工方案。

(a) 实物

(b) 虚假仿真

图 12-24 复杂结构的空间定位

(a) 桥梁　　　　　　　　　　　　(b) 房屋

图 12-25　施工虚拟仿真

正式开工后,借助五维模型、根据实际施工进程和现场质量检测对模型数据的持续更新,可实现工期和成本的实时控制、动态调整和优化,对项目精益化管理,获得最佳效益。

12.6.2　建筑机器人

与工业产品在工厂制作不同,土木工程必须在建设工地现场建造(即使是全装配建筑,最后的装配还得在现场完成),自动化程度低、劳动强度大。**建筑机器人**(construction robot)(图12-26)有望改变这一状况。

(a) 砌墙　　　　　　　　　　　　(b) 钢筋安装

图 12-26　建筑机器人

机器人"服从命令听指挥、任劳任怨、不计报酬",能够无条件、不折不扣地按规定质量标准执行预设任务,不知疲倦,可连续工作,不会受情绪影响。采用机器人代替人工,可以获得稳定的工程质量,减少现场人工使用量,提高工作效率,减轻人员劳动强度。

世界上第一台工业机器人是在1959年由美国发明家乔治·德沃尔(George Devol)发明的,命名为Unimate,意思为万能自动。目前各种功能的工业机器人已比较成熟,使用已很普遍。相比而言,建筑机器人的研发和使用尚处于初期。20世纪80年代,日本清水株式会社发明了世界上第一台用于耐火材料喷涂的建筑机器人。目前的墙体砌筑机器人、装修机器人、建筑维护机器人、建筑救援机器人、3D打印机器人等在试点工程中已有一定应用。

建筑机器人与工业机器人的作业状态存在以下区别:工业机器人在固定的位置作业、作业对象随流水线移动;而建筑机器人需要移动作业、作业对象固定在工地;工业机器人处于被控的理想室内环境;而建筑机器人身处野外,直接面临高温酷暑、风吹雨淋的自然环境。建筑机器人的推广应用需要解决以下关键技术问题:

(1) 多传感器的综合应用

建筑机器人需要借助多种传感器识别作业环境和对象,如温度、风速、物体大小、空间范围以及行走过程中遇到的障碍类型。

(2) 空间轨迹规划

由于作业空间大小和遇到的障碍是非标准的,无法预先设定,要求建筑机器人通过自动识别、做空间轨迹规划。

(3) 非稳定地面的精确作业

建筑机器人在建筑工地行走的路面可能是坑坑洼洼的软土路面,作业过程会受到很大干扰,需要实时调整,并能够在目标位置精准定位、稳定作业。

(4) 适合机器人的施工工法

有经验的建筑工人能够轻而易举地处理好诸如建筑墙角的抹灰不平整、门窗框与墙体间的缝隙等质量问题,而机器人不具备这种灵活性。所以施工工艺不能简单复制人工施工工艺,需要研究适合机器人的专门施工工法。

(5) 多机的协同作业

一个建筑工地多种机器同时作业,需要传输不同的建筑材料,存在相互牵制,很容易造成物资调度和空间使用的冲突,需要通过统一的调度平台协调多机作业。

12.6.3 3D 打印

3D 打印(3D printing)是一种以数字模型文件为基础,通过将材料逐层堆叠累积方式来构造物体的制造工艺,又称增材制造,与传统制造通过切削、钻孔、铣刨等加工部件的减材制造相对应。1986 年美国科学家 Charles Hull 开发了第一台商业 3D 印刷机;1993 年,麻省理工学院获 3D 印刷技术专利;1995 年,美国 ZCorp 公司从麻省理工学院获得唯一授权并开始开发 3D 打印机。

目前 3D 打印建筑采用的材料主要是水泥混凝土(因不含粗骨料,严格讲属于水泥砂浆);采用的打印设备有三种类型:龙门式、机械臂式和机器人式。龙门式打印机系统的喷嘴(图 12-27)安装在龙门架上,可以根据打印位置做三维或四维(加上摆动)移动,如图 12-28a 所示;机械臂式打印机系统的喷嘴安装在机械臂上,在机械臂臂长范围内移动,如图 12-28b 所示;机器人式打印机可具备 6 个完整自由度(3 个平动加 3 个转动),实现更为灵活和高效的打印,见图 12-28c 所示。

图 12-27 3D 打印机喷嘴

(a) 龙门式　　　　　　　　(b) 机械臂式　　　　　　　　(c) 机器人式

图 12-28　3D 建筑打印机

3D 打印建筑(图 12-29),因无模成型,可建造任意复杂形状的建筑,并且不会额外增加成本,速度快、效率高。

(a) 房屋　　　　　　　　　　　　　(b) 桥梁

图 12-29　3D 打印建筑

混凝土属于抗压性能好、抗拉性能差的材料,在工程中极少使用素混凝土,通常用钢筋增强,采用钢筋混凝土。目前还无法直接打印钢筋混凝土,严重影响了 3D 打印建筑的推广使用。与浇筑混凝土不同,逐层堆叠的成型方式,决定了 3D 打印混凝土在层向和垂直层方向具有明显的各向异性。层状混凝土的各种力学性能尚需要广泛研究。

思考题

12-1　单项工程的施工包括哪几大部分?
12-2　有哪些常用的基坑支护结构形式?
12-3　当基坑位于地下水位以下时,解决地下水渗流有哪些方法?
12-4　常用的脚手架有哪几种?
12-5　有哪些常用的起重设备? 当结构所处位置无法布置起吊设备时有什么解决方法?
12-6　对混凝土结构工程的模板有哪些要求?
12-7　工程招投标的目的是什么? 有哪几个阶段?
12-8　建筑安装工程费包括哪几部分? 有哪两类计算方法?
12-9　何谓施工组织设计中的"一案""一表"和"一图"?
12-10　施工过程中有哪些控制目标?

思考题注释

12-11 施工项目合同管理包括哪些内容?

12-12 施工监理的工作任务包括哪些?

*12-13 当设有多层地下室、基坑深度很深时,开挖过程中防止坑壁坍塌是很头疼的问题,你有什么好方法?

*12-14 为什么土木工程不能像其他产品一样,造好后买卖双方再来确定购买价格,而是要在建造前通过招投标的方式确定工程造价?

*12-15 为什么土木工程的建造过程需要对进度计划进行动态调整?

12-16 施工虚拟仿真可以解决什么问题?

12-17 推广建筑机器人尚需解决哪些问题?

12-18 如何才能扩大3D建筑打印的应用范围?

作业题

作业题指导

12-1 图示小车变幅塔式起重机,塔身重 $W=320$ kN、偏离塔身中心线 $e=0.5$ m,配重距离塔身中心线 $l=10$ m,两侧轨道之间的距离 $b=1.8$ m。

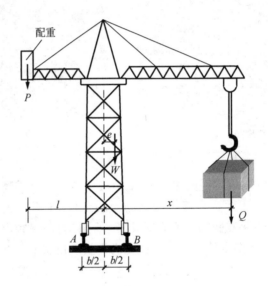

作业题12-1插图

(1) 空载时塔吊不至于绕 A 点倾倒,配重 P 最大不能超过多少?

(2) 按空载时塔吊不倾倒的最大配重 P_{max} 的1/2配置。工作幅度 x 达到最大值32 m时,不发生绕 B 点倾覆,起吊的重物 Q 可以到多大?

12-2 某分项工程共有8个工序,各工序的先后关系如图所示,各工序所需工期见下表。

工序	①-②	①-③	②-③	②-④	③-⑤	④-⑤	④-⑥	⑤-⑥
工期	2	4	3	5	2	2	3	3

试计算该分项工程的总工期并标出关键线路。

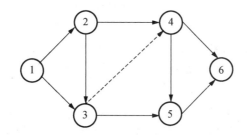

作业题12-2插图

测试题

测试题解答

12-1 浅基坑开挖时常采用放坡开挖,放坡是为了( )。
(A) 方便施工 (B) 降低地下水位
(C) 防止坑壁坍塌 (D) 减少施工费用

12-2 基坑坑底位于地下水位以下时,为了避免地下水渗入坑内,可采用( )等方法。
(A) 井点降水法、止水法(设止水帷幕)和冻结法
(B) 抽水法、止水法和冻结法
(C) 逆作法、井点降水法和冻结法
(D) 抽水法、井点降水法和止水法

12-3 深基坑需要设置支护结构,设计支护结构时,坑壁土压力和坑底土压力( )。
(A) 均按主动土压力计算
(B) 均按被动土压力计算
(C) 坑壁按主动土压力计算、坑底按被动土压力计算
(D) 坑壁按被动土压力计算、坑底按主动土压力计算

12-4 预制桩常用的沉桩方法有( )。
(A) 静压法、振动法、钻孔法 (B) 锤击法、振动法、钻孔法
(C) 锤击法、静压法、钻孔法 (D) 锤击法、静压法、振动法

12-5 灌注桩的成孔方式有( )三大类。
(A) 射水成孔、泥浆护壁成孔、套管沉孔 (B) 干作业成孔、泥浆护壁成孔、套管沉孔
(C) 干作业成孔、射水成孔、套管沉孔 (D) 干作业成孔、射水成孔、泥浆护壁成孔

12-6 脚手架中斜撑和剪刀撑的作用是( )。
(A) 避免成为机动体系 (B) 传递水平荷载
(C) 传递竖向荷载 (D) 防止整体倾覆

12-7 下列哪种起重设备可以行走?( )
(A) 桅杆式起重机 (B) 内爬式塔吊
(C) 附着式塔吊 (D) 自立式塔吊

12-8 设置在建筑物核心筒内部的塔吊为( )。
(A) 自立式移动塔吊 (B) 自立式固定塔吊

(C) 附着式塔吊 (D) 内爬式塔吊

12-9 钢筋的连接方式有( )。
(A) 焊接连接、螺栓连接、机械连接 (B) 绑扎连接、螺栓连接、机械连接
(C) 绑扎连接、焊接连接、机械连接 (D) 绑扎连接、焊接连接、螺栓连接

12-10 砖砌胎模属于( )。
(A) 固定模板 (B) 永久模板 (C) 水平移动模板 (D) 竖向移动模板

12-11 模板拆除后发现混凝土构件尺寸有严重偏差,其原因是( )。
(A) 模板强度不够 (B) 模板刚度不够
(C) 模板接缝不严密 (D) 模板表面不平整

12-12 在工程项目的招投标中,哪项内容是施工方的工作?( )
(A) 招标 (B) 投标 (C) 开标 (D) 评标

12-13 对应初步设计阶段的工程预算是( )。
(A) 投资估算 (B) 工程概算 (C) 施工图预算 (D) 施工预算

12-14 施工组织设计中的一案、一表、一图是指( )。
(A) 设计方案、施工进度表、现场平面图 (B) 施工方案、施工进度表、竣工图
(C) 施工方案、施工进度表、现场平面图 (D) 设计方案、设计图表、竣工图

12-15 在建筑安装工程费用的计算中,采用取费方法的有( )。
(A) 人工费、企业管理费和利润 (B) 人工费、材料费和施工机具使用费
(C) 企业管理费、利润和税金 (D) 人工费、材料费和税金

12-16 项目进度控制的网络图中,时差为零的事项构成关键线路。其中时差是( )。
(A) 最迟开始时间减去最早开始时间 (B) 最早结束时间减去最早开始时间
(C) 最迟结束时间减去最迟开始时间 (D) 最早开始时间减去最迟结束时间

12-17 施工项目管理中的网络计划图主要用于( )。
(A) 质量控制 (B) 进度控制 (C) 安全控制 (D) 成本控制

12-18 某施工人员夜间因工地昏暗,撞上脚手架跌倒身亡。该事故最主要的原因归为( )。
(A) 人的不安全行为 (B) 物的不安全状态
(C) 作业环境的不安全因素 (D) 管理缺陷

12-19 施工监理属于( )。
(A) 建设方项目管理 (B) 施工方项目管理
(C) 第三方项目管理 (D) 政府行政管理

12-20 工程开工后,每月根据监理工程师计算的工程量价款扣除预付款和( )支付给承包商
(A) 履约保证金 (B) 暂定金额 (C) 保留金 (D) 投标保证金

12-21 索赔成功必须具备( )三个条件。
(A) 按照合同规定办理、费用和时间计算准确、借助媒体施加压力
(B) 理由正当证据充足、费用和时间计算准确、借助媒体施加压力
(C) 理由正当证据充足、按照合同规定办理、借助媒体施加压力
(D) 理由正当证据充足、按照合同规定办理、费用和时间计算准确

12-22 施工阶段的BIM 5D可视模型是在设计阶段的3D可视模型基础上增加( )两个维度。
（A）时间和成本　　　　　　　　　　（B）周围环境变化和结构损伤状况
（C）时间和周围环境变化　　　　　　（D）成本和结构损伤状况

12-23 目前3D建筑打印机主要有( )三种类型。
（A）机械臂式、机器人式和固定式　　（B）龙门式、机器人式和固定式
（C）龙门式、机械臂式和固定式　　　（D）龙门式、机械臂式和机器人式

12-24 建筑机器人与建筑机械的本质区别在于( )。
（A）效率高低　　　　　　　　　　　（B）成本多寡
（C）是否拥有智能　　　　　　　　　（D）功能多少

第 13 章　项目运行维护

项目运行维护是项目全寿命周期的最后一个阶段,也是最长的一个阶段,伴随着整个使用过程。建设项目竣工、投入使用后需要通过日常保养、维修和加固才能保证其正常运行;当工程的使用功能发生改变时,则需要通过改扩建才能满足新的运行要求。前者一般称为工程养护,后者称为工程改造。

13.1　工程养护的工作内容和意义

13.1.1　工程养护的工作内容

工程养护包括日常保养、维修和加固。

日常保养是指清除杂物、整理部件等工作,如整理路肩、疏通边沟、清除杂草、修剪花草、清除污物、排除积水、清洗标志等的公路保养;屋面和墙面保洁的房屋保养。

维修、加固是指通过消除工程的病害,恢复工程的正常使用功能。当消除的病害影响工程的适用性和耐久性时,一般称为维修;当消除的病害影响工程的安全性时一般称为加固。

日常保养采取巡查的方法,即时检查,即时处理。维修、加固工作包括四个步骤:工程检测、可靠性鉴定、整治方案和方案实施。

工程养护的内容和意义

13.1.2　工程养护的意义

良好的工程养护是保证工程处于正常运行状态的重要保证;它能够及时发现安全隐患,避免工程事故的发生;可以延长工程的使用寿命,节约资源。

工程建设行业的发展有三个阶段:大规模新建阶段、新建与维修并重阶段和维修加固为主阶段。一些发达国家土木工程的维修加固费用已超过新建费用。我国的工程建设量也已达到了相当规模,维修工程量日益增长,维修、加固将是今后兴旺的行业。

13.1.3　需要维修加固的原因

工程需要维修加固的原因有六个方面:环境影响、不当使用、设计缺陷、施工缺陷、超期服役和临时超负荷使用。

维修加固的原因

1) 环境影响

土木工程直接面对自然环境,会遭受超出设计标准的严寒、高温、酸雨、雾霾等极端气候的侵袭,导致工程耐久性的降低;还可能遭遇地震、飓风、洪水、泥石流等自然灾害,导致工程损坏。这些灾害出现的频率和出现的强度具有很大的不确定性,要降低损坏的概率就要提高设计标准、增加建造费用,实际工程需要在防灾能力和工程造价之间权衡。

2) 不当使用

使用不当常常对土木工程造成损害甚至破坏,如野蛮装修、擅自改造、堆载、火灾、爆炸对房屋的损害;车辆超载、交通事故对桥梁的损害;有害物质泄露对路面的损害;船舶碰撞对桥墩、水工建筑物的损害;采矿、抽取地下水导致地面下陷对工程的损害等。通过严格管理可以减少这种损害的发生,但很难完全避免。

3) 设计缺陷

工程设计从方案到施工图虽经过多次论证、反复核算、校对审核,仍然可能存在缺陷。这种设计缺陷有两类原因,一是相关设计人员的疏忽;二是限于目前对工程复杂性的认识水平。

土木工程的设计缺陷在投入使用前无法被全部发现,还与它的单件性有关。比如像飞机这样的大型工业产品,在投入使用前要进行多次试飞,接受真实使用环境下的检验,不断改进工艺后才按固定的设计方案批量生产、投入使用,这样同型号的产品就不再会出现已知的缺陷。而每个土木工程都是独一无二的(只有一件,所以称单件性),不可能对每个工程在投入使用前进行反复实体试验,废弃后在原址重建;也无法完全保证同类工程不再出现类似缺陷,因为每个工程的地址不同、地质条件不同、设计方案不同。

4) 施工缺陷

施工质量缺陷有主、客观两个原因。与其他工业产品在工厂稳定环境条件下(免受气候影响,甚至恒温、恒湿、无尘、静音),由机器自动生产不同,土木工程的施工现场受到自然环境的影响,绝大部分靠手工操作,客观上质量控制的难度要大得多,质量检验的手段也很有限,这使得一些施工质量缺陷未能在施工阶段及时发现和整改。如果管理不善,存在偷工减料现象,那质量缺陷会更严重,这属于主观原因。

5) 超期服役

工程设计的目标可靠度是在一定的设计使用年限下确定的,当工程超期服役、实际使用年限超过设计使用年限时,工程的实际可靠度会低于目标可靠度,因而需要加固。

一些有历史价值的工程希望能长期保留,这就存在超期服役的问题;有些工程尽管没有历史价值,但设计使用期届满后状态尚好,经过适当维修加固后还可以继续使用,出于经济和环境(减少资源消耗)的考虑,决定超期服役;还有一些工程需要超期服役是因为替代工程尚未建好。

6) 临时超负荷使用

有时会遇到需要工程临时超负荷的情况,如罕见大型设备运输需要超载通过某座桥梁,为了抢险救灾需要超负荷运行,工厂制作特大型设备需要超负荷起吊;战争状态征用民用设施等。这种情况下,需要临时加固,以满足安全要求。这种临时超负荷是一次性的,如果需要多次超负荷,则属于本章第 6 节要讨论的"工程改造"问题。

13.2 工程检测

13.2.1 检测的种类

工程检测包括检查和测试,前者是指通过目视了解工程的外观情况,如混凝土构件表面是否存在蜂窝、麻面、缺损、裂缝等,钢构件焊缝是否存在夹渣、气泡、咬边,连接构件是否松动等人工目测检查和计算机视觉识别;后者是指通过仪器测量了解工程的物理、力学、化学性能和几何特性。

工程检测的内容根据其属性可以分为：几何量（如地基沉降、结构变形、几何尺寸、混凝土保护层厚度、钢筋位置和数量、裂缝宽度等）、物理力学性能（如材料强度、结构重量、结构自振周期等）和化学性能（如混凝土碳化、钢筋锈蚀和化学成分、有害介质等）。

检测方法按被测对象所处状态可以分为静测和动测，前者是测定结构或材料的静态性能，后者是测定结构的动力特性，如周期、振型、阻尼比等。

根据检测的持续性可以分为定期检测和在线检测，前者是指在固定时间进行检测；后者是指持续检测，又称健康监测，主要用于重大工程。

根据检测对结构构件的损伤影响大小可以分为非破损检测法、半破损检测法和荷载试验三种。

非破损和半破损法是在不破坏整体结构或构件及其使用性能的前提下对结构材料性能和结构缺陷的检测，常用的非破损法有测定混凝土强度的回弹法、测定材料内部缺陷的超声脉冲法、测定钢筋位置和直径的电磁波法、测定结构温度分布的红外成像法等。

半破损法有钻孔取芯法、回弹法、贯入阻力法、拔出法等，对结构构件有局部损伤，但不影响其安全性和正常使用。

荷载试验多用于对整体结构或构件的承载力、变形等力学性能进行测定，又可分为原位试验法和解体试验法。原位试验法是直接对工程结构或构件进行加载试验，解体试验法是从实际结构中分离出某一构件（如桥面板、吊车梁等）进行单独荷载试验。荷载试验根据试验对象是否达到破坏又可分为超载试验和破坏试验，结构原位试验一般只进行超载试验，而解体试验一般需做破坏试验。

13.2.2 常规检测方法

1) 钻孔取芯法

钻孔取芯法是用专门的取芯机（图 13-1a）在需要检测的部位钻孔获取混凝土芯样（图 13-1b），然后加工成试样，用压力机测试其强度。这一方法可以获得混凝土的真实强度，并可以观察混凝土密实性，是否夹带杂物，属于半破损检测法，对结构有局部损伤，不宜大面积使用。

(a) 取芯机　　　　　　　　　　(b) 芯样

图 13-1　钻孔取芯

2) 回弹法

回弹法是借助已获得一定拉力的弹簧所连接的弹击锤冲击弹击杆(图13-2),弹击混凝土或砂浆表面,测出弹击锤被反弹回来的距离,以回弹值(反弹距离与弹簧初始长度之比)作为与强度相关的指标,通过预先建立的回弹值与混凝土强度的相关曲线,来推定混凝土强度。由于测量是在混凝土表面进行,主要反映构件表层的强度。这是一种非破损检测方法,被广泛用于大面积的混凝土强度检测,还可用于砂浆强度的检测。如果将回弹法和钻孔取芯结合起来,可以提高检测精度。

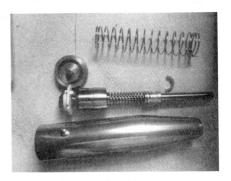

图13-2 回弹仪内部构造

3) 超声法

超声法检测的基本原理是基于超声波在介质中传播时,遇到不同界面将产生反射、折射、绕射、衰减等现象,从而使传播的声时、振幅、波形、频率等发生相应变化,了解这些变化的规律,便可得到材料的某些性质与内部构造情况。既可以用于金属材料,也可以用于非金属材料。超声波在混凝土等非金属材料中传播时能量衰减大,因而用于非金属材料的探测要求频率低、功率大,才能达到一定范围的量测要求;而用于金属材料的探测则要求频率高、功率不必太大,这样灵敏度高,测试精度好。

超声法检测混凝土内部缺陷是利用超声波在混凝土中传播遇到缺陷时,其正常传播的某些声学参数将发生变化,根据这些变化可以判断缺陷的存在和大致的尺寸。依据所利用的声学参数,主要有以下几种方法:声时法(又称声速法),利用超声波遇到孔洞等缺陷时产生绕射或直接穿过缺陷中低速介质,从声时发生的变化进行探测;波形法,利用超声波遇到缺陷时,连续性被破坏,传播路线受干扰,使接收波形发生畸变和首波到达接收探头时间的滞后,来判别缺陷;振幅法,利用缺陷对声波的衰减比无缺陷处大,接收波振幅将减小的特性,根据首波振幅的异常变化判断缺陷;频率法,利用混凝土中质量不同,对超声脉冲中各频率分量的吸收、衰减不同(有缺陷处接收波的高频分量相对减少,低频分量相对增大),致使接收波的频谱特性发生变化,据此探测缺陷。

超声波检测钢材缺陷的基本原理与检测混凝土缺陷相同,由于钢材的均质性比混凝土好,检测精度优于混凝土。

4) 光纤法

光纤法是利用光纤传感器的一种检测方法。光纤传感器的基本工作原理是将来自光源的光经过光纤送入调制器,待测参数与进入调制区的光相互作用后,导致光的光学性质(如光的强度、波长、频率、相位、偏正态等)发生变化,称为被调制的信号光,再经过光纤送入光探测器,经解调后,获得被测参数。

光纤传感器具有几何形状适应性强(可制成任意形状)、灵敏度较高、抗电磁干扰能力强、电绝缘性能好和耐腐蚀等优点。目前在土木工程领域用得最广泛的是光纤应变传感器,它可以在施工期间预先埋入结构内,实时检测结构内部的应力状况,用于重要工程的健康监测。

13.2.3 结构损伤的系统识别

结构损伤(structural damage)定义为结构安全性、适用性和耐久性等结构功能的降低或劣化。根据这一定义,结构损伤既可能由不良的受荷条件(包括使用环境引起的损伤积累和突然的自然侵害),也可能因错误的设计和低劣的施工质量所致,此外,还可能因为某些特殊结构的超期服役,如重要的桥梁、具有文物价值的古建筑等。

损伤的**系统识别**(system identification)是根据现场测试的结构响应信息,对结构损伤的区域和损伤的程度做出判断。1973年Rodeman和Yao首先提出应将系统识别技术用于结构工程。结构发生损伤时刚度会下降,从而引起其静力特性(如曲率)和动力特性(如周期、振型)发生改变。通过比较由预先安装在结构上的位移、加速度传感器采集的损伤前后系统响应信息的变化,对损伤进行识别,可实现实时监测。

结构损伤的系统识别途径大致有两类:一类是直接比较结构损伤前后系统响应的变化,以此来判别损伤的位置,并对损伤的程度做出定性估计;另一类是对结构损伤前后的参数改变量(如截面刚度)做出估计,将参数改变量作为结构损伤值。

实际上结构很难采集到完整的结构响应信息和整体响应信息对某些局部损伤不敏感是系统识别面临的两大难题,为此很多学者先后提出了各种提高识别精度的方法,如小波分析、遗传算法、人工神经网络等。

13.2.4 基于计算机视觉的结构损伤探测

用人工目视检查结构损伤,耗时、费力、成本高,甚至有一定的危险性(高空作业)。**计算机视觉技术**(computer vision technology)与无人机摄影、3D激光扫描(图像信息的自动采集)的结合,有望使视觉缺陷类结构损伤的自动探测替代人工检查。

人类感知的外界信息80%以上来源于视觉,所以**计算机视觉**(computer vision)是**人工智能**(artificial intelligence)的主要体现方式。1982年英国神经和心理学家大卫·马尔(David Marr)所著《视觉》(Vision)一书,标志着计算机视觉作为一门独立学科的诞生。21世纪初,基于统计学习的计算机视觉得到快速发展;近十年,随着互联网大数据和高性能并行计算资料的快速发展,以**卷积神经网络**(convolutional neural network)为代表的深度学习在计算机视觉领域得到广泛应用。

大卫·马尔认为计算机视觉要解决的问题可以归结为"何物体在何处"。物体检测、物体分割、物体分类是计算机视觉最基本的任务。

物体检测是指在提供的图像中找出目标物体,并对这些物体定位。传统物体检测算法是将不同尺寸大小的窗口滑动到被检测图像的不同位置,然后提取图像特征并判断窗口内是否含有待检物体。目前基于深度学习的物体检测算法主要有以下三类:基于区域候选模型、基于回归模型和基于注意力机制模型。基于区域候选模型先通过区域候选产生感兴趣区域,再对感兴趣区域进行特征提取、判别和检测;基于回归模型直接对所提供图像的多个位置上回归目标的边框及类别,因而有更快的检测速度;基于注意力机制模型则通过聚合网络的弱预测信息,最终得到目标物体的检测框位置。

物体分割是将目标物体从图像中分割出来,即将图像划分为若干个不重叠的子区域,使得每个子区域具有相似性,而不同子区域有明显差异。传统方法基于阈值、基于区域和基于边缘检测进行分割。目前主流的物体分割方法有基于图论、基于像素聚类和基于语义的分割方法。基于图论的分割方法是将图像中的像素看作图的节点,建立有权无向图,将物体分割问题转化为图论中的顶点划分问题,并根据最小剪切准则进行分割优化;基于聚类的分割方法将相似性作为分类标准,将具有相似特征的像素划分为一类,从而实现物体分割;基于语义的分割方法通过引入中高层语义信息(前两种分割法只利用了颜色、纹理等低层特征)来辅助物体分割,可大大提高分割的准确性。尚有待研究的问题包括高性能低复杂度的超像素算法、针对弱标注信息的语义分割算法、交互式物体的分割算法等。

物体分类是指判别图像中目标物体的具体类型。难点在于复杂自然场景下的目标物体的类内差异大(物体可能包含形态各异的子类,如不同原因引起的裂缝形状各异),自身变化多(裂缝长度、深度、宽度),成像条件不同(图像分辨率、拍摄的视角、距离、光照等)。基于卷积神经网络模型成为目前物体分类的主流方向。

目前,计算机视觉技术在混凝土裂缝、混凝土剥落、钢筋外露、钢材锈蚀、钢材裂缝、沥青裂缝的损伤探测方面已取得重要进展,具有相当高的识别精度,见图13-3所示。

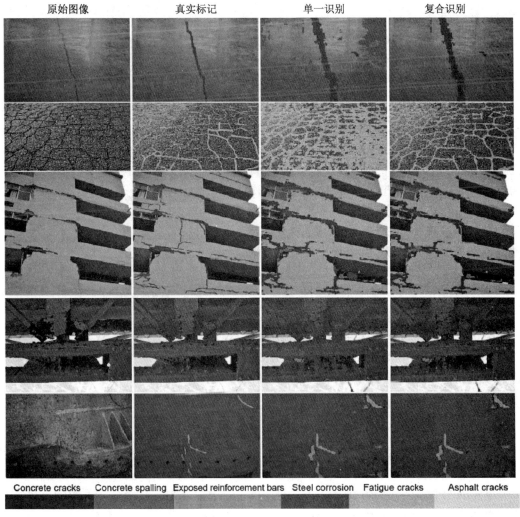

图13-3 结构视觉缺陷类损伤的计算机识别

采用的损伤探测途径有启发式特征提取法,基于深度学习的目标检测法、语义分割法、物体分类法;对于需作定期检查的结构有变化探测法,通过比较前后的图像变化,识别损伤。

计算机视觉技术还可以用于结构加速度、变形或位移的振动测量,替代常规的接触式传感器。

13.3 结构可靠性鉴定

可靠性鉴定(reliability appraisal)是对工程结构在运行阶段满足结构功能的程度进行评价,包括安全性评价、适用性评价和耐久性评价。

工程结构在下列情况下需要进行可靠性鉴定:在日常保养中发现存在严重的质量缺陷或出现较严重的腐蚀、损伤、变形时,遭受灾害或事故时,改造或使用环境改变前,达到设计工作年限拟继续使用时。

13.3.1 鉴定程序

可靠性鉴定按图 13-4 所示程序进行。

鉴定机构在接受产权人委托后,首先要进行初步调查,包括查阅图纸资料、查询使用历史、现场核对实物现状;在此基础上确定鉴定的范围和内容,制订详细调查计划和鉴定工作大纲。详细调查包括结构体系基本情况勘察、结构使用条件调查核实、地基基础调查与检测、材料性能检测、结构损伤调查等。分别进行安全性、适用性和耐久性评价后进行总体可靠性评价,最终形成鉴定报告。在评价过程中如发现依据不充分,则需要补充调查。根据鉴定结论,对结构采取相应的维修、加固措施。

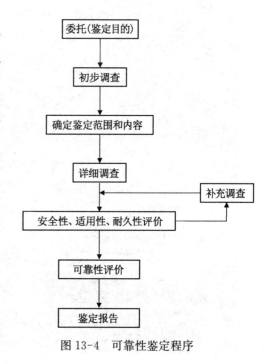

图 13-4 可靠性鉴定程序

13.3.2 安全性评价

结构安全性评价划分为构件、子单元(结构体系)和鉴定单元三个层次,其中构件和子单元又分为若干个检查项目;每个层次分四个等级。从最低层次开始,分层分项进行检查、逐层逐步进行综合。

构件层次的四个等级分别用 a_u、b_u、c_u、d_u 表示,分级标准为:a_u 级——具有足够的承载力,不必采取措施;b_u 级——尚不显著影响承载能力,可不采取措施;c_u 级——显著影响承载能力,应采取措施;d_u 级——已严重影响承载能力,必须立即采取措施。

子单元的四个等级分别用 A_u、B_u、C_u、D_u 表示,分级标准为:A_u 级——不影响整体承载,可能有个别一般构件应采取措施;B_u 级——尚不显著影响整体承载,可能有极少数构件应采取措施;C_u 级——显著影响整体承载,应采取措施,且可能有极少数构件必须立即采取措施;D_u 级——严重影响整体承载,必须立即采取措施。

鉴定单元的四个等级分别用 A_{su}、B_{su}、C_{su}、D_{su} 表示,分级标准同子单元。

13.3.3 适用性评价

结构适用性也划分为构件、子单元(结构体系)和鉴定单元三个层次,其中构件和子单元又分为若干个检查项目,每个层次分为三个等级。

构件层次的三个等级分别用 a_s、b_s、c_s 表示,分级标准为:a_s级——具有正常的使用功能,不必采取措施;b_s级——尚不显著影响使用功能,可不采取措施;c_s级——显著影响使用功能,应采取措施。

子单元三个等级分别用 A_s、B_s、C_s 表示,分级标准为:A_s级——不影响整体使用功能,可能有极少数一般构件应采取措施;B_s级——尚不显著影响整体使用功能,可能有极少数构件应采取措施;C_s级——显著影响整体使用功能,应采取措施。

鉴定单元的三个等级分别用 A_{ss}、B_{ss}、C_{ss} 表示,分级标准同子单元。

13.3.4 耐久性评价

耐久性评价是估算结构的剩余耐久年限,即结构达到耐久性极限状态的时长(以年计)。

混凝土结构的耐久性极限状态标志为出现下列状态之一:①预应力钢筋或直径较细的受力主筋具备锈蚀条件;②构件的金属连接件出现锈蚀;③混凝土构件表面出现锈蚀裂缝;④阴极或阳极保护措施失去作用。

钢结构耐久性极限状态标志为出现下列状态之一:①构件出现锈蚀迹象;②防腐涂料层失去作用;③构件出现应力腐蚀裂纹;④特殊防腐保护措施失去作用。

木结构耐久性极限状态标志为出现下列状态之一:①出现霉菌造成的腐朽;②出现虫蛀现象;③发现受到白蚁的侵害;④胶合木结构防潮层丧失防护作用或出现脱胶现象;⑤金属连接件出现锈蚀;⑥构件出现翘曲变形和节点区的干缩裂缝。

砌体结构耐久性极限状态标志为出现下列状态之一:①构件表面出现冻融损伤;②构件表面出现介质侵蚀造成的损伤;③构件表面出现风沙和人为作用造成的磨损;④表面出现高速气流造成的空蚀损伤;⑤因撞击等造成的损伤;⑥出现生物性作用损伤。

13.4 常用维修方法

维修方法

13.4.1 混凝土裂缝修补

裂缝是混凝土结构常见的病害。裂缝过宽会影响结构的整体性,空气及水分容易沿裂缝渗入内部,引起钢筋锈蚀。引起混凝土开裂的原因很多,除了构件承受的拉应力较大外,混凝土收缩、温度变化、地基沉降等均会引起裂缝。

在查明裂缝原因、裂缝稳定(不再发展)后,对于宽度较小(小于 0.2 mm)的裂缝可采用表面封闭的方法进行修补(图 13-5a);对宽度较大的裂缝采用压力注浆法进行修补:在构件表面沿每条裂缝设置灌浆嘴、排气嘴和出浆嘴,其余部分封缝,使裂缝构成一个封闭性空腔;然后以较高的压力将修补混凝土裂缝用的注浆料压入裂缝腔内,直至浆液从出浆嘴流出,见图 13-5b 所示。

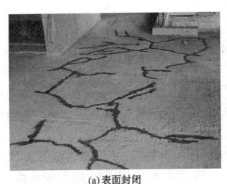 

(a) 表面封闭　　　　　　　　　　(b) 压力注浆

图 13-5　混凝土裂缝修补

13.4.2　钢筋阻锈

钢筋锈蚀是混凝土结构的主要耐久性问题。目前的防锈措施主要有防锈涂层法和阴极保护法。

涂层法通过在混凝土表面刷涂层形成致密层切断氯离子或其他侵蚀介质到达钢筋表面的路径，从而达到防止钢筋腐蚀的目的。

根据提供阴极电流方式的不同，阴极保护有外加电流法和牺牲阳极法两种。外加电流阴极保护是通过外加直流电源以及辅助阳极，给金属补充大量的电子，使被保护金属整体处于电子过剩的状态，电位低于周围环境。这一方法需长期消耗电能。

牺牲阳极法是在被保护的金属上连接电位比被保护金属更负、更容易腐蚀的金属，通过它自身的腐蚀（牺牲阳极）向被保护金属提供电流，使被保护的金属免于腐蚀。这种方法不需要消耗电能，但需要定时更换阳极。

13.4.3　防渗堵漏

渗漏是房屋、地下室、库堤、水坝、隧道等工程的常见病害，不及时处理会毁坏装修、造成设备故障，影响结构耐久性，甚至危及结构安全。

防渗方法可分为设置防渗层和封堵渗漏点两类，有时将两类方法结合起来用。前者如库堤中常用的钢筋混凝土防渗层（针对土石坝）和土工膜防渗层，地下室、桥梁、隧道中的涂料防渗层。水泥基结晶型防水材料中溶出的硅酸离子随着表层水在混凝土中渗透扩散，与混凝土中的钙离子发生化学反应，生成不溶于水的硅酸钙水化物，结晶体充满毛细管孔隙并与混凝土结合成整体，堵塞混凝土内部的毛细孔道，从而使混凝土致密，防止水渗漏。

如果渗漏点明确，可以通过灌缝注胶的方法，封堵渗漏点。

13.4.4　沥青路面修补

热沥青灌缝、热再生修复和冷铣刨热摊铺修补是常用的沥青路面修补方法。

热沥青灌缝法用来处理裂缝病害。先使用高压气泵清除缝内、缝边的碎粒、垃圾，并使缝内干燥；然后使用灌缝机灌缝；灌缝后在其表面撒上粗砂或 3～5 mm 石屑防止沥青被车轮带走。

热再生修复法先把沥青路面烤热软化，再将旧沥青层收集起来输送到连续搅拌机上，添加新骨料、补充新沥青;搅拌后排到机组的摊铺器上,摊铺、捣实、熨平,再用压路机碾压。适用于龟裂、坑槽、壅包、车辙等多种表层病害。

如果病害范围比较大,采用冷铣刨热摊铺修补方法更合适:首先利用冷铣刨方式将原有的沉陷路面表层进行处理,然后摊铺新的热沥青混合料,整平后进行压实。

13.5 常用结构加固方法

上部结构常用的结构加固方法有混凝土置换加固法、粘贴加固法、增大截面加固法、组合构件加固法;常用的地基基础加固方法有锚杆静压桩法、改变基础类型、高压喷射注浆法。

上部结构
加固方法

13.5.1 混凝土置换加固法

当混凝土结构因施工原因出现蜂窝、漏筋、孔洞等质量缺陷,或因碰撞出现缺损,因冻融、火灾、腐蚀等原因造成混凝土劣化而配置的钢筋满足要求时,可采用混凝土置换法,凿去有缺陷的混凝土,重新浇筑新的混凝土。混凝土置换法最关键的技术要求是保证新旧混凝土能结合在一起共同工作。

13.5.2 粘贴加固法

新建的混凝土结构,钢筋是放置在混凝土内部的。如果混凝土构件的截面尺寸满足要求,而配置的钢筋不足,可以在构件的外侧采用结构胶粘贴加强材料,弥补配筋的不足。常用的加强材料有钢板(图13-6a)和碳纤维(图13-6b)。粘贴法加固最关键的技术要求是粘贴牢固。

(a) 粘贴钢板

(b) 粘贴碳纤维

图 13-6 粘贴加固法

由于结构胶不耐高温(环境温度不高于60℃),当构件处于高温状态或有防火要求时,应采用保护措施。

13.5.3 增大截面加固法

如果混凝土结构构件的截面尺寸、配筋数量均不满足要求,可采用增大截面法加固,如图13-7所示。为了加强新旧混凝土之间的结合,与新加混凝土接触的原构件表面应凿毛或打成沟槽。增大截面加固法的适用范围很广,可以较大的提高承载力和刚度,但截面增大后需占用使用空间。

增大截面法既可用于混凝土结构,也可用于钢结构,钢结构的新旧部分采用焊接连接。

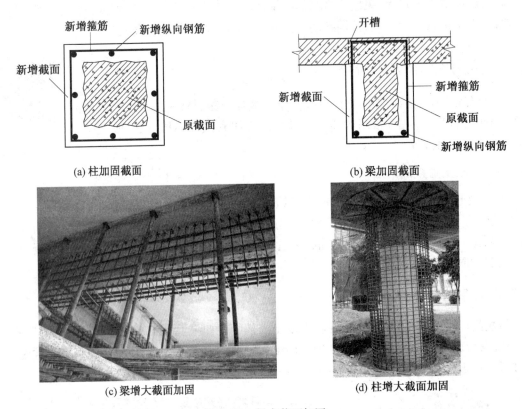

图 13-7　增大截面加固

13.5.4　组合构件加固法

组合构件加固法是将原来的单一材料构件加固成组合构件。如图 13-8a 所示在砌体墙两侧挂钢筋网,然后浇筑混凝土(或喷射混凝土);在砖拱桥拱圈下部绑扎钢筋、浇筑混凝土,见图 13-8b 所示,使砌体构件变成组合砌体构件。

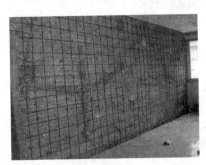

图 13-8　组合砌体加固

在混凝土构件外侧设置型钢(图 13-9a、图 13-9b),或在型钢四周浇筑混凝土(图 13-9c)变成型钢-混凝土组合构件。

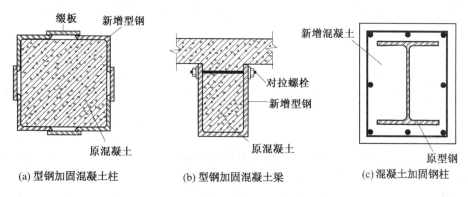

图 13-9 型钢-混凝土组合构件加固

13.5.5 地基基础加固方法的种类

地基基础加固方法

地基基础需要加固的原因有两类:一是基础本身的承载力不足;二是地基的承载力或变形不满足要求。基础加固方法可以分为三类:增大截面法、改变持力层法和改变基础类型法。独立基础、条形基础等浅基础的增大截面做法与上部结构的增大截面法类似;桩基础的桩数量不足时,通过锚杆静压桩进行补桩可以看成是广义的增大截面。改变持力层法是将全部荷载或部分荷载通过竖向构件(桩或复合土)传递到深层好土,又称托换法。托换的手段可以分为两类:灌浆托换法和桩式托换法;灌浆托换是通过对基础下地基土注入浆液(水泥浆或其他浆液),形成强度较高的水泥土柱,将原基础荷载传递到性能较好的深土层;在桩式托换中,锚杆静压桩是较常用的一种方法。

如果因地基承载力或地基变形不满足设计规范要求,除了可采用基础加固的方法解决外,也可以通过加固地基的方法,改善地基的物理力学性能。特别当持力层下有软弱下卧层时,通过对软弱层的处理,可有效提高地基基础的可靠性。高压喷射注浆法是较为常用的一种地基加固方法。

13.5.6 锚杆静压桩法

静压桩是预制桩的一种。锚杆静压桩法是利用工程结构的自重,先在原基础上设置锚杆(图 13-10),借锚杆反力,通过反力架用千斤顶将预制好的桩(混凝土桩或钢桩)逐节压入在基础中开凿出来的桩孔内,到达设计深度后,浇筑早强微膨胀混凝土,将桩与原基础连成一体,使原基础的荷载传递给新加的桩。锚杆静压桩法既可用于基础托换,也可用于桩基础补桩。

13.5.7 改变基础类型法

从柱下独立基础到条形基础、筏形基础和箱形基础,基础的刚度依次增大,抵抗不均匀沉降的能力依次提高,基础可以承担的荷载也依次

图 13-10 锚杆静压桩

增大。利用这一特性,通过改变基础类型可起到加固基础的目的。

通过增设基础梁将原来的独立基础连接起来改变成条形基础;将原来条形基础的底板连接起来改变成筏形基础;如果原来的筏形基础设有地下室,增设内隔墙后改变成箱形基础。

13.5.8 高压喷射注浆法

高压喷射注浆法创始于日本,受水力采煤工艺的启发。采用高压水射流切割技术,破坏土体原有结构,在超过土体强度的脉动状喷射流作用下,土粒从土体中剥落下来,一部分细小的土粒随着浆液冒出水面,其余土粒与浆液搅拌混合,按一定的浆土比例和质量大小有规律的重新排列;浆液凝固后,便在土中形成一个固结体。固结体的形状和注浆形式有关,注浆形式分为旋喷注浆、定喷注浆和摆喷注浆三种,地基加固通常采用旋喷注浆形式,使加固体在土中成为均匀的圆柱体或异形圆柱体。注浆种类可分为单管法、二重管法和三重管法。

单管旋喷注浆法是利用钻机等设备,安装在注浆管底部侧面的特殊喷嘴置于土层的预定深度后,借助高压泥浆泵等装置,浆液以 20 MPa 左右的压力从喷嘴中喷射出去,冲击、破坏土体,同时借助注浆管的旋转和提升运动,使浆液与从土体中崩落下来的土粒搅拌混合,凝固后形成圆柱状固结体。

二重管旋喷法通过管底侧面的一个同轴双重喷嘴,同时喷射出高压浆液和空气两种介质,从内嘴中喷出 20 MPa 左右的浆液;从外嘴中喷出 0.7 MPa 左右的空气。在高压浆液流和它外圈环绕气流的共同作用下,破坏土体的能量显著增加,固结体的直径比单管明显增大。

三重管法分别喷射水、气、浆三种介质,在 20 MPa 左右的高压水喷射流周围,环绕一股 0.7 MPa 的圆筒状气流,进行高压水喷射流和气流同轴喷射冲击土体,形成较大的孔隙,再另由泥浆泵注入压力为 2~5 MPa 的浆液填充,当喷嘴做旋转和提升运动,便在土体中形成直径较大的圆柱状固结体。

13.6 工程改造

土木工程的使用年限很长,在漫长的使用年限内,使用功能会发生变化。为了满足新的使用要求,需要对原工程进行改造。工程改造的替代选项是拆除新建,但新建需要消耗更多的资源,拆除后还会产生大量的建筑垃圾,工程改造有利于环境保护。

工程改造的类型:增加建筑面积或车道数量、使用荷载加大;增加空间净高、增加层数、移动位置等。

13.6.1 增大空间面积

房屋使用功能改变后,会要求增大空间面积,如将办公室改做会议室、将沿街住宅改做商店,这时需要去掉中间的柱(对于框架结构)或墙(对于墙体结构)。在图 13-11 中,中间的框架柱去除后,该柱上两个方向梁的跨度增大,因而需要加固。为了看得清楚,图中没有画楼板以及维护墙。

13.6.2 增大空间净高

为了满足视觉效果,宾馆门庭的空间高度一般都很大,有两层或三层高,如果将其他用途的房屋改造成宾馆,需要将一层(或两层)的楼面梁连同楼板去除,如图 13-12 所示。

图 13-11　框架结构增大空间面积　　　　图 13-12　框架结构增大空间高度

另一种增加空间高度的方法是将柱、墙等竖向构件截断,用千斤顶将该层以上部分顶升至需要高度,然后再将竖向构件连接起来,见图 13-13a 所示。高架桥下方净空高度不足时,也可采用顶升的办法满足净空高度,见图 13-13b 所示。

(a) 房屋　　　　　　　　　(b) 桥梁

图 13-13　通过顶升增加净空

13.6.3　增加建筑面积

如果房屋的用途改变后,不需要原来那么高的净空高度,可以在室内加层,以充分利用空间、增加建筑面积、提高使用效率。如不少城市将工厂迁出市区,留下大量厂房,厂房的净空一般较大(大于 10 m);当改做超市、办公等民用时,可通过加层增加建筑面积。

增加建筑面积的另一个途径是增层:拆除原来的屋顶,加盖若干层。当原地基的承载力有足够富裕,能够承受增层后的荷载,竖向构件也有一定的富裕,只需适当加固即可承受增层后的荷载时,增层不仅可以解决城市土地紧缺的问题,还具有良好的经济效益。

13.6.4　移位

当原有建筑物与新的规划发生冲突时,可通过建筑物移位(图 13-14)避免拆迁,这对于具有文物价值的保护建筑特别有意义。移位的费用一般为重建费用的 30%～50%,即使对于非保护建筑，它也是经济的。移位时先在新的位置做好基础，并在移位路线上制作轨道梁系（下轨道梁系），在房屋底部做托换梁系（上轨道梁系），割断上部结构与基础的联系；然后在上、下轨道梁系之间放置滚动支座，通过顶推（图13-14a）或牵引（图13-14b）使整栋建筑物移动；到达指定位置后再把上部结构与新基础连接起来。

(a) 顶推式　　　　　　　　　　　　(b) 牵引式

图 13-14　建筑物移位

思考题

13-1　土木工程需要维修加固的原因有哪些？
13-2　工程检测有哪些种类？
13-3　有哪些常用的上部结构加固方法？
13-4　有哪些常用的地基基础加固方法？
13-5　为何需要工程改造？工程改造有哪些类型？
13-6　何谓结构损伤的系统识别？
13-7　哪些结构损伤有望通过计算机视觉自动识别？
13-8　结构的安全性评价分为哪几个等级？

思考题注释

测试题

13-1　消除影响工程适用性和耐久性的病害的工作称为（　　）。
(A) 工程保养　　　　　　　　(B) 工程维修
(C) 工程加固　　　　　　　　(D) 工程改造

13-2　消除影响工程安全性的病害的工作称为（　　）。
(A) 工程保养　　(B) 工程维修　　(C) 工程加固　　(D) 工程改造

13-3　下列哪些不是工程需要加固维修的原因（　　）。
(A) 环境影响和不当使用　　　　(B) 使用功能发生变化
(C) 设计缺陷和施工缺陷　　　　(D) 超期服役和临时超负荷使用

13-4　工程检测内容的属性分为（　　）。
(A) 生物性能、物理力学性能和化学性能
(B) 几何量、物理力学性能和化学性能
(C) 几何量、生物性能和化学性能

测试题解答

(D) 几何量、生物性能和物理力学性能

13-5 根据检测对结构构件的损伤影响大小,检测方法分为( )三类。

(A) 非破损检测、半破损检测和荷载试验

(B) 非破损检测、荷载试验和超载试验

(C) 半破损检测、荷载试验和破坏试验

(D) 非破损检测、超载试验和破坏试验

13-6 采用另外一种结构材料对构件截面进行加固的方法称为( )。

(A) 粘贴加固法   (B) 增大截面加固法

(C) 置换加固法   (D) 组合构件加固法

13-7 采用同一种结构材料对构件截面进行加固的方法称为( )。

(A) 粘贴加固法   (B) 增大截面加固法

(C) 置换加固法   (D) 组合构件加固法

13-8 基础的常用加固方法有( )。

(A) 改变基础类型法、灌浆托换法、桩式托换法

(B) 增大截面加固法、托换法、改变基础类型法

(C) 改变基础类型法、灌浆托换法、桩式托换法

(D) 增大截面加固法、改变基础类型法、高压喷射注浆法

13-9 工程改造的原因是( )。

(A) 超期服役   (B) 遭受灾害

(C) 功能提升   (D) 临时超负荷使用

第 14 章 土木工程专业

14.1 专业教育的起源

14.1.1 西方工程教育的起源

早期的大学并不包含工程教育,高等工程教育是为适应工业革命而兴起、发展起来的。法国国立桥梁公路工程学校(现名巴黎高科路桥学校)被公认是世界上第一所正规的工程学校。1747 年法王路易十五下令正式成立皇家路桥学校,专门培养路桥工程师。该学校在 1831 年成立了世界最早的土木工程实验室,于 1898 年开设世界上第一门钢筋混凝土课程,之后该校毕业生工程师佛耐西涅(Freyssinet)发明了预应力混凝土。

美国的工程教育起源于西点军事学校[39],1802 年正式建立的西点军校要求陆军工程师能够执行公共事业和军事两方面的任务。1840 年以前在公共工程雇佣的土木工程师大部分是西点军校的毕业生,他们当中至少有 30%的人在铁路、运河或者其他非军事工程的重要设计中担任总工程师,西点军校被公认为美国的第一所工程学校。

1862 年是美国工程教育的转折点。该年美国国会通过《宅地法》,免费授予那些为改良土地而劳动满五年的每个家庭提供 160 英亩,立即出现向西部大量移民的现象。同年国会批准了许可太平洋联合铁路公司建造横贯大陆的铁路。横跨荒凉沙漠、丛林高原和险峻群山的区域,对土木工程师提出了新挑战;伴随铁路而来的是远距离通讯——电报需求的猛增;南北战争(1861—1865)结束后的大规模工业化以及大量移民的涌入,厂房、民用建筑、市政设施的需求激增,社会需求对工程教育产生了强大的推动力。1862 年国会通过的《莫雷尔法案》(Morrill Act,又称《赠地法案》)提出由联邦政府分配公地给每个州和地区用于建设院校。工程院校从 1862 年的十二所增加到 1872 年的七十所。

14.1.2 我国工程教育的起源

与西方国家工程教育是在工业革命引发的强大社会需求推动下诞生、发展不同,我国的工程教育是在外部压力下诞生的。1840 年的鸦片战争,使中国人第一次在洋枪洋炮的枪林弹雨中感受到科学技术的强大威力,对自然科学和工程技术有了新的认识;1894 年的中日甲午战争更是粉碎了中华文明的长期优越感,开始反思传统文化。一些有识之士纷纷提出学习西方先进的科学技术。在洋务运动中,随着军需、煤炭、钢铁、运输、造船等工业的兴起,工程教育随之诞生。从 1862 年(同治元年)起,陆续新建了两类新式学校:一类是专门学习外国语的学校,如京师同文馆(1862 年)、上海广方言馆(1863 年)、广州同文馆(1864 年)和湖北自强学堂等;另一类是培养新式技术人才和海陆军人才的学校,如江南制造局附设机械学堂(1865 年)、福建船政学堂(1866 年)、福建电报学堂(1876 年)、天津电报学堂(1880 年)、湖北矿务局工程学堂(1890 年)。这些新式学堂具有某些工程教育的特征,但无系统制度,课程零散,工程教育尚处于萌芽阶段。那时科举未废,一般学子追求的仍是科举功名[38]。

由直隶津海关道盛宣怀1895年10月2日创办的天津北洋西学学堂被公认为是我国第一所工程学校,也是近代大学教育之雏形。学堂分头等和二等,学制各四年,二等为预科;头等为专科,设工程、机器、矿务、律例等四门。1896年11月20日由津榆铁路总局创办的山海关北洋铁路官学堂(西南交通大学前身)是我国第一所土木专科学校,1900年因八国联军入侵、山海关沦陷,学校中辍,1906年3月27日在唐山复办,改称唐山路矿学堂,1907年3月4日铁路科开学上课,学制4年。

最早的学制系统始于1902年,管学大臣张之洞奉旨拟订学堂章程,清政府颁布"钦定学堂章程",亦称"壬寅学制";一年后又颁布了"癸卯学制"。新学制规定了各级实业学堂制度:高等教育分高等学堂(大学预科,学制三年)、大学堂(大学专门分科,学制三年)和大学院(亦称"通儒院"学制五年,相当于现在的研究生院);高等学堂学科分为三类,第一类学科为预备入经学科、政法科、文学科、商科大学者治之;第二类为格致科(理科)、工科、农科大学者治之;第三类为预备入医科大学者治之。其中工科分为九门:一、土木工学门,二、机械工学门,三、造船学门,四、造兵器学门,五、电气工学门,六、建筑学门,七、应用化学门,八、火药学门,九、采矿及冶金学门。章程对工科各学门应设课程、讲授程度乃至每周授业时间均有具体规定,从此确定了工程教育在大学的正式地位。

学制颁布后,工程教育迎来了发展期。1905年科举制度的废除,使新式学堂成为教育正统。1903年天津北洋西学学堂改称北洋大学堂(天津大学前身),设土木工程、采矿冶金两学门,首届1910年毕业,两学门共15人。由英国人李提摩太和山西巡抚岑春煊在1902年6月7日共同创办的山西大学堂在1906年开办了法例、矿学和格致三个专门科,1908年又开办了工科土木工学门;1898创立、1900年复校的京师大学堂,在1909年也设立了土木工学门和采矿冶金学门;加上唐山路矿学堂,清末设有土木工程本科专业的学校共4所。

14.2 我国土木工程专业的演变

14.2.1 民国时期

民国时期我国的土木工程专业设置大多沿用欧美做法,没有明确的专业概念,学制四年,按通才培养,实行学分制和选课制,学生的选课自主权大。综合性大学下设科(如工科、文科),科下设系,系设若干门。以国立东南大学为例,学生选课学规有三项。

甲、必修科:国文6学分、英文12学分;另从下列5组中每组选4~8学分,①组国文、英文、西洋文学;②组历史、政治、经济;③组哲学、数学、心理学;④组生物学、地学;⑤组化学、物理。

乙、自选主科辅科:由学生在学院内自选一系为主修科,主修科学程至少应修40学分,最多修60学分;由主修科教师提供数个科供学生任选其一为辅修科,辅修学程至少选15学分,最多选30学分。

丙、自行选科(跨学院科):除甲、乙项规定学程外,经指导员同意,学生还可以自修他科之学程。

一、二年级修基础课和技术基础课,三年级"学本系之专门学术",四年级"以学生志趣,分门专攻,以养终生事业"。以国立东南大学工科土木系1923年的学程计划为例,分设了土木建筑门、营造门、道路门和市政门供高年级选读,详见表14-1所示。

表14-1 1923年东南大学土木系课程计划①

课程名	每周授课时数	每周试验或实习时数	教学年限	学分数	备 注
工程概论	3		半	1	三系②必修;三系轮流讲授
平面测量		3	半	1	三系必修
地形测量		6	1	4	土木必修
应用力学	4	3	半	3	三系必修
工程材料	3		半	2	三系必修
材料力学	4		半	4	三系必修
材料试验		3	半	2	三系必修
地质学	3		半		土木必修
工程制图		3	1	2	土木必修
铁路工程	3		1	4	土木必修
建筑工程	2	3	1	6	土木必修
房屋营造	3		半	3	土木必修
钢骨混凝土工程	3		半	3	土木必修
水力学	3		半	3	三系必修
卫生工程	3		半	3	土木必修
地图学		3	1	4	土木必修
经济学	3		半	2	三系必修
工程管理	3		半	2	土木必修
会计学	3		半	2	三系必修
建筑计划	1	3	1	4	土木必修
大地测量	3		半	2	土木必修
给水工程	3	3	半	2	土木必修
下水道工程	3		半	2	土木必修
道路工程	3		半	3	土木必修
工程律例	2		半	1	土木必修
石土及地基	3		半	3	土木系建筑门必修
桥梁计划		6	半	4	土木系建筑门必修

① 资料来源:朱斐.东南大学史:第一卷:1902—1949[M].南京:东南大学出版社,1994.
② 指机械系、土木系和电机系,下同。

续表 14-1

课程名	每周授课时数	每周试验或实习时数	教学年限	学分数	备 注
混凝土拱桥		3	半	2	土木系建筑门必修
高等构造理论	3		半	3	土木系建筑门必修
营造计划	2	6	1	7	土木系营造门必修
营造学历史	3		半	3	土木系营造门必修
房屋设备	3		半	2	土木系营造门必修
道路材料	2	3	半	3	土木系道路门必修
道路计划		6	半	4	土木系道路门必修
道路修治工程	3		半	3	土木系道路门必修
市政工程	3		半	3	土木系市政门必修
高等给水工程	3		半	3	土木系市政门必修
高等卫生工程	3		半	3	土木系市政门必修
市政	2		半	2	土木系市政门必修
城市计划	3		半	2	土木系道路门、市政门必修

民国成立后近 10 年，整个高等教育处于停滞不前的状态；进入 20 年代后，受民族工业迅猛发展的推动，设有土木工程本科的高校迅速增加，到 1928 年时从 4 所增加到 14 所，覆盖全国 11 个省份，见表 14-2 所示。

表 14-2 1928 年设有土木工程本科的院校

序号	校、院名	所在地	备注
1	国立北洋工学院	天津	1912 年 1 月北洋大学堂改名北洋大学校；1917 年北洋大学与北京大学系科调整，法科移并北京大学、北京大学工科移并北洋大学；1928 年改现名
2	山西大学堂	太原	1931 年 7 月更名山西大学
3	交通大学唐山工程学院	唐山	1913 年唐山路矿学堂更名唐山工业专门学校；1921 年与上海工业专门学校、北京铁路管理学校和北京邮电学校合并改组为交通大学，设交通大学上海学校、唐山学校和北京学校；1928 年 11 月更现名
4	交通大学上海本部	上海	1921 年上海高等实业与唐山工业专门学校、北京铁路管理学校和北京邮电学校合并改组为交通大学，设交通大学上海学校、唐山学校和北京学校；1928 年 11 月更现名
5	哈尔滨工业大学	哈尔滨	1920 年建中俄工业学校；1922 年更名中俄工业大学校，设铁路建筑系和机电工程系；1928 年 10 月定现名
6	私立圣约翰大学	上海	1879 年建圣约翰书院，1905 年升格大学改现名；1923 年设土木工程系
7	国立中央大学	南京	1902 年建三江师范学堂，1915 年建南京高等师范学校；1921 年 6 月成立国立东南大学，1923 年设土木工程系；1928 年 5 月更现名
8	私立复旦大学	上海	1905 年初建称复旦公学，1917 年办本科，改现名；1923 年设土木工程系
9	国立同济大学	上海	1907 年 10 月建德文医学堂，1912 年增设工科更名同济医工学堂，1917 年 12 月更名私立同济医工专门学校，1924 年 5 月 20 日升格大学，更名同济大学，1927 年 8 月国民政府接管改现名
10	东北大学	沈阳	1923 年 4 月成立即设土木工程学系

续表 14-2

序号	校、院名	所在地	备注
11	国立清华大学	北平	1912年10月清华学堂更名清华学校,1925年成立大学部更名清华大学,设土木工程学系;1928年改现名
12	省立湖南大学	长沙	1926年2月1日湖南工业、商业和法政三个专门学校合并,用现名
13	国立浙江大学	杭州	1897年建求是书院,1902年改浙江大学堂,1912年更名浙江高等学校,1927年设理、工、农三个学院,1928年改现名
14	国立武汉大学	武昌	1893年建自强学堂,1913年建武昌高等师范学校,1923年9月升格为武昌师范大学,1924年更名为武昌大学,1926年与国立武昌商科大学、湖北省立医科大学、法科大学、文科大学、私立武昌中华大学等合并组建国立武昌中山大学,1928年改建国立武汉大学,设文、法、理、工4个学院

北伐胜利、国民政府定都南京后,迎来了近代高等教育发展的黄金时期,到全面抗战前的1936年,设有土木工程本科的高校达到26所;全面抗战期间,中国的高等教育不仅没有停办,还在发展,到1948年设有土木工程本科的高校达到38所,见表14-3所示。

表14-3 1948年设有土木工程本科的高校

序号	地点	校名	序号	地点	校名
1	天津	国立北洋大学	20	开封	国立河南大学
2	太原	国立山西大学	21	台北	国立台湾大学
3	北平	国立北平大学	22	成都	国立四川大学
4	上海	国立交通大学	23	安庆	国立安徽大学
5	沈阳	国立东北大学	24	厦门	国立厦门大学
6	上海	国立复旦大学	25	上海	私立圣约翰大学
7	南京	**国立中央大学**	26	广州	私立岭南大学
8	上海	国立同济大学	27	广州	私立广东国民大学
9	北平	国立清华大学	28	上海	私立震旦大学
10	长沙	国立湖南大学	29	上海	私立光华大学
11	杭州	国立浙江大学	30	上海	私立大夏大学
12	武昌	国立武汉大学	31	上海	私立大同大学
13	广州	国立中山大学	32	广州	私立广州大学
14	桂林	国立广西大学	33	唐山	国立唐山工学院
15	青岛	国立山东大学	34	西安	国立西北工学院
16	昆明	国立云南大学	35	杭州	私立之江文理学院
17	重庆	国立重庆大学	36	焦作	私立焦作工学院
18	南昌	**国立中正大学**	37	天津	私立天津工商学院
19	贵阳	国立贵州大学	38	天津	河北省立工学院

14.2.2 改革开放前

1952年私立大学全部撤销,我国开始全面学习苏联模式[40],进行大规模院系调整,不再按土木工程设置专业,而是按专业服务对象的行业部门设置专业,如服务于建工部门的"工业与民用建筑"专业、"给水排水专业",服务于交通部门的"公路与城市道路"专业、"桥梁与隧道工程""港口工程",服务于铁道部门的"铁路工程",服务于矿业部门的"矿井工程"等。专业教学计划基本照搬苏联的教学模式。

1956年院系调整结束,设有土木工程类①的本科院校下降为19所,1958年恢复到31所,见表14-4所示。

表14-4 1958年设有土木工程本科的院校

序号	校名	所设土木类专业	地点	备注
1	天津大学	建筑结构工程	天津	
2	唐山铁道学院	铁道工程、建筑结构工程、	唐山	
3	哈尔滨工业大学	工民建	哈尔滨	
4	南京工学院	工民建、公路与城市道路	南京	
5	同济大学	建筑结构工程、公路与城市道路、桥梁工程	上海	
6	清华大学	工民建	北京	
7	浙江大学	工民建	杭州	
8	湖南工学院	工民建	长沙	
9	昆明工学院	工民建	昆明	
10	重庆建筑工程学院	工民建	重庆	
11	河北工学院	工民建	天津	
12	大连工学院	工民建	大连	
13	北方交通大学	工民建	北京	
14	华南工学院	工民建	广东	
15	太原工学院	工民建	太原	
16	中南矿冶学院	工民建、矿井建设	长沙	
17	中国矿业学院	工民建、矿井建设	徐州	
18	西安建筑工程学院	工民建	西安	
19	广西大学	工民建	南宁	
20	合肥工业大学	工民建	合肥	1955年升格合肥矿业学院,1958年更现名
21	淮南煤矿学院	矿井建设	淮南	1958年淮南煤矿学校升格,定现名
22	包头工学院	工民建	包头	1958年9月组建

① 这一时期土木工程不再作为专业名称。

续表 14-4

序号	校名	所设土木类专业	地点	备注
23	福州大学	工民建	福州	1958年组建
24	北京建筑工程学院	工民建	北京	1958年北京土木建筑工程学校升格，定现名
25	内蒙古工学院	工民建	呼和浩特	1958年8月组建
26	甘肃工业大学	工民建	兰州	1958年10月组建
27	兰州铁道学院	铁道建筑、铁道桥梁与隧道	兰州	1958年5月组建
28	江西工学院	工民建	南昌	1958年6月成立
29	上海铁道学院	铁道工程、工民建	上海	1958年6月建立
30	西安公路学院	工民建、公路与城市道路	西安	1958年组建
31	西安矿业学院	矿井建设	西安	1958年9月组建

从1966年到1972年高等学校因"文革"停止招生。1972年秋季开始（到1976年结束）招收推荐上大学的三年制"工农兵学员"。

1977年10月国家决定恢复高考，同年12月570万考生奔赴考场，参加"文革"后的首次高考，27.3万人被录取，1978年2月进校；时隔半年，1978年7月610万考生参加高考，录取40.2万，1978年10月进校。一年之内两届学生入学，史称77级、78级，从此中国高等教育恢复正规。专业教学计划基本恢复到"文革"前1965年的框架，但增加了计算机等新兴学科的课程。随着社会的发展，一些新课程陆续进入教学计划，如工业与民用建筑专业新增了"高层混凝土结构""国际工程承包""房地产开发与经营"等课程；公路与城市道路专业新增了"高速公路"课程；桥梁与隧道专业新增了"大跨桥梁""城市立交桥"等课程。

14.2.3 改革开放后

1978年改革开放后，高等教育迎来了大发展，到1981年就恢复和新增了312所高校，达到704所。与此同时，专业数量快速膨胀，专业名称混乱，大量专业实同名不同。为此从1982年到1987年（1988年颁布）我国对高等学校本科专业目录进行了大规模调整，专业总数从1 343种压缩到671种，其中工科专业从664种压缩到255种；1993年继续进行调整，专业总数从671种调整到504种，其中工科专业从255种调整到181种。土木类的"公路与城市道路""桥梁与隧道""铁路工程"专业合并为"交通土建工程"；"工业与民用建筑""结构工程""地下建筑"专业合并为"建筑工程"专业。

1998年再次对本科专业目录进行了调整，专业总数从504种调整为249种，工科专业数量从181种调整到70种，其中土木类的"建筑工程""交通土建工程"等八个专业合并成"土木工程"专业，从此又恢复了土木工程的专业名称，见图14-1所示。截至2018年，招收土木工程本科专业的院校已达到542所。图14-2是历年土木工程本科院校数。

专业的调整，反映了社会需求的变化。在计划经济时期，人才的使用如同物资一样，完全服

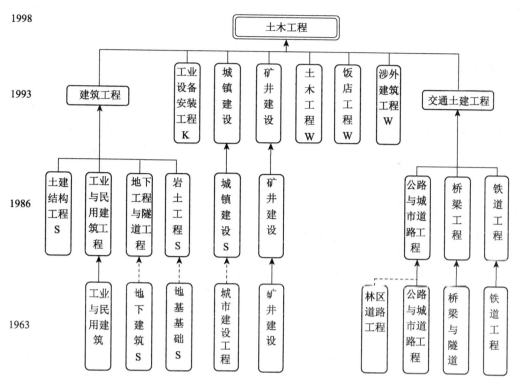

注:"S"代表试办专业,"K"代表控制设置专业,"W"代表目录外专业

图 14-1 专业内涵的演变

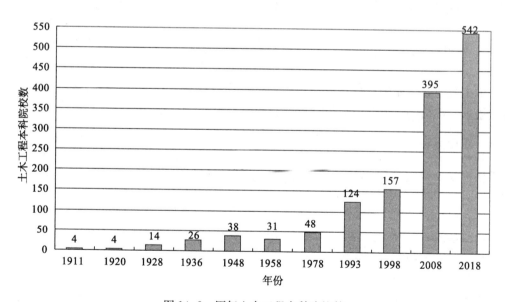

图 14-2 历年土木工程本科院校数

从于各部门的调配,毕业生个人并无选择工作岗位的自由,也极少有更换岗位的机会。除了教育部直属的 36 所(1978—1999 年)高校外,大量部属院校由各行业部门主办(333 所),他们的毕业生按计划分配在本行业系统就业,工作岗位明确、专业知识要求具体,课程设置完全从固定的岗

位出发,因而出现大量针对性很强、就业面很窄的专业。这和当时的经济情况是相适应的。

随着改革开放的深入、市场经济体制的建立,高等教育的专业设置越来越不适应社会、经济的发展需要。

我国从 1982 年起先后进行了六次(1982 年、1988 年、1993 年、1998 年、2003 年和 2008 年)大规模的政府机构改革,国务院组成部门从 100 个削减为 27 个,大量专业经济管理部门被合并或取消。特别是 1998 年,几乎所有工业专业经济部门被撤销,包括电力工业部、煤炭工业部、冶金工业部、机械工业部、电子工业部、化学工业部、地质矿产部、林业部以及 1993 年转制的中国轻工业总会和中国纺织总会。

与此同时,国有企业的改制使得一批大中型企业从政府部门的下属机构转变为直接面向市场的独立法人单位,企业的经营范围不再受行业范围的限制(计划经济时期,水利工程只能由水利部门的企业承担、公路工程只能由交通部门的企业承担、铁路工程只能由铁道部门的企业承担,建筑工程只能由建设部门的企业承担),开始出现跨部门经营,业务范围大大扩展,对专业技术人才知识面的要求也大大提高。

市场经济要求生产要素由市场配置,专业技术人才是最重要的生产要素,高校毕业生的计划分配显然不能满足这种需要。为此,从 1993 年起我国高校毕业生开始从计划分配转为"自主择业,双向选择",学生有了自主选择职业的权利和多次变换岗位的自由。学生就业时有多种专业岗位的选择,在四十多年的职业生涯中有变换多种专业岗位的可能。1998 年绝大部分的部属高校改变隶属关系,下放地方或划归教育部,使得原来的部属企业也必须面向全社会招聘人才,这为毕业生的跨行业就业提供了可能。

在企业跨部门经营、学生跨行业就业的情况下,按工作岗位设置专业,既无法适应企业需求,也无法满足学生的愿望。可见,按土木工程设置本科专业是时代的需要。

14.3 专业培养要求

土木工程专业毕业生所从事工作对自然和社会的影响极大,涉及公民生命、财产安全,所以专业培养有严格的要求,包括素质要求、能力要求和知识要求。

14.3.1 素质要求

素质涉及如何做人。土木工程专业毕业生的素质要求包括人文素质、科学素质和工程素质。

1) 人文素质

有科学的世界观和正确的人生观,愿为国家富强、民族振兴服务;具有高尚的道德品质,能体现人文和艺术方面的良好素养;心理素质好,能应对危机和挑战。

2) 科学素质

具有严谨求实的科学态度和开拓进取精神;有科学思维方法;具有创新意识和创新思维。

3) 工程素质

具备良好的职业道德和职业精神;具有不断学习和寻找解决问题的欲望,具有推广新技术的进取精神;具有面对挑战和挫折的乐观主义态度;具有良好的市场、质量和安全意识,注重环境保护、生态平衡和可持续发展的社会责任感。

14.3.2 能力要求

能力涉及如何做事。土木工程专业的学生应具备下列四个方面的能力。

1) 工程科学的应用能力

能运用数学手段解决土木工程的技术问题,包括问题的识别、建立模型和模型求解等;能应用物理学和化学的基本原理分析工程问题,具有物理、化学实验的基本技能。

2) 土木工程技术基础的应用能力

对土木工程的力学问题有明确的基本概念,具有较熟练的计算、分析和实验能力;能针对具体工程合理选用土木工程材料;能应用测量学基本原理、较熟练使用测量仪器进行一般工程的测绘和施工放样;能应用投影的基本理论和作图方法绘制工程图;能根据工程问题的需要编制简单的计算机程序,具有常用工程软件的初步应用能力;具备对工程项目进行技术经济分析的基本技能,并提出合理的质量控制方法。

3) 解决土木工程实际问题的能力

(1) 实验和计算分析能力

具有制定土木工程技术基础实验方案、独立完成实验的能力,能对实验数据进行整理、统计和分析;能够对实际工程做出合理的计算假定,确定结构计算简图,并对计算结果做出正确判断。

(2) 工程选址、道路选线、建筑设计能力

熟悉工程建设中经常遇到的工程地质问题,具备合理选择工程地址的初步能力;能根据交通规划要求和地形图,合理选择线路;能初步判断规划的合理性;能进行简单的建筑设计。

(3) 土木工程设计能力

根据工程项目的要求,能选择合理的结构体系、结构形式和计算方法,正确设计土木工程基本构件;能根据工程特点和建设场地的地质情况进行一般土木工程基础选型和设计;能够根据规划、使用功能、地质条件等对房屋、桥梁、公路、铁路、地下工程中的一种土木工程结构进行选型、分析和设计,并能正确表达设计成果;能进行简单工程结构的抗震设计。

(4) 土木工程建造能力

能合理制定一般工程项目的施工方案,具有编制施工组织设计、组织单位工程项目实施的初步能力,能够分析影响施工进度的因素,并提出动态调整的初步方案;具有评价工程质量的能力,对建造过程中出现的质量缺陷能提出初步解决方案;能编制工程概预算,具有项目成本控制的初步能力;能够正确分析建造过程中的各种安全隐患,提出有效防范措施。

(5) 项目运行维护能力

能初步制定具体工程项目的运行维护方案;通过检查,能正确判断工程项目的状态是否满足项目的运行目的与功能要求,识别常见工程病害、分析病害原因、选择合理的整治方法;能初步分析病害对工程可靠性的影响。

4) 信息收集、沟通和表达能力,应对危机与突发事件的能力

能够了解本领域最新技术发展趋势,具备文献检索、选择国内外相关技术信息的能力。具有较强的专业外语阅读能力、一定的书面和口头表达能力;能够正确使用图、表等技术语言,在

跨文化环境下进行表达与沟通;能正确理解土木工程与相关专业之间的关系,具有与相关专业人员良好的沟通与合作能力;具备较强的人际交往能力,善于倾听、了解业主和客户的需求。有预防和处理与土木工程相关的突发事件的初步能力。

14.3.3 知识要求

知识是能力的基础。土木工程专业毕业生的知识结构包括自然科学知识、人文社会科学知识、工具知识、专业知识和相关领域知识五个方面。

1) 自然科学知识

掌握高等数学和工程数学知识;熟悉大学物理、化学、信息科学和环境科学的基本知识;了解自然环境的可持续发展知识;了解当代科学技术发展的基本情况。

2) 人文社会科学知识

熟悉哲学、历史、社会学、经济学等社会科学基本知识;熟悉政治学、法学、管理学等方面的公共政策和管理基本知识;了解心理学、文学、艺术等方面的基本知识。

3) 工具知识

熟练掌握一门外语;掌握计算机基本原理和高级编程语言的相关知识。

4) 专业知识

掌握理论力学、材料力学、结构力学、土力学、流体力学等力学原理;掌握工程地质、工程测量、制图、结构试验的基本原理,掌握土木工程材料的基本性能;掌握工程经济与项目管理、建设工程法规和工程概预算等方面的基本理论;掌握工程荷载和结构可靠度的基本原理,掌握工程结构和基础工程的基本原理;掌握土木工程施工的基本原理,了解土木工程的现代施工技术;熟悉工程软件的基本原理;熟悉土木工程防灾减灾的基本原理。

5) 相关领域知识

了解建筑、规划、环境、交通、机械、设备、电气等相关专业的基本知识;了解工程安全、节能减排的基本知识;了解与专业相关的法律、法规的基本知识。

14.4 我国土木工程专业教育评估

14.4.1 专业教育评估背景

1) 适应市场经济体制、建立注册工程师制度的需要

在企业自主经营、人才自由流动的市场经济体制下,需要解决人才的社会评价问题,以降低人力资源配置的成本,减少市场主体在使用工程技术人才时的盲目性。国际上通行的是执业资格制度,在工程界称为注册工程师制度。

作为一种行业准入制度,只有达到国家规定标准的人员才能注册。这保证了执业工程技术人员的质量和素质;注册工程师制度又和法律、行业管理、教育制度紧密联系,围绕注册工程师制度建立系统的执业教育制度,为工程教育的发展提供了导向,也带动了社会各界对教育的投入,强化了对工程技术人员的教育培训;动态的注册资格管理将激励工程技术人员从接受大学教育开始就不懈地努力,为做一名合格的工程师而奋斗一生;注册工程师制度从立法上对注册工程师的责、权、利加以明确,把注册工程师直接推向市场,对注册工程师参与市场竞争形成

了强大的外部压力。

注册工程师制度包括专业教育评估(也称专业论证)、职业实践、资格考试、注册管理和继续教育5个环节,见图14-3所示,它有3个控制标准:专业教育质量标准、资格考试标准和职业实践标准。其中专业教育评估是整个执业资格制度中的基础环节,担负着专业教育质量控制的功能,具有不可替代性。

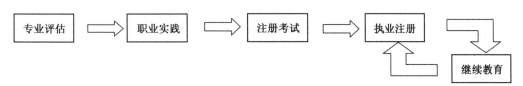

图14-3 注册工程师制度的环节

专业教育评估是一种教育质量的过程控制,涉及工程教育的每个环节。学生要获得通过评估合格院校的毕业资格必须通过每个教学环节的考核,它是保证工程从业人员基本素质的唯一途径,注册考试并不能替代。其一,采用综合试卷的基础课考试,只需总分合格,不能保证考生具备土木工程专业所必需的全部学科基础知识;其二,实践环节、动手能力无法通过笔试考核;其三,由此催生的考试培训机构,注重考试技巧而非知识的系统掌握,使得考试成绩与实际能力不符,出现"考过证的干不了"的现象。正因为如此,世界各国均把评估标准作为执业注册不可替代的标准。

2) 顺应全球经济一体化、实现执业资格国际互认的需要

随着全球经济一体化的迅速发展,国际贸易从传统的商品贸易扩展到各类服务贸易。商品贸易只对商品质量制定入境标准,至于商品生产者具有什么样的能力和水平并不限制;而服务贸易需对执业者能力和水平制定标准,即执业资格。为了顺应经济全球化的趋势,世界各专业工程师协会都在努力探索国际执业资格互相承认的途径。

欧洲由22个国家成立了职业工程师协会联合会,并用7年工程教育与实践期的标准(通过评估的大学3年教育、2年继续教育或专业培训、2年工作实践)统一了欧洲注册工程师标准;北美自由贸易区协议签订之后,美国、加拿大和墨西哥三国工程师协会很快就签订了一个《相互承认注册工程师协议》,其条件是通过评估的大学工程系毕业,有12年的实践经验,8年以上的注册资格。

目前世界性的互认协议包括三个学位(学历)互认协议:《华盛顿协议》(1989年首次签订)、《悉尼协议》(2001年首次签订)、《都柏林协议》(2002年首次签订);三个工程师专业资格互认的三个协议:《工程师流动论坛协议》(2001年签订)、《亚太工程师计划》(1996年签订)、《工程技术员流动论坛协议》(2003年签订)。这六个协议都有各自的签约组织成员,代表着不同的国家和地区,每个协议的签约国之间互相认可彼此的工程教育学位(学历)或者专业资格。

发达国家在注册工程师制度管理和运作上的做法虽各异,但其注册标准包括专业教育标准、职业实践标准是一致的。重视专业学历教育,并以此作为申请注册工程师的先决条件,只有通过专业教育认证的人员才能有资格申请注册工程师。

国际工程师资格的互认也是建立在工程教育标准、规则的互认基础上的。要实现国际工程师资格的互认,必须首先完成国际工程教育体系的互认。

可见专业教育评估既是注册工程制度的重要一环,又是工程师执业资格国际互认的基础。

3) 适应社会需求、推进我国高等工程教育改革的需要

我国的高等工程教育体系是在计划经济条件下逐步形成的,曾经为社会主义建设培养了大批适应社会需求的合格人才。但自20世纪80年代以来,我国工程教育出现了以下问题:

(1) 缺乏明确的工程教育定位

"研究型大学"的定位替代了"工程师摇篮"。研究型大学的培养目标是科学家,而不是工程师;工程类的专科大规模升本;理工科学院大规模改综合性大学。使得这些学校原有的工程专业优势在丧失。

(2) 学科基础面窄、课程的泛科学化倾向

往往从科学的系统性而不是"大工程"的复杂性所要求的综合性角度设置课程内容体系,学科基础的面较窄;课程偏重理论,缺少应用环节。

(3) 培养环节的"去工程化"倾向

计划经济转向市场经济后,企业以追求经济效益为目标,不情愿接纳学生实习,不愿意投入精力,实习难以深入工程,走马观花;高校扩招后,实验教学的投入赶不上学生人数的增加,学生动手机会下降。实践环境恶化,实践环节削弱,面向实际的工程训练不足。

(4) 以教师为中心而不是以学生为中心的教学模式

以教师为中心组织教学,重"教"轻"学"、基于学科的学习而不是基于项目的学习、"学后做"而不是"做中学"。

(5) 教育界与产业界的脱节

学校制定培养方案时很少听取用人单位对工程人才能力和素质要求的意见,产业界对工程教育没有话语权;脱离产业界的封闭式教育质量评价方式;学校对社会需求的反馈迟缓。

以培养注册工程师为目标的专业教育评价体系,可以很好地引导学校解决上述问题,扭转工程教育的"去工程化"趋势,实现工程教育"回归工程",为实行"卓越工程师培养计划"打下坚实的基础,从而使人才培养质量适应市场经济条件下的社会需求。

14.4.2 专业教育评估的发展历程

1) 起步阶段

伴随着改革开放的步伐,1978年底我国建筑业开始走向国际市场,从最初的劳务承包、工程分包、联合承包发展到建设总包;从单纯劳务输出逐渐转变为以技术输出为主,带动了大批中国工程技术人员走出国门承接国外设计、咨询业务,执业资格获得项目所在国的承认变得越来越重要。在此背景下,1987年建设部开始组织专家对欧、美等经济发达国家进行调研,着手建立我国与国际接轨的注册工程师制度和专业教育评估制度。

1993年10月首届全国高等学校建筑工程①专业教育评估委员会的成立,标志着我国工程教育评估正式启动。来自教育界和工程界的15位专家被聘为首届评估委员会委员。评估委员会制定了《全国高等学校建筑工程专业教育评估委员会章程》(试行)、《全国高等学校建筑工程专业本科教育(评估)标准》(试行)、《全国高等学校建筑工程专业本科教育评估程序与方法》(试行)、《视察小组工作指南》(试行)等评估文件。

---

① 此时土木工程尚未作为专业名称,所以从建筑工程开始。

1994年7月评估委员会接受了清华大学、天津大学、东南大学、同济大学、浙江大学、华南理工大学、重庆大学、哈尔滨工业大学、湖南大学、西安建筑科技大学等10所高校的专业评估申请。1995年6月经视察小组的实地视察,评估委员会通过了上述10所高校的专业评估。

1996年在总结首批评估经验的基础上,对评估文件进行了修订,颁布了1996年版评估文件。

2) 发展阶段

由于我国从计划经济向市场经济的转型是一个逐步的过程,这就决定了专业教育评估除了要与国际接轨,考虑评估组织、评估标准和评估程序与国际的实质等效外,还要适应中国的国情和社会发展进程,循序渐进。

1998年教育部调整专业目录、设立土木工程专业后,1999年专业评估委员会按土木工程专业受理专业评估,对专业评估文件进行了全面修订,根据"大土木"培养方案,拓展了专业基础。通过评估的学校均完成了从计划经济下"专才""定向"培养方案向市场经济下"通才""多元"的转变,较好地满足了现代"大工程"对技术人才的要求,适应了学生自主择业、跨行业就业和企业跨部门经营、全社会招聘的社会变化。

1997年原国家人事部、建设部发布的《全国一级注册结构工程师资格考试及有关工作的通知》,标志着我国注册工程师制度的正式建立;文件所规定的通过土木工程专业评估的毕业生提前参加注册结构工程师执业资格专业考试,使专业教育评估成为注册工程师执业资格制度的重要一环。

1998年,全国注册结构工程师管理委员会与英国结构工程师学会签署了学士学位专业评估互认协议(2011年土木工程专业评估委员会又与英国土木工程领域四个工程师协会联合续签该协议),这意味着我国土木工程专业评估结论得到国际承认。

至此,建立专业教育评估制度的三大目的——建立与国际接轨的注册工程师制度、专业教育质量获得国际承认、推进高等教育改革已全部达到。

经过几轮按土木工程专业进行评估的实践,2004年评估委员会对评估文件进行了再次修订,完善了指标体系和评估程序,设立了不同的评估有效年限。

3) 成熟阶段

1998年与英国签署的学士学位专业评估互认协议为我国整体加入《华盛顿协议》探索出一条有效途径。2012年,为了配合我国工程教育加入《华盛顿协议》,对评估标准的框架进行了形式改造:将"教学条件"分成"师资队伍"和"教学资源"两个一级指标;"教育过程"分成"教学过程"和"教学管理"两个一级指标;"教育质量"分成"质量评价"和"学生发展"两个一级指标;将原来包含在教学计划中的"专业目标"提升为一级指标。2013年颁发的全国高等学校土木工程专业评估文件,包含了《住房和城乡建设部高等教育土木工程专业评估委员会章程》《高等学校土木工程专业评估标准》《高等学校土木工程专业评估程序与办法》《高等学校土木工程专业评估专家工作指南》和《高等学校土木工程专业评估学校工作指南》等5个文件。2013年按照新版评估标准接受了15所高校评估申请。

截至2021年5月,全国已有110所高校的土木工程专业通过评估,覆盖26个省、直辖市和自治区,见表14-5所示。

表 14-5 土木工程专业教育评估(认证)通过的学校

序号	学校名称	首评时间	省(区、市)	序号	学校名称	首评时间	省(区、市)
1	清华大学	1995.6	北京	38	内蒙古科技大学	2006.6	内蒙古
2	天津大学	1995.6	天津	39	长安大学	2006.6	陕西
3	东南大学	1995.6	江苏	40	广西大学	2006.6	广西
4	同济大学	1995.6	上海	41	昆明理工大学	2007.5	云南
5	浙江大学	1995.6	浙江	42	西安交通大学	2007.5	陕西
6	华南理工大学	1995.6	广东	43	华北水利水电大学	2007.5	河南
7	重庆大学	1995.6	重庆	44	四川大学	2007.5	四川
8	哈尔滨工业大学	1995.6	黑龙江	45	安徽建筑大学	2007.5	安徽
9	湖南大学	1995.6	湖南	46	浙江工业大学	2008.5	浙江
10	西安建筑科技大学	1995.6	陕西	47	解放军理工大学	2008.5	江苏
11	沈阳建筑大学	1997.6	吉林	48	西安理工大学	2008.5	陕西
12	郑州大学	1997.6	河南	49	长沙理工大学	2009.5	湖南
13	合肥工业大学	1997.6	安徽	50	天津城市大学	2009.5	天津
14	武汉理工大学	1997.6	湖北	51	河北建筑工程学院	2009.5	河北
15	华中科技大学	1997.6	湖北	52	青岛理工大学	2009.5	山东
16	西南交通大学	1997.6	四川	53	南昌大学	2010.5	江西
17	中南大学	1997.6	湖南	54	重庆交通大学	2010.5	重庆
18	华侨大学	1997.6	福建	55	西安科技大学	2010.5	陕西
19	北京交通大学	1999.6	北京	56	东北林业大学	2010.5	黑龙江
20	大连理工大学	1999.6	辽宁	57	山东大学	2011.5	山东
21	上海交通大学	1999.6	上海	58	太原理工大学	2011.5	山西
22	河海大学	1999.6	江苏	59	内蒙古工业大学	2012.5	内蒙古
23	武汉大学	1999.6	湖北	60	西南科技大学	2012.5	四川
24	兰州理工大学	1999.6	甘肃	61	安徽理工大学	2012.5	安徽
25	三峡大学	1999.6	湖北	62	盐城工学院	2012.5	江苏
26	南京工业大学	2001.6	江苏	63	桂林理工大学	2012.5	广西
27	石家庄铁道大学	2001.6	河北	64	燕山大学	2012.5	河北
28	北京工业大学	2002.6	北京	65	暨南大学	2012.5	广东
29	兰州交通大学	2002.6	甘肃	66	浙江科技学院	2012.5	浙江
30	山东建筑大学	2003.6	山东	67	湖北工业大学	2013.5	湖北
31	河北工业大学	2003.6	河北	68	南京林业大学	2013.5	江苏
32	福州大学	2003.6	福建	69	宁波大学	2013.5	浙江
33	广州大学	2005.6	广东	70	长春工程学院	2013.5	吉林
34	中国矿业大学	2005.6	江苏	71	新疆大学	2014.5	新疆
35	苏州科技学院	2005.6	江苏	72	长江大学	2014.5	湖北
36	北京建筑大学	2006.6	北京	73	烟台大学	2014.5	山东
37	吉林建筑大学	2006.6	吉林	74	汕头大学	2014.5	广东

续表 14-5

序号	学校名称	首评时间	省(区、市)	序号	学校名称	首评时间	省(区、市)
75	厦门大学	2014.5	福建	93	东北石油大学	2018.5	黑龙江
76	成都理工大学	2014.5	四川	94	江苏科技大学	2018.5	江苏
77	中南林业科技大学	2014.5	湖南	95	湖南科技大学	2018.5	湖南
78	福建工程学院	2014.5	福建	96	深圳大学	2018.5	广东
79	南京航空航天大学	2015.5	江苏	97	上海应用技术大学	2018.5	上海
80	广东工业大学	2015.5	广东	98	河南城建学院	2019.5	河南
81	河南工业大学	2015.5	河南	99	辽宁工程技术大学	2019.5	辽宁
82	黑龙江工程学院	2015.5	黑龙江	100	温州大学	2019.5	浙江
83	南京理工大学	2015.5	江苏	101	武汉科技大学	2019.5	湖北
84	宁波工程学院	2015.5	浙江	102	福建农林大学	2019.5	福建
85	华东交通大学	2015.5	江西	103	河北工程大学	2021.1	河北
86	山东科技大学	2016.5	山东	104	东北电力大学	2021.1	吉林
87	北京科技大学	2016.5	北京	105	哈尔滨工程大学	2021.1	黑龙江
88	扬州大学	2016.5	江苏	106	浙江理工大学	2021.1	浙江
89	厦门理工学院	2016.5	福建	107	济南大学	2021.1	山东
90	江苏大学	2016.5	江苏	108	河南理工大学	2021.1	河南
91	安徽工业大学	2017.5	安徽	109	湘潭大学	2021.1	湖南
92	广西科技大学	2017.5	广西	110	西安工业大学	2021.1	陕西

14.4.3 专业教育评估的标准和程序

1) 评估标准

评估标准由学生发展、专业目标、教学过程、师资队伍、教学资源、教学管理、质量评价等 7 个一级指标构成，见图 14-4 所示。

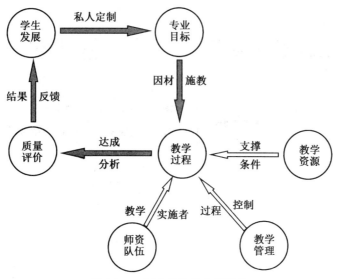

图 14-4 标准系统的内部结构

2) 评估程序

评估程序由申请、审核、自评、审阅、补充、视察、反馈、评议、表决、申诉、复议、督察等环节构成,如图14-5所示;工作指南包括申请指南、自评指南和视察指南。

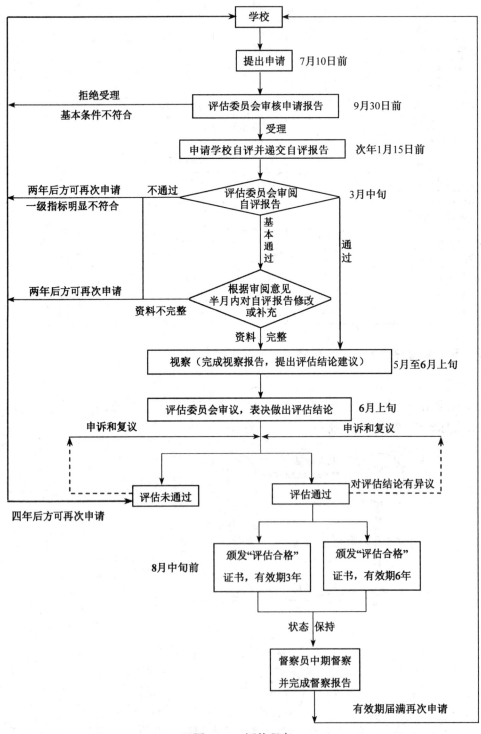

图14-5 评估程序

整个评估过程设有三道关口：申请审核、自评报告审阅、视察评议表决。评估申请报告由正、副主任委员审核，重点审核申请条件和办学条件。

自评报告由全体评估委员审阅，全面审查所提交资料的完整性、满足评估标准的程度，并提出视察重点。

视察以分组的形式进行，视察时间初评三天半、复评两天半；重点对办学条件、教学过程、管理制度进行核实，对学术氛围、校园文化、精神风貌实地感受，与教学主管和管理人员、教师、学生就教学问题面对面交流，完成视察报告，并在评议会上介绍视察情况，接受委员提问；评估委员根据自评报告审阅情况、视察情况投票表决是否通过评估。

通过督察制度使学校在评估有效期内始终处于评估委员会的监控之下。

研讨题及研讨课视频

▲ 研讨题

1-1 从土木工程发展史看人与自然关系的演变。

1-2 从工程项目的全寿命周期谈现代工程技术人员应具备的能力和知识结构。

1-3 从工程对环境、社会的影响谈土木工程师的社会责任。

1-4 土木工程材料、建造技术、设计理论的演变与未来发展趋势。

3-1 中国古建筑力学原理初探。

3-2 结构形式从自然界得到的启示。

3-3 结构形态所隐含的力学规律。

4-1 最有希望用于土木工程的生物材料。

4-2 智能材料在土木工程中的应用前景。

4-3 "变废为宝"——建筑材料的循环利用。

5-1 窥视智能建筑。

5-2 摩天大厦的极限。

5-3 违背力学原理的建筑排行榜。

6-1 大跨桥梁的极限。

7-1 人类能入地多深。

7-2 超长隧道面临的难题。

8-1 公路、铁路、民航、水运交通的优势与劣势比较。

8-2 我国供私人飞机使用的小型机场发展前景。

8-3 磁悬浮列车的商业前景。

9-1 如何让河流活下去。

9-2 大型水利工程的利与弊。

9-3 我国水资源保护与利用的现状与对策。

9-4 缺水城市该如何留住雨水。

10-1 该如何医治"城市病"。

10-2 土木工程的低碳之路。

10-3 土木工程该如何降低资源消耗。

10-4 中国房地产市场的健康之路。

10-5 如何消除工程招投标中的"猫腻"。

11-1 工程结构该如何抵御地震。

11-2 地质灾害的防范策略。

11-3 建筑防火的有效途径。

11-4 健康监测——工程安全的守护神。

12-1 BIM技术的应用前景。

12-2 避免"豆腐渣"工程之我见。

12-3 工程建设领域的反腐良策。

12-4 3D打印技术在工程建造中的应用前景。

12-5 火星上建工程设施需解决哪些难题?

13-1 历史建筑该如何保护。

13-2 做好功能提升,避免大拆大建。

13-3 结构损伤的智能识别尚需解决哪些关键问题。

▲ 研讨课视频

建筑垃圾资源化

摩天大楼的极限

另眼看三峡工程

城市地下空间的开发利用

"豆腐渣"工程之我见

避免"豆腐渣"工程

结构形式从自然界得到的启示

房地产市场的健康之路

工程结构材料的性能及发展趋势

仿生建筑的现状与未来

现代工程技术人员的知识结构

土木工程的资源消耗

混凝土材料发展
历程及未来展望

减少固体废
弃物之良策

摩天大楼的
防风问题

大跨桥梁的
极限(1)

大跨桥梁的
极限(2)

建筑防火的
有效途径

公路与铁路
对比分析

从土木工程看人
与自然关系的演变

主要参考文献

[1] 丁大钧,蒋永生.土木工程概论[M].2版.北京:中国建筑工业出版社,2010.
[2] Hibbeler R C. Engineering Mechanics:Statics[M]. 2th ed.Upper Saddle River,N. J.:Prentice Hall,2001.
[3] James M Gere. Mechanics of Materials[M]. 5th ed. Books/Cole, 2001.
[4] Clough R,Penzien J. Dynamics of Structures[M]. 2th ed.New York:McGraw-Hill Inc.,1993.
[5] Craig R F. Soil Mechanics[M]. 6th ed. New York:Spon Press, 1997.
[6] Finnemore E John, Franzini Joseph B. Fluid Mechanics with Engineering Applications[M]. 10th ed. New York:McGraw-Hill Inc.,2002.
[7] 齐清兰.水力学[M].北京:中国铁道出版社,2008.
[8] 索玛伊吉(Shan Somayaji).土木工程材料(Civil Engineering Materials):第2版[M].阎培渝,改编.北京:高等教育出版社,2006.
[9] 苏达根.土木工程材料[M].2版.北京:高等教育出版社,2008.
[10] Timoshenko S P, Goodier J N. Theory of Elasticity[M].3rd ed.影印本.北京:清华大学出版社,2004.
[11] 徐芝纶.弹性力学:下册[M].4版.北京:高等教育出版社,2006.
[12] 邱洪兴.建筑结构设计:第1册,基本教程[M].3版.北京:高等教育出版社,2018.
[13] 邱洪兴.建筑结构设计:第3册,学习指导[M].2版.北京:高等教育出版社,2014.
[14] 姚玲森.桥梁工程[M].2版.北京:人民交通出版社,2010.
[15] 萨缪尔森,诺德豪斯.经济学:第18版[M].萧琛,主译.北京:人民邮电出版社,2008.
[16] 李志东,等.京沪高铁南京南站主站房结构设计研究[J].建筑结构,2013,43(17):21-32.
[17] 魏大中.北京长富宫中心[J].建筑学报,1989,36(7):19-23.
[18] 胡世平,夏敬谦.北京新车站双曲扁壳设计与施工[J].土木工程学报,1959,6(7):571-593.
[19] 丁洁民.广州中天广场80层办公楼结构计算与分析[J].建筑结构,1994,24(12):3-10.
[20] 谢庭零.南京金陵饭店建筑设计[J].建筑学报,1984,31(3):49-55.
[21] 北京市规划管理局设计院民族饭店设计组.北京民族饭店[J].建筑学报,1959,6(Z1):69-73.
[22] 白云宾馆设计小组.广州白云宾馆[J].建筑学报,1977,24(2):18-23.
[23] 谢邵松,张敬昌,钟俊宏.世界第一楼——台北101大楼之结构设计[J].建筑施工,2005,27(10):1-4.
[24] 江欢成.设计创新对东方明珠和雅加达塔的贡献[J].中国工程科学,1999,1(1):30-34.
[25] 周定,等.广州塔结构设计[J].建筑结构,2012,42(6):1-12.
[26] 周世忠.江阴长江大桥建设中的重大技术问题[J].桥梁建设,2002,30(2):20-24.
[27] 项海帆,葛耀君.大跨度桥梁抗风技术挑战与基础研究[J].中国工程科学,2011,13(9):8-20.
[28] 张喜刚.苏通大桥总体设计[J].公路,2004,48(7):1-12.
[29] 金增洪.明石海峡大桥简介[J].国外公路,2001,26(1):13-18.
[30] 宋晖,王晓冬.舟山大陆连岛工程西堠门大桥总体设计[J].公路,2009,53(1):8-16.
[31] 南京长江大桥工程概况[J].桥梁建设,1971,1(6):43-44.
[32] 朱建民,等.南京长江四桥北锚碇沉井下沉安全监控研究[J].建筑结构学报,2010,31(8):111-117.
[33] 朱伯芳.我国混凝土坝坝型的回顾与展望[J].水利水电技术,2008,39(9):26-35.
[34] 钱七虎.地下工程建设安全面临的挑战与对策[J].岩石力学与工程学报,2012,31(10):1945-1956.
[35] 王梦恕,张成平.城市地下工程建设的事故分析及控制对策[J].建筑科学与工程学报,2008,25(2):1-6.

[36] 郑守仁.长江三峡水利枢纽工程设计重大技术问题综述[J].人民长江,2003,34(8):4-11.
[37] 钮新强,等.三峡工程双线五级船闸设计[J].中国工程科学,2011,13(7):84-90.
[38] 刘文渊,欧阳军喜.旧中国高等工程教育纲要[J].高等工程教育研究,1993,11(2):74-78.
[39] 刘鸿,卢瑜.1861～2010年美国高等工程教育课程政策嬗变[J].高等工程教育研究,2013,31(1):147-152.
[40] 王孙禹,刘继青.从历史走向未来:新中国工程教育60年[J].高等工程教育研究,2010,28(4):30-42.
[41] 容伯生.广东国际大厦63层主塔楼结构设计分析[J].建筑结构学报,1989,10(1):46-61.